Hünersen | Fritzsche

Stahlbau in Beispielen

Prof. Dr.-Ing. habil. Gottfried Hünersen
Dr. sc. techn. Ehler Fritzsche

STAHLBAU IN BEISPIELEN

BERECHNUNGSPRAXIS
NACH DIN 18800-1 bis -3

6., aktualisierte Auflage 2006

 WERNER VERLAG

1. Auflage 1991
2. Auflage 1993
3. Auflage 1995
4. Auflage 1998
5. Auflage 2001
6. Auflage 2006

Bibliografische Information Der Deutschen Bibliothek
Die Deutsche Bibliothek verzeichnet diese Publikation in der Deutschen
Nationalbibliografie; detaillierte bibliografische Daten sind im Internet
über **http://dnb.ddb.de** abrufbar.

ISBN-10 3-8041-5116-7
ISBN-13 978-3-8041-5116-1

www.werner-verlag.de

Umschlag: futurweiss kommunikationen, Wiesbaden
Satz: WVG, Werbe- und Verlagsgesellschaft mbH, Grevenbroich
Druck: Druckerij Krips, Meppel
Printed in the Netherlands, August 2006

Archiv-Nr.: 895/6-8.2006

Vorwort zur 6. Auflage

Mit der nunmehr 6. Auflage des Buches kann weiter darauf hingewirkt werden, die bei vielen Stahlbauprojektanten noch vorhandene Hemmschwelle gegenüber dem neuen Sicherheits- und Bemessungskonzept nach Grenzzuständen abzubauen und auf der Grundlage der DIN 18 800 die Harmonisierung der europäischen Stahlbauvorschriften zu fördern.

Für Bemessungsvoraussetzungen, Berechnungen der Stabilitätsfälle Knicken und Beulen, Schraubenverbindungen, Schweißverbindungen, Zugstäbe, Stützenfüße, biegesteife Rahmenecken, örtliche Krafteinleitungen und Biegetorsionsbeanspruchung von U-Profilen, d. h. für häufig benötigte Berechnungsabläufe werden die in der Norm enthaltenen Gebote, Verbote und Grundsätze jeweils in Nachweisschemas übersichtlich geordnet.

Für die einzelnen Nachweisführungen sind erläuternde Beispiele vorgerechnet, die dem jeweiligen Nachweisschema folgen. Für die bauliche Durchbildung sind Standardlösungen gewählt. Vergleichsrechnungen unterschiedlicher Konstruktionen sind wegen des beabsichtigten Umfanges des Buches leider nicht möglich.

Leipzig, im Juni 2006
Gottfried Hünersen
Ehler Fritzsche

Vorwort zur 1. Auflage

Mit diesem Buch wollen die Autoren die Einführung der inhaltlich neugestalteten Normenreihe DIN 18 800 unterstützen. Der Übergang von der DIN 18 800 T 1 (3.81) und der DIN 4114 bzw. für die neuen Bundesländer von der TGL 13 500 und der TGL 13 503 auf das neue Sicherheits- und Bemessungskonzept soll erleichtert werden.

Für die häufig benötigten Berechnungsabläufe werden die in der Norm enthaltenen Gebote, Verbote und Grundsätze verfolgt und jeweils in Nachweisschemas übersichtlich geordnet. So kann den Stahlbaupraktikern und den Studenten des Bauingenieurwesens dabei geholfen werden, die von den Spezialisten getroffenen Festlegungen schneller zu verstehen und richtig anzuwenden.

Der Inhalt des Buches ist entsprechend der Nachweisart gegliedert. Es wird die neue Konzeption der Berechnung mit Teilsicherheitsbeiwerten ausführlich dargestellt. Für den Nachweis der Tragsicherheit werden die Grenzzustände Beginn des Fließens, Durchplastizieren eines Querschnittes und Ausbildung einer Fließgelenkkette beschrieben. Viel Wert ist auf erläuternde Beispiele gelegt. Die in der Norm teilweise recht umständliche Nachweisführung für Schraubenverbindungen wird durch beigegebene Rechenhilfsmittel erleichtert.

Neben den Bemessungsvoraussetzungen ist besondere Aufmerksamkeit der Berechnung der Stabilitätsfälle Knicken und Beulen gewidmet. Auch hierfür sind Berechnungshilfen, wo es zweckmäßig und möglich war, eingearbeitet worden. In den Rechenbeispielen ist meist nur die bauliche Durchbildung einer Standardlösung berücksichtigt. Der beabsichtigte Umfang des Buches ließ konstruktive Beispielvergleiche nicht zu. Gerechnet wird mit den in der Projektierungspraxis üblichen Größen kN und cm. Die bei millimeterbezogener Rechnung auftretenden Zehnerpotenzen können so vermieden werden.

Zu bedanken haben sich die Autoren bei Frau Astrid Haase und Herrn Dipl.-Ing. Günter Eisenhut für die Unterstützung bei der umfangreichen Zeichenarbeit. Dem Werner Verlag gilt Dank für die schnelle und unkomplizierte Verlagsarbeit.

Leipzig, im Juni 1991

Gottfried Hünersen
Ehler Fritzsche

Inhaltsverzeichnis

1 Bemessungsvoraussetzungen

1.0 Allgemeines

Mit der vorliegenden neuen Norm der Reihe DIN 18 800 wird erstmals versucht, die Sicherheits- und Bemessungsphilosophie der im Jahr 1981 vom Normenausschuss Bauwesen (NABau) im Deutschen Institut für Normung (DIN) herausgegebenen „Grundlagen zur Festlegung von Sicherheitsanforderungen an bauliche Anlagen" (GruSiBau) zu verwirklichen. Darüber hinaus wird auch den laufenden Entwicklungen hinsichtlich der europäischen Vereinheitlichungsbemühungen (Eurocode 3 Stahlbau) Rechnung getragen.

Die Grundlagen für die Nachweisführung bilden Bemessungsvoraussetzungen, die von ihrer Konzeption her eine komplexere ingenieurmäßige Betrachtung der Aufgabenstellung als bisher verlangen.

Die Bemessung nach DIN 1050 bzw. DIN 4114 erfolgte mit Normlasten und den pauschalen Sicherheitsbeiwerten der Lastfälle. Die Grundnorm DIN 18 800 fächert die Sicherheit in Teilsicherheiten und gestattet somit eine wirklichkeitsnähere Berechnung. Sie wird damit dem Grundanliegen des Ingenieurs besser gerecht.

Die Normen sind technische Baubestimmungen und keine Rechtsvorschriften. Sie entsprechen den anerkannten Regeln der Baukunst. Für alle Stahlbauten ist der Nachweis der Standsicherheit, d. h. der Trag- und Lagesicherheit, und der Gebrauchstauglichkeit zu erbringen. Ausreichende räumliche Steifigkeit und Stabilität sind sicherzustellen. Wird von den Normen abgewichen, so sind diese Nachweise sinngemäß zu erbringen.

1.1 Erläuterungen

1.1.1 Einwirkungen, Einwirkungsgrößen

Die Einwirkungen **F** sind Ursachen von Kraft- und Verformungsgrößen im Tragwerk. Einwirkungsgrößen beschreiben die Einwirkungen nach ihrer Größe. Entsprechend ihrer zeitlichen Veränderlichkeit erfolgt die Einteilung der Einwirkungen in

- ständige Einwirkungen G, z. B. Schwerkraft, Baugrundbewegung
- veränderliche Einwirkungen Q, z. B. Verkehrslast, Wind, Schnee und Temperatur
- außergewöhnliche Einwirkungen F_A, z. B. Lasten aus Anprall von Fahrzeugen

1.1.2 Widerstand, Widerstandsgrößen

Unter Widerstand **M** wird der Widerstand eines Tragwerkes, seiner Bauteile und Verbindungen gegen Einwirkungen verstanden. Aus den geometrischen Größen und den Werkstoffkennwerten sind die Festigkeiten und Steifigkeiten als Widerstandsgrößen der Norm abgeleitet. Vereinfachend werden alle Streuungen des Widerstandes den Festigkeiten und Steifigkeiten zugeordnet. In anderen Normen der Reihe DIN 18 800 kann es andere Regelungen geben.

1

Die Festigkeiten sind auf die Nennwerte der Querschnittswerte bezogen. Streckgrenze f_y und Zugfestigkeit f_u sind die wichtigsten Festigkeiten. Ihnen werden die Werkstoffkennwerte obere Streckgrenze R_{eH} und Zugfestigkeit R_m zugeordnet. Die Biegesteifigkeit $E \cdot I$ ist das Produkt aus streuender Werkstoffkenngröße Elastizitätsmodul und streuender geometrischer Größe Flächenmoment 2. Grades.

1.1.3 Bemessungswerte

Bemessungswerte sind diejenigen Werte der Einwirkungsgrößen und Widerstandsgrößen, die für die Nachweise anzunehmen sind. Erfasst wird der Fall ungünstiger Einwirkungen auf Tragwerke, deren Widerstand ebenfalls ungünstig angesetzt wird. Ungünstigere Fälle sind tatsächlich nur mit sehr geringer Wahrscheinlichkeit zu erwarten.

Die mit den festgelegten Bemessungswerten der Norm geführten Nachweise ergeben die angestrebte Versagenswahrscheinlichkeit. Es ist bei statischen Berechnungen wichtig, die Bemessungswerte mit dem Index d zu kennzeichnen.

1.1.4 Charakteristische Werte

Die charakteristischen Werte für Einwirkungsgrößen und Widerstandsgrößen sind die Bezugsgrößen für deren Bemessungswerte.

Alle Größen der Einwirkung und des Widerstandes sind als streuend anzunehmen. Nach der zu Grunde gelegten Sicherheitstheorie müssten sie als p – Fraktile ihrer Verteilungsfunktionen festgelegt werden. Daraus ließen sich die für die angestrebte Versagenswahrscheinlichkeit erforderlichen Teilsicherheitsbeiwerte errechnen. Die bisher gesammelten statistischen Daten reichen aber nicht aus, um die Fraktilelemente genau angeben zu können.

Die DIN 18 800 Teil 1 stützt sich deshalb auf deterministisch festgelegte Werte aus der bisherigen Praxis.

Als charakteristische Werte der Einwirkungen gelten die Lastangaben in den einschlägigen Normen. Für Einwirkungen, die nicht in Normen angegeben sind, z. B. Lasten in Bauzuständen oder Lasten aus Montagegerät, müssen die Werte geschätzt werden.

Charakteristische Werte sind festgesetzt:

- für die Werkstoffe Walzstahl und Stahlguss
- für Schrauben und Nietwerkstoffe
- für Werkstoffe von Kopf- und Gewindebolzen
- für die mechanischen Eigenschaften von hochfesten Zuggliedern

Die Tabellen der Norm enthalten die Werte der Festigkeiten ($f_{y,k}$, $f_{u,k}$). Charakteristische Werte der Steifigkeiten sind aus den Nenngrößen der Querschnittswerte und den charakteristischen Werten für den E-Modul und für den Schubmodul zu berechnen. Die lineare Temperaturdehnzahl ist ebenfalls festgelegt.

Charakteristische Werte werden mit dem Index k gekennzeichnet.

2

1.1.5 Teilsicherheitsbeiwerte

Die Sicherheitselemente der Norm sind die Teilsicherheitswerte γ_F und γ_M. Sie berücksichtigen die Streuung der Einwirkungen **F** und der Widerstände **M**. Die Teilsicherheitsbeiwerte werden jeweils aus einem Faktor, der die Streuung berücksichtigt, und aus einem Faktor, der die Unsicherheit im mechanischen Modell, z. B. die Systemunempfindlichkeiten, berücksichtigt, gebildet:

$$\gamma_F = \gamma_f \cdot \gamma_{f,\text{sys}}$$

$$\gamma_M = \gamma_m \cdot \gamma_{m,\text{sys}}$$

1.1.6 Kombinationsbeiwerte

Die Sicherheitselemente, die die Wahrscheinlichkeit des gleichzeitigen Auftretens veränderlicher Einwirkungen berücksichtigen, gehen als Kombinationsbeiwerte ψ in die Berechnungen ein.

1.1.7 Beanspruchungen, Grenzzustände und Beanspruchbarkeiten

Die im Tragwerk von den Bemessungswerten der Einwirkungen F_d verursachten Zustandsgrößen sind vorhandene Größen. Sie werden Beanspruchungen S_d genannt. Es handelt sich z. B. um Spannungen, Schnittgrößen, Scherkräfte von Schrauben, Dehnungen, Durchbiegungen.

Erreichen die Beanspruchungen im Tragwerk Werte an der Grenze der Tragfähigkeit oder der Gebrauchstauglichkeit, dann wird von Grenzzuständen gesprochen. Die zu den Grenzzuständen gehörenden, im Tragwerk vorhandenen Zustandsgrößen sind die Beanspruchbarkeiten R_d. Diese Grenzgrößen werden mit den Bemessungswerten der Widerstandsgrößen **M**$_d$ berechnet. Als Index ist für Beanspruchbarkeiten d zu verwenden. Zu den Beanspruchbarkeiten gehören:

Grenzspannungen, Grenzschnittgrößen, Grenzabscherkräfte von Schrauben, Grenzdehnungen.

1.1.8 Nachweise, Nachweisverfahren

Erforderlich sind die Nachweise der

- Tragsicherheit
- Lagesicherheit
- Gebrauchstauglichkeit

Die Nachweise sind auf das gesamte Tragwerk, seine Teile und Verbindungen, sowie auf seine Lager zu erstrecken.

Als allgemeine Anforderung an die Nachweisführung ist festgelegt, dass die Beanspruchungen S_d die Beanspruchbarkeiten R_d nicht überschreiten dürfen.

$$S_d \leqq R_d$$

Ihr Verhältnis muss in allen Fällen kleiner gleich eins sein.

$$\frac{S_d}{R_d} \leqq 1$$

Die beiden zur Verfügung stehenden Theorien der Elastizität und der Plastizität erlauben drei Nachweisverfahren.

Die Nachweise können:

Elastisch-Elastisch mit Spannungen

Elastisch-Plastisch mit Schnittgrößen

Plastisch-Plastisch mit Einwirkungen oder Schnittgrößen geführt werden.

Grundsätzlich zu berücksichtigen sind:

- Tragwerksverformungen
- geometrische Imperfektionen
- Schlupf in Verbindungen
- planmäßige Außermittigkeiten

Tabelle 1.1-1 gibt die Übersicht.

Tabelle 1.1-1   Bemessungsverfahren nach Grenzzuständen

Einwirkungen		**F**	**M**		Widerstandsgrößen
Bezugsgrößen	ständige	G	f_y, R_{eH}		obere Streckgrenze
charakteristische Werte,	veränderliche	Q, Q_i	f_u, R_m	$\mathbf{M}_k$	Zugfestigkeit
			A		Querschnitt
Index k	$\mathbf{F}_k$		I		Flächenmoment 2. Grades
	außergewöhnliche	F_A	E, G		Elastizitätsmodul, Schubmodul
	aus Erddruck	F_E	α_T		Temperaturdehnzahl
Teilsicherheits-beiwert	γ_F		γ_M		Teilsicherheitsbeiwert
Kombinations-beiwert	ψ				
Bemessungs-werte Index d	$\mathbf{F}_d = \gamma_F \cdot \mathbf{F}_k \cdot \psi$		$\mathbf{M}_d = \dfrac{\mathbf{M}_k}{\gamma_M}$		Bemessungswerte Index d
Beanspruchungen		$S_d \leqq R_d$			Beanspruchbarkeiten

Erforderliche Nachweise:			Zu berücksichtigen sind:		Element
Tragsicherheit		$\dfrac{S_d}{R_d} \leqq 1$	Tragwerks-verformungen		728
Lagesicherheit			geometrische Imperfektionen		729
Gebrauchstauglichkeit			Schlupf in Verbindungen		733
			planmäßige Außer-mittigkeiten		734

Vom gewählten Nachweis-verfahren abhängige Grenzzustände: Beginn des Fließens Durchplastizierung eines Querschnitts Ausbilden einer Fließgelenkkette Bruch	1	Elastizitäts-theorie	Elastizitäts-theorie	1	Elastisch-Elastisch mit Spannungen
	2	Elastizitäts-theorie	Plastizitäts-theorie	2	Elastisch-Plastisch mit Schnittgrößen
	3	Plastizitäts-theorie	Plastizitäts-theorie	3	Plastisch-Plastisch mit Einwirkungen oder Schnittgrößen

1.2 Verwendete Formelzeichen

1.2.1 Koordinaten, Verschiebungs- und Schnittgrößen, Spannungen sowie Imperfektionen

x Stabachse

y, z Hauptachsen des Querschnitts
Die Zeichen sind bei einteiligen Stäben so gewählt, dass $I_y \geq I_z$ ist

u, v, w Verschiebungen in Richtung der Achsen x, y, z

N   Normalkraft, als Zug positiv

M_y, M_z Biegemomente

M_x Torsionsmoment

V_y, V_z Querkräfte

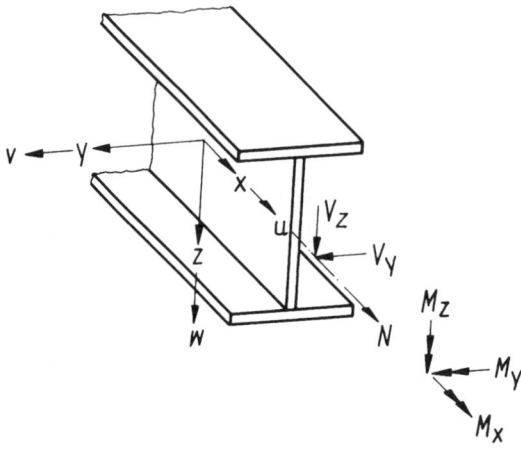

Abb. 1.1

σ Normalspannung

τ Schubspannung

$\Delta\sigma$ Spannungsschwingbreite

φ_0 Stabdrehwinkel des vorverformten (imperfekten) Tragwerks im einwirkungslosen Zustand

1.2.2 Physikalische Kenngrößen, Festigkeiten

E Elastizitätsmodul (E-Modul)

G Schubmodul

α_T lineare Temperaturdehnzahl

f_y Streckgrenze

f_u Zugfestigkeit

μ Reibungszahl

1.2.3 Querschnittsgrößen

t	Erzeugnisdicke, Blechdicke
b	Breite von Querschnittsteilen
A	Querschnittsfläche
A_{Steg}	Stegfläche, nach DIN 18 800 Teil 1, Element 752
S	Statisches Moment
I	Flächenmoment 2. Grades (früher Trägheitsmoment)
W	elastisches Widerstandsmoment
N_{pl}	Normalkraft im vollplastischen Zustand
M_{pl}	Biegemoment im vollplastischen Zustand
M_{el}	Biegemoment, bei dem die Spannung σ_x an der ungünstigsten Stelle des Querschnitts f_y erreicht

$$\alpha_{\text{pl}} = \frac{M_{\text{pl}}}{M_{\text{el}}} \qquad \text{plastischer Formbeiwert}$$

V_{pl}	Querkraft im vollplastischen Zustand
d	Durchmesser
d_{L}	Lochdurchmesser
d_{Sch}	Schaftdurchmesser
Δd	Nennlochspiel
a	rechnerische Schweißnahtdicke

1.2.4 Systemgrößen

l	Systemlänge eines Stabes
N_{Ki}	Normalkraft unter der kleinsten Verzweigungslast nach der Elastizitästheorie, als Druck positiv

$$s_{\text{K}} = \sqrt{\frac{\pi^2 \, (E \cdot I)}{N_{\text{Ki}}}} \qquad \text{zu } N_{\text{Ki}} \text{ gehörende Knicklänge eines Stabes}$$

1.2.5 Einwirkungen, Widerstandsgrößen und Sicherheitselemente

F	Einwirkung (allgemeines Formelzeichen)
G	ständige Einwirkung
Q	veränderliche Einwirkung
F_{A}	außergewöhnliche Einwirkung
F_{E}	Erddruck
M	Widerstandsgröße (allgemeines Formelzeichen)
γ_{F}	Teilsicherheitsbeiwert für die Einwirkungen
γ_{M}	Teilsicherheitsbeiwert für die Widerstandsgrößen
ψ	Kombinationsbeiwert für Einwirkungen

S_d Beanspruchung (allgemeines Formelzeichen)

R_d Beanspruchbarkeit (allgemeines Formelzeichen)

Anmerkung: Die Formelzeichen sind zum Teil aus der englischen Sprache abgeleitet: z. B. **F**orce, **S**tress, **R**esistance, **d**esign.

1.2.6 Nebenzeichen

Index k   charakteristischer Wert einer Größe
Index d   Bemessungswert einer Größe
Index R,d   Beanspruchbarkeit
Index S,d   Beanspruchung
Index w   Schweißen
Index b   Schrauben, Niete, Bolzen

1.3 Hinweise zu den Stahlsorten und zu deren charakteristischen Werten

In den folgenden Abschnitten sind die Angaben zu den Stahlsorten in den Elementen 401 bis 404 der DIN 18 800 Teil 1 angewendet. Die dort zitierte Norm für allgemeine Baustähle (DIN 17 100) ist im Dezember 1990 zurückgezogen worden. Sie wurde durch die DIN EN 10 025/01.91 ersetzt. Es gelten auch die Stahlsortenbezeichnungen nach Eurocode 3.

Mit den Angaben der Tabelle 1.3-1 lassen sich die charakteristischen Werte für Walzstähle den Werten der Tabelle 2.1.3-1 eindeutig zuordnen.

Um vergleichen zu können, ist zu erläutern:

Das vorgestellte U bzw. R gab in DIN 17 100 die Vergießungsart (unberuhigt bzw. beruhigt) an. Das nachgestellte U bzw. N entsprach dem jeweiligen Lieferzustand (normalgeglüht oder warmgewalzt, unbehandelt). Der Nennbuchstabe Q berücksichtigte die Eignung zur Weiterverarbeitung (Abkanten, Kaltbiegen u. ä.).

Im EC 3 erfolgt die Bezeichnung der Stahlsorte durch die rechnerische Zugfestigkeit $f_{u,k}$ (charakteristischer Wert).

Das vorgestellte Fe tritt an die Stelle des herkömmlichen St.

Die Gütegruppen werden in steigender Qualität mit O; B: C; D (D1, D2); DD (DD1, DD2) bzw. – 2 charakterisiert.

Die jeweilige Vergießungsart wird mit der Bezeichnung FU (unberuhigt), FN (unberuhigt nicht zugelassen) oder FF (vollberuhigt) festgelegt.

Als Basisstähle gelten die Sorten O; B und – 2. Alle weiteren Sorten sind Qualitätsstähle.

Die Bezeichnung der Stähle nach DIN EN 10 025 basiert auf dem charakteristischen Wert der Fließspannung $f_{y,k}$. Weiterhin wird die Eignung des Stahls zur Übernahme von Kerbschlagarbeit angegeben; im Einzelnen bedeutet:

S   = Bezeichnung für Baustahl
E   = Bezeichnung für Maschinenbaustahl
        drei auf S bzw. E folgende Ziffern bedeuten Mindeststreckwerte in N/mm^2 für die geringste Erzeugnisdicke
JR   = Bezeichnung für 27 J Kerbschlagarbeit bei Raumtemperatur (+ 20 °C)

JO = Bezeichnung für 27 J Kerbschlagarbeit bei 0 °C
J2 = Bezeichnung für 27 J Kerbschlagarbeit bei –20 °C
K2 = Bezeichnung für 40 J Kerbschlagarbeit bei –20 °C
G1 = Merkmal mit Zählziffer hier unberuhigte Stahlsorte
G2 = Merkmal mit Zählziffer hier beruhigte Stahlsorte
G3 = Merkmal mit Zählziffer unterschiedliche Lieferbedingungen
G4 = Merkmal mit Zählziffer unterschiedliche Lieferbedingungen
C = Stahlsorte mit besonderer Kaltumformbarkeit

Die Werkstoffnummern haben für die Materialdifferenzierung und -bestellungen Bedeutung. Sie sind in DIN EN 10 027-2 erläutert und werden durch die Europäische Stahlregistratur vergeben. Eine Zuordnung der Stahlsorten erfolgt gemäß Werkstoffmerkmalen. Diese schließen ein:

a) die chemische Zusammensetzung

b) kennzeichnende Eigenschaften, wie sie durch genormte Prüfverfahren ermittelt werden, z. B. die Härte, die Zugfestigkeitseigenschaften

c) die Eignung zur Weiterverarbeitung nach bestimmten Verfahren, z. B. Eignung zur Kaltumformung,

d) die Eignung für bestimmte Verwendungszwecke

Der Aufbau der Werkstoffnummer ist folgender:

1. XX   XX   (XX)

```
1.  XX    XX    (XX)
                  └──── Zälnummer              (Für jede Stahlsorte ist eine spezielle
                                                Zählnummer vereinbart.)
           └────────── Stahlgruppennummer      (Für jede Stahlgruppe erfolgt die
                                                Zusammenfassung der Sorten.)
      └─────────────── Werkstoffhauptnummer
                       1 = Stahl
```

9

Tabelle 1.3-1 Vergleich der Stahlsortenbezeichnungen

Bezeichnung nach DIN 17 100 (1/80)	Bezeichnung nach EC 3 (4/93)	Bezeichnung nach DIN EN 10 025 (3/94)	Werkstoffnummer DIN EN 10 027 (7/92)
St 33	Fe 310-0	S185	1.0035
St 37-2	Fe 360 B	S235JR	1.0037
USt 37-3	Fe 360 BFU	S235JRG1	1.0036
UQSt 37-2	Fe 360 BFUKQ	S235JRG1C	1.0121
RSt 37-2	Fe 360 BFN	S235JRG2	1.0038
RQSt 37-2	Fe 360 BFNKQ	S235JRG2C	1.0122
St 37-3 U	Fe 360 C	S235JO	1.0114
QSt 37-3 U	Fe 360 CKQ	S235JOC	1.0115
St 37-3 N	Fe 360 D1	S235J2G3	1.0116
	Fe 360 D2	S235J2G4	1.0117
QSt 37-3 N	Fe 360 D1KQ	S235J2G3C	1.0118
St 44-2	Fe 430 B	S275JR	1.0044
QSt 44-2	Fe 430 BKQ	S275JRC	1.0128
St 44-3 U	Fe 430 C	S275JO	1.0143
QSt 44-3 U	Fe 430 CKQ	S275JOC	1.0140
St 44-3 N	Fe 430 D1	S275J2G3	1.0144
	Fe 430 D2	S275J2G4	1.0145
QSt 44-3N	Fe 430 D1 KQ	S275J2G3C	1.0141
	Fe 510 B	S355JR	1.0045
St 52-3 U	Fe 510 C	S355JO	1.0553
QSt 52-3 U	Fe 510 CKQ	S355JOC	1.0554
St 52-3 N	Fe 510 D1	S355J2G3	1.0570
	Fe 510 D2	S355J2G4	1.0577
QSt 52-3N	Fe 510 D1KQ	S355J2G3C	1.0569
	Fe 510 DD1	S355K2G3	1.0595
	Fe 510 DD2	S355K2G4	1.0596
St 50-2	Fe 490-2	E295	1.0050
St 60-2	Fe 590-2	E335	1.0060
St 70-2	Fe 690-2	E360	1.0070

Für den Einsatz der Baustahlsorten ist auch die Veränderung der charakteristischen Festigkeitswerte in Abhängigkeit von der Temperatur von Bedeutung. Nach Element 405 der DIN 18 800 Teil 1 ist diese Abhängigkeit bei Temperaturen über 100 °C zu berücksichtigen.

Von -25 °C bis 100 °C gelten für $f_{y,k}$ und für $f_{u,k}$ die charakteristischen Werte der Tabelle 2.1.3-1. Sind Temperaturen unter -25 °C zu erwarten, so ist der Sprödbruchnachweis zu führen.

Generell ist zu unterscheiden, ob die Temperatureinwirkungen lang- oder kurzzeitig auftreten.

Bei einer langzeitigen Beanspruchung neigt das erwärmte Material zum Kriechen. Als Festigkeitskennwert zählt in diesem Fall die Zeitstandfestigkeit, das ist die auf den Ausgangsquerschnitt bezogene Spannung, die für die Auslegungstemperatur nach einer bestimmten Zeit (100 000 oder 200 000 h) zum Bruch führt [10].

Die kurzzeitige Festigkeit $f_{y,k,T}$ stellt für die Einschätzung der Materialveränderungen bei auftretenden Bränden, Havarien und beim Schweißen an belasteten Konstruktionen [38] eine aussagekräftige Bezugsgröße dar.

Die Spannungs-Dehnungs-Linie des Baustahls zeigt bei erhöhten Temperaturen keine ausgeprägte Fließgrenze. Die angegebenen Festigkeiten beziehen sich deshalb stets auf die 0,2 %-Dehngrenze. Es wird von gleichem Verhalten im Zug- und Druckbereich ausgegangen, obwohl die Ergebnisse überwiegend auf Zugversuchen basieren.

In Tabelle 1.3-2 ist die sich bei steigender Temperatur für St 37-2 ergebende Verringerung der Streckgrenze angegeben [10]. Für Zwischenwerte kann interpoliert werden.

Tabelle 1.3-2 Temperaturabhängigkeit der Streckgrenze

Temperatur in °C	100	200	300	400	500	600	700
$f_{y,k,T}$ in kN/cm^2	23,5	22,3	17,7	15,7	13,1	7,7	2,2
$f_{y,k,T}/f_{y,k}$	0,98	0,93	0,74	0,65	0,55	0,32	0,09

1.4 Nachweisschema für die Bemessungsvoraussetzungen

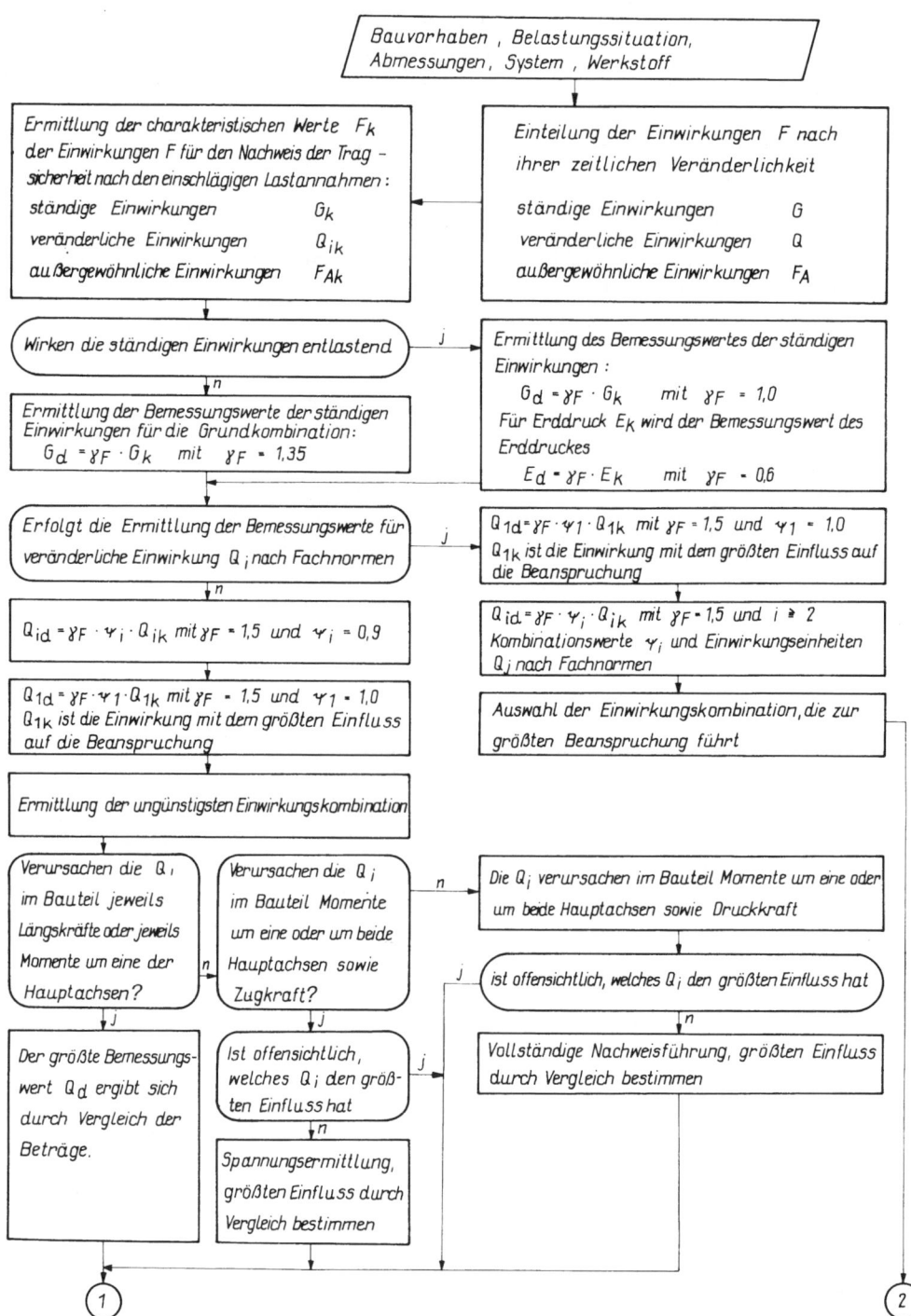

Bauvorhaben , Belastungssituation, Abmessungen , System , Werkstoff

Ermittlung der charakteristischen Werte F_k der Einwirkungen F für den Nachweis der Trag - sicherheit nach den einschlägigen Lastannahmen :

ständige Einwirkungen $\qquad$ G_k

veränderliche Einwirkungen $\qquad$ Q_{ik}

außergewöhnliche Einwirkungen $\qquad$ F_{Ak}

Einteilung der Einwirkungen F nach ihrer zeitlichen Veränderlichkeit

ständige Einwirkungen $\qquad$ G

veränderliche Einwirkungen $\qquad$ Q

außergewöhnliche Einwirkungen $\qquad$ F_A

Wirken die ständigen Einwirkungen entlastend   j

Ermittlung des Bemessungswertes der ständigen Einwirkungen :

$$G_d = \gamma_F \cdot G_k \quad mit \quad \gamma_F = 1,0$$

Für Erddruck E_k wird der Bemessungswert des Erddruckes

$$E_d = \gamma_F \cdot E_k \qquad mit \quad \gamma_F = 0,6$$

n

Ermittlung der Bemessungswerte der ständigen Einwirkungen für die Grundkombination:

$$G_d = \gamma_F \cdot G_k \quad mit \quad \gamma_F = 1,35$$

Erfolgt die Ermittlung der Bemessungswerte für veränderliche Einwirkung Q_i nach Fachnormen   j

$Q_{1d} = \gamma_F \cdot \gamma_1 \cdot Q_{1k}$ mit $\gamma_F = 1,5$ und $\gamma_1 = 1,0$
Q_{1k} ist die Einwirkung mit dem größten Einfluss auf die Beanspruchung

n

$Q_{id} = \gamma_F \cdot \gamma_i \cdot Q_{ik}$ mit $\gamma_F = 1,5$ und $\gamma_i = 0,9$

$Q_{id} = \gamma_F \cdot \gamma_i \cdot Q_{ik}$ mit $\gamma_F = 1,5$ und $i \geq 2$
Kombinationswerte γ_i und Einwirkungseinheiten Q_j nach Fachnormen

$Q_{1d} = \gamma_F \cdot \gamma_1 \cdot Q_{1k}$ mit $\gamma_F = 1,5$ und $\gamma_1 = 1,0$
Q_{1k} ist die Einwirkung mit dem größten Einfluss auf die Beanspruchung

Auswahl der Einwirkungskombination, die zur größten Beanspruchung führt

Ermittlung der ungünstigsten Einwirkungskombination

Verursachen die Q_i im Bauteil jeweils Längskräfte oder jeweils Momente um eine der Hauptachsen?   n

Verursachen die Q_i im Bauteil Momente um eine oder um beide Hauptachsen sowie Zugkraft?   n

Die Q_i verursachen im Bauteil Momente um eine oder um beide Hauptachsen sowie Druckkraft

ist offensichtlich, welches Q_i den größten Einfluss hat   j

j

j

Der größte Bemessungswert Q_d ergibt sich durch Vergleich der Beträge.

Ist offensichtlich, welches Q_i den größten Einfluss hat   j

n

Vollständige Nachweisführung, größten Einfluss durch Vergleich bestimmen

Spannungsermittlung, größten Einfluss durch Vergleich bestimmen

1

2

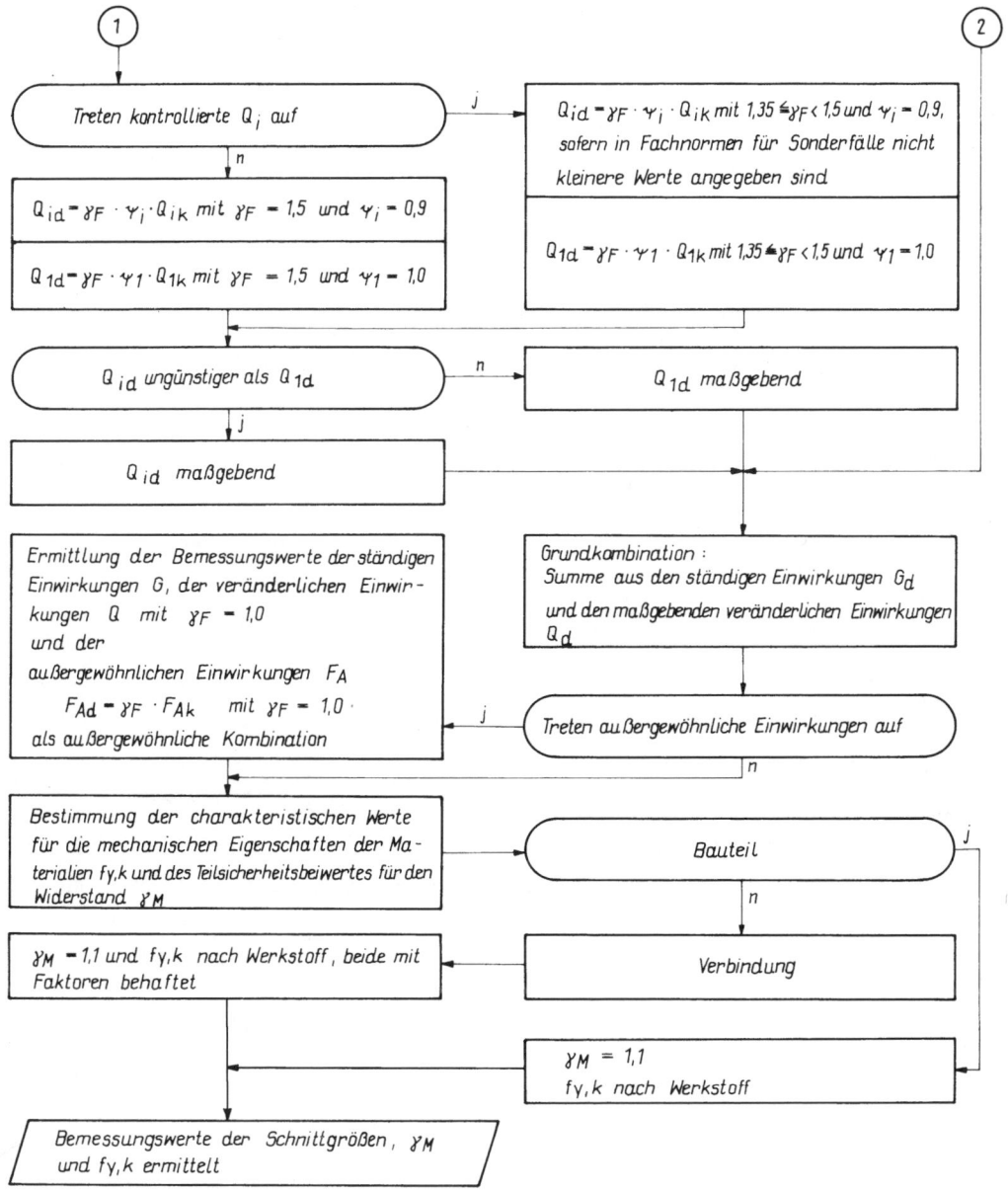

1.5 Beispiele für die Ermittlung der Bemessungsvoraussetzungen

1.5.1 Randstütze unter einer Bühne

Für die Bühne nach Abb. 1.2 sind die Bemessungsvoraussetzungen für die erforderlichen Nachweise zu ermitteln. Es treten Lasten aus Eigenlast, Technologie, Lasten in der Bedienungszone und Schnee auf.

Material St 37

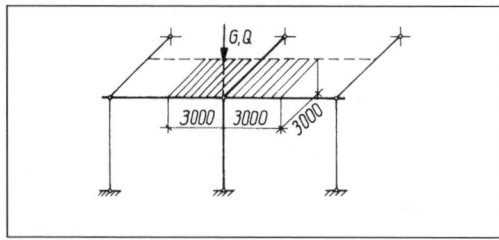

Abb. 1.2

■ Lösung nach 1.3
Charakteristische Werte:
– ständige Einwirkungen
Eigenlast 2 kN/m²
$G_k = 6 \cdot 3 \cdot 2 = 36$ kN
– veränderliche Einwirkungen
$Q_{1k} = 50$ kN (technologische Einzellast)
Last in der Bedienungszone 3 kN/m²
$Q_{2k} = 6 \cdot 3 \cdot 3 = 54$ kN (Verkehrslast)
Schneelast 0,75 kN/m²
$Q_{3k} = 6 \cdot 3 \cdot 0,75 = 13,5$ kN

Es treten keine außergewöhnlichen Einwirkungen auf. Ermittlung der Bemessungswerte für ständige Einwirkungen:
$G_d = 1,35 \cdot 36 = 48,6$ kN

Ermittlung der Bemessungswerte für veränderliche Einwirkungen:

$Q_{1d} = 1,5 \cdot 0,9 \cdot 50 \qquad = \quad 67,5$ kN
$Q_{2d} = 1,5 \cdot 0,9 \cdot 54 \qquad = \quad 72,9$ kN
$Q_{3d} = 1,5 \cdot 0,9 \cdot 13,5 \quad = \quad \underline{18,2 \text{ kN}}$
$\sum_{1}^{3} Q_{id} \qquad\qquad\qquad = \quad 158,6$ kN

Es treten nur Längskräfte auf. Den größten Einfluss hat Q_{2k}.

max $Q_{2d} = 1,5 \cdot 1,0 \cdot 54 = 81$ kN

$\sum_{1}^{3} Q_{id} > $ max $Q_{2d} \rightarrow 158,6$ kN > 81 kN

Damit verursacht die Einwirkungskombination $\sum_{1}^{3} Q_{id}$ die größte Beanspruchung. Die maßgebende Grundkombination der Bemessungswerte ergibt sich somit aus der Summe von G_d und $\sum_{1}^{3} Q_{id}$.

$f_{y,k}$ nach DIN 18 800 T 1, Tab. 1

$f_{y,k} = 240$ N/mm²

$\gamma_M = 1,1$

Damit liegen die Bemessungsvoraussetzungen vor.

1.5.2 Träger

Für den Träger nach Abb. 1.3 sind die Bemessungsvoraussetzungen für die erforderlichen Tragfähigkeitsnachweise zu ermitteln.

Es treten die Lasten aus Eigenmasse der Konstruktion, Behälter und Füllung, Lasten in der Bedienungszone und Wind auf.

Aus technologischen Gründen kann kein Horizontalverband vorgesehen werden.

Material St 37

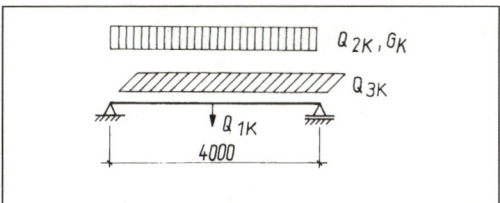

Abb. 1.3

■ Lösung nach 1.3
Charakteristische Werte:
– ständige Einwirkungen
$G_k = 1$ kN/m (Eigenlast)
– veränderliche Einwirkungen
$Q_{1k} = 20$ kN (technologische Einzellast)
$Q_{2k} = 2$ kN/m (Verkehrslast)
$Q_{3k} = 0{,}924$ kN/m (Windlast)

Es treten keine außergewöhnlichen Einwirkungen auf.
Ermittlung der Bemessungswerte für ständige Einwirkungen:
$G_d = 1{,}35 \cdot 1 = 1{,}35$ kN/m

Ermittlung der Bemessungswerte für veränderliche Einwirkungen:
$Q_{1d} = 1{,}5 \cdot 0{,}9 \cdot 20 = 27$ kN
$Q_{2d} = 1{,}5 \cdot 0{,}9 \cdot 2 = 2{,}7$ kN/m
$Q_{3d} = 1{,}5 \cdot 0{,}9 \cdot 0{,}924 = 1{,}25$ kN/m

Es entstehen Biegemomente um beide Hauptachsen:

$$M_{yGd} = 1{,}35 \cdot \frac{4^2}{8} = 2{,}7 \text{ kNm} \qquad M_{yQ2d} = 2{,}7 \cdot \frac{4^2}{8} = 5{,}4 \text{ kNm}$$

$$M_{zQ3d} = 1{,}25 \cdot \frac{4^2}{8} = 2{,}5 \text{ kNm} \qquad M_{yQ1d} = 27 \cdot \frac{4}{4} = 27 \text{ kNm}$$

Die auftretenden Spannungen müssen für ein IPE 220 berechnet werden:

$W_y = 252$ cm^3; $W_z = 37{,}3$ cm^3

$$\sigma_{Gd} = \frac{270}{252} = 1{,}1 \text{ kN/cm}^2$$

$$\sigma_{Q2d} = \frac{540}{252} = 2{,}1 \text{ kN/cm}^2 \qquad \sigma_{Q3d} = \frac{250}{37{,}3} = 6{,}7 \text{ kN/cm}^2$$

$$\sigma_{Q1d} = \frac{2700}{252} = 10{,}7 \text{ kN/cm}^2$$

$$\sum_1^3 \sigma_{Qid} = 19{,}5 \text{ kN/cm}^2$$

Den größten Einfluss hat Q_{1d}.

$$\max Q_{1d} = 1{,}5 \cdot 1{,}0 \cdot 20 = 30 \text{ kN} \qquad \max M_{yQ1d} = 30 \cdot \frac{4}{4} = 30 \text{ kNm}$$

$$\max \sigma_{Q1d} = \frac{3000}{252} = 11{,}9 \text{ kN/cm}^2 \qquad \sum_1^3 \sigma_{Qid} > \max \sigma_{Q1d} \rightarrow 19{,}5 \text{ kN/cm}^2 > 11{,}9 \text{ kN/cm}^2$$

Somit verursacht die Einwirkungskombination $\sum_1^3 \sigma_{Qid}$ die größere Beanspruchung.

Die maßgebende Grundkombination der Bemessungswerte ergibt sich für dieses Beispiel aus σ_{Gd} und $\sum_1^3 \sigma_{Qid}$.

$f_{y,k}$ nach DIN 18 800 T 1, Tab. 1

$f_{y,k} = 240$ N/mm^2

$\gamma_M = 1{,}1$

Damit liegen die Bemessungsvoraussetzungen vor.

2 Nachweisverfahren für die Tragsicherheit

2.0 Allgemeines

Der Nachweis für die Tragsicherheit der Konstruktionen oder Verbindungen darf generell auf der Basis von drei verschiedenen Nachweisverfahren geführt werden. Es besteht die Möglichkeit, dass

- Beanspruchungen und Beanspruchbarkeiten nach der Elastizitätstheorie (Elastisch-Elastisch),
- Beanspruchungen nach der Elastizitätstheorie und Beanspruchbarkeiten nach der Plastizitätstheorie (Elastisch-Plastisch) sowie
- Beanspruchungen und Beanspruchbarkeiten nach der Plastizitätstheorie (Plastisch-Plastisch) ermittelt und verglichen werden.

Bei allen drei Verfahren sind Tragwerksverformungen, geometrische Imperfektionen, Schlupf in Verbindungen und planmäßige Außermittigkeiten, wenn sie zur Vergrößerung der Beanspruchung führen, zu berücksichtigen. Die Größe der Imperfektionen ist in DIN 18 800 T 1, Abschnitt 7.4 bzw. DIN 18 800 T 2, Abschnitt 2 festgelegt. Die Auslastung der Konstruktion nimmt in der Reihenfolge der genannten Verfahren zu.

2.1 Nachweisverfahren Elastisch-Elastisch

2.1.0 Vorbemerkungen

Die Beanspruchungen S_d und die Beanspruchbarkeiten R_d sind nach der Elastizitätstheorie zu berechnen. Die herkömmliche Bemessungskonzeption entsprach weitgehend diesem Nachweisverfahren.

Für die Bemessungswerte der Größen wird der Index d weggelassen, wenn die Aussage eindeutig ist.

Aus dem linearelastischen Werkstoffverhalten wird als Grenzzustand der Tragfähigkeit der Beginn des Fließens definiert.

Es ist nachzuweisen, dass das System im stabilen Gleichgewicht ist und in allen Querschnitten die aus den Bemessungswerten der Einwirkungen ermittelten Beanspruchungen höchstens den Bemessungswert der Streckgrenze erreichen. Die Beanspruchungen werden dabei mit konstantem Elastizitätsmodul, E = const, errechnet. Die Annahme E = const ist für die Berechnung von Verformungen von Bedeutung, da bei statisch unbestimmten Systemen die Schnittkräfte über Formänderungsbedingungen ermittelt werden. Es würden relativ große Abweichungen auftreten, wenn E nicht als konstant angenommen werden dürfte.

Weiterhin ist bei diesem Nachweisverfahren die Beulsicherheit des Querschnitts durch Einhalten von b/t-Verhältnissen nach DIN 18 800 T 1, Tab. 12 bis 14 abzusichern oder exakt zu berechnen.

Unter besonderen Voraussetzungen darf örtlich eine begrenzte Plastizierung eintreten. Diese Festlegung orientiert sich an der Wirtschaftlichkeit und beeinflusst nicht die Berechnungsansätze. Üblicherweise wird der Nachweis mit Spannungen geführt.

2.1.1 Allgemeine Form des Spannungsnachweises

Beim Spannungsnachweis Elastisch-Elastisch werden vorhandene Spannungen, die sich aus den Bemessungswerten der Schnittgrößen ergeben, Grenzspannungen gegenübergestellt. Die Schnittgrößen entsprechen den Resultierenden der Spannungen.

Für Grenznormal- und Grenzschubspannungen wird gefordert:

$$\sigma_{R,d} = \frac{f_{y,k}}{\gamma_M} \quad ; \qquad \tau_{R,d} = \frac{f_{y,k}}{\gamma_M \cdot \sqrt{3}}$$

Nachzuweisen ist:

$\sigma \leqq \sigma_{R,d}$ für alle Normalspannungen $\sigma_x, \sigma_y, \sigma_z$

sowie

$\tau \leqq \tau_{R,d}$ für alle Schubspannungen $\tau_{xy}, \tau_{xz}, \tau_{yz}$

Zum Beispiel ergibt sich beim Stab mit Längskraft und Biegung:

$$\sigma_x = \frac{N}{A} \pm \frac{M_y}{I_y} \cdot z \pm \frac{M_z}{I_z} \cdot y \leqq \sigma_{R,d}$$

bei örtlicher Lasteintragung:

$$\sigma_z = \frac{F_z}{l \cdot s} \leqq \sigma_{R,d}$$

bei Schub im Biegeträger:

$$\tau_{xz} = \frac{V_z \cdot S_y}{s \cdot I_y} \leqq \tau_{R,d}$$

Für die gleichzeitige Wirkung mehrerer Spannungen gilt als Vergleichsspannung:

$\sigma_v \leqq \sigma_{R,d}$ mit

$$\sigma_v = \sqrt{\sigma_x^2 + \sigma_y^2 + \sigma_z^2 - \sigma_x\,\sigma_y - \sigma_x\,\sigma_z - \sigma_y\,\sigma_z + 3\,\tau_{xy}^2 + 3\,\tau_{xz}^2 + 3\,\tau_{yz}^2}$$

σ und τ werden jeweils für ihren Maximalwert bzw. die Stelle ihrer gemeinsamen Wirkungen nach den Regeln der Festigkeitslehre ermittelt. In kleinen Bereichen darf die Vergleichsspannung σ_v die Grenzspannung $\sigma_{R,d}$ um 10 % überschreiten.

Der Nachweis mit σ_v gilt für die alleinige Wirkung von σ_x und τ oder σ_y und τ als erfüllt, wenn $\sigma \leqq 0,5\,\sigma_{R,d}$ oder $\tau \leqq 0,5\,\tau_{R,d}$ ist. Für Winkelprofile bietet die DIN 18 800 T 1 Element 751 eine vereinfachte Berechnung der Biegenormalspannung an. Sobald die Biegung um schenkelparallele Achsen und nicht um Trägheitshauptachsen gerechnet wird, muss die rechnerische Beanspruchung um 30 % erhöht werden.

Die Schubspannung darf bei I-förmigen Querschnitten, bei denen die Wirkungslinie der Querkraft V_z mit dem Steg zusammenfällt, überschlägig ermittelt werden.

$$\tau = \left| \frac{V_z}{A_{Steg}} \right|$$

A_{Steg} darf aus dem Produkt Entfernung der Flanschschwerlinien mal Stegdicke gebildet werden.

Die gleichmäßig über den Steg verteilte Schubspannung ist an die Relation $A_{Gurt}/A_{Steg} > 0{,}6$ gebunden.

Bei den Walzprofilen ist diese Bedingung in der Regel erfüllt.

Bei kleineren Verhältnissen weichen die maximalen Schubspannungen um mehr als 10 % von den gemittelten Werten ab.

2.1.2 Örtliche Plastizierung

▦ Erhöhung der Grenzspannung beim Vergleich mit σ_v

Bei auftretender Doppelbiegung mit oder ohne Längskraft darf die Vergleichsspannung die Grenznormalspannung um 10 % überschreiten. Dabei darf jedoch die Normalspannung nur 80 % der jeweiligen Grenznormalspannung betragen.

$$\sigma_v = 1{,}1\,\sigma_{R,d} \qquad \text{bei}$$

$$\left| \frac{N}{A} + \frac{M_y}{I_y} \cdot z \right| \leqq 0{,}80\,\sigma_{R,d} \qquad \text{und} \qquad \left| \frac{N}{A} + \frac{M_z}{I_z} \cdot y \right| \leqq 0{,}80\,\sigma_{R,d}$$

▦ Plastizierung bei doppeltsymmetrischen I-Querschnitten (Belastung durch N, M_y, M_z).

Das b/t-Verhältnis ist dabei nach DIN 18 800 T 1, Tabelle 15 einzuhalten.

$$\sigma_x = \left| \frac{N}{A} \pm \frac{M_y}{\alpha^*_{pl,y} \cdot W_y} \pm \frac{M_z}{\alpha^*_{pl,z} \cdot W_z} \right| \qquad \text{mit} \quad \alpha^*_{pl} \leqq 1{,}25$$

Für gewalzte I-förmige Stäbe darf

$\alpha^*_{pl,y} = 1{,}14$ und $\alpha^*_{pl,z} = 1{,}25$ angenommen werden.

Die exakte Berechnung ergibt:

$$\alpha_{pl,y} = \alpha^*_{pl,y} = \frac{W_{pl,y} \cdot \sigma_{R,d}}{W_y \cdot \sigma_{R,d}} = \frac{M_{pl,y,d}}{M_{el,y,d}} \leqq 1{,}25$$

und

$$\alpha_{pl,z} = \alpha^*_{pl,z} = \frac{W_{pl,z}}{W_z} \leqq 1{,}25$$

W_{pl} kann 2.2.5 bzw. [1] entnommen werden. Es wird als statisches Moment um die Flächenhalbierende berechnet. Mit α^*_{pl} werden örtlich begrenzte Plastizierungen erlaubt. So wird ein Übergang zum Nachweisverfahren Elastisch-Plastisch erreicht.

2.1.3 Charakteristische Werte der Werkstoffe für die Nachweisführung Elastisch-Elastisch

Die charakteristischen Werkstoffwerte können je nach Anwendungsfall und Stahlsorte den Tabellen 1 bis 4 dieses Abschnittes entnommen werden. Die Bezeichnungen der Stahlsorten nach DIN 17 100 sind in Tabelle 1.3-1 mit den Bezeichnungen der europäischen Normen verglichen.

Tabelle 2.1.3-1. Als charakteristische Werte für Walzstahl und Stahlguss festgelegte Werte

	1	2	3	4	5	6	7
	Stahl	Erzeugnis-dicke $t^*)$ mm	Streck-grenze $f_{y,k}$ N/mm^2	Zug-festigkeit $f_{u,k}$ N/mm^2	E-Modul E N/mm^2	Schub-modul G N/mm^2	lineare Temperatur-dehnzahl α_T K^{-1}
1	Baustahl St 37-2 USt 37-2 RSt 37-2 St 37-3	$t \leq 40$	240	360			
2		$40 < t \leq 80$	215				
3	Baustahl St 52-3	$t \leq 40$	360	510			
4		$40 < t \leq 80$	325				
5	Feinkorn-baustahl StE 355 WStE 355 TStE 355 EStE 355	$t \leq 40$	360	510	210 000	81 000	$12 \cdot 10^{-6}$
6		$40 < t \leq 80$	325				
7	Stahlguss GS-52		260	520			
8	GS-20 Mn 5	$t \leq 100$	260	500			
9	Vergütungs-stahl C 35 N	$t \leq 16$	300	480			
10		$16 < t \leq 80$	270				

*) Die Erzeugnisdicke wird in Normen über Walzprofile auch mit anderen Formelzeichen bezeichnet, z. B. in den Normen der Reihe DIN 1025 mit s für den Steg.

Tabelle 2.1.3-2. Als charakteristische Werte für Schraubenwerkstoffe festgelegte Werte

	1	2	3
	Festigkeitsklasse	Streckgrenze $f_{y,b,k}$ N/mm^2	Zugfestigkeit $f_{u,b,k}$ N/mm^2
1	4.6	240	400
2	5.6	300	500
3	8.8	640	800
4	10.9	900	1000

Tabelle 2.1.3-3. Als charakteristische Werte für Nietwerkstoffe festgelegte Werte

	1	2	3
	Werkstoff	Streckgrenze $f_{\text{y,b,k}}$ N/mm^2	Zugfestigkeit $f_{\text{u,b,k}}$ N/mm^2
1	USt 36	205	330
2	RSt 38	225	370

Tabelle 2.1.3-4. Als charakteristische Werte für Werkstoffe von Kopf- und Gewindebolzen festgelegte Werte

	1		2	3
	Bolzen	d in mm	Streck-grenze $f_{\text{y,b,k}}$ N/mm^2	Zugfestig-keit $f_{\text{u,b,k}}$ N/mm^2
1	nach DIN 32 500 Teil 1 Festigkeitsklasse 4.8		320	400
2	nach DIN 32 500 Teil 3 mit der chemischen Zusammensetzung des St 37-3 nach DIN 17 100		350	450
3	aus St 37 nach DIN 17 100	$d \leq 40$	240	360
		$40 < d \leq 80$	215	
4	aus St 52-3 nach DIN 17 100	$d \leq 40$	360	510
		$40 < d \leq 80$	325	

2.2 Nachweisverfahren Elastisch-Plastisch

2.2.0 Vorbemerkungen

Die Beanspruchungen S_{d} werden nach der Elastizitätstheorie, die Beanspruchbarkeiten R_{d} dagegen unter Ausnutzung plastischer Tragfähigkeiten ermittelt.

Als Grenzzustand der Tragfähigkeit wird das Erreichen der Grenzschnittgrößen im vollplastischen Zustand definiert. Es ist nachzuweisen, dass das System im stabilen Gleichgewicht ist und in keinem Querschnitt die berechneten Beanspruchungen unter Beachtung der Interaktion zu einer Überschreitung der Grenzschnittgrößen im vollplastischen Zustand führen. Die b/t-Verhältnisse nach DIN 18 800 T 1, Tab. 15 dürfen nicht überschritten werden. Dies gilt jedoch nur für die Bereiche des Tragwerkes, in denen plastische Querschnittsreserven ausgenutzt werden. Außerhalb derselben genügt das Einhalten der b/t-Verhältnisse des Nachweisverfahrens Elastisch-Elastisch. Beim Verfahren Elastisch-Plastisch wird für die Berechnung der Beanspruchungen linear-elastisches Werkstoffverhalten, für die Berechnung der Beanspruchbarkeiten linearelastisch-idealplastisches Werkstoffverhalten angenommen. Es werden die Reserven des Querschnitts genutzt. Die möglicherweise vorhandenen plastischen Reserven des Systems bleiben unbeachtet.

Die Mehrzahl der Stabilitätsnachweise sind nach DIN 18 800 T 2 auf das Nachweisverfahren Elastisch-Plastisch orientiert. Ein Querschnitt befindet sich im plastischen Zustand, wenn Querschnittsbereiche plasziert sind. Er ist im vollplastischen Zustand, wenn eine Vergrößerung der Schnittkräfte nicht mehr möglich ist. Bei einfachsymmetrischen Querschnitten muss dabei nicht der gesamte Querschnitt durchplastiziert sein.

Ähnlich wie das Nachweisverfahren Elastisch-Elastisch schon örtlich begrenzte Plastizierungen erlaubt, werden beim Verfahren Elastisch-Plastisch für statisch unbestimmte Systeme bereits teilweise Systemreserven genutzt. Die Bestimmungen der DIN 18 800 T 1, Element 754 sind eine Zwischenstufe zum Nachweisverfahren Plastisch-Plastisch.

Üblicherweise wird der Nachweis Elastisch-Plastisch mit Schnittgrößen im vollplastischen Zustand geführt.

2.2.1 Allgemeine Querschnittsformen

In der Regel treten im Stahlbau doppelt- oder einfachsymmetrische Querschnittsformen auf. Die doppeltsymmetrischen Querschnittsformen sind nach 2.2.2 bis 2.2.4 nachzuweisen.

Beim Wirken nur einer Schnittgröße ergibt sich auf der Grundlage der Plastizitätstheorie die Tragfähigkeit eindeutig. Tritt im Querschnitt nur eine Längskraft auf, dann entspricht N_{pl} dem Produkt aus Querschnittsfläche und Fließspannung. Für die Ermittlung von M_{pl} muss die Flächenhalbierende ermittelt werden. Das plastische Widerstandsmoment entspricht dem Flächenmoment 1. Grades um die Flächenhalbierende. Analog zu N_{pl} ergibt sich M_{pl} bei homogenem Querschnitt aus dem Produkt des plastischen Widerstandsmomentes und der Fließspannung. Bei den Profilen des Stahlbaus kann im Steg meist ein konstanter Schubspannungszustand angenommen werden. V_{pl} entspricht in diesem Fall dem Produkt aus Stegfläche und Grenzschubspannung. Dabei werden als Stegfläche die Teilquerschnitte eingesetzt, die rechtwinklig zur Flächenhalbierenden angeordnet sind.

Querkräfte treten jedoch meist gekoppelt mit Biegemomenten auf. Die Überlagerung im Stegbereich kann zu einer Reduzierung des plastischen Momentes führen.

Bei doppeltsymmetrischen Querschnitten kann durch die Rechnung mit einer verminderten Stegdicke s' nach [2] eine Berücksichtigung erfolgen.

Es beträgt abgemindert $s' = s \cdot \sqrt{1 - (V/V_{pl})^2}$.

Analog wirkt eine Längskraft ebenfalls reduzierend auf das Biegemoment im vollplastischen Zustand, da ein Teil der plastischen Tragreserve durch die Längskraft beansprucht wird. Dabei müssen 2 Bereiche unterschieden werden. Für diese Bereiche der Längskraft $e \leqq h_s/2$ ergibt sich $M_{pl,N} = M_{pl} [1 - (N/N_{pl})^2] \cdot A^2/(8 \cdot s \cdot S)$.

Für $e > h_s/2$, wenn der Längskraftanteil bis in die Flansche plastiziert, wäre

$$M_{pl,N} = M_{pl} \cdot \left[\frac{A(h+t)}{2\,b} \cdot \left(1 - |N/N_{pl}| \right) - \frac{A^2}{4\,b^2} \cdot \left(1 - |N/N_{pl}| \right)^2 \right] \cdot \frac{b}{2\,S}$$

mit den Bezeichnungen nach 2.2.6 und S als statischem Moment um die Flächenhalbierende. Beim Zusammenwirken verschiedener Schnittgrößen bietet für ausgewählte Querschnittsformen die DIN 18 800 T 1, Element 757 Interaktionsbeziehungen an.

2.2.2 Interaktionsbeziehungen für I-Querschnitte mit N, M_y, V_z (einachsige Biegung)

Biegung um die y-Achse	Gültigkeitsbereich	$\dfrac{V_z}{V_{pl,z,d}} \leqq 0,33$	$0,33 < \dfrac{V_z}{V_{pl,z,d}} \leqq 1$
	$\dfrac{N}{N_{pl,d}} \leqq 0,1$	$\dfrac{M_y}{M_{pl,y,d}} \leqq 1$	$0,88\,\dfrac{M_y}{M_{pl,y,d}} + 0,37\,\dfrac{V_z}{V_{pl,z,d}} \leqq 1$
	$0,1 < \dfrac{N}{N_{pl,d}} \leqq 1$	$0,9\,\dfrac{M_y}{M_{pl,y,d}} + \dfrac{N}{N_{pl,d}} \leqq 1$	$0,8\,\dfrac{M_y}{M_{pl,y,d}} + 0,89\,\dfrac{N}{N_{pl,d}} + 0,33\,\dfrac{V_z}{V_{pl,z,d}} \leqq 1$

2.2.3 Interaktionsbeziehungen für I-Querschnitte mit N, M_z, V_y (einachsige Biegung)

Biegung um die z-Achse	Gültigkeitsbereich	$\dfrac{V_y}{V_{pl,y}} \leqq 0,25$	$0,25 < \dfrac{V_y}{V_{pl,y,d}} \leqq 0,9$
	$\dfrac{N}{N_{pl,d}} \leqq 0,3$	$\dfrac{M_z}{M_{pl,z,d}} \leqq 1$	$0,95\,\dfrac{M_z}{M_{pl,z,d}} + 0,82\left(\dfrac{V_y}{V_{pl,y,d}}\right)^2 \leqq 1$
	$0,3 < \dfrac{N}{N_{pl,d}} \leqq 1$	$0,91\,\dfrac{M_z}{M_{pl,z,d}} + \left(\dfrac{N}{N_{pl,d}}\right)^2 \leqq 1$	$0,87\,\dfrac{M_z}{M_{pl,z,d}} + 0,95\left(\dfrac{N}{N_{pl,d}}\right)^2 + 0,75\left(\dfrac{V_y}{V_{pl,y,d}}\right)^2 \leqq 1$

2.2.4 Nachweisschema für I-Querschnitte mit N, V_z, V_y, M_y, M_z (zweiachsige Biegung)

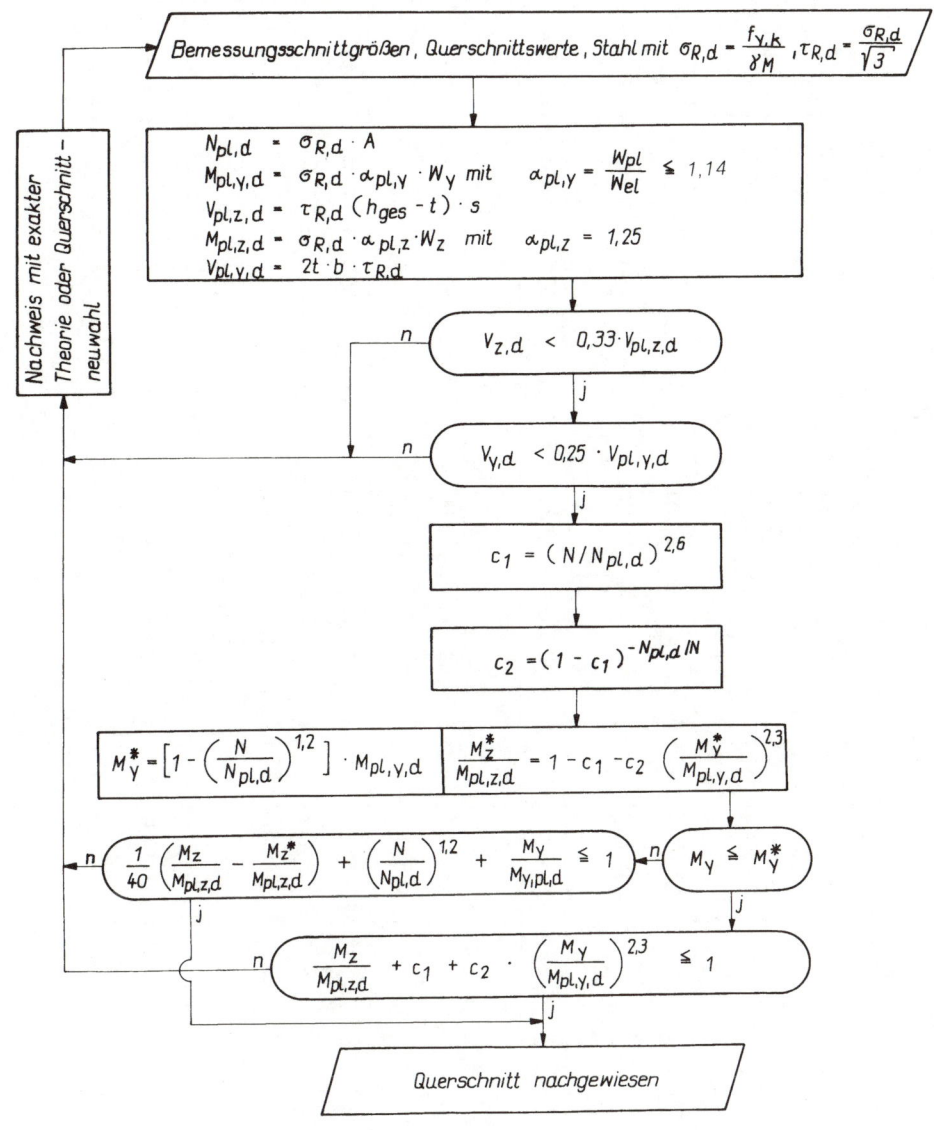

2.2.5 Schnittgrößen im vollplastischen Zustand für gewalzte I-Querschnitte aus St 37 in kNcm und kN

h in mm	IPE $M_{pl,y,d}$	IPE $V_{pl,d}$	IPE $N_{pl,d}$	HEA $M_{pl,y,d}$	HEA $V_{pl,d}$	HEA $N_{pl,d}$	HEM $M_{pl,y,d}$	HEM $V_{pl,d}$	HEM $N_{pl,d}$	HEB $M_{pl,y,d}$	HEB $V_{pl,d}$	HEB $N_{pl,d}$
100	860	48,7	225	1 811	55,4	463	5 149	151,2	1 161	2 274	68,0	567
120	1 327	63,0	288	2 605	66,8	552	7 636	187,4	1 449	3 604	89,2	742
140	1 929	78,8	358	3 783	86,3	685	10 780	226,0	1 759	5 367	112,9	938
160	2 701	96,1	439	5 367	108,1	847	14 710	276,9	2 119	7 724	148,1	1 185
180	3 630	114,8	521	7 069	122,1	988	19 290	321,5	2 465	10 520	177,7	1 425
200	4 800	135,1	622	9 382	147,4	1 174	24 790	368,5	2 858	14 010	209,7	1 704
220	6 240	156,7	729	12 390	175,5	1 403	30 980	417,8	3 251	18 070	244,1	1 985
240	7 985	179,8	853	16 230	206,0	1 676	46 250	539,6	4 364	23 000	280,9	2 313
260	–	–	–	20 070	224,4	1 894	54 980	583,9	4 800	27 970	305,5	2 575
270	10 560	216,0	1 001	–	–	–	–	–	–	–	–	–
280	–	–	–	24 260	259,0	2 123	64 580	645,5	5 236	33 470	346,5	2 858
300	13 700	258,7	1 174	30 200	295,5	2 465	89 020	796,2	6 611	40 760	389,4	3 251
320	–	–	–	35 520	333,9	2 705	96 870	843,9	6 807	46 690	433,9	3 513
330	17 540	300,9	1 366	–	–	–	–	–	–	–	–	–
340	–	–	–	40 360	375,2	2 902	103 000	891,5	6 895	52 360	481,4	3 731
360	22 248	350,0	1 586	45 380	418,8	3 120	108 700	939,1	6 960	58 470	531,4	3 949
400	28 540	418,7	1 844	55 850	514,1	3 469	121 800	1 037	7 113	70 690	639,4	4 320
450	37 140	515,6	2 156	70 250	607,0	3 884	138 300	1 159	7 309	86 840	747,7	4 756
500	48 000	621,9	2 530	85 960	705,9	4 320	154 900	1 280	7 505	105 200	862,1	5 215
550	60 660	745,0	2 924	100 800	812,5	4 625	173 000	1 407	7 724	122 200	984,4	5 542
600	76 800	878,2	3 404	116 900	925,2	4 931	190 000	1 534	7 942	140 100	1 113	5 891
650	–	–	–	134 000	1 044	5 280	210 800	1 661	8 160	159 700	1 248	6 240
700	–	–	–	153 600	1 211	5 673	230 000	1 788	8 356	181 500	1 431	6 676
800	–	–	–	189 800	1 440	6 240	272 300	2 047	8 815	223 000	1 691	7 287
900	–	–	–	236 100	1 733	7 004	315 000	2 301	9 251	271 800	2 016	8 095
1 000	–	–	–	279 700	1 993	7 571	361 000	2 561	9 687	324 200	2 307	8 727

$M_{\text{pl,y,d}} = 2 \cdot S_{\text{y}} \cdot f_{\text{y,k}}/\gamma_{\text{M}}$ in kNcm

$V_{\text{pl,d}} = h \cdot s \cdot \dfrac{f_{\text{y,k}}}{(\gamma_{\text{M}} \cdot \sqrt{3}\,)}$ in kN

$N_{\text{pl,d}} = A \cdot \dfrac{f_{\text{y,k}}}{\gamma_{\text{M}}}$ in kN

Für St 52 gelten die 1,5fachen Werte der Tabelle 2.2.5

Bezeichnungen nach 2.2.6

2.2.6 Formeln zur Berechnung der Schnittgrößen im vollplastischen Zustand

	$M_{\text{pl,y,d}} = \left[b \cdot t\,(h_{\text{s}} + t) + \dfrac{s \cdot h_{\text{s}}^2}{4}\right] \dfrac{f_{\text{y,k}}}{\gamma_{\text{M}}}$ $M_{\text{pl,z,d}} = \dfrac{t \cdot b^2}{2} \cdot \dfrac{f_{\text{y,k}}}{\gamma_{\text{M}}}$	$V_{\text{pl,y,d}} = 2 \cdot b \cdot t\,\dfrac{f_{\text{y,k}}}{\sqrt{3} \cdot \gamma_{\text{M}}}$ $V_{\text{pl,z,d}} = s \cdot h \cdot \dfrac{f_{\text{y,k}}}{\sqrt{3} \cdot \gamma_{\text{M}}}$
	$M_{\text{pl,y,d}} = \left\{ h_{\text{s}} \cdot \left[b_1 \cdot t_1 \cdot \beta + b_2 \cdot t_2\,(1 - \beta)\right] + \dfrac{b_1 \cdot t_1^2}{2} \right.$ $\left. + \dfrac{b_2 \cdot t_2^2}{2} + \dfrac{s \cdot h_{\text{s}}^2}{2} \cdot \left[\beta^2 + (1 - \beta)^2\right] \right\} \dfrac{f_{\text{y,k}}}{\gamma_{\text{M}}}$ mit $\beta = \dfrac{1}{2} \cdot \left(1 - \dfrac{b_1 \cdot t_1 - b_2 \cdot t_2}{h_{\text{s}}}\right)$ $M_{\text{pl,z,d}} = \dfrac{1}{4} \cdot (b_1^2 \cdot t_1 + b_2^2 \cdot t_2)\,\dfrac{f_{\text{y,k}}}{\gamma_{\text{M}}}$	$V_{\text{pl,y,d}} =$ $(b_1 \cdot t_1 + b_2 \cdot t_2) \cdot \dfrac{f_{\text{y,k}}}{\sqrt{3} \cdot \gamma_{\text{M}}}$ $V_{\text{pl,z,d}} = s \cdot h \cdot \dfrac{f_{\text{y,k}}}{\sqrt{3} \cdot \gamma_{\text{M}}}$
$t \ll d$	$M_{\text{pl,d}} = t \cdot d^2 \cdot \dfrac{f_{\text{y,k}}}{\gamma_{\text{M}}}$	$V_{\text{pl,d}} = 2 \cdot d \cdot t \cdot \dfrac{f_{\text{y,k}}}{\sqrt{3} \cdot \gamma_{\text{M}}}$
$t \ll b, h$	$M_{\text{pl,y,d}} = t \cdot \left(\dfrac{h^2}{2} + h \cdot b\right) \cdot \dfrac{f_{\text{y,k}}}{\gamma_{\text{M}}}$ $M_{\text{pl,z,d}} = t \cdot \left(\dfrac{b^2}{2} + h \cdot b\right) \cdot \dfrac{f_{\text{y,k}}}{\gamma_{\text{M}}}$	$V_{\text{pl,y,d}} = 2 \cdot b \cdot t \cdot \dfrac{f_{\text{y,k}}}{\sqrt{3} \cdot \gamma_{\text{M}}}$ $V_{\text{pl,z,d}} = 2 \cdot h \cdot t \cdot \dfrac{f_{\text{y,k}}}{\sqrt{3} \cdot \gamma_{\text{M}}}$
Für alle Querschnitte gilt $N_{\text{pl,d}} = A \cdot f_{\text{y,k}}/\gamma_{\text{M}}$.		

2.3 Nachweisverfahren Plastisch-Plastisch

Das Nachweisverfahren setzt statisch unbestimmte Systeme voraus. Wenn sich durch die Bildung mehrerer plastischer Gelenke eine Kette bildet, ist die Tragfähigkeit des Systems erschöpft.

Die Beanspruchungen S_d werden nach der Fließgelenk- bzw. Fließzonentheorie ermittelt. Die Berechnung der Beanspruchbarkeiten R_d erfolgt unter Ausnutzung plastischer Tragfähigkeiten.

Es ist für das Tragwerk nachzuweisen, dass das System im Gleichgewicht ist und die Beanspruchungen der Querschnitte nicht zu einer Überschreitung der Grenzwerte der Schnittgrößen im vollplastischen Zustand führen. Es werden dabei die plastischen Querschnittsreserven ausgenutzt. Die plastische Grenzlast ist dann erreicht, wenn das Tragwerk oder ein Teil desselben kinematisch geworden ist. Mit der Bildung von plastischen Gelenken erfolgt in der Regel eine Schnittkraftumlagerung. Generell sind im Bereich der Fließgelenke bzw. der Fließzonen die Relationen b/t für Gurte und Stege nach DIN 18 800 T 1, Tab. 18 einzuhalten.

Außerhalb dieser Bereiche sind entsprechend den Gegebenheiten die geforderten b/t-Verhältnisse für die Nachweisform Elastisch-Elastisch bzw. Elastisch-Plastisch einzuhalten. Bei unverschieblichen Systemen darf die Lage der Fließgelenke beliebig angenommen werden, wenn überall die b/t-Relationen für das Nachweisverfahren Plastisch-Plastisch nicht überschritten werden. Üblicherweise wird bei diesen Nachweisverfahren mit Einwirkungen oder Schnittgrößen gerechnet.

Die plastische Grenzlast ist unabhängig von der Belastungsgeschichte. Eigenspannungszustände brauchen nicht berücksichtigt zu werden.

Die Verformung unter einer ausgebildeten Fließgelenkkette ist nur bedingt berechenbar, da die Konstruktion keine Formsteifigkeit mehr besitzt. Dagegen ist es möglich, die Verformung dann zu ermitteln, wenn sich das letzte Fließgelenk zwar ausgebildet, aber noch nicht verdreht hat.

Die Anwendung dieses Traglastverfahrens beschränkt sich auf statisch unbestimmte Systeme. Bei statisch bestimmter Lagerung ist mit Bildung des ersten Fließgelenkes eine Gelenkkette vorhanden und damit die Traglast erreicht.

Folgende Voraussetzungen sind bei Anwendung des Traglastverfahrens im Stahlbau erforderlich:

- Die statischen Gleichgewichtsbedingungen müssen immer erfüllt sein.
- Die Werkstoffe haben eine ausgeprägte Fließzone.
- Außerhalb der Fließgelenke verhält sich das Tragwerk weiterhin elastisch.
- Bis zur Ausbildung des zuletzt entstehenden Fließgelenkes ist noch die geometrische Ausgangsform vorhanden.
- Die Systeme bleiben eben, anderenfalls besteht die Forderung, noch zusätzlich weitere Nachweise zu führen.
- Für ein Tragwerk muss die jeweils ungünstigste Fließgelenkkette ermittelt werden. Jeder Belastungskombination ist ein bestimmter Plastizierungsmechanismus zugeordnet. In der Regel liefert das gleichzeitige Wirken aller Lasten die maßgebende Fließgelenkkette für den Versagenszustand. Das Superpositionsgesetz gilt jedoch generell nicht.
- Die Materialdicken müssen so groß sein, dass die örtliche Stabilität bei der Ausbildung von plastischen Gelenken gewährleistet ist.

Zur Berechnung der Grenzlast für das Nachweisverfahren Plastisch-Plastisch werden in der Praxis verschiedene Verfahren angewendet, die in [3] konzeptionell gegliedert sind.

■ Schrittweise Berechnung der plastischen Grenztragfähigkeit

Dieses Verfahren ist zwar relativ anschaulich, erweist sich aber in der Anwendung bei größeren Systemen als zu umständlich und nicht praktikabel. Die Reihenfolge der Arbeitsschritte erläutert das Prinzip:

– Laststeigerung bis Fließbeginn an einer Querschnittsstelle.

– Laststeigerung bis zur Ausbildung eines plastischen Gelenkes an dieser Stelle.

– Weitere Lasterhöhung und Bildung von plastischen Gelenken, bis sich eine Fließgelenkkette einstellt.

■ Statische Methode

Die statische Methode eignet sich für Systeme, bei denen die Anzahl der überzähligen Größen klein ist. Alle Zustände, in denen das System im Gleichgewicht ist und $M \leq M_{pl}$ beträgt, sind zulässig. Bis zum Erreichen der kinematischen Kette kann die Last gesteigert werden. Im Grenzzustand ist die kinematische Kette gerade noch nicht vorhanden.

Die geometrische Form des Momentenschaubildes der elastischen Beanspruchung bleibt qualitativ erhalten. Die Einhaltung der Gleichgewichtsbedingung ermöglicht die Berechnung der Traglast.

■ Kinematische Methode

Für komplizierte Systeme bildet die kinematische Methode die günstigste Berechnungsgrundlage. Sie ist eine Anwendung des Prinzips der virtuellen Verschiebungen. Als Folge des Prinzips der virtuellen Verschiebungen sind die Summen der virtuellen Arbeiten in den plastischen Gelenken gleich den Summen der virtuellen Arbeiten der äußeren Kräfte. Alle Zustände, bei denen das System im Gleichgewicht ist und am letzten Gelenk, das entsteht, die Verdrehung noch nicht erfolgt ist, sind kinematisch zulässig.

Bei der kinematischen Methode ist die plastische Traglast erreicht, wenn auch die Tragfähigkeitsbedingung erfüllt ist. Die kinematische Last ist größer als die Grenzlast. Es sind mehrere kinematische Ketten zu untersuchen.
Trägerketten: Fließgelenke treten in den Endquerschnitten und im Feld auf.
Rahmenketten: Fließgelenke treten in den Stabknoten auf und können dadurch ein Rahmenfeld oder ein Stockwerk kinematisch werden lassen.
Zwischen Rahmen- und Knotenketten ist die Bildung kombinierter Ketten möglich.

Knotenverdrehungen: Fließgelenke an den 3 Anschlussstäben führen zur Kettenbildung.

Die Anzahl der unabhängigen Ketten m ergibt sich aus der Differenz der Zahl der möglichen Fließgelenke p und der Anzahl der statisch unbestimmten Größen n.

Rahmenketten und Knotenverdrehungen stellen sich bei Rahmen ein. Durchlaufträger bilden Trägerketten.

Für den Stabilitätsnachweis sind die Forderungen der DIN 18 800 T 2, Abschnitt 5.2 einzuhalten.

2.4 Beispiele zum Nachweis der Tragsicherheit

2.4.1 Querschnitt mit N, M_y und V_z

An einer Stelle eines Tragsystems entstehen die folgenden Schnittkräfte mit ihren Bemessungswerten:
$N_d = 500\ kN$
$M_{y,d} = 5500\ kNcm$
$V_{z,d} = 150\ kN$

Als Profilquerschnitt ist ein IPE 300 nach Abb. 2.1 vorgesehen.

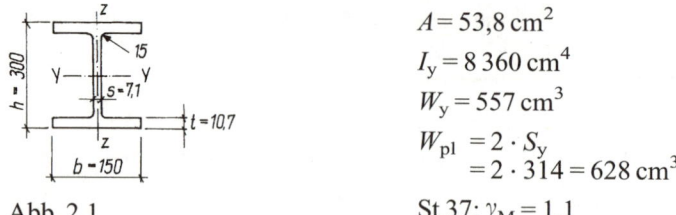

$A = 53{,}8 \text{ cm}^2$

$I_y = 8\,360 \text{ cm}^4$

$W_y = 557 \text{ cm}^3$

$W_{pl} = 2 \cdot S_y$
$= 2 \cdot 314 = 628 \text{ cm}^3$

Abb. 2.1

St 37; $\gamma_M = 1{,}1$

■ Lösung

Variante 1: Nachweisverfahren Elastisch-Elastisch nach Abschnitt 2.1
b/t-Verhältnisse (DIN 18 800 T 1, Tab. 12 u. 13)
Steg: $b/t = [300 - 2\,(10{,}7 + 15)\,]/7{,}1 = 35 < 75{,}8 \ (\psi \approx 0)$
Gurt: $b/t = (150 - 2 \cdot 15 - 7{,}1)/2 \cdot 10{,}7 = 5{,}3 < 12{,}9 \ (\psi = +1)$

Bei doppeltsymmetrischen I-Profilen darf das elastische Widerstandsmoment mit dem Formbeiwert α_{pl}^{*} vergrößert und eine Teilplastizierung in Anspruch genommen werden (siehe DIN 18 800 T 1, Element 750). Das b/t-Verhältnis ist dabei nach DIN 18 800 T 1, Tabelle 15 einzuhalten. Im Beispiel ist diese Forderung erfüllt.

$\alpha_{pl,y}^{*} = 1{,}14$

$$\sigma_x = \frac{500}{53{,}8} + \frac{5\,500}{1{,}14 \cdot 557} = 18{,}0 \text{ kN/cm}^2 < \frac{24}{1{,}1} = 21{,}8 \text{ kN/cm}^2$$

$$\frac{A_G}{A_{Steg}} = \frac{15 \cdot 1{,}07}{(30 - 1{,}07) \cdot 0{,}71} = 0{,}78 > 0{,}6$$

Damit darf nach DIN 18 800 T 1, Element 752 die Schubspannung gleichmäßig über den Steg verteilt angenommen werden:

$$\tau = \frac{150}{(30 - 1{,}07) \cdot 0{,}71} = 7{,}3 \text{ kN/cm}^2 < \frac{24}{1{,}1 \cdot \sqrt{3}} = 12{,}6 \text{ kN/cm}^2$$

$\sigma_x > 0{,}5 \cdot \sigma_{R,d}$

$18{,}0 \text{ kN/cm}^2 > 0{,}5 \cdot 21{,}8 = 10{,}9 \text{ kN/cm}^2$

$\tau > 0{,}5 \cdot \tau_{R,d}$

$7{,}3 \text{ kN/cm}^2 > 0{,}5 \cdot 12{,}6 = 6{,}3 \text{ kN/cm}^2$

Damit ist der Nachweis der Vergleichsspannung σ_v erforderlich.

Die Normalspannung im Steg beträgt am oberen Rand:

$$\sigma_1 = \frac{500}{53{,}8} + \frac{5\,500}{8\,360}\,(15 - 1{,}07) = 18{,}5 \text{ kN/cm}^2$$

σ_1 ist größer als σ_x. Die Plastizierungszone reicht somit bis zum Steg, und σ_x bleibt maßgebend. Spannungsüberschreitung um 10 % ist hier nicht möglich, da $\sigma_1 > 0{,}8 \cdot \sigma_{R,d} = 0{,}8 \cdot 21{,}8$ $= 17{,}44 \text{ kN/cm}^2$ ist.

$$\sigma_v = \sqrt{18{,}0^2 + 3 \cdot 7{,}3^2} = 22 \text{ kN/cm}^2 > \frac{24}{1{,}1} = 21{,}8 \text{ kN/cm}^2$$

Der Nachweis ist nicht erfüllt!

Variante 2: Nachweisverfahren Elastisch-Plastisch nach Abschnitt 2.2

b/t-Verhältnisse (DIN 18 800 T 1, Tab. 15), einachsige Biegung

Steg: $b/t = 35 < 37$ (mit $\alpha \approx +1$)

Gurt: $b/t = 5,3 < 11 \cdot 1 = 11$

$$N_{pl,d} = \frac{24}{1,1} \cdot 53,8 = 1173,8 \text{ kN}$$
(handschriftlich: A, 1170)

$$M_{pl,y,d} = \frac{24}{1,1} \cdot 1,14 \cdot 557 = 13\,854 \text{ kNcm}$$
(handschriftlich: Wy, 13900)

$$V_{pl,z,d} = \frac{24}{1,1 \cdot \sqrt{3}} \,(30 - 1,07) \cdot 0,71 = 258,7 \text{ kN}$$
(handschriftlich: h, t, s, 259)

$$\frac{N}{N_{pl}} = \frac{500}{1173,8} = 0,425$$

$$\frac{M}{M_{pl}} = \frac{5\,500 \,kNcm}{13\,854 \,kNcm} = 0,397$$

$$\frac{V}{V_{pl}} = \frac{150 \,kN}{258,7 \,kN} = 0,580$$

N: $0,1 < 0,425 < 1$
V: $0,33 < 0,580 < 0,9$

$$0,8 \cdot \frac{5\,500}{13\,854} + 0,89 \cdot \frac{500}{1173,8} + 0,33 \cdot \frac{150}{258,7} < 1$$
(handschriftlich: M, Nd, Vzd, 259 lt. Buch)
$$0,90 < 1$$
(handschriftlich links: lt. Buch 139,00 kN/cm, 1170)

Der Nachweis ist im Gegensatz zur Variante 1 erfüllt!

2.4.2 Eingespannter Träger, $l = 5$ m

Ein eingespannter Träger mit einer Streckenlast nach Abb. 2.2 ist nachzuweisen. Der Träger ist gegen seitliches Ausweichen gehalten. Als Profilquerschnitt ist ein IPE 240 nach Abb. 2.2 vorgesehen.

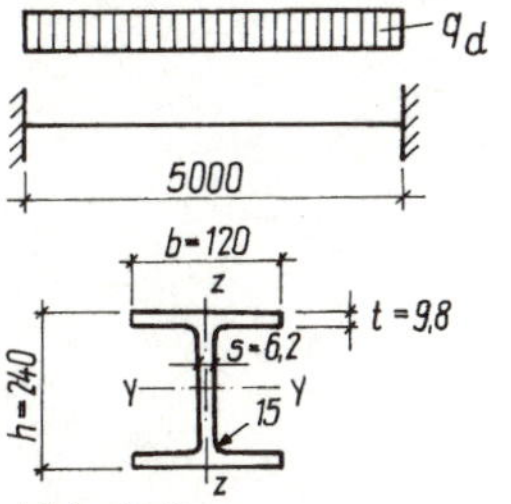

$A = 39,10 \text{ cm}^2$
$W_y = 324 \text{ cm}^3$
$I_y = 3890 \text{ cm}^4$
$W_{pl,y} = 2 \cdot S_y$
$\quad\quad = 2 \cdot 183 = 366 \text{ cm}^3$
St 37; $\gamma_M = 1,1$

Abb. 2.2

■ Lösung

Variante 1: Nachweisverfahren Elastisch-Elastisch nach Abschnitt 2.1
b/t-Verhältnisse (DIN 18 800 T 1, Tab. 12 u. 13, bei Teilplastizierung Tab. 15)
Steg: $b/t = [240 - 2\,(9,8 + 15)]/6,2 = 30,7 < 133$
Gurt: $b/t = (120 - 2 \cdot 15 - 6,2)/2 \cdot 9,8 = 4,3 < 12,9$
$q_{1d} = 0,339 \text{ kN/cm}$

$$M_{y,1d} = 0,339 \cdot \frac{500^2}{12} = 7062,5 \text{ kNcm}$$

$$\sigma_x = \frac{7062,5}{324} = 21,8 \text{ kN/cm}^2 \leqq \frac{24}{1,1} = 21,8 \text{ kN/cm}^2$$

$$\frac{A_G}{A_{Steg}} = \frac{12 \cdot 0,98}{(24 - 0,98) \cdot 0,62} = 0,82 > 0,6$$

Damit darf nach DIN 18 800 T 1, Element 752 die Schubspannung gleichmäßig über den Steg verteilt angenommen werden.

$$V_{z,1d} - 0,339 \cdot \frac{500}{2} = 84,75 \text{ kN}$$

$$\tau = \frac{84,75}{(24 - 0,98) \cdot 0,62} = 5,9 \text{ kN/cm}^2$$

$$< \frac{24}{1,1 \cdot \sqrt{3}} = 12,6 \text{ kN/cm}^2$$

$$\frac{\sigma}{\sigma_{R,d}} = \frac{21,8}{21,8} = 1 > 0,5$$

$$\frac{\tau}{\tau_{R,d}} = \frac{5,9}{12,6} = 0,47 < 0,5$$

Entsprechend DIN 18 800 T 1, Element 747 braucht bei $\sigma/\sigma_{R,d} \leqq 0,5$ oder $\tau/\tau_{R,d} \leqq 0,5$ ein Vergleichsspannungsnachweis nicht geführt zu werden.

Nach DIN 18 800 T 1, Element 750 darf mit örtlich begrenzter Plastizierung gerechnet werden. Die b/t-Verhältnisse sind nach Tab. 15 eingehalten.

$$a^*_{pl,y} = 1,14$$

$$\sigma_x = \frac{7062,5}{1,14 \cdot 324} = 19,12 \text{ kN/cm}^2 < \frac{24}{1,1} = 21,8 \text{ kN/cm}^2$$

Weitere Nachweise sind analog zu führen.

Variante 2: Nachweisverfahren Elastisch-Plastisch nach Abschnitt 2.2
b/t-Verhältnisse (DIN 18 800 T 1, Tab. 15)

Steg: $b/t = 30,7 < 74$ mit $\alpha = 0,5$
Gurt: $b/t = 4,3 < 11$ mit $\alpha = 1$

α entspricht dem Spannungsverlauf im vollplastizierten Querschnittteil.

$$q_{2d} = 0,355 \text{ kN/cm}$$

$$M_{y,2d} = 0,355 \frac{500^2}{12} = 7395,8 \text{ kNcm}$$

$$M_{pl,y,d} = \frac{24}{1,1} \cdot 366 = 7985,5 \text{ kNcm}$$

$$M_{y,2d} < M_{pl,y,d}$$

$$V_{z,2d} = 0,355 \cdot \frac{500}{2} = 88,75 \text{ kN}$$

$$V_{pl,z,2d} = \frac{24}{1,1 \cdot \sqrt{3}} (24 - 0,98) \cdot 0,62 = 179,8 \text{ kN}$$

$$\frac{V_{z,2d}}{V_{pl,z,2d}} = \frac{88,75}{179,8} = 0,494 > 0,33 \text{ und} \leqq 1$$

Damit ist eine vereinfachte Nachweisführung für die Interaktion möglich, da $0,33 < V/V_{pl} \leqq 1$

$$0,88 \cdot \frac{7395,8}{7985,5} + 0,37 \cdot \frac{88,75}{179,8} = 0,998 < 1$$

Variante 3: Nachweisverfahren Plastisch-Plastisch nach Abschnitt 2.3
Die Traglastberechnung wird für das vorgegebene System des eingespannten Trägers nach der Methode der stufenweisen Belastungssteigerung durchgeführt. Diese Methode ist anschaulich, aber nur für einfache Systeme praktikabel.
b/t-Verhältnisse (DIN 18 800 T 1, Tab. 18)
Steg: $b/t = 30,7 < 64$ mit $\alpha = 0,5$
Gurt: $b/t = 4,3 < 9$ mit $\alpha = 1$

Stufenweise Belastungssteigerung
Laststeigerung bis Fließbeginn (q' mit W_y)

$$q_d' = \frac{24}{1,1} \cdot \frac{324 \cdot 12}{500^2} = 0,339 \text{ kN/cm} \cong q_{1d}$$

$$M_F = 0,339 \cdot \frac{500^2}{12} = 7062,5 \text{ kNcm}$$

Laststeigerung bis zur Bildung plastischer Gelenke an der Einspannstelle (q_d'' mit W_{pl})

$$q_d'' = \frac{24}{1,1} \cdot \frac{366 \cdot 12}{500^2} = 0,3833 \text{ kN/cm}$$

$$M_{pl} = 0,3833 \cdot \frac{500^2}{12} \approx 7980 \text{ kNcm}$$

An den Einspannstellen hat sich jeweils ein Fließgelenk gebildet. Wenn die Last weiter gesteigert wird und in Feldmitte ebenfalls ein Fließgelenk entsteht, bildet der Träger eine Fließgelenkkette.

Die Einspannstellen nehmen keinen Momentenzuwachs mehr auf. Das Moment in Trägermitte betrug nach der Laststeigerung q_d'':

$$M_m = \frac{1}{2} \cdot 7980 = 3990 \text{ kNcm}$$

Da die weitere Laststeigerung sich an einem quasi 2-Stützträger vollzieht, ergibt sich

$$q_d''' = 0,3833 + \frac{3990}{500^2} \cdot 8 = 0,3833 + 0,1277 = 0,511 \text{ kN/cm} = q_{3d}$$

Für diese Streckenlast beträgt das Moment in Feldmitte:

$$M_{pl} = 0,3833 \cdot \frac{500^2}{24} + 0,1277 \cdot \frac{500^2}{8} \approx 7980 \text{ kNcm}$$

31

Die zugehörige Querkraft an der Einspannstelle ergibt sich zu:

$$V_z = 0,511 \cdot \frac{500}{2} = 127,8 \, \text{kN}$$

Entsprechend DIN 18 800 T 1, Element 757 darf die Interaktionsbeziehung nach Abschnitt 2.2 auch bei der Nachweisführung Plastisch-Plastisch angewendet werden. Entsprechend Variante 2 ergibt sich:

$$0,88 \cdot \frac{7980}{7985,5} + 0,37 \, \frac{127,8}{179,8} = 0,88 + 0,26 = 1,14 > 1$$

Somit lässt die Interaktion keine Laststeigerung zu.

2.4.3 Eingespannter Träger, $l = 11$ m

Profil IPE 240; St 37; $\gamma_M = 1,1$
Nachweisverfahren Plastisch-Plastisch
Lösung nach der statischen Methode
Lösungsschema nach Abb. 2.3 a bis 2.3 f

a) Statisches System
b) Statisch bestimmtes System wählen
c) Momentenverlauf an b ermitteln
d) Momentenverlauf der Überzähligen vorgeben
e) Fließgelenkkette der denkbaren Versagensform festlegen
f) Ermittlung des Betrages M_{pl} entsprechend den geometrischen Relationen

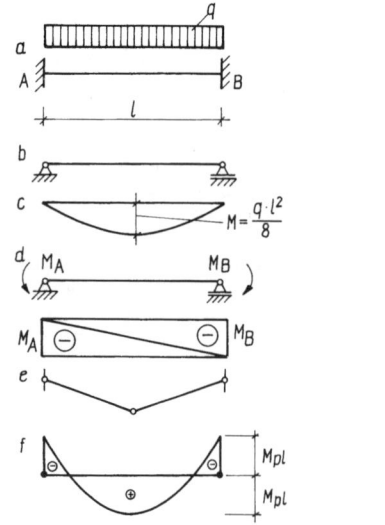

$$2 \, M_{pl} = \frac{q \cdot l^2}{8}$$

$$\text{Mit } M_{pl} = \frac{24}{1,1} \cdot W_{pl} = \frac{24}{1,1} \cdot 366 = 7985,5 \, \text{kNcm}$$

$$\text{ergibt sich } q = \frac{2 \cdot 7985,5 \cdot 8}{1100^2} = 0,106 \, \text{kN/cm}$$

$$V = 0,106 \cdot \frac{1100}{2} = 58,3 \, \text{kN}$$

$$V_{pl,d} = \frac{24}{1,1 \cdot \sqrt{3}} \, (24 - 0,98) \cdot 0,62 = 179,8 \, \text{kN}$$

$$\frac{V}{V_{pl,d}} = \frac{58,3}{179,8} = 0,324 < 0,33$$

Abb. 2.3 a bis 2.3 f

Nach DIN 18 800 T 1, Tab. 16 reduziert die Querkraft nicht die Tragfähigkeit im plastischen Zustand.

Die vorhandene Bemessungsstreckenlast darf $q = 0,106$ kN/cm nicht überschreiten.

2.4.4 Eingespannter Rahmen ohne Stabilitätsberechnung

Lösung nach der kinematischen Methode. Die äußeren Lasten nach Abb. 2.4 stellen Bemessungslasten inkl. Ersatzlasten für Imperfektionen dar. Die Steifigkeiten in den Stielen und dem Riegel sind gleich.

$H = 30\,\text{kN}$; IPE 400; St 37; $\gamma_M = 1{,}1$

$q = 0{,}32\,\text{kN/cm}$

DIN 18 800 T 2, E.527 (62): $\dfrac{6}{1 + \dfrac{10}{5}} \cdot \dfrac{21\,000 \cdot 23\,130}{0{,}32 \cdot 1000 \cdot 500^2 \cdot 1{,}1} = 11{,}0 > 10$

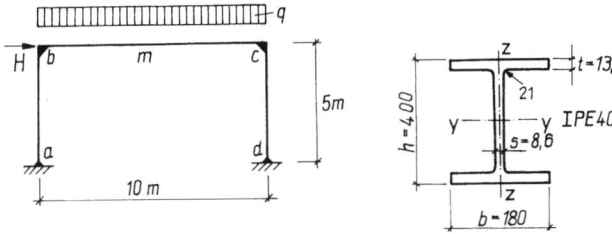

Abb. 2.4

Festlegen der möglichen Fließgelenke entsprechend Abb. 2.5

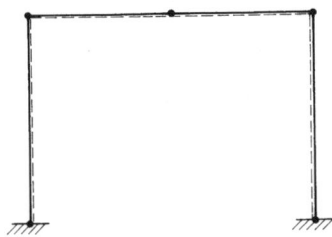

Abb. 2.5

Ermittlung der Anzahl der Ketten m und Darstellung in Abb. 2.6 a bis 2.6 c.

Statisch unbestimmte Größen $\quad n = 3$

Anzahl der Fließgelenke $\quad\quad p = 5$

$\quad\quad\quad\quad\quad\quad\quad\quad\quad m = 2$

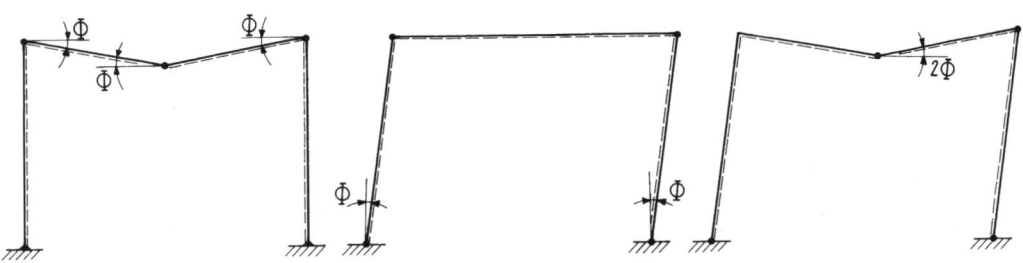

1. Unabhängige Kette (Trägerkette)
Abb. 2.6 a

2. Unabhängige Kette (Rahmenkette)
Abb. 2.6 b

3. Kombinierte Kette
Abb. 2.6 c

Berechnung des Eckmomentes M_b und Ermittlung des Momentenverlaufs

■ Lösung für Vertikallast (Fall I)

Für dieses Belastungsbild braucht offensichtlich nur die Trägerkette nach Abb. 2.6 a analysiert zu werden.

In der Arbeitsgleichung muss die innere Arbeit der äußeren Arbeit entsprechen.

$$M_{pl}(\Phi + 2\,\Phi + \Phi) = 2 \cdot q \cdot \frac{l}{2} \cdot \frac{l}{4} \cdot \Phi$$

$$4\,M_{pl} \cdot \Phi = \frac{q \cdot l^2}{4} \cdot \Phi$$

$$M_{pl} = q \cdot \frac{l^2}{16} = 0{,}32 \cdot \frac{1000^2}{16} = 20 \cdot 10^3 \text{ kNcm}$$

Damit ergibt sich der Momentenverlauf entsprechend Abb. 2.7.

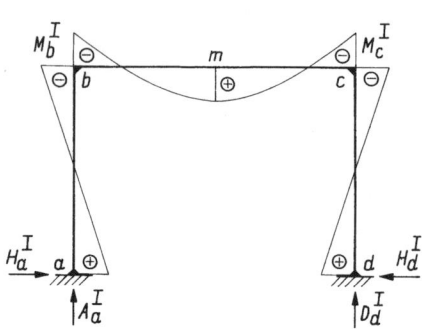

$$M_b^I = M_c^I = -q \cdot \frac{l^2}{16} = -20 \cdot 10^3 \text{ kNcm}$$

$$M_m^I = -q \cdot \frac{l^2}{16} + q \cdot \frac{l^2}{8} = +20 \cdot 10^3 \text{ kNcm}$$

$$M_a^I = M_d^I = +q \cdot \frac{l^2}{32} = +10 \cdot 10^3 \text{ kNcm}$$

Abb. 2.7

Im Stiel entspricht dieser Verlauf jedoch einer elastischen Beanspruchung. Es handelt sich um eine Versagensform, bei der der Riegel statisch bestimmt, die Gesamtkonstruktion aber noch statisch unbestimmt ist.

$M = M_{pl}$ an der Stelle a bzw. d würde jedoch gegen die Annahme der Form der Fließgelenkkette von Abb. 2.6 a verstoßen. Die Momente M_a^I und M_d^I sind eindeutig geringer als M_b^I bzw. M_c^I, sodass die exakte Ermittlung der Einspannmomente ohne Bedeutung wäre, da M_b^I bzw. M_c^I für die Bemessung maßgebend ist.

Auflagerreaktionen

$$A_a^I = D_d^I = \frac{q \cdot l}{2} = \frac{0{,}32 \cdot 1000}{2} = 160 \text{ kN} \cong N$$

Wegen $M_b^I = H_a^I \cdot h - M_a^I$ ergibt sich

$$H_a^I = \frac{M_b^I + M_a^I}{h}$$

$$H_a^I = H_d^I = \frac{20 \cdot 10^3 + 10 \cdot 10^3}{500} = 60 \text{ kN} \cong V$$

■ Lösung für die Lastkombination Vertikal- und Horizontallast (Fall II)

In diesem Fall wären generell die Fließgelenkketten nach Abb. 2.6 a, 2.6 b und 2.6 c vorstellbar. Bei der gegebenen Geometrie und Belastung wird ein Versagen als kombinierte Kette (Abb. 2.6 c) untersucht.

Vor dem Aufstellen der Arbeitsgleichung muss die Lage des sich ausbildenden Gelenks im Riegel eingeschätzt werden. Wegen des Fehlens eines Gelenks an der Stelle b und bei Annahme von $M_b^I = 0$ bildet sich angenähert das System entsprechend Abb. 2.8 aus.

Arbeitsgleichung

$$M_{pl} \cdot \Phi \left(1 + \frac{10}{6} + \frac{10}{6} + 1\right) = H \cdot h \cdot \Phi + q \cdot 0,6 \cdot l \cdot \frac{0,6}{2} \cdot l \cdot \frac{4}{6} \cdot \Phi + q \cdot 0,4\,l \cdot \frac{0,4}{2} \cdot l \cdot \Phi$$

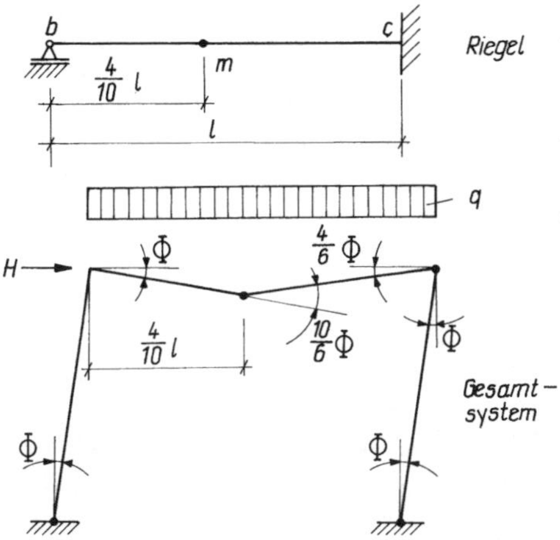

Riegel

$$M_{pl} \cdot \Phi \cdot \frac{32}{6} = H \cdot h \cdot \Phi + q \cdot l^2 \cdot 0,2 \cdot \Phi$$

$$M_{pl} = (30 \cdot 500 + 0,32 \cdot 1000^2 \cdot 0,2) \cdot \frac{6}{32}$$

$$M_{pl} = 14,8 \cdot 10^3 \text{ kNcm}$$

b/t-Verhältnisse (DIN 18 800 T 1, Tab. 18)

Steg: $b/t = [400 - 2\,(13,5 + 21)]/8,6 = 38,5 < 64$

Gurt: $b/t = \left(\frac{180}{2} - \frac{8,5}{2} - 21\right)/13,5 = 4,8 < 9$

Gesamtsystem

Abb. 2.8

Nachweisführung für Fall 1

$A = 84,5 \text{ cm}^2$; $W_{pl} = 1308 \text{ cm}^3$

vorh $M_{pl,d} = 20\,000 \text{ kNcm} < \frac{24}{1,1} \cdot 1308 = 28\,538 \text{ kNcm}$

Berücksichtigung des Einflusses der Längskraft

vorh $N_d = 160 \text{ kN} < \frac{24}{1,1} \cdot 84,5 = 1844 \text{ kN}$

$\frac{160}{1844} = 0,087 < 0,1$

Unter der Wirkung der Längskraft braucht entsprechend DIN 18 800 T 1, Tab. 16 $M_{pl,d}$ nicht reduziert zu werden.

Berücksichtigung des Einflusses der Querkraft

vorh $V_d = 60 \text{ kN} < \frac{24}{1,1 \cdot \sqrt{3}} (40 - 1,35) \cdot 0,85 = 414 \text{ kN}$

$\frac{60}{414} = 0,14 < 0,33$

Unter der Wirkung der Querkraft braucht ebenfalls entsprechend DIN 18 800 T 1, Tab. 16 $M_{pl,d}$ nicht reduziert zu werden.

Für den Stabilitätsnachweis sind noch zusätzlich Forderungen der DIN 18 800 T 2, Abschnitt 5.3.2 einzuhalten.

35

3 Schraubenverbindungen

3.0 Allgemeines

Die Schraubenverbindungen bilden die wichtigste lösbare Verbindungsart des Stahlbaus. Dabei ist jedoch nur in wenigen Ausnahmefällen eine geplante Lösbarkeit erforderlich, vielmehr handelt es sich um die Möglichkeit, die Verbindung ohne großen technologischen Aufwand bei der Montage herzustellen. Unlösbare Verbindungen werden im Werkstattbereich bevorzugt, lösbare dagegen auf der Baustelle. Die Schrauben dienen zur Verbindung einzelner Bauteile innerhalb des Bauwerkes. Sie werden im Prinzip nicht zur Herstellung zusammengesetzter Gesamtquerschnitte, die aus einzelnen Blechen oder Walzprofilen bestehen, verwendet. Bei Schraubenverbindungen muss dem konstruktiven Korrosionsschutz erhöhte Aufmerksamkeit zuteil werden. Klaffen der zu verbindenden Konstruktionsteile darf nicht eintreten.

3.1 Schraubenwerkstoff

In DIN 18 800 T 1, Tabelle 2, sind für Schraubenwerkstoffe vier Festigkeitsklassen angegeben. Ihre Bezeichnung als Zahlenkombination, z. B. 10.9, ist so gewählt, dass die erste Zahl mit 100 multipliziert den charakteristischen Wert der Zugfestigkeit $f_{u,b,k} = 1000 \, \text{N/mm}^2$ ergibt. Das Produkt aus beiden Zahlen mit 10 multipliziert ergibt den charakteristischen Wert der Streckgrenze $f_{y,b,k} = 10 \cdot 9 \cdot 10 = 900 \, \text{N/mm}^2$. Die Schrauben aus dem Werkstoff 4.6 und 5.6 werden als normalfest und die Schrauben der Festigkeitsklassen 8.8 bzw. 10.9 als hochfest bezeichnet. Die Bruchdehnung beträgt bei den normalfesten Schrauben der Festigkeitsklasse 4.6 mindestens 22 % und bei 5.6 20 %, bei den hochfesten Schrauben liegen diese Werte in der Festigkeitsklasse 8.8 bei 12 % und in der Festigkeitsklasse 10.9 bei 9 %. Die hochfesten Schrauben haben eindeutig niedrigere Duktilität. Der Einsatz des Schraubenwerkstoffs richtet sich nach dem Verwendungszweck und der gewählten Ausführungsart.

3.2 Schraubenarten

Nach dem Nennlochspiel werden Passschrauben und nicht eingepasste Schrauben (rohe Schrauben) unterschieden. Das Nennlochspiel Δd ist definiert als die Differenz zwischen dem Lochdurchmesser d_L in der Konstruktion und dem Schaftdurchmesser d_{Sch} der Schraube. Die Passschrauben füllen das gebohrte Loch annähernd vollständig aus. Der Grenzwert für das Nennlochspiel beträgt für Passschrauben $\Delta d \leqq 0{,}3 \, \text{mm}$, und bei rohen Schrauben ist $0{,}3 < \Delta d \leqq 2 \, \text{mm}$. Bei den Passschrauben entspricht somit der Schaftdurchmesser dem Lochdurchmesser, während bei den rohen Schrauben der Lochdurchmesser minus Δd (Regelfall $\Delta d = 1 \, \text{mm}$) den Schaftdurchmesser ergibt.

Die Schraubengröße wird nach dem Gewindedurchmesser in den Abstufungen M 12, M 16, M 20, M 22, M 24, M 27 usw. festgelegt. Der Schaftdurchmesser plus Δd ergibt den Lochdurchmesser.

Der Gewindedurchmesser bei rohen Schrauben entspricht in der Regel dem Schaftdurchmesser. Bei Passschrauben ergibt sich der Schaftdurchmesser als Gewindedurchmesser plus 1 mm. Stets werden beide Schraubenarten mit einer Unterlegscheibe auf der Seite der Mutter eingesetzt. Für die Festigkeitsklassen 8.8 bzw. 10.9 sind auch kopfseitig Unterlegscheiben vorzusehen, auf die nur verzichtet werden darf, wenn die Schrauben nicht vorgespannt eingesetzt werden und das Nennspiel 2 mm beträgt. Die Schrauben sind meist Sechskantschrauben. In Sonderfällen kommen auch Schrauben mit Senkköpfen zum Einsatz.

3.3 Ausführungsformen der Schraubenverbindung

Schrauben dienen in allen Ausführungsformen zur Kraftübertragung bzw. zum Heften ohne konkrete Belastung. Die Kräfte können dabei senkrecht zur Schaftrichtung oder in Richtung des Schraubenschaftes wirken. Die Kraftübertragung senkrecht zur Schaftrichtung kann nach zwei Wirkungsprinzipien erfolgen.

Entweder erfolgt die Krafteintragung über die Leibung an der Schraubenlochwandung, oder die Schrauben werden vorgespannt. Im Bereich der Pressung in der Verbindungsfuge zwischen den Bauteilen erfolgt eine Kraftübertragung durch Reibung. Bei der Kraftübertragung an der Leibung sind zwei Versagenszustände möglich. Die Schraube kann in der Ebene der Verbindungsfuge abscheren bzw. das Grundmaterial an der Lochwandung zerquetschen. Entsprechend diesen Versagenszuständen wird die Ausführungsform als Scher-Lochleibungs-Verbindung (SL) bezeichnet.

Das Abscheren tritt bei dicken Blechen und kleinen Schraubendurchmessern ein, während die Lochleibungsspannung bei geringer Materialdicke und großen Schraubendurchmessern zum Versagen der Verbindung führt.

Die Berechnung der Lochleibungsspannung nach 3.5 setzt eine Materialdicke $t \geqq 3$ mm voraus. Im Bereich der Lochwandung treten Spannungsspitzen auf. Die Annahme einer gleichmäßigen Verteilung ist für die Berechnung vertretbar, da durch Plastizierung ein Abbau der Spannungsspitzen erfolgt.

Die Scher-Lochleibungs-Verbindung kann mit normal- oder auch hochfesten Schrauben ausgeführt werden. Wenn die Schrauben eine genügende Scherfestigkeit und die verbundenen Bleche eine ausreichende Lochleibungsfestigkeit aufweisen, besteht die Möglichkeit, dass das Material im Bereich der Schraubenlochschwächung reißt. Dieser dritte Versagenszustand ist beim Zugnachweis zu untersuchen bzw. durch Mindestrandabstände nach DIN 18 800 T1, Tab. 7 abzusichern.

Bei einer Kraftübertragung durch Reibung muss die Schraube eine planmäßige Vorspannung und die Verbindungselemente müssen eine notwendige Rauhigkeit aufweisen, damit eine gleitfeste Verbindung erreicht wird. Die Schraubenvorspannung kann über das aufgebrachte Drehmoment erreicht werden. Da die Eigendehnung der Schraube die Vorspannung reduziert, ist diese Ausführungsform den hochfesten Schrauben vorbehalten. Die Oberflächenbeschaffenheit der Berührungsflächen muss eine Mindestrauigkeit aufweisen. Die gleitfeste, planmäßig vorgespannte Verbindung muss eine Reibungszahl $\mu = 0,5$ erreichen (DIN 18 800 T 7 [05.83], Abschnitt 3.3.3.1).

Es ist darauf zu achten, dass die Berührungsflächen metallisch rein und frei von Verunreinigungen und Feuchtigkeit sind. Die Schrauben mit planmäßiger Vorspannung und gleitfester Reibfläche werden beim Einsatz von rohen Schrauben als GV-Verbindung (gleitfeste planmäßig vorgespannte Verbindung) und beim Einsatz von Passschrauben unter den gleichen Bedingungen als GVP-Verbindung (gleitfeste planmäßig vorgespannte Passverbindung) bezeichnet.

Sobald Schrauben mit planmäßiger Vorspannung ohne abgesicherte gleitfeste Reibfläche eingesetzt werden, ist bei der Verwendung roher Schrauben die Bezeichnung SLV (planmäßig vorgespannte Scher-Lochleibungs-Verbindung) bzw. beim Einsatz von Passschrauben SLVP (planmäßig vorgespannte Scher-Lochleibungs-Passverbindung) für die Ausführungsform anzuwenden. Für planmäßig vorgespannte Verbindungen sind Schrauben der Festigkeitsklasse 8.8 oder 10.9 zu verwenden.

Die Beanspruchung der Schrauben in Richtung des Schaftes entspricht einer Zugbelastung. Es können sowohl normal- als auch hochfeste Schrauben zur Übertragung von Zugkräften mittels Schrauben herangezogen werden. Der Bruch der Schraube erfolgt im Gewindebereich, so dass hier der Spannungsquerschnitt, der der Bruchfläche in einem Gewindegang entspricht, bei der Nachweisführung beachtet werden muss.

Zugbeanspruchte Verbindungen mit Schrauben der Festigkeitsklassen 8.8 oder 10.9 sind planmäßig vorzuspannen. Auf die Vorspannung darf nur verzichtet werden, wenn Verformungen beim Tragsicherheitsnachweis berücksichtigt werden und im Gebrauchszustand nicht stören.

Zugkräfte in vorgespannten Verbindungen reduzieren die Klemmkraft zwischen den Berührungsflächen, so dass die übertragbare Last bei zunehmender Zugkraft in einer Verbindung mit Beanspruchung sowohl in Schaft- als auch senkrecht zur Schaftrichtung reduziert werden muss.

3.4 Hinweise

Die Nachweisführung entsprechend dem Schema gilt nur für unmittelbare Laschen- und Stabanschlüsse mit höchstens $n = 8$ Schrauben, die hintereinander in Kraftrichtung angeordnet sind. Die Schrauben sind dabei ein- oder zweischnittig. Sobald mehr als zwei Scherflächen auftreten, kann jedoch die Rechnung analog durchgeführt werden.

Der Sonderfall einer einschnittig ungestützten Schraubenverbindung muss unter Berücksichtigung von DIN 18 800 T 1, Element 807 berechnet werden. Da diese Konstruktionsform jedoch relativ selten im Stahlbau auftritt, wurde sie nicht in das Nachweisschema aufgenommen. Eine Anpassung ist jedoch ohne Schwierigkeit möglich. Die Schraubenabstände, die die optimalen Werte für die größtmögliche Beanspruchung ergeben, können DIN 18 800 T 1, Tab. 8 entnommen werden.

Für Schraubenverbindungen beim Berechnungsverfahren Plastisch-Plastisch sind zusätzliche Festlegungen nach DIN 18 800 T 1, Element 808 zu beachten. Sobald alle Schrauben eines Anschlusses die gleiche Beanspruchung erfahren, wird in der Praxis häufig die Beanspruchbarkeit einer Schraube ermittelt und die erforderliche Anzahl berechnet. Bei Bedarf kann das Nachweisschema diesbezüglich umgestellt werden.

Erfolgt eine ungleichmäßige Beanspruchung der Schrauben einer Verbindung, z. B. durch ein Moment, wird der Nachweis für die am ungünstigsten beanspruchte Schraube geführt.

Die Ermittlung dieser Schraubenkraft erfolgt jeweils beim Stoß bzw. Anschluss des entsprechenden Bauteils. Bei Schrauben mit Senkköpfen ist bei der Berechnung der Grenzlochleibungskraft DIN 18 800 T 1, Element 806 zu beachten. Weiterhin wird für diese Schraubenart das Nennlochspiel Δd auf 1 mm begrenzt. Sobald der Gewindeteil des Schaftes bei einer zweischnittigen Verbindung nur in einer von beiden Scherfugen liegt, ist die Grenzabscherkraft als Summe beider Grenzabscherkräfte zu ermitteln. Das Arbeitsschema ist diesbezüglich entsprechend abzuändern.

3.5 Nachweis für Schraubenverbindungen – Beanspruchung rechtwinklig zur Schaftrichtung

3.5.0 Nachweisschema

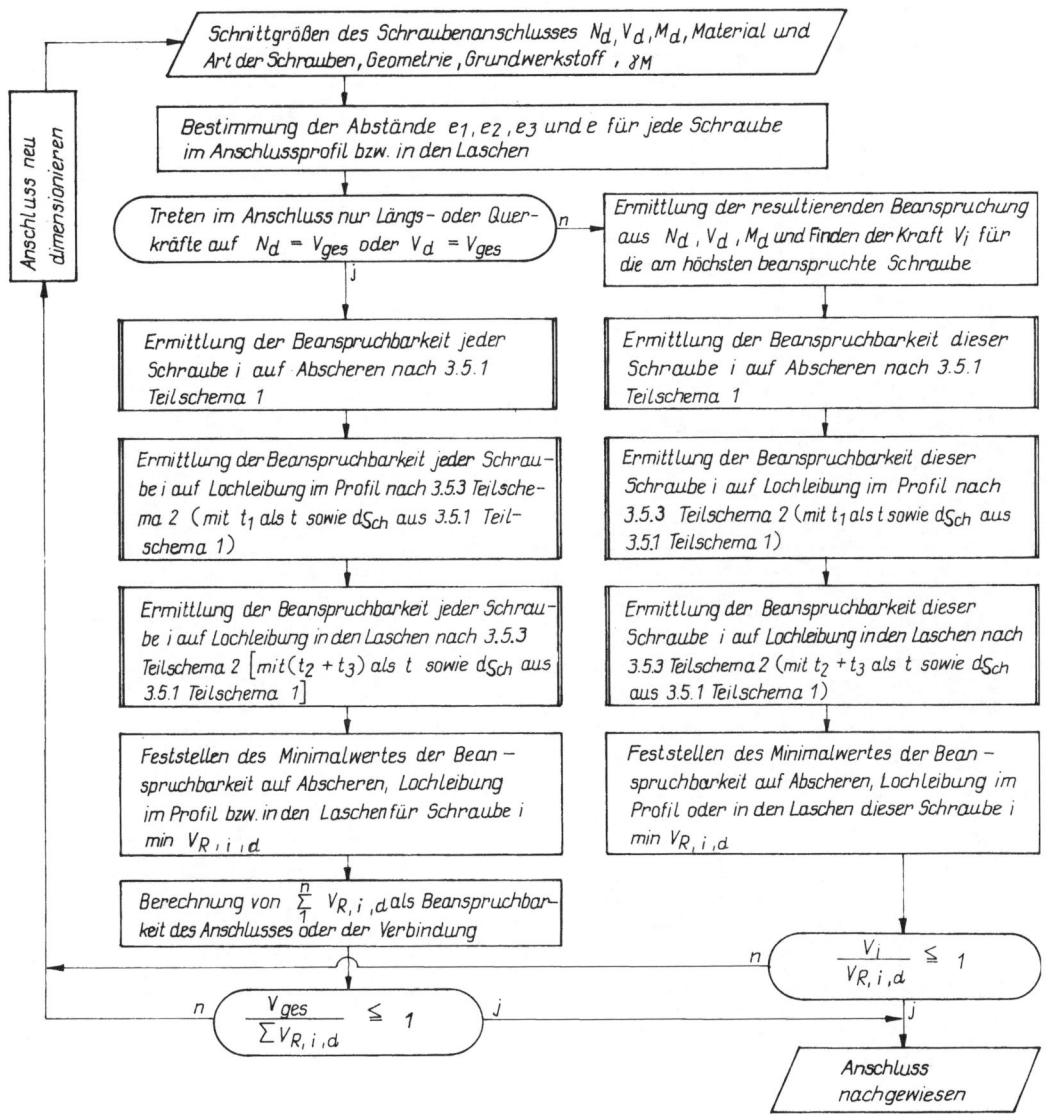

3.5.1 Ermittlung der Beanspruchbarkeit auf Abscheren

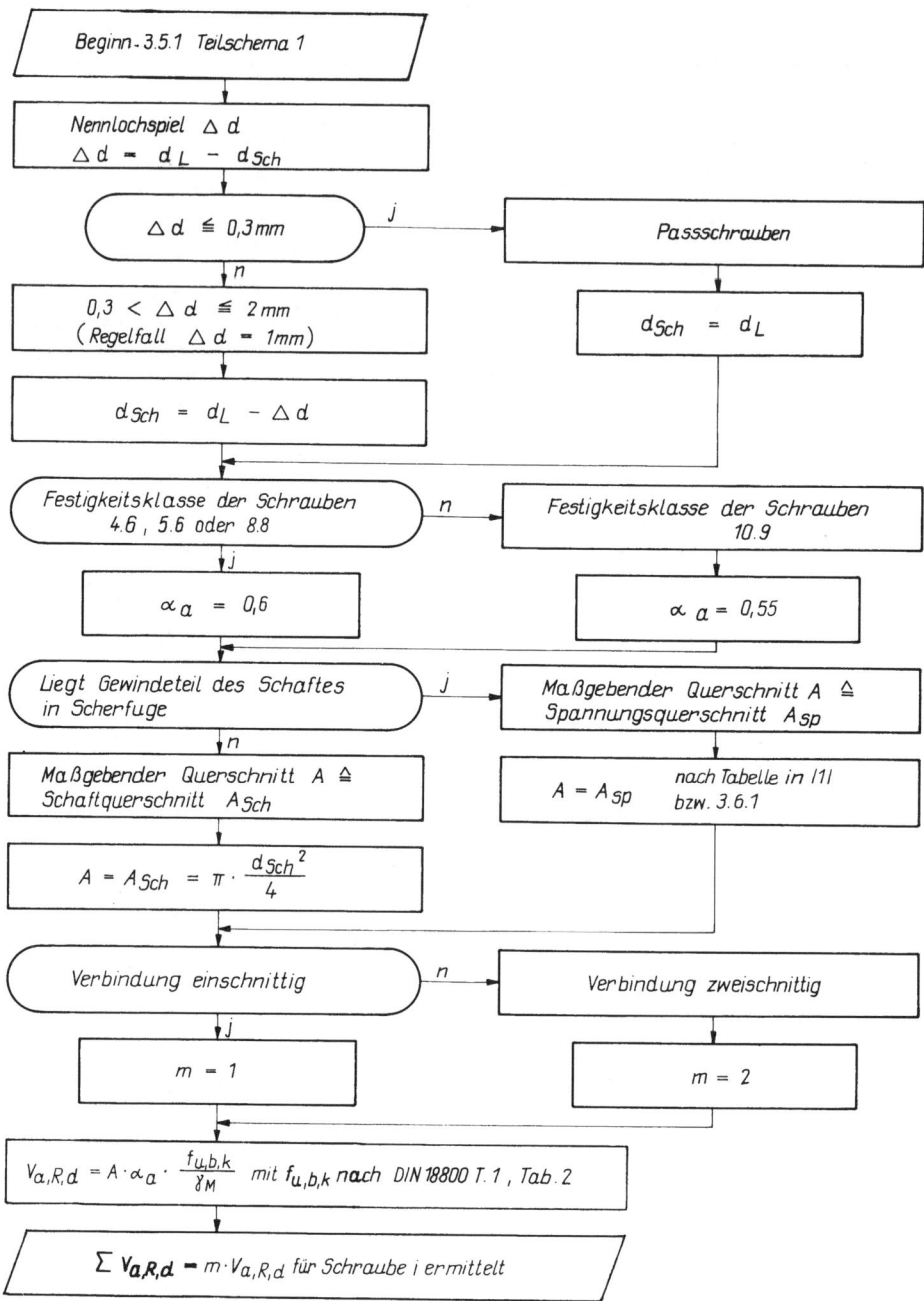

3.5.2 Tabelle der Grenzabscherkräfte $V_{a,R,d}$ in kN je Scherfuge für einschnittig gestützte und mehrschnittige Verbindungen

Verbindungsart		Festigkeitsklasse	Schraubengröße							
			M 12	M 16	M 20	M 22	M 24	M 27	M 30	M 36
Schaft in der Scherfuge	SL	4.6 / 5.6	24,7 / 30,8	43,9 / 54,8	68,5 / 85,6	82,9 / 104	98,6 / 123	125 / 156	154 / 193	222 / 278
	SL bzw. SLV	8.8 / 10.9	49,3 / 56,5	87,7 / 101	137 / 157	166 / 190	197 / 226	250 / 287	309 / 354	444 / 509
Gewinde in der Scherfuge	SL	4.6 / 5.6	18,4 / 23,0	34,3 / 42,8	53,5 / 66,8	66,1 / 82,6	77,0 / 96,3	100 / 125	122 / 153	178 / 223
	SL bzw. SLV	8.8 / 10.9	36,8 / 33,7	68,5 / 62,8	107 / 98,0	132 / 121	154 / 141	200 / 184	245 / 224	357 / 327
	SLP	4.6 / 5.6	29,0 / 36,3	49,5 / 61,9	75,5 / 94,4	90,5 / 113	107 / 134	134 / 168	165 / 206	235 / 293
	SLP bzw. SLPV	8.8 / 10.9	58,0 / 66,5	99,1 / 114	151 / 173	181 / 208	214 / 246	269 / 308	329 / 378	469 / 538

Die Grenzabscherkräfte für SL-Verbindungen sind mit $\Delta d = 1$ mm, dem Regelfall für rohe Schrauben, berechnet.

3.5.3 Ermittlung der Beanspruchbarkeit auf Lochleibung

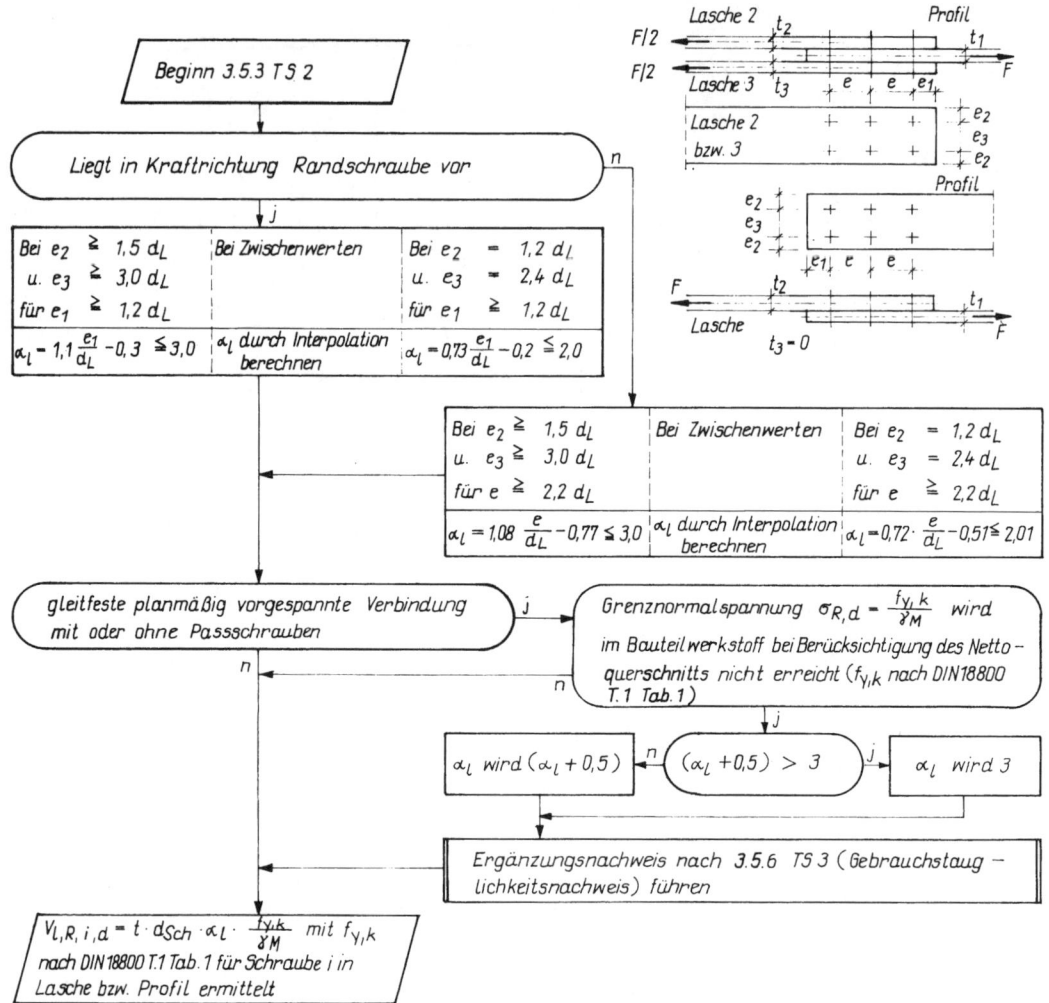

3.5.4 Tabelle der Grenzlochspannungskräfte in kN für SL-, SLV- und GV-Verbindungen

Die Grenzlochleibungskräfte sind auf 10 mm Bauteildicke und St 37 mit 3 mm $\leqq t \leqq$ 40 mm bezogen.

	Abstand mm	M 12	M 16	M 20	M 22	M 24	M 27	M 30	M 36
Maßgebender Abstand / Lochabstand in Kraftrichtung — $e =$	30	45,1							
	35	56,0							
	40	66,8	61,8						
	45	77,7	72,9						
	50	78,8	84,0	78,6					
	55	78,8	95,1	89,8	87,0	84,1			
	60	78,8	105	101	98,3	95,4			
	65	78,8	105	112	110	107	102		
	70	78,8	105	123	121	118	114	109	
	75	78,8	105	131	132	129	125	121	
	80		105	131	143	141	136	132	
	85		105	131	144	152	148	143	134
	90		105	131	144	158	159	155	146
	95		105	131	144	158	170	166	157
	100		105	131	144	158	177	178	169
	105			131	144	158	177	189	180
	110			131	144	158	177	197	192
	115			131	144	158	177	197	203
	120			131	144	158	177	197	215
	125			131	144	158	177	197	226
	130				144	158	177	197	236
Randabstand in Kraftrichtung — $e_1 =$	20	36,5							
	25	47,5	46,0						
	30	58,6	57,3	55,5	54,5	53,5			
	35	69,7	68,6	66,9	65,9	64,9	63,3		
	40	(78,5)	79,9	78,3	77,4	76,5	74,9	73,3	
	45		91,2	89,9	88,9	88,0	86,5	84,9	81,5
	50		102	101	100	99,5	98,0	96,5	93,2
	55		(105)	113	112	111	110	108	105
	60			124	123	123	121	120	117
	65			(131)	135	134	133	131	128
	70				(144)	146	144	143	140
	75					(157)	156	155	152
	80						167	166	163
	85						(177)	178	175
	90							189	187
	95							(196)	189
	100								210
	105								222
	110								233
	115								(236)

Die Tafelwerte sind mit der maßgebenden Bauteildicke min Σt (in cm) zu multiplizieren. Sie gelten nur, wenn senkrecht zur Kraftrichtung die Abstände $e_2 \geqq 1{,}5\,d_L$ und $e_3 \geqq 3\,d_L$ eingehalten werden. Die Werte in Klammern beziehen sich auf $e_1 = 3\,d_L$. Für diesen Abstand ergibt sich die maximale Beanspruchbarkeit auf Lochleibung. Umrechnung für St 52 und StE 355: Tafelwert · 1,5.

3.5.5 Tabelle der Grenzlochspannungskräfte in kN für SLP-, SLVP- und GVP-Verbindungen

Die Grenzlochleibungskräfte sind auf 10 mm Bauteildicke und St 37 mit 3 mm $\leqq t \leqq$ 40 mm bezogen.

Abstand mm		M 12	M 16	M 20	M 22	M 24	M 27	M 30	M 36
$e =$	30	48,9							
	35	60,6							
	40	72,4	65,7						
	45	84,2	77,2						
	50	85,4	89,3	82,5					
	55	85,4	101	94,3	91,0	87,6			
	60	85,4	112	106	103	99,4			
	65	85,4	112	118	115	111	106		
	70	85,4	112	130	126	123	118	113	
	75	85,4	112	138	138	135	130	125	
	80		112	138	150	147	141	136	
	85		112	138	151	164	153	148	138
	90		112	138	151	164	165	160	150
	95		112	138	151	164	177	172	162
	100		112	138	151	164	184	184	173
	105			138	151	164	184	195	185
	110			138	151	164	184	204	197
	115			138	151	164	184	204	209
	120			138	151	164	184	204	221
	125			138	151	164	184	204	232
	130				151	164	184	204	243
$e_1 =$	20	39,5							
	25	51,5	48,9						
	30	63,5	60,9	58,5	56,9	55,6			
	35	75,5	72,9	70,3	68,9	67,6	65,7		
	40	(85,1)	84,9	82,3	80,9	79,6	77,7	75,7	
	45		96,9	94,3	92,9	91,9	89,7	87,7	83,8
	50		109	106	105	104	102	99,7	95,8
	55		(111)	118	117	116	114	112	108
	60			130	129	128	126	124	120
	65			(137)	141	140	138	136	132
	70				(151)	152	150	148	144
	75					(164)	162	160	156
	80						174	172	168
	85						(183)	184	180
	90							196	192
	95							(203)	204
	100								216
	105								228
	110								240
	115								(242)

Maßgebender Abstand — Lochabstand in Kraftrichtung / Randabstand in Kraftrichtung — Schraubengröße

Die Tafelwerte sind mit der maßgebenden Bauteildicke min Σt (in cm) zu multiplizieren. Sie gelten nur, wenn senkrecht zur Kraftrichtung die Abstände $e_2 \geqq 1,5\, d_L$ und $e_3 \geqq 3\, d_L$ eingehalten werden. Die Werte in Klammern beziehen sich auf $e_1 = 3\, d_L$. Für diesen Abstand ergibt sich die maximale Beanspruchbarkeit auf Lochleibung. Umrechnung für St 52 und StE 355: Tafelwert · 1,5.

3.5.6 Ergänzungsnachweis für gleitfeste, planmäßig vorgespannte Schrauben

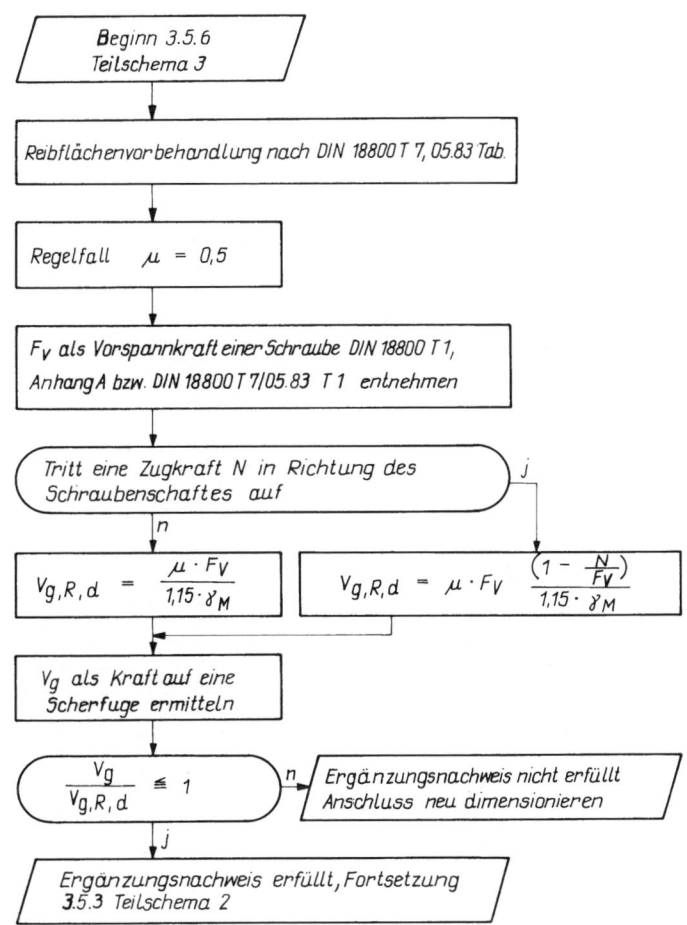

Beginn 3.5.6
Teilschema 3

Reibflächenvorbehandlung nach DIN 18800 T 7, 05.83 Tab.

Regelfall $\mu = 0,5$

F_V als Vorspannkraft einer Schraube DIN 18800 T 1, Anhang A bzw. DIN 18800 T 7/05.83 T 1 entnehmen

Tritt eine Zugkraft N in Richtung des Schraubenschaftes auf   j

n

$$V_{g,R,d} = \frac{\mu \cdot F_V}{1,15 \cdot \gamma_M}$$

$$V_{g,R,d} = \mu \cdot F_V \frac{\left(1 - \frac{N}{F_V}\right)}{1,15 \cdot \gamma_M}$$

V_g als Kraft auf eine Scherfuge ermitteln

$\dfrac{V_g}{V_{g,R,d}} \leq 1$ n   Ergänzungsnachweis nicht erfüllt Anschluss neu dimensionieren

j

Ergänzungsnachweis erfüllt, Fortsetzung 3.5.3 Teilschema 2

3.6 Nachweis für Schraubenverbindungen – Beanspruchung auf Zug in Schaftrichtung und auf Abscheren

3.6.0 Nachweisschema

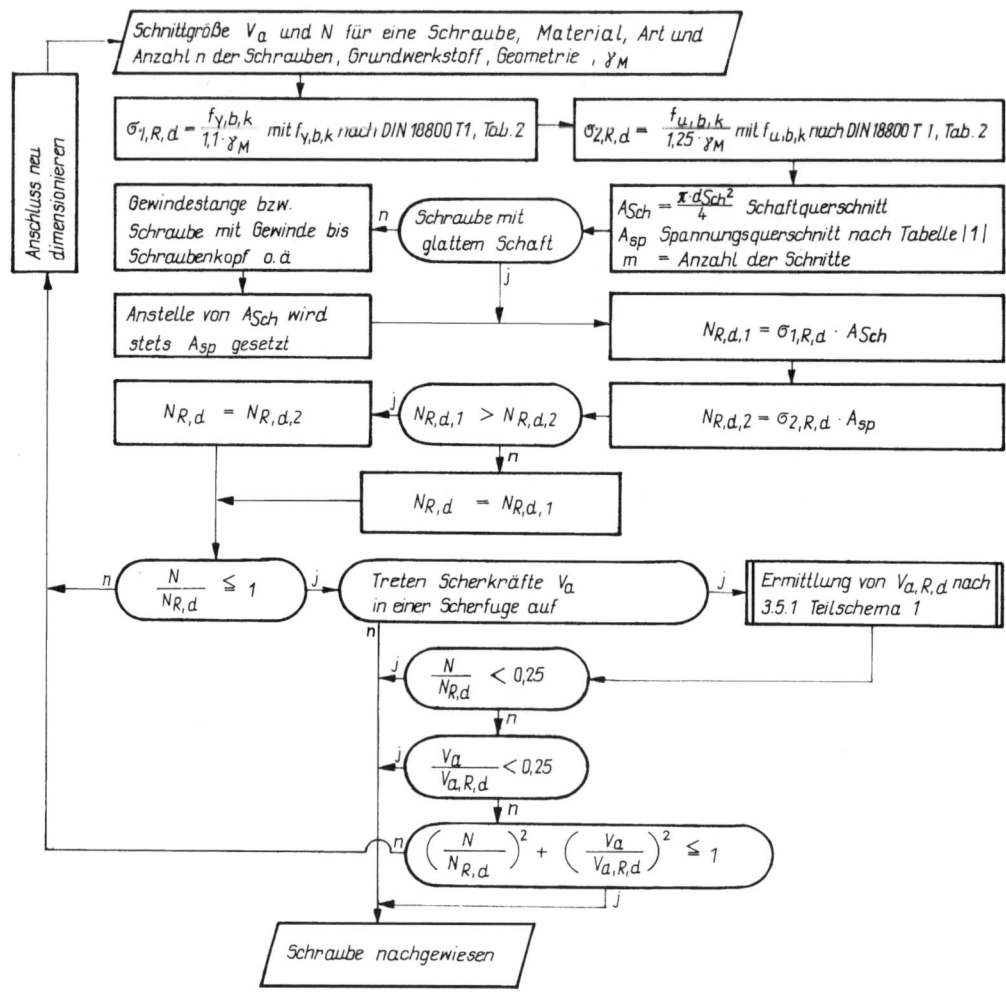

3.6.1 Tabelle zur Ermittlung der Grenzzugkraft $N_{R,d}$ je Schraube in kN

Schrauben-größe	d_{Sch} mm	D mm	A_{Sp} cm²	A_{Sch} cm²	Festigkeitsklasse			
					4.6 $N_{R,d}$ kN	5.6 $N_{R,d}$ kN	8.8 $N_{R,d}$ kN	10.9 $N_{R,d}$ kN
M 12	12	24	0,843	1,13	22,4	28,0	49,0	61,3
	13	24	0,843	1,33	24,5	30,7	49,0	61,3
M 16	16	30	1,57	2,01	39,9	49,8	91,3	114,2
	17	30	1,57	2,27	45,0	56,3	91,3	114,2
M 20	20	37	2,45	3,14	62,2	77,9	143,0	178,2
	21	37	2,45	3,46	68,6	85,8	143,0	178,2
M 22	22	39	3,03	3,80	75,4	94,2	176,0	220,4
	23	39	3,03	4,15	82,3	102,9	176,0	220,4
M 24	24	44	3,53	4,52	89,7	112,1	205,0	256,7
	25	44	3,53	4,91	97,4	121,7	205,0	256,7
M 27	27	50	4,59	5,73	113,6	142,1	267,0	333,8
	28	50	4,59	6,16	122,2	152,7	267,0	333,8
M 30	30	56	5,61	7,07	140,2	175,3	326,0	408,0
	31	56	5,61	7,55	149,7	187,2	326,0	408,0

$$N_{R,d} = \min \begin{cases} A_{Sch} \dfrac{f_{y,b,k}}{1,1 \cdot \gamma_M} \\[2mm] A_{Sp} \dfrac{f_{u,b,k}}{1,25 \cdot \gamma_M} \end{cases}$$

D: Außendurchmesser der Unterlegscheibe
A_{Sp}:   Spannungsquerschnitt
A_{Sch}: Schaftquerschnitt

3.7 Beispiele für Schraubenverbindungen

3.7.1 Zugbandstoß

Nachweis der Schraubenverbindung des in Abb. 3.1 dargestellten Zugbandstoßes.
Scher-Lochleibungs-Verbindung M 20; FK 5.6; $\Delta d < 0{,}3$ mm (Passschrauben); St 52;
$\gamma_M = 1{,}1; f_{y,k} = 360$ N/mm^2; $f_{u,b,k} = 500$ N/mm^2; $N_d = 800$ kN

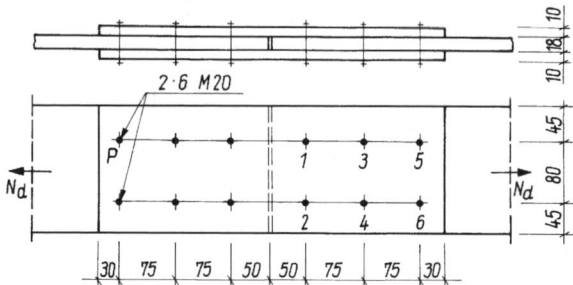

Abb. 3.1

■ Lösung
Abstände für Schraube 1
$e_1 = 50$ mm (Profil)
$e_2 = 45$ mm
$e_3 = 80$ mm
$e = 75$ mm

Abstände für Schrauben 2 bis 6 siehe Abb. 3.1
Im Anschluss tritt nur N_d auf.

Schraube 1:
Abscheren siehe 3.5.1
$\Delta d < 0{,}3$ mm ≈ 0
$d_{Sch} = d_L = 21$ mm
Festigkeitsklasse 5.6 mit $\alpha_a = 0{,}6$
Das Gewinde reicht nicht bis in die Scherfuge.

$$A = A_{Sch} = \frac{\pi \cdot 2{,}1^2}{4} = 3{,}46 \text{ cm}^2$$

$$m = 2$$

$$V_{a,R,1d} = 3{,}46 \cdot 0{,}6 \cdot \frac{50}{1{,}1} = 94{,}4 \text{ kN} \qquad \text{bzw. nach 3.5.2: } V_{a,R,1d} = 94{,}4 \text{ kN}$$

$$\Sigma V_{a,R,1d} = 2 \cdot 94{,}4 = 188{,}8 \text{ kN}$$

Lochleibung siehe 3.5.3

Randschraube für Profil $e_1 = 50$ mm

$e_2 \geqq 1{,}5 \, d_L$ 45 mm $> 1{,}5 \cdot 21 = 32$ mm
$e_3 \geqq 3 \quad d_L$ 80 mm $> 3 \quad \cdot 21 = 63$ mm
$e_1 \geqq 1{,}2 \, d_L$ 50 mm $> 1{,}2 \cdot 21 = 25$ mm

$$\alpha_1 = 1{,}1 \cdot \frac{50}{21} - 0{,}3 = 2{,}32 < 3; \, t_1 = 1{,}8 \text{ cm}$$

48

$$V_{1,R,1d} \text{ (Profil)} = 1{,}8 \cdot 2{,}1 \cdot 2{,}32 \cdot \frac{36}{1{,}1} = 287{,}0 \text{ kN}$$

bzw. nach 3.5.5: $\quad V_{1,R,1d} \text{ (Profil)} = 1{,}8 \cdot 106 \cdot 1{,}5 = 286{,}2 \text{ kN}$

Mittelschraube für Lasche $e = 75$ mm
$e_2 = 45$ mm (unverändert)
$e_3 = 80$ mm (unverändert)
$e \geqq 2{,}2 \, d_L \rightarrow 75 \text{ mm} > 2{,}2 \cdot 21 = 46 \text{ mm}$

$$\alpha_1 = 1{,}08 \cdot \frac{75}{21} - 0{,}77 = 3{,}09 > 3{,}0 \rightarrow \alpha_1 = 3{,}0$$

$t_2 + t_3 = 1{,}0 + 1{,}0 = 2{,}0 \text{ cm}$

$$V_{1,R,1d} \text{ (Lasche)} = 2{,}0 \cdot 2{,}1 \cdot 3{,}0 \cdot \frac{36}{1{,}1} = 412{,}4 \text{ kN}$$

bzw. nach 3.5.5: $\quad V_{1,R,1d} \text{ (Lasche)} = 2{,}0 \cdot 138 \cdot 1{,}5 = 414 \text{ kN}$

Der Minimalwert aus den Werten $\Sigma V_{a,R,1d} = 188{,}8$ kN; $V_{1,R,1d}$ (Profil) $= 287{,}0$ kN; und $V_{1,R,1d}$ (Lasche) $= 412{,}4$ kN ergibt die Beanspruchbarkeit der Schraube 1: $V_{R,1d} = 188{,}8$ kN.

Schraube 2:
gleiche Werte wie Schraube 1: $\quad V_{R,2d} = 188{,}8 \text{ kN}$

Schraube 3:
Abscheren siehe 3.5.1
Werte bleiben unverändert!
$\Sigma V_{a,R,3d} = 188{,}8 \text{ kN}$

Lochleibung siehe 3.5.3
Mittelschraube für Profil $e = 75$ mm
e_2 und e_3 unverändert

$e \geqq 2{,}2 \, d_L; \quad 75 \text{ mm} > 2{,}2 \cdot 21 = 46 \text{ mm}$

$$\alpha_1 = 1{,}08 \cdot \frac{75}{21} - 0{,}77 = 3{,}09 > 3{,}0 \rightarrow \alpha_1 = 3{,}0$$

$t_1 = t = 18 \text{ mm}$

$$V_{1,R,3d} \text{ (Profil)} = 1{,}8 \cdot 2{,}1 \cdot 3{,}0 \cdot \frac{36}{1{,}1} = 371{,}1 \text{ kN}$$

bzw. nach 3.5.5: $\quad V_{1,R,3d} \text{ (Profil)} = 1{,}8 \cdot 138 \cdot 1{,}5 = 372{,}6 \text{ kN}$

Mittelschraube für Lasche $e = 75$ mm
siehe Schraube 1
$V_{1,R,3d} \text{ (Lasche)} = 413{,}7 \text{ kN}$

Somit beträgt der Minimalwert $V_{R,3d} = 188{,}8$ kN.

Schraube 4:
gleiche Werte wie Schraube 3: $\qquad V_{R,4d} = 188,8\ \text{kN}$

Schraube 5:
Abscheren siehe 3.5.1
Werte bleiben unverändert.

$\Sigma V_{a,R,5d} = 188,8\ \text{kN}$

Lochleibung siehe 3.5.3
Mittelschraube für Profil $e = 75\ \text{mm}$
siehe Schraube 3

$V_{1,R,5d}\ (\text{Profil}) = 371,1\ \text{kN}$

Randschraube für Lasche $e_1 = 30\ \text{mm}$

$e_1 \geqq 1,2\ d_L \qquad 30\ \text{mm} > 1,2 \cdot 21 = 25\ \text{mm}$

$\alpha_1 = 1,1 \cdot \dfrac{30}{21} - 0,3 = 1,27 < 3,0$

$V_{1,R,5d}\ (\text{Lasche}) = 2 \cdot 2,1 \cdot 1,27 \cdot \dfrac{36}{1,1} = 174,6\ \text{kN}$

bzw. nach 3.5.5: $\qquad V_{1,R,5d}\ (\text{Lasche}) = 2 \cdot 58,3 \cdot 1,5 = 174,9\ \text{kN}$

Somit beträgt der Minimalwert $V_{R,5d} = 174,6\ \text{kN}$.

Schraube 6:

gleiche Werte wie Schraube 5

$V_{R,6d} = 174,6\ \text{kN}$

Beanspruchbarkeit der Verbindung

$\sum_{1}^{6} V_{R,id} = 4 \cdot 188,8 + 2 \cdot 174,6 = 1104,4\ \text{kN}$

$\dfrac{V_{ges}}{\sum_{1}^{6} V_{R,id}} = \dfrac{800}{1104,4} = 0,724 < 1$

Der Anschluss ist nachgewiesen!

3.7.2 Trägeranschluss

Nachweis des geschraubten Anschlusses eines Querträgers an einen Hauptträger nach Abb. 3.2.

Scher-Lochleibungs-Verbindung; M 24; FK 4.6; $\Delta d = 1$ mm (rohe Schrauben)

St 37; $\gamma_M = 1,1$; $f_{y,k} = 240$ N/mm²; $f_{u,b,k} = 400$ N/mm²; $V_d = 200$ kN

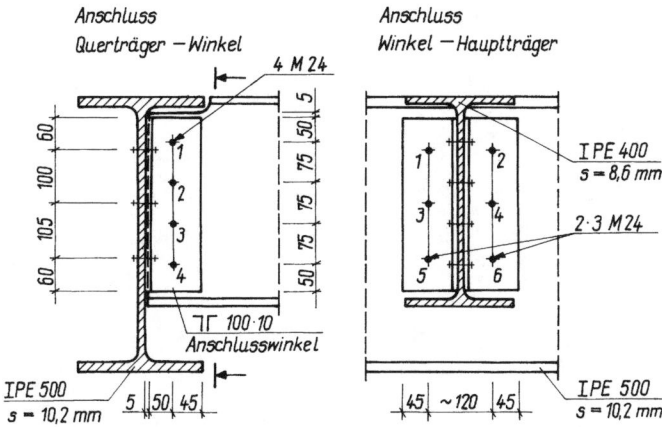

Abb. 3.2

■ Lösung

– Anschluss Querträger – Winkel
Schraubenabstände
Anschlusswinkel (Lasche)
$e_1 = 50$ mm $> 1,2 \cdot 25 = 30$ mm (in Vertikalrichtung)
$e_1 = 45$ mm > 30 mm (in Horizontalrichtung)
$e_2 = 45$ mm $> 1,5 \cdot 25 = 37,5$ mm
$e_3 \approx 0$

IPE 400 (Profil)
$e_1 = 55$ mm $> 1,2 \cdot 25 = 30$ mm (in Vertikalrichtung)
$e_1 = 50$ mm > 30 mm (in Horizontalrichtung)
$e_2 = 45$ mm $> 37,5$ mm
$e_3 = 0$

Es tritt eine Außermittigkeit auf.
$M_d = 200 \cdot 5,5 = 1100$ kNcm

Aus der Querkraft ergibt sich eine Vertikalkomponente und aus dem Moment eine Horizontalkomponente für die Schrauben.

Die größte resultierende Beanspruchung ergibt sich für die Schraube 1. Sie wird, wie im Abschnitt 3.7.4 für den Trägerstoß gezeigt, ermittelt.

$n = 4$; $n_x = 1$; $e_x = 0$; $n_z = 4$; $e_z = 75$ mm

$$I_p = \frac{4}{12} \left[(1-1) \cdot 7,5^2 + (4^2 - 1) \cdot 7,5^2 \right] = 281,25 \text{ cm}^4$$

51

$$R_{1d} = \sqrt{\left[\frac{200}{4} + \frac{200 \cdot 5{,}5}{281{,}25} \cdot \frac{(1-1) \cdot 7{,}5}{2}\right]^2 + \left[\frac{0}{4} + \frac{200 \cdot 5{,}5}{281{,}25} \cdot \frac{(4-1) \cdot 7{,}5}{2}\right]^2} = 66{,}6\,\text{kN}$$

Beanspruchung auf Abscheren nach 3.5.1

$d_{\text{Sch}} = 24\,\text{mm}$; $d_L = 25\,\text{mm}$

$\alpha_a = 0{,}6$

Das Gewinde reicht nicht bis in die Scherfuge.

$$A_{\text{Sch}} = A = \frac{\pi \cdot 2{,}4^2}{4} = 4{,}52\,\text{cm}^2$$

$m = 2$

$$V_{a,R,1d} = 4{,}52 \cdot 0{,}6 \cdot \frac{40}{1{,}1} = 98{,}6\,\text{kN} \qquad \text{bzw. nach 3.5.2:}\ V_{a,R,1d} = 98{,}6\,\text{kN}$$

$\Sigma V_{a,R,1d} = 2 \cdot 98{,}6 = 197{,}2\,\text{kN}$

Lochleibung siehe 3.5.3

Randschraube für Profil min $e_1 = 50\,\text{mm}$

$$\alpha_1 = 1{,}1 \cdot \frac{50}{25} - 0{,}3 = 1{,}9 < 3$$

$$V_{1,R,1d}\,(\text{Profil}) = 0{,}86 \cdot 2{,}4 \cdot 1{,}9 \cdot \frac{24}{1{,}1} = 85{,}6\,\text{kN}$$

bzw. nach 3.5.4: $\qquad V_{1,R,1d}\,(\text{Profil}) = 0{,}86 \cdot 99{,}5 = 85{,}6\,\text{kN}$

Randschraube im Winkel

min $e_1 = 45\,\text{mm} > 1{,}2 \cdot 25 = 30\,\text{mm}$

$$\alpha_1 = 1{,}1 \cdot \frac{45}{25} - 0{,}3 = 1{,}68 < 3{,}0$$

$$V_{1,R,1d}\,(\text{Lasche}) = 2 \cdot 2{,}4 \cdot 1{,}68 \cdot \frac{24}{1{,}1} = 175{,}9\,\text{kN}$$

bzw. nach 3.5.4: $\qquad V_{1,R,1d}\,(\text{Lasche}) = 2 \cdot 88 = 176{,}0\,\text{kN}$

Der Minimalwert beträgt $\quad V_{R,1d} = 85{,}6\,\text{kN}$

$$\frac{R_{1,d}}{V_{R,1d}} = \frac{66{,}6}{85{,}6} = 0{,}78 < 1$$

Der Anschluss ist nachgewiesen.

– Anschluss Winkel – Hauptträger
Schraubenabstände
Abstände für Schraube 1

$e_1 = \quad 60\,\text{mm} > 1{,}2 \cdot 25 = 30\,\text{mm}$ (für Winkel)
$e_2 = \quad 45\,\text{mm} > 1{,}5 \cdot 25 = 37{,}5\,\text{mm}$
$e_3 \approx \quad 120\,\text{mm} > 3{,}0 \cdot 25 = 75\,\text{mm}$
$e \approx \quad 100\,\text{mm} > 2{,}2 \cdot 25 = 55\,\text{mm}$

Die Abstände der weiteren Schrauben siehe Abb. 3.2.
Es tritt keine Außermittigkeit auf.

Abscheren
$d_{Sch} = 24\ mm$
$A_{Sch} = 4,52\ cm^2$
$\alpha_a = 0,6;\ m = 1$

$$V_{a,R,1d} = 4,52 \cdot 0,6 \cdot \frac{40}{1,1} = 98,6\ kN$$

bzw. nach 3.5.2: $\qquad V_{a,R,1d} = 98,6\ kN$
$\Sigma V_{a,R,1d} = 98,6\ kN$

Lochleibung siehe 3.5.3: $\qquad$ Mittelschraube für Profil $e = 100\ mm$

$$\alpha_1 = 1,08 \cdot \frac{100}{25} - 0,77 = 3,55 > 3,0 \rightarrow \alpha_1 = 3,0$$

$$V_{1,R,1d}\ (Profil) = 1,02 \cdot 2,4 \cdot 3 \cdot \frac{24}{1,1} = 160,2\ kN$$

bzw. nach 3.5.4: $\qquad V_{1,R,1d}\ (Profil) = 1,02 \cdot 158 = 161,2\ kN$

Lochleibung im Winkel (Randschraube) = Lochleibung in der Lasche $e_1 = 60\ mm$

$$\alpha_1 = 1,1 \cdot \frac{60}{25} - 0,3 = 2,34 < 3,0$$

$$V_{1,R,1d}\ (Lasche) = 1,0 \cdot 2,4 \cdot 2,34 \cdot \frac{24}{1,1} = 122,5\ kN$$

bzw. 3.5.4: $\qquad V_{1,R,1d}\ (Lasche) = 1,0 \cdot 123 = 123,0\ kN$

Somit beträgt der Minimalwert $V_{R,1d} = 98,6\ kN$.
Die Schrauben 2, 5 und 6 entsprechen Schraube 1.

Schraube 3:
Abscheren (entspricht Schraube 1): $\qquad \Sigma V_{a,R,3d} = 98,6\ kN$
Lochleibung: Mittelschraube im Profil (entspricht Schraube 1): $V_{1,R,3d}\ (Profil) = 160,2\ kN$

Mittelschraube im Winkel

$$\alpha_1 = 1,08 \cdot \frac{100}{25} - 0,77 = 3,55 > 3,0 \rightarrow \alpha_1 = 3$$

$$V_{1,R,3d}\ (Winkel) = 1,0 \cdot 2,4 \cdot 3 \cdot \frac{24}{1,1} = 157,1\ kN$$

bzw. nach 3.5.4: $\qquad V_{1,R,3d}\ (Winkel) = 1,0 \cdot 158,0 = 158,0\ kN$

Der Minimalwert bleibt unverändert.

$$\sum_1^6 V_{R,id} = 6 \cdot 98,6\ kN = 591,6\ kN$$

$$\frac{V_{ges}}{\sum_1^6 V_{R,id}} = \frac{200}{591,6} = 0,34 < 1$$

Der Anschluss ist nachgewiesen!

3.7.3 Angehängter Träger

Nachweis der Schrauben für die Aufhängung eines Trägers nach Abb. 3.3. Die Schrauben werden durch $F = 100$ kN und $H = 10$ kN auf Zug und Abscheren beansprucht. Infolge von H_d tritt im Anschluss ein Moment $M = 10 \cdot 20 = 200$ kNcm auf. Für die Aufteilung des Momentes auf die Schrauben wird der Druckpunkt in der Schraube liegend angenommen ($\approx b/4$). Es ergeben sich die Schnittkräfte für den Anschluss:

$$V_{ges} = 10 \text{ kN}; \quad N = \frac{100}{4} + \frac{200}{2 \cdot 5,6} = 42,9 \text{ kN}$$

M 16; FK 4.6; $\Delta d \leq 0,3$ mm (Passschrauben)
St 37, $\gamma_M = 1,1$; $f_{y,k} = 240$ N/mm^2; $f_{u,b,k} = 400$ N/mm^2

■ Lösung

$$\sigma_{1,R,d} = \frac{24}{1,1 \cdot 1,1} = 19,8 \text{ kN/cm}^2 \qquad \sigma_{2,R,d} = \frac{40}{1,25 \cdot 1,1} = 29,1 \text{ kN/cm}^2$$

Die Schraube hat einen Schaft. Der Gewindebereich endet außerhalb der Scherbeanspruchung.

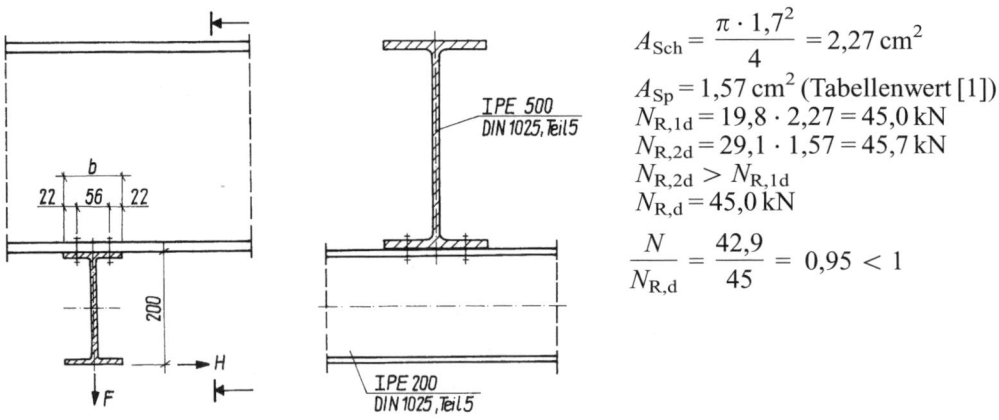

$$A_{Sch} = \frac{\pi \cdot 1,7^2}{4} = 2,27 \text{ cm}^2$$

$A_{Sp} = 1,57$ cm^2 (Tabellenwert [1])
$N_{R,1d} = 19,8 \cdot 2,27 = 45,0$ kN
$N_{R,2d} = 29,1 \cdot 1,57 = 45,7$ kN
$N_{R,2d} > N_{R,1d}$
$N_{R,d} = 45,0$ kN

$$\frac{N}{N_{R,d}} = \frac{42,9}{45} = 0,95 < 1$$

Abb. 3.3

Es treten Scherkräfte auf. V_a für jede Schraube 2,5 kN.

$d_{Sch} = d_L = 17$ mm

$\alpha_a = 0,6$

$$A = \frac{\pi \cdot 1,7^2}{4} = 2,27 \text{ cm}^2$$

$$V_{a,R,d} = 2,27 \cdot 0,6 \cdot \frac{40}{1,1} = 49,5 \text{ kN}$$

$$\frac{V_a}{V_{a,R,d}} = \frac{2,5}{49,5} = 0,05 < 0,25$$

Eine Interaktion zwischen N und V ist nicht erforderlich. Der Anschluss ist nachgewiesen!

3.7.4 Trägerstoß

Es ist der Nachweis für den in Abb. 3.4 dargestellten Trägerstoß zu führen. Das Schraubengewinde reicht nicht bis in die Verbindungselemente. Scher-Lochleibungs-Verbindung; M 24; FK 4.6, $\Delta d = 1$ mm (rohe Schrauben)

St 37; $\gamma_M = 1,1$; $f_{y,k} = 240$ N/mm^2; $f_{u,b,k} = 400$ N/mm^2

$M_d = M = 40\,000$ kNcm; $V_d = V = 120$ kN

$N_d = N = 300$ kN (Zug)

Für alle Schrauben ist $e_2 \geqq 1,5\,d_L$ und $e_3 \geqq 3\,d_L$.

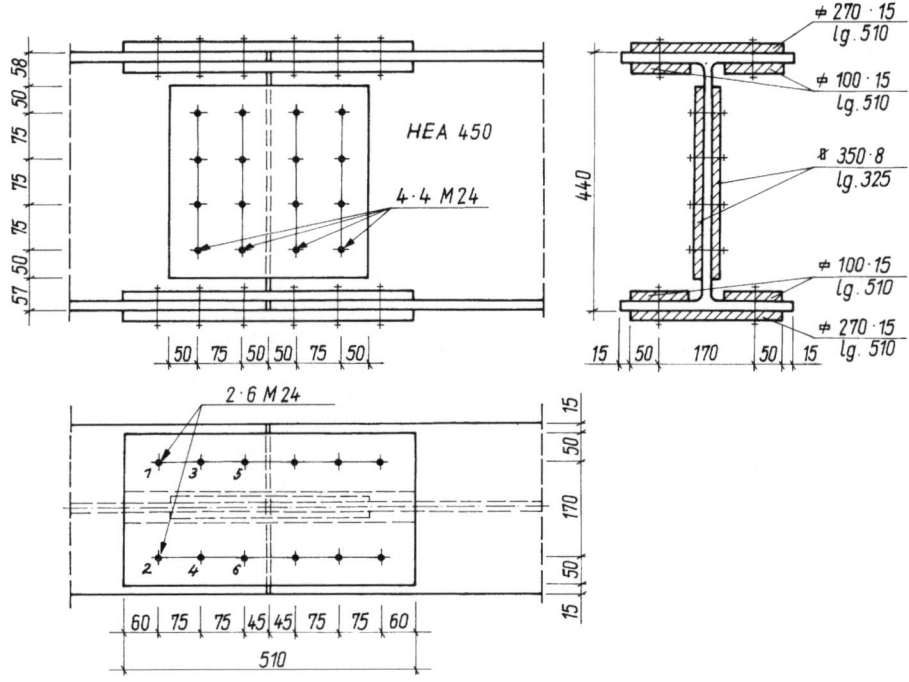

Abb. 3.4

Querschnittswerte
HEA 450

$A = 178$ cm^2
$I_y = 63\,720$ cm^4
$h = 440$ mm
$b = 300$ mm
$s = 11,5$ mm
$t = 21$ mm

Steglaschen (SL)
□ 350 × 8 lg. 325 (beidseitig)
$A_{SL} = 2 \cdot 32,5 \cdot 0,8 = 52$ cm^2
Gurtlasche (GL) oberseitig
□ 270 × 15 lg. 510
Gurtlasche (GL) unterseitig

$2 \;\square\; 100 \times 15 \;\text{lg. } 510$
$A_{GL} = 27 \cdot 1{,}5 + 10 \cdot 1{,}5 \cdot 2 = 70{,}5 \;\text{cm}^2$

■ Lösung

Variante 1
Aufteilung der Bemessungsschnittkräfte nach dem Steifigkeitsverhältnis von Steg zu Gurt

$$I_{\text{Steg}} = \frac{(44 - 2 \cdot 2{,}1)^3}{12} \cdot 1{,}15 = 6042 \;\text{cm}^4$$

$I_{\text{Gurt}} \approx 63\,720 - 6042 = 57\,678 \;\text{cm}^4; \; I_{\text{ges}} = I_{\text{Steg}} + I_{\text{Gurt}}$
$A_{\text{Gurt}} = 30 \cdot 2{,}1 = 63 \;\text{cm}^2$
$A_{\text{Steg}} \approx 178 - 2 \cdot 63 = 52 \;\text{cm}^2; \; A_{\text{ges}} = A_{\text{Steg}} + A_{\text{Gurt}} \cdot 2$

▨ Steglaschenanschluss

$$M_{\text{Steg}} = M \cdot \frac{I_{\text{Steg}}}{I_{\text{ges}}} + V \cdot e$$

$$= 40\,000 \cdot \frac{6042}{63\,720} + 120 \left(5 + \frac{7{,}5}{2} \right)$$

$$= 3793 + 1050 = 4843 \;\text{kNcm}$$

$$N_{\text{Steg}} = N \cdot \frac{A_{\text{Steg}}}{A_{\text{ges}}} = 300 \cdot \frac{52}{178} = 87{,}6 \;\text{kN}$$

$V_{\text{Steg}} = V = 120 \;\text{kN}$

Die am höchsten beanspruchte Schraube wird mit dem I_p-Verfahren nachgewiesen. Allgemeiner Ansatz für die maximale Schraubenkraft R bei einem rechteckigen Schraubenbild und den Beanspruchungen Querkraft, Längskraft, Moment nach Abb. 3.5:

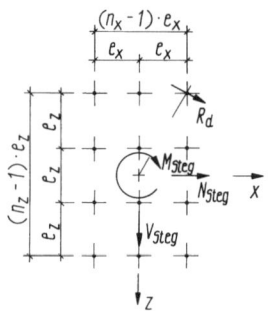

Abb. 3.5

n_x: Schraubenanzahl in x-Richtung
e_x: Schraubenabstand in x-Richtung
n_z: Schraubenanzahl in z-Richtung
e_z: Schraubenabstand in z-Richtung

$$n = n_x \cdot n_z$$

$$I_p = \Sigma r_i^2 = \frac{n}{12} \left[\left(n_x^2 - 1 \right) \cdot e_x^2 + \left(n_z^2 - 1 \right) \cdot e_z^2 \right]$$

$$R = \sqrt{ \left[\frac{V_{Steg}}{n} + \frac{M_{Steg}}{I_p} \cdot \frac{(n_x - 1) \cdot e_x}{2} \right]^2 + \left[\frac{N_{Steg}}{n} + \frac{M_{Steg}}{I_p} \cdot \frac{(n_z - 1) \cdot e_z}{2} \right]^2 }$$

Für Nachweis; Variante 1 des Trägerstoßes nach Abb. 3.4 wird:

$n_x = 2$; $e_x = 75$ mm
$n_z = 4$; $e_z = 75$ mm; $n = 2 \cdot 4 = 8$

$$I_p = \frac{8}{12} \left[\left(2^2 - 1 \right) \cdot 7{,}5^2 + \left(4^2 - 1 \right) \cdot 7{,}5^2 \right] = 675 \, \text{cm}^4$$

$$R_d = \sqrt{ \left[\frac{120}{8} + \frac{4843}{675} \cdot \frac{(2-1) \cdot 7{,}5}{2} \right]^2 + \left[\frac{87{,}6}{8} + \frac{4843}{675} \cdot \frac{(4-1) \cdot 7{,}5}{2} \right]^2 }$$

$$= 100{,}8 \, \text{kN} = V_{I,d} = V_{a,d}$$

Diese Kraft muss von der äußersten Schraube im Steg übertragen werden.
Nachweis nach 3.5
Abscheren siehe 3.5.1

$d_{Sch} = 24$ mm
$\alpha_a = 0{,}6$

$$A = A_{Sch} = \frac{\pi \cdot 2{,}4^2}{4} = 4{,}52 \, \text{cm}^2$$

$m = 2$
$f_{u,b,k} = 40 \, \text{kN/cm}^2$

$$V_{a,R,d} = 4{,}52 \cdot 0{,}6 \cdot \frac{40}{1{,}1} = 98{,}7 \, \text{kN}$$

(Dieser Wert kann auch 3.5.2 entnommen werden.)

$\Sigma V_{a,R,d} = 2 \cdot 98{,}7 = 197{,}4 \, \text{kN}$

Lochleibung im Profilsteg (1) nach 3.5.3

Die Schraube mit der ungünstigsten Beanspruchung ist im Steg eine Randschraube mit
$e_1 = 50$ mm in horizontaler Richtung.

$$\alpha_1 = 1{,}1 \cdot \frac{50}{25} - 0{,}3 = 1{,}9 < 3{,}0$$

$$V_{1,R,1d} = 1{,}15 \cdot 2{,}4 \cdot 1{,}9 \cdot \frac{24}{1{,}1} = 114{,}4 \, \text{kN}$$

Lochleibung in den Laschen (2) $e_1 = 50$ mm $\approx 6 \cdot t_{min} = 6 \cdot 8 = 48$ mm

$$\alpha_1 = 1{,}1 \cdot \frac{50}{25} - 0{,}3 = 1{,}9 < 3{,}0$$

$$V_{1,R,2d} = 1,6 \cdot 2,4 \cdot 1,9 \cdot \frac{24}{1,1} = 159,2 \text{ kN}$$

Der Minimalwert ergibt sich mit $V_{R,d} = 114,4$ kN.

Nachweis Schraube im Steg:

$$\frac{100,8}{114,4} = 0,88 < 1$$

■ Gurtanschluss

$$M_{Gurt} = 40\,000 - 3793 = 36\,207 \text{ kNcm}$$

$$N_{Gurt} = 300 \cdot \frac{63}{178} = 106,2 \text{ kN}$$

Der Abstand der Flanschmitten beträgt $h_F = 44 - 2,1 = 41,9$ cm.

Damit ergibt sich im Obergurt

$$N_D = -\frac{36\,207}{41,9} + 106,2 = 845,5 \text{ kN (Druck)}$$

und im Untergurt

$$N_Z = +\frac{36\,207}{41,9} + 106,2 = 970,3 \text{ kN (Zug)}$$

Die Beanspruchung der Schrauben ist gleichmäßig.
Es muss die Summe der Beanspruchbarkeiten nach 3.5 ermittelt werden ($n = 6$).

Abscheren

Gegenüber dem Steg tritt keine Veränderung auf.

$$\Sigma V_{a,R,\,1\ldots6,d} = 197,4 \text{ kN}$$

Lochleibung
Schrauben 1 und 2
Randschraube in den Laschen; $e_1 = 60$ mm

$$\alpha_1 = 1,1 \cdot \frac{60}{25} - 0,3 = 2,34 < 3,0$$

$$V_{1,R,1/2,d} = 3 \cdot 2,4 \cdot 2,34 \cdot \frac{24}{1,1} = 367,6 \text{ kN}$$

bzw.
Mittelschraube in dem Gurt; $e = 75$ mm

$$\alpha_1 = 1,08 \cdot \frac{75}{25} - 0,77 = 2,47 < 3,0$$

$$V_{1,R,1/2,d} = 2,1 \cdot 2,4 \cdot 2,47 \cdot \frac{24}{1,1} = 271,6 \text{ kN}$$

Für Schrauben 1 und 2 ist Abscheren maßgebend.

Schrauben 3 und 4
Mittelschraube in den Laschen; $e = 75$ mm

$$\alpha_1 = 1,08 \cdot \frac{75}{25} - 0,77 = 2,47 < 3,0$$

$$V_{1,R,3/4,d} = 3 \cdot 2,4 \cdot 2,47 \cdot \frac{24}{1,1} = 388 \text{ kN}$$

bzw.

Mittelschraube in dem Gurt; $e = 75$ mm
$$V_{1,R,3/4,d} \cong V_{1,R,1/2d} = 271,6 \text{ kN}$$

Für Schrauben 3 und 4 ist ebenfalls Abscheren maßgebend.

Schrauben 5 und 6
Mittelschraube in den Laschen; $e \approx 75$ mm
$$V_{1,R,5/6,d} \cong V_{1,R,3/4,d} = 388 \text{ kN}$$
Randschraube in dem Gurt; $e_1 = 45$ mm

$$\alpha_1 = 1,1 \cdot \frac{45}{25} - 0,3 = 1,68 < 3,0$$

$$V_{1,R,5/6,d} = 2,1 \cdot 2,4 \cdot 1,68 \cdot \frac{24}{1,1} = 184,7 \text{ kN}$$

Für Schrauben 5 und 6 ist Lochleibung im Gurt maßgebend.
Damit ergibt sich die Beanspruchbarkeit des Gurtstoßes:
$$\Sigma V_{R,d} = 4 \cdot 197,4 + 2 \cdot 184,7 = 1159 \text{ kN}$$

Nachweis:

$$\frac{N_Z}{\Sigma V_{R,d}} = \frac{970,3}{1159} = 0,84 < 1$$

▨ Für das Grundmaterial genügt in der Regel der Flächenvergleich
Obergurt (o)
$A_{Go} = 30 \cdot 2,1 = 63 \text{ cm}^2$
$A_{GLo} = 27 \cdot 1,5 + 2 \cdot 10 \cdot 1,5 = 70,5 \text{ cm}^2 > 63 \text{ cm}^2$

Steg
$A_S \approx (44 - 2 \cdot 2,1) \cdot 1,15 = 45,8 \text{ cm}^2$
$A_{SL} \approx 2 \cdot 32,5 \cdot 0,8 = 52 \text{ cm}^2 > 45,8 \text{ cm}^2$

Untergurt (u)
$A_{Gu} = 63 - 2 \cdot 2,1 \cdot 2,5 = 52,5 \text{ cm}^2$
$A_{GLu} = 70,5 - 4 \cdot 2,1 \cdot 1,5 = 55,5 \text{ cm}^2 > 52,5 \text{ cm}^2$

Die Beanspruchung im Zuggurt ist am ungünstigsten.
Nachweis nach 5.2

$A = 30 \cdot 2,1 = 63 \text{ cm}^2$

$A_{\text{Netto}} = 52,5 \text{ cm}^2$

Es tritt keine Außermittigkeit im Anschluss auf.

$$\frac{A}{A_{\text{Netto}}} = \frac{63}{52,5} = 1,2$$

$$\sigma = \frac{970,3}{63} = 15,4 \text{ kN/cm}^2 < \frac{24}{1,1} = 21,8 \text{ kN/cm}^2$$

Der Trägerstoß ist nachgewiesen.

■ Lösung

Variante 2
Vereinfachte Verteilung der Schnittgrößenanteile nach DIN 18 800 T 1, Element 801

$$\text{Zuggurt: } N_Z = \frac{300}{2} + \frac{40\,000}{(44 - 2,1)} = 1105 \text{ kN}$$

$$\text{Druckgurt: } N_D = \frac{300}{2} - \frac{40\,000}{(44 - 2,1)} = -804,7 \text{ kN}$$

Steg: $V_{\text{St}} = V = 120 \text{ kN}$

Voraussetzung für diese Vereinfachung ist, dass in den Flanschen die Beanspruchbarkeit nicht überschritten wird.
Der Zuggurt ist am ungünstigsten beansprucht.
Nachweis nach 5.2

$$\frac{A}{A_{\text{Netto}}} = 1,2 \text{ (vgl. Variante 1)}$$

$$\sigma = \frac{1105}{63} = 17,5 \text{ kN/cm}^2 < \frac{24}{1,1} = 21,8 \text{ kN/cm}^2$$

Die Variante 2 darf bei einer Nachweisführung ebenfalls angewendet werden.

▨ Steglaschenanschluss nach 3.5
Abscheren siehe 3.5.1
Keine Veränderung zu Variante 1
$\Sigma V_{\text{a,R,d}} = 197,4 \text{ kN}$

Lochleibung im Profilsteg siehe 3.5.3
$e = 75 \text{ mm}$

$$\alpha_1 = 1,08 \cdot \frac{75}{25} - 0,77 = 2,47 < 3,0$$

$$V_{\text{l,R,1d}} = 1,15 \cdot 2,4 \cdot 2,47 \cdot \frac{24}{1,1} = 148,7 \text{ kN}$$

Lochleibung in den Laschen; $e_1 = 50\,\text{mm}$

$$\alpha_1 = 1,1 \cdot \frac{50}{25} - 0,3 = 1,9 < 3,0$$

$$V_{1,\text{R,2d}} = 1,6 \cdot 2,4 \cdot 1,9 \cdot \frac{24}{1,1} = 159,2\,\text{kN}$$

Der Minimalwert ergibt sich für Lochleibung im Profilsteg
$V_{\text{R,d}} = 148,7\,\text{kN}$

Nachweis Schraube im Steg

$$\frac{\frac{120}{8}}{148,7} = 0,1 < 1$$

▨ Gurtanschluss
Die Beanspruchbarkeit der Verbindung kann Variante 1 entnommen werden.

Nachweis Schrauben im Gurt

$$\frac{1105}{1159} = 0,95 < 1$$

Alle weiteren Nachweise entsprechen Variante 1.

Die vereinfachte Verteilung der Schnittgrößenanteile führt nicht zu einer Überbeanspruchung und darf in diesem Fall angewendet werden.

4 Schweißverbindungen

4.0 Allgemeines

Schweißverbindungen bilden die wichtigste unlösbare Verbindungsart des Stahlbaus.

Schweißnähte werden mittels Lichtbogen in Schmelzschweißverfahren hergestellt, dabei kommen sowohl Hand- als auch maschinelle Verfahren zum Einsatz.

Die Schweißverbindung ist in der Regel linienorientiert. Nur die Sonderform des Punktschweißens führt zu einer örtlich konzentrierten Krafteintragung. Schweißnähte unterscheidet man hinsichtlich ihrer Art, Form und Ausführung. Die Nahtarten teilen sich in die Hauptgruppen der Stumpf- und der Kehlnähte. Durch die Stumpfnähte laufen die Spannungstrajektorien ohne Richtungsänderung hindurch. Bei den Kehlnähten findet im Stoßbereich immer eine Umleitung der Spannungstrajektorien statt, da das aufeinandertreffende Grundmaterial als nicht verbunden angesehen wird.

Nach der Vorbereitung der Nahtflanken werden die Stumpfnähte in V-, X-, K- oder I-Nähte unterteilt. Weitere Varianten sind aus diesen Grundformen ableitbar. Bei den Kehlnähten findet in der Regel keine Fugenvorbereitung statt.

Generell ist das Nahtvolumen nach Möglichkeit zu minimieren, um die auftretenden Gefügeänderungen und die wirtschaftlichen Aufwendungen gering zu halten.

Bei Kontaktstößen, deren Lage durch Schweißnähte gesichert wird, darf nach DIN 18 800 T 1, Element 505 der Luftspalt nicht größer als 0,5 mm sein.

4.1 Stahlauswahl

Bei Schweißkonstruktionen ist die Stahlsorte entsprechend dem vorgesehenen Verwendungszweck und der Schweißeignung auszuwählen. Die beim Schweißen unvermeidbaren Gefügeänderungen im Werkstoff erfordern gezielte Maßnahmen zur Vermeidung von Sprödbrüchen.

Die Grundlage für die Wahl der Stahlgütegruppen bildet die DASt-Ri 009 Ausg. 4/73 „Empfehlungen zur Wahl der Stahlgütegruppen für geschweißte Stahlbauten" und die „Anpassungsrichtlinie Stahlbau" (Mitteilungen DIfB 12/98). Sie beruht auf der gleichzeitigen Erfassung der wesentlichsten Einflussgrößen, von denen nach dem derzeitigen Erkenntnisstand die vornehmlich bei Zugbeanspruchung bestehende Sprödbruchgefahr abhängt. Es sind dies mehrachsige Spannungszustände, die Bedeutung des Bauteils innerhalb der Konstruktion, die Materialdicke, die Einsatztemperatur und etwaige Kaltverformungen. In Abhängigkeit von diesen Einflusskomponenten werden die Klassifizierungsstufen I bis V gebildet, auf deren Grundlage sich dann die Gütegruppenbezeichnung nach Abschnitt 1.3 auswählen lässt. Durch Anwendung des Stranggießens fällt bei der Stahlherstellung nur noch vollberuhigtes Grundmaterial an.

Mit steigender Gütegruppenzahl verbessert sich die Schweißeignung und sinkt die Sprödbruchgefahr. Die Kerbschlagzähigkeit bildet die Einschätzungsgrundlage für eine direkte Bewertung der Sprödbruchneigung, sie ergibt für beruhigt vergossenen Stahl deutlich bessere Werte als für unberuhigt vergossenen. Der Nachweis der Sprödbruchsicherheit der geschweißten Stahlkonstruktion entspricht, von seiner Aussage her, einem Festigkeitsnachweis.

4.2 Maße und Querschnittswerte

4.2.1 Nahtdicke

Detaillierte Hinweise zur Nahtdicke können DIN 18 800 T 1, Tab. 19 entnommen werden. Die rechnerische Nahtdicke a wird von der Nahtart beeinflusst. Bei Stumpfnahtverbindungen entspricht a der Blechdicke. Für eine Verbindung mit unterschiedlichen Materialdicken gilt $a = \min t$. Bei einer Stumpfnaht in Form der K-Naht ist für die Nahtdicke das anstoßende Blech maßgebend, unabhängig davon, ob dasselbe dicker oder dünner als das durchgehende ist. Für nicht durchgeschweißte Stumpfnähte gilt als Nahtdicke der Abstand vom theoretischen Wurzelpunkt bis zur Nahtoberfläche. Die Nahtdicke a von Kehlnahtverbindungen entspricht der bis zum theoretischen Wurzelpunkt, dem Schnittpunkt der Blechebenen, gemessenen Höhe des einschreibbaren gleichschenkligen Dreiecks. Bei tiefem Einbrand kann die Nahtdicke vergrößert werden. Für jedes teil- oder vollmechanisierte Schweißverfahren ist das Maß der Vergrößerung mittels Verfahrensprüfung festzulegen. Die Maßhaltigkeit der Nahtdicke ist schweißtechnologisch abzusichern. Dabei sind Dickenüberschreitungen bis 25 % und stellenweise -unterschreitungen bis 5 % bei Stumpf- und bis 10 % bei Kehlnähten zulässig. Die geforderte Nahtdicke muss durchschnittlich erreicht werden. DIN 18 800 T 1, Tab. 19 ist zu beachten.

Für Stumpfnähte ist bei doppelter oder einfacher HY-Naht mit einem Öffnungswinkel $< 60°$ a um 2 mm zu vermindern. Ausnahmen diesbezüglich regelt DIN 18 800 T 1, Tab. 19.

4.2.2 Nahtlänge

Für die Festlegung der rechnerischen Schweißnahtlänge l gilt DIN 18 800 T 1, Element 820 und Tabelle 20. Die rechnerische Schweißnahtlänge entspricht in der Regel der Summe der geometrischen Längen. Bei Kehlnähten ist sie die Länge der Wurzellinien.

Kehlnähte dürfen beim Nachweis nur berücksichtigt werden, wenn $l = 6\,a$, jedoch mindestens 30 mm beträgt.

In unmittelbaren Laschen- und Stabanschlüssen darf auf Grund der ungleichmäßigen Dehnungen in der Naht die einzelne Naht nur mit maximal $150\,a$ angesetzt werden.

Bei einer kontinuierlichen Krafteinleitung über die Schweißnaht entfällt diese Längenbegrenzung.

Bei einer Reihe von unmittelbaren Stabanschlüssen entstehen häufig konstruktiv unvermeidbare Außermittigkeiten des Schweißnahtschwerpunktes zur Stabachse (z. B. beim Winkelanschluss geschlitzt oder schenkelparallel). Diese Momente dürfen vernachlässigt werden, wenn entsprechend DIN 18 800 T 1, Tab. 20 nur die Längen rechtwinklig oder parallel zur Stabachse angesetzt werden. Nahtbereiche, die – z. B. wegen erschwerter Zugänglichkeit – nicht einwandfrei ausgeführt werden können, dürfen bei der Berechnung nicht angesetzt werden.

4.2.3 Schweißnahtfläche

Die rechnerische Schweißnahtfläche A_w ist als Summe der Produkte der Einzellängen l und der zugehörigen Nahtdicken a zu bilden. Beim Nachweis sind nur die Flächen derjenigen Schweißnähte anzusetzen, die auf Grund ihrer Lage vorzugsweise imstande sind, die vorhandenen Schnittgrößen in der Verbindung zu übertragen. Für Kehlnähte ist die Schweißnahtfläche konzentriert zur Wurzellinie anzunehmen. Diese Linie fixiert auch das Bezugsmaß bei der Berechnung von Flächen höherer Ordnung (Flächenmomente, Widerstandsmomente) des Schweißnahtquerschnitts.

4.3 Schweißnahtspannungen

Bei der Beanspruchung einer Schweißnaht durch Schnittkräfte entstehen in der Naht Normal- und/oder Schubspannungen. Die Normalspannungen wirken stets rechtwinklig zur Schnittfläche.

Liegt die Schweißnaht in der Schnittfläche, entsteht somit eine Normalspannung und Dehnung senkrecht zur Naht. Durchdringt jedoch die Schweißnaht die Schnittfläche, dann ergibt sich eine Normalspannung und Dehnung parallel zur Naht.

Die Schubspannungen wirken dagegen in der Schnittfläche und führen zu Verschiebungen.

Die Schweißnahtspannungen in den Nähten werden ermittelt und mit Grenzschweißnahtspannungen verglichen.

Beim Anschluss oder Querstoß von Walzträgern mit I-Querschnitt und von I-Trägern mit ähnlichen Abmessungen darf auf einen Nachweis verzichtet werden, wenn die Nahtdicken den Forderungen der DIN 18 800 T 1, Tabelle 22 bzw. Element 833 entsprechen. Alle Nähte ohne besondere Angaben sind nicht geprüft.

Der Nachweis der Nahtgüte gilt als erbracht, wenn bei der Durchstrahlungs- oder Ultraschalluntersuchung von mindestens 10 % der Nähte einwandfreier Befund festgestellt wird. Die Arbeit der beteiligten Schweißer ist gleichmäßig zu erfassen. Beim einwandfreien Befund muss nachgewiesen werden, dass weder Risse noch Bindefehler, Wurzelfehler und Einschlüsse vorhanden sind. Ausgenommen sind vereinzelte und unbedeutende Schlackeneinschlüsse und Poren.

Der Index w gilt bei der Ermittlung der Schweißnahtspannungen nach Schema 4.4.2 für die Fläche A und das Flächenmoment 2. Ordnung I des Gesamtquerschnitts. Wenn sich der Querschnitt aus Nahtflächen und aus Flächen des Grundmaterials zusammensetzt, sind A_w und I_w ebenfalls für den Gesamtquerschnitt zu berechnen.

4.4 Nachweis für Schweißverbindungen

4.4.0 Nachweisschema

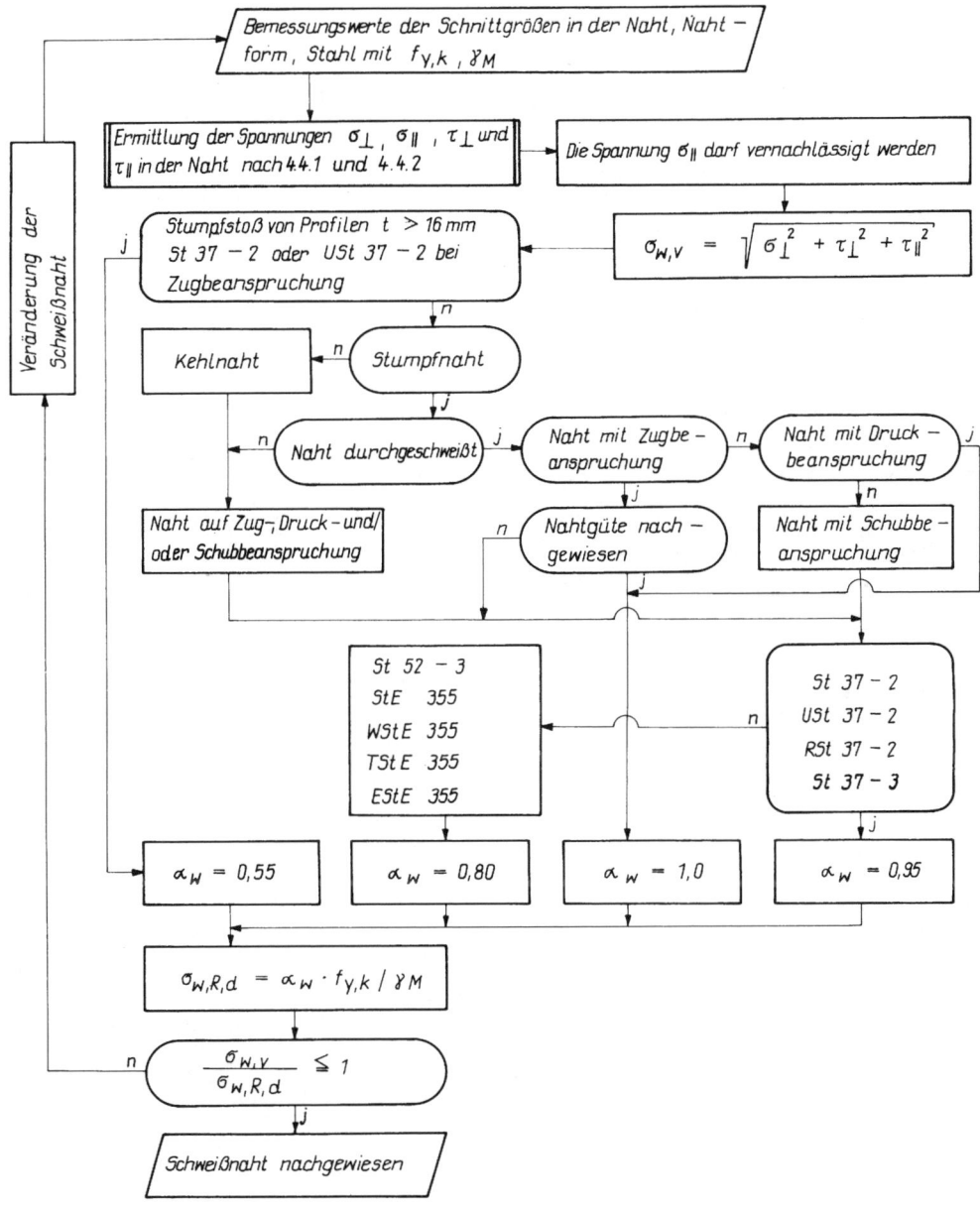

4.4.1 Ermittlung der Schweißnahtgeometrie

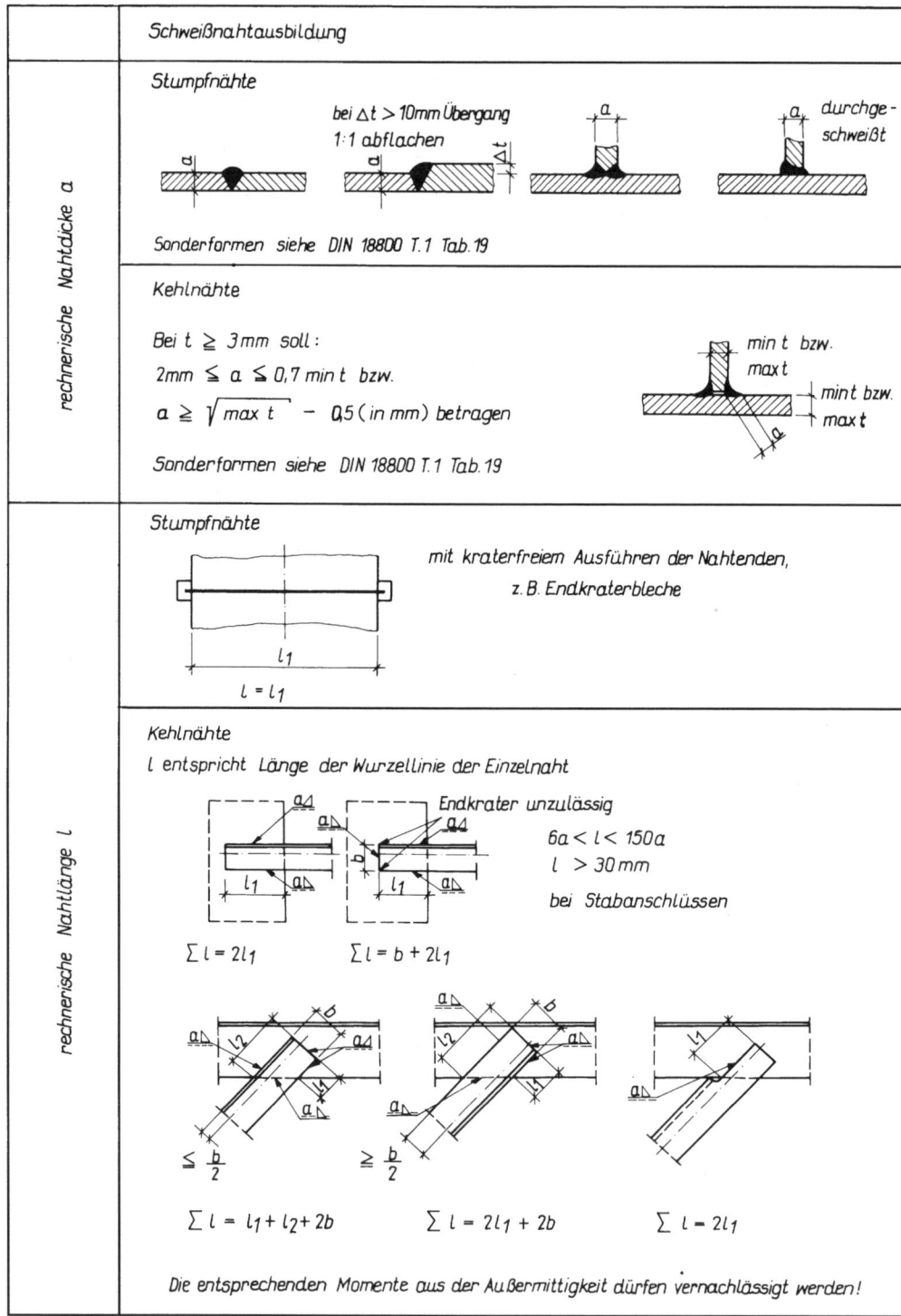

	Schweißnahtausbildung
rechnerische Nahtdicke a	**Stumpfnähte** bei $\Delta t > 10mm$ Übergang 1:1 abflachen a ... a, durchge-schweißt Sonderformen siehe DIN 18800 T.1 Tab.19
	Kehlnähte Bei $t \geq 3mm$ soll: $2mm \leq a \leq 0,7 \min t$ bzw. $a \geq \sqrt{\max t} - 0,5$ (in mm) betragen min t bzw. max t min t bzw. max t Sonderformen siehe DIN 18800 T.1 Tab.19
rechnerische Nahtlänge l	**Stumpfnähte** mit kraterfreiem Ausführen der Nahtenden, z. B. Endkraterbleche l_1 $l = l_1$
	Kehlnähte l entspricht Länge der Wurzellinie der Einzelnaht Endkrater unzulässig $6a < l < 150a$ $l > 30mm$ bei Stabanschlüssen $\sum l = 2l_1$ $\sum l = b + 2l_1$ $\leq \frac{b}{2}$ $\geq \frac{b}{2}$ $\sum l = l_1 + l_2 + 2b$ $\sum l = 2l_1 + 2b$ $\sum l = 2l_1$ Die entsprechenden Momente aus der Außermittigkeit dürfen vernachlässigt werden!

4.4.2 Ermittlung der Schweißnahtspannungen

Nahtform	Schweißnahtspannung
Stumpfnaht	**Hinweis:** Querschnittswerte entsprechend dem Grundmaterial-querschnitt im Schnitt A–A z = Abstand der untersuchten Nahtstelle vom Schwerpunkt $$\sigma_\perp = \frac{N_d}{A} + \frac{M_d}{I} \cdot z$$ im Träger: $\qquad\qquad$ im Anschluss: $$\tau_\parallel = \frac{V_d \cdot S}{I \cdot \Sigma_a} \qquad\qquad \tau_\parallel = \frac{V_d}{A}$$
Kehlnaht	$$\sigma_\perp = \frac{N_d}{A_W} + \frac{M_d}{I_W} \cdot z$$ $$\tau_\parallel = \frac{V_d}{A_{W\,Steg}}$$
   zusätzlich F_d	$$\sigma_\parallel = \frac{N_d}{A} + \frac{M_d}{I} \cdot z$$ $$\tau_\parallel = \frac{\max V_d \cdot S_{WG}}{I \cdot \Sigma_a} \qquad bei \quad \frac{A_G}{A_{Steg}} \leq 0,6$$ $$\tau_\parallel = \frac{\max \cdot V_d}{A_{Steg}} \qquad bei \quad \frac{A_G}{A_{Steg}} > 0,6$$ $$\sigma_\perp = \frac{F_d}{\Sigma_a \cdot l} \quad (l\ nach\ DIN\ 18800\ T.1\ Element\ 744\ bzw.$$ Bild 16 ggf. Kontakt im Stegbereich be-achten, s. DIN 18800 T.1 Element 837)
Kehlnaht	$$\tau_\perp = \frac{N_d}{A_W} \pm \frac{M_d}{I_W} \cdot \frac{l_W}{2} \quad ; \quad I_W = \frac{l_W^3 \cdot a_W}{12}$$ $$\tau_\parallel = \frac{V_d}{A_W}$$ $$\tau_\parallel = \frac{N_d}{A_W}$$

4.5 Beispiele für Schweißanschlüsse

4.5.1 Knotenblechanschluss

Es sind die erforderlichen Nachweise für die Schweißnähte des Anschlusses eines Stabes an ein Knotenblech und des Knotenblechs an einen Stützenflansch nach Abb. 4.1 zu führen.

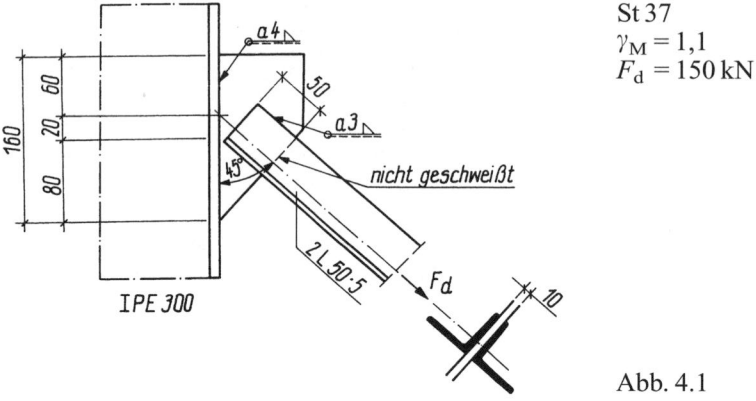

St 37
$\gamma_M = 1,1$
$F_d = 150\,\text{kN}$

Abb. 4.1

■ Lösung

– Anschluss des Stabes an das Knotenblech

Σl nach Teilschema 4.4.1

$$\Sigma l = b + 2 \cdot l_1 = 50 + 2 \cdot 50 = 150\,\text{mm}$$

Die Außermittigkeit des Stabanschlusses braucht nach DIN 18 800 T 1, Element 823 nicht berücksichtigt zu werden.

$$A_w = 2 \cdot 15 \cdot 0,3 = 9\,\text{cm}^2$$

$$\tau_{II} = \frac{150}{9} = 16,7\,\text{kN/cm}^2$$

In der Naht treten nur Schubspannungen auf.

$$\sigma_{w,v} = \sqrt{16,7^2} = 16,7\,\text{kN/cm}^2$$

$$\alpha_w = 0,95$$

$$\sigma_{w,R,d} = 0,95 \cdot \frac{24}{1,1} = 20,7\,\text{kN/cm}^2$$

$$\frac{\sigma_{w,v}}{\sigma_{w,R,d}} = \frac{16,7}{20,7} = 0,81 < 1$$

Der Anschluss ist nachgewiesen!

– Anschluss des Knotenblechs an das Stützenprofil

Im Anschluss entsteht eine Außermittigkeit. In der Naht betragen somit die Bemessungs-schnittkräfte:

$$N_d = \frac{F_d}{\sqrt{2}} = \frac{150}{\sqrt{2}} = 106,1 \text{ kN} \qquad V_d = \frac{F_d}{\sqrt{2}} = 106,1 \text{ kN}$$

$$M_d = 106,1 \cdot 2 = 212,2 \text{ kNcm}$$

Querschnittswerte der Naht

$l_w = 16 \text{ cm}$

$A_w = 2 \cdot 0,4 \cdot 16 = 12,8 \text{ cm}^2$

$$I_w = 2 \cdot \frac{16^3 \cdot 0,4}{12} = 273 \text{ cm}^4$$

Nachweis des äußeren Nahtpunktes

Beim Rechteckquerschnitt treten am äußeren Nahtpunkt nur Normalspannungen auf:

$$\sigma_\perp = \frac{106,1}{12,8} + \frac{212,2}{273} \cdot 8,0 = 14,5 \text{ kN/cm}^2$$

Die Schubspannung wird über die ganze Nahtlänge verteilt angesetzt [15].

$$\tau_{II} = \frac{106,1}{12,8} = 8,3 \text{ kN/cm}^2$$

$$\sigma_{w,v} = \sqrt{14,5^2 + 8,3^2} = 16,7 \text{ kN/cm}^2$$

$$\alpha_w = 0,95$$

$$\sigma_{w,R,d} = 0,95 \cdot \frac{24}{1,1} = 20,7 \text{ kN/cm}^2$$

$$\frac{\sigma_{w,v}}{\sigma_{w,R,d}} = \frac{16,7}{20,7} = 0,81 < 1$$

Die Schweißnaht ist nachgewiesen.

4.5.2 Geschweißter biegesteifer Trägeranschluss

Für die Schweißnähte der biegesteifen Riegel-Stütze-Verbindung nach Abb. 4.2 sind die erforderlichen Nachweise zu führen.

St 52; $\gamma_M = 1{,}1$; $f_{y,k} = 360 \, \text{N/mm}^2$

$a_w = 5 \, \text{mm}$ (rundum geschweißt)
$M_d = M = 14\,000 \, \text{kNcm}$; $V_d = V = 270 \, \text{kN}$
$N_d = N = 350 \, \text{kN}$

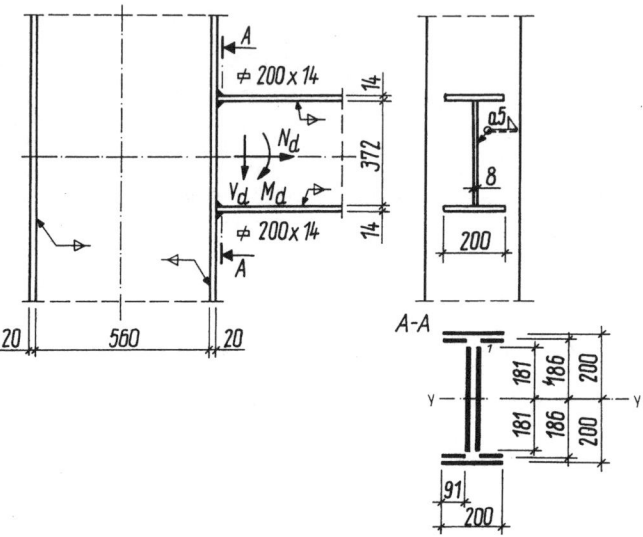

Abb. 4.2

■ Lösung mit exakter Spannungsverteilung

Überprüfung des Verhältnisses Nahtdicke/Blechdicke entsprechend DIN 18 800 T 1, Element 833

Die Notwendigkeit von Aussteifungen ist nach Abschnitt 18 zu überprüfen.

Flansch:
$a_F = 5 \, \text{mm}$; $t_F = 14 \, \text{mm}$
$5 \, \text{mm} < 0{,}7 \cdot 14 = 9{,}8 \, \text{mm}$

Steg:
$a_S = 5 \, \text{mm}$; $t_s = 8 \, \text{mm}$
$5 \, \text{mm} < 0{,}7 \cdot 8 = 5{,}6 \, \text{mm}$

Die Schweißnaht entspricht nicht den Bedingungen, für die kein Tragsicherheitsnachweis geführt zu werden braucht.

Querschnittswerte
$A_{ws} = 36{,}2 \cdot 0{,}5 \cdot 2 = 36{,}2 \, \text{cm}^2$
$A_w = 36{,}2 + 2 \cdot 20 \cdot 0{,}5 + 4 \cdot 9{,}1 \cdot 0{,}5 = 74{,}4 \, \text{cm}^2$

$$I_{w,y} = 2 \cdot \frac{0{,}5 \cdot 36{,}2^3}{12} + 4 \cdot 18{,}6^2 \cdot 9{,}1 \cdot 0{,}5 + 2 \cdot 20^2 \cdot 20 \cdot 0{,}5 = 18\,250 \, \text{cm}^4$$

Nachweis der Naht nach 4.4.0 und 4.4.2 oberer Flansch:
An dieser Stelle tritt die größte Normalspannung auf.

$$\sigma_\perp = \frac{350}{74,4} + \frac{14\,000}{18\,250} \cdot 20 = 20,1\ \text{kN/cm}^2$$

Es treten am oberen Rand keine weiteren Spannungen auf.

$$\sigma_{w,v} = \sigma_\perp = 20,1\ \text{kN/cm}^2$$

$$\alpha_w = 0,8$$

$$\sigma_{w,R,d} = 0,8 \cdot \frac{36}{1,1} = 26,2\ \text{kN/cm}^2$$

$$\frac{20,1}{26,2} = 0,77 < 1$$

Oberes Stegnahtende (Stelle 1)

An dieser Stelle treten Schub- und Normalspannungen auf.

$$\tau_{II} = \frac{270}{36,2} = 7,5\ \text{kN/cm}^2$$

Die Annahme gleichmäßig verteilter Schubspannungen ist nach DIN 18 800 T 1 berechtigt.
Weiterhin tritt an dieser Stelle eine Normalspannung auf.

$$\sigma_{\perp 1} = \frac{350}{74,4} + \frac{14\,000}{18\,250} \cdot 18,1 = 18,6\ \text{kN/cm}^2$$

$$\sigma_{w,v} = \sqrt{18,6^2 + 7,5^2} = 20,1\ \text{kN/cm}^2$$

$$\alpha_w = 0,8$$

$$\sigma_{w,R,d} = 0,8 \cdot \frac{36}{1,1} = 26,1\ \text{kN/cm}^2$$

$$\frac{20,1}{26,2} = 0,77 < 1$$

Die Schweißnaht ist nachgewiesen. Eine Nachweisführung für den unteren Flansch ist nicht erforderlich, da die vorhandene Druckspannung geringer ist.

■ Lösung mit vereinfachter Verteilung der Schnittgrößen
   (vgl. DIN 18 800 T 1, Element 801)

Zugflansch:

$$N_z = \frac{350}{2} + \frac{14\,000}{(40 - 1,4)} = 537,7\ \text{kN}$$

$$A_G = 0,5 \cdot 20 + 2 \cdot 0,5 \cdot 9,1 = 19,1\ \text{cm}^2$$

$$\sigma_\perp = \frac{537,7}{19,1} = 28,1 \text{ kN/cm}^2 = \sigma_{w,v}$$

$$\alpha_w = 0,8 \text{ (vgl. 4.4.0)}$$

$$\sigma_{w,R,d} = 0,8 \cdot \frac{36}{1,1} = 26,1 \text{ kN/cm}^2$$

$$\frac{28,1}{26,1} = 1,08 > 1$$

Der Nachweis ist nicht erfüllt, das Näherungsverfahren führt in diesem Fall zu ungünstigeren Ergebnissen.

4.6 Punktschweißverbindungen

4.6.0 Allgemeines

Mit der verstärkten Anwendung dünnwandiger kaltgeformter Profile als Bauteile und dem häufigen Einsatz von Blechkonstruktionen (z. B. im Anlagenbau) hat das Punktschweißen im Stahlbau an Bedeutung gewonnen. Die konstruktiven Besonderheiten und die erforderlichen Nachweise sind in der DASt-Richtlinie 016 „Bemessung und konstruktive Gestaltung von dünnwandigen kaltgeformten Bauteilen" zusammengefasst. Die Materialdicken sind auf den Bereich 1,5 mm $\leqq$ min $t \leqq$ 4 mm begrenzt, wobei min t jeweils die geringste Einzelelementdicke in der Verbindung ist.

Als Schweißverfahren sind Widerstandspunktschweißen und Schmelzpunktschweißen zugelassen.

Beim Widerstandspunktschweißen werden die überlappt liegenden Bleche zwischen die Elektroden gebracht und durch diese zusammengepresst. Nach Einwirkung der vollen Elektrodenkraft wird der Schweißstrom zugeschaltet. Die Schweißlinse entsteht im Kontaktbereich zwischen den Blechen. Die Schweißzeit hängt von der Materialdicke ab und liegt im Bereich einer Sekunde.

Beim Schmelzpunktschweißen wird einseitig eine Schweißpistole aufgesetzt. Das obenliegende Blech wird aufgeschmolzen. Schweißzeitbegrenzer steuern diesen Vorgang. Die Schweißzeit liegt hier zwischen 1 und 2 Sekunden. Das Schmelzpunktschweißen erfolgt unter Schutzgas. Dabei kommt sowohl das Wolfram-Inertgas-Schweißen als auch das CO_2-Schutzgas-Schweißen zur Anwendung.

Das Schmelzpunktschweißen hat gegenüber dem Widerstandspunktschweißen einige Vorteile. Die Kosten für die Schweißanlage sind geringer, die Anlage ist beweglicher und deshalb vielseitiger einsetzbar.

In Überlappungs- oder Laschenstößen sind Punktschweißverbindungen zulässig. Ebenfalls besteht die Möglichkeit, Biegeschub im Gurtanschlussbereich eines Biegeträgers zu übertragen. In Kraftrichtung sind mindestens 2 Schweißpunkte vorzusehen. Es dürfen nicht mehr als 3 Teile mit einem Schweißpunkt verbunden werden (z. B. Biegeträger-Halspunkte).

Die Eignung des Grundmaterials zum Punktschweißen muss vom Stahlhersteller gewährleistet werden und die Schweißparameter sind einzuhalten.

Die Rand- und Mindestabstände sind in Abhängigkeit vom Schweißlinsendurchmesser d_s festgelegt. Punktschweißverbindungen dürfen nicht planmäßig auf Zug beansprucht werden.

Die vorhandene Kraft im Schweißpunkt ergibt sich analog zur Ermittlung einer Schraubenkraft.

Im Anschluss oder Stoß beträgt

$$\text{vorh } F_\text{d} = \frac{N_\text{d}}{n}$$

mit n = Anzahl der Schweißpunkte einer Verbindung bzw. bei Biegeschub im Gurtanschluss ergibt sich

$$\text{vorh } F_\text{d} = \frac{V \cdot S_\text{y} \cdot e}{I_\text{y}}$$

mit e als Schweißpunktabstand.

4.6.1 Nachweisschema für Punktschweißverbindungen

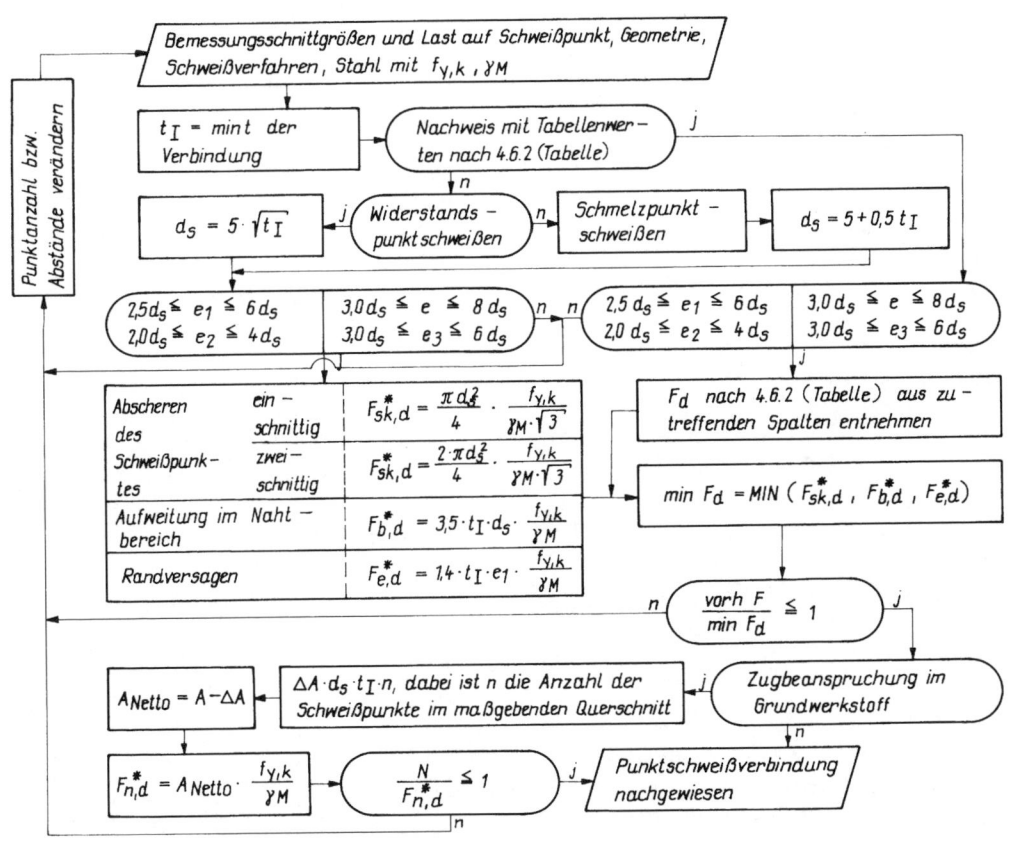

4.6.2 Tabelle für die Traglast von Schweißpunkten in Abhängigkeit von der Versagensform

Schmelzpunktschweißen

t_1 mm	d_s mm	min e_1 mm	max e_1 mm	Abscheren des Schweißpunktes $F^*_{sk,d}$ 1schnittig kN	2schnittig kN	Aufweitung im Nahtbereich $F^*_{b,d}$ kN	Randversagen $F^*_{e,d}$ für min e_1 kN	für max e_1 kN
1,5	5,75	14,4	34,5	3,27	6,54	6,60	6,60	15,81
2	6,00	15,0	36,0	3,56	7,12	9,16	9,16	21,99
2,5	6,25	15,6	37,5	3,87	7,73	11,91	11,91	28,64
3	6,50	16,3	39,0	4,18	8,36	14,89	14,89	35,74
3,5	6,75	16,9	40,5	4,51	9,02	18,04	18,04	43,30
4	7,00	17,5	42,0	4,85	9,70	21,38	21,38	51,32

Interpolation möglich

Widerstandspunktschweißen

t_1 mm	d_s mm	min e_1 mm	max e_1 mm	Abscheren des Schweißpunktes $F^*_{sk,d}$ 1schnittig kN	2schnittig kN	Aufweitung im Nahtbereich $F^*_{b,d}$ kN	Randversagen $F^*_{e,d}$ für min e_1 kN	für max e_1 kN
1,5	6,12	15,3	36,7	3,71	7,41	7,01	7,01	16,82
2	7,07	17,7	42,4	4,95	9,89	10,80	10,80	25,90
2,5	7,91	19,8	47,5	6,19	12,38	15,10	15,10	43,53
3	8,66	21,7	52,0	7,42	14,84	19,84	19,84	47,65
3,5	9,35	23,4	56,1	8,65	17,30	25,02	25,02	59,98
4	10,00	25,0	60,0	9,89	19,79	30,55	30,55	73,31

Interpolation möglich

Bei einschnittigen Verbindungen ist stets min $F = F^*_{sk,d}$.
Bei zweischnittigen Verbindungen ist bei $t \geq 2$ mm stets min $F = F^*_{sk,d}$.

4.6.3 Beispiel – punktgeschweißter Zugbandstoß

Es ist ein Zugband nach Abb. 4.3 mit einer Punktschweißverbindung zu stoßen. Die Schweißpunkte sollen im Schmelzschweißverfahren hergestellt werden. Die Verbindung besteht aus 9 einschnittigen Schweißpunkten.

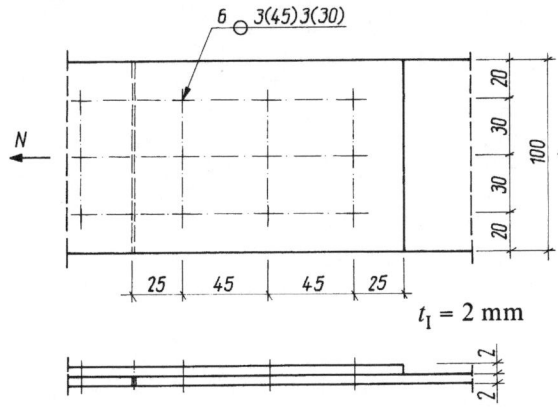

Querschnitt
$A = 0,2 \cdot 10 = 2\,\text{cm}^2$

Abstände
$e = 45\,\text{mm}$
$e_1 = 25\,\text{mm}$
$e_2 = 20\,\text{mm}$
$e_3 = 30\,\text{mm}$
St 37; $\gamma_M = 1,1$
$N_d = N = 30\,\text{kN}$

Die Kraft im Schweißpunkt beträgt

$$\text{vorh } F = \frac{N}{9} = \frac{30}{9} = 3,33\,\text{kN}$$

Abb. 4.3

■ Lösung, Variante 1, Nachweis ohne Tabellenwerte 4.6.2

$t_I = 2\,\text{mm}$

Schmelzpunktschweißen
$d_s = 5 + 0,5 \cdot 2 = 6\,\text{mm}$
$15\,\text{mm} < e_1 = 25\,\text{mm} < 36\,\text{mm}$
$12\,\text{mm} < e_2 = 20\,\text{mm} < 24\,\text{mm}$
$18\,\text{mm} < e = 45\,\text{mm} < 48\,\text{mm}$
$18\,\text{mm} < e_3 = 30\,\text{mm} < 36\,\text{mm}$

Abscheren des Schweißpunktes – einschnittig
$$F_{sk,d}^* = \frac{\pi \cdot 0,6^2}{4} \cdot \frac{24}{1,1 \cdot \sqrt{3}} = 3,56\,\text{kN}$$

Aufweitung des Nahtbereichs
$$F_{b,d}^* = 3,5 \cdot 0,2 \cdot 0,6 \cdot \frac{24}{1,1} = 9,16\,\text{kN}$$

Randversagen
$$F_{e,d}^* = 1,4 \cdot 0,2 \cdot 2,5 \cdot \frac{24}{1,1} = 15,27\,\text{kN}$$

Nachweis
min $F_d = 3,56\,\text{kN}$ für Abscheren

$$\frac{\text{vorh } F_d}{\text{min } F_d} = \frac{3,33}{3,56} = 0,94 < 1$$

Variante 2
Nachweis mit 4.6.2
Für Schmelzpunktschweißen mit $t_I = 2\,\text{mm}$ wird aus der Tabelle min $F_d = 3,56\,\text{kN}$ für einschnittiges Abscheren abgelesen.

Nachweis

$$\frac{\text{vorh } F_d}{\text{min } F_d} = \frac{3,33}{3,56} = 0,94 < 1$$

5 Zugstäbe

5.0 Allgemeines

Zugstäbe sind gerade Stäbe. Die in ihrer Schwerachse wirkenden Längskräfte verursachen Zugspannungen. Der Querschnitt dieser Bauelemente ist im Regelfall über die jeweilige Stablänge konstant. Wenn es aus konstruktiven Gründen nicht möglich ist, dass die Längskraft mittig eingetragen werden kann, entstehen im Stab geringe Biegebeanspruchungen. Bei horizontal oder mit geringer Neigung eingebauten Stäben kann schon durch die Wirkung der Eigenmasse Biegebeanspruchung entstehen. Die Stäbe werden in beiden Fällen trotzdem als Zugstäbe betrachtet. Das Biegemoment ist jedoch bei den meisten Fällen für die Nachweisführung zu berücksichtigen. Ausnahmen regelt DIN 18 801.

5.1 Berechnungsvoraussetzungen

Bei der Berechnung der Zugstäbe wird von einer gleichmäßigen Verteilung der Normalspannung im Stabquerschnitt ausgegangen. Bei gelochten Stäben ist diese Verteilung jedoch nicht gegeben. Am Lochrand treten Spannungsspitzen auf, deren Maximalwert die mittlere Spannung um das Dreifache übersteigen kann. Durch plastischen Abbau der örtlichen Spannungsspitzen vor dem Versagenszustand ist die Zugrundelegung einer mittleren Spannung für die Nachweisführung vertretbar.

Bei der Berechnung von Zugstäben müssen die durch Bohrungen für Verbindungsmittel verursachten Querschnittsschwächungen berücksichtigt werden. Für Stöße und Anschlüsse ist zu beachten, dass die Querschnittsschwächung nicht in den Stoß- und Anschlusslaschen größer ist als im Stab.

Für die Bemessung der Zugstäbe wird das Nachweisverfahren Elastisch-Elastisch angewendet. Bei reiner Zugbeanspruchung entsprechen die ermittelten Werte auch der Nachweisführung Elastisch-Plastisch. Als Grenzzustand der Tragfähigkeit wird beim Nachweisverfahren Elastisch-Elastisch der Beginn des Fließens angenommen. Der Querschnitt hat keine plastischen Reserven mehr, die beim Nachweisverfahren Elastisch-Plastisch genutzt werden könnten.

Häufig entsteht eine Biegebeanspruchung im Zugstab aus dem einseitigen Anschluss einfachsymmetrischer Profile, z. B. Winkelprofile. Es empfiehlt sich auch in diesem Fall der Nachweis mit dem Verfahren Elastisch-Elastisch. Werden bei der Berechnung der Beanspruchungen von Stäben mit Winkelprofil schenkelparallele Querschnittsachsen als Bezugsachsen anstelle der Trägheitshauptachsen benutzt, so sind die ermittelten Beanspruchungen entsprechend DIN 18 800 T 1, Element 751 um 30 % zu erhöhen. Der aufwändigere Nachweis mit Biegung um die Hauptachsen kann so entfallen. Die Biegezugspannungen entstehen bei diesen Anschlüssen stets an dem Profilrand auf der Seite der Anschlussebene. In der Regel liegt auf dieser Seite der kleinere Schwerpunktabstand. Sind Zugstäbe unsymmetrisch mit nur einer Schraube angeschlossen, so ist als Nettoquerschnitt für die Nachweisführung der zweifache Wert des kleineren Anteils vom Gesamtquerschnitt einzusetzen (siehe DIN 18 800 T 1, Element 743). Als wichtige Festlegung ist für Zugstäbe mit gebohrten Löchern die Absicherung gegen die Bruchfestigkeit erlaubt. Für Walzprofile mit geringem Lochabzug können dadurch etwas günstigere Verhältnisse entstehen.

Im Druckbereich und bei Schub darf der Lochabzug entfallen, wenn bei Schrauben das Lochspiel höchstens 1 mm beträgt, bei größerem Lochspiel die Tragwerksverformung nicht begrenzt werden muss oder die Löcher durch Niete ausgefüllt sind.

5.2 Nachweisschema für Zugstäbe

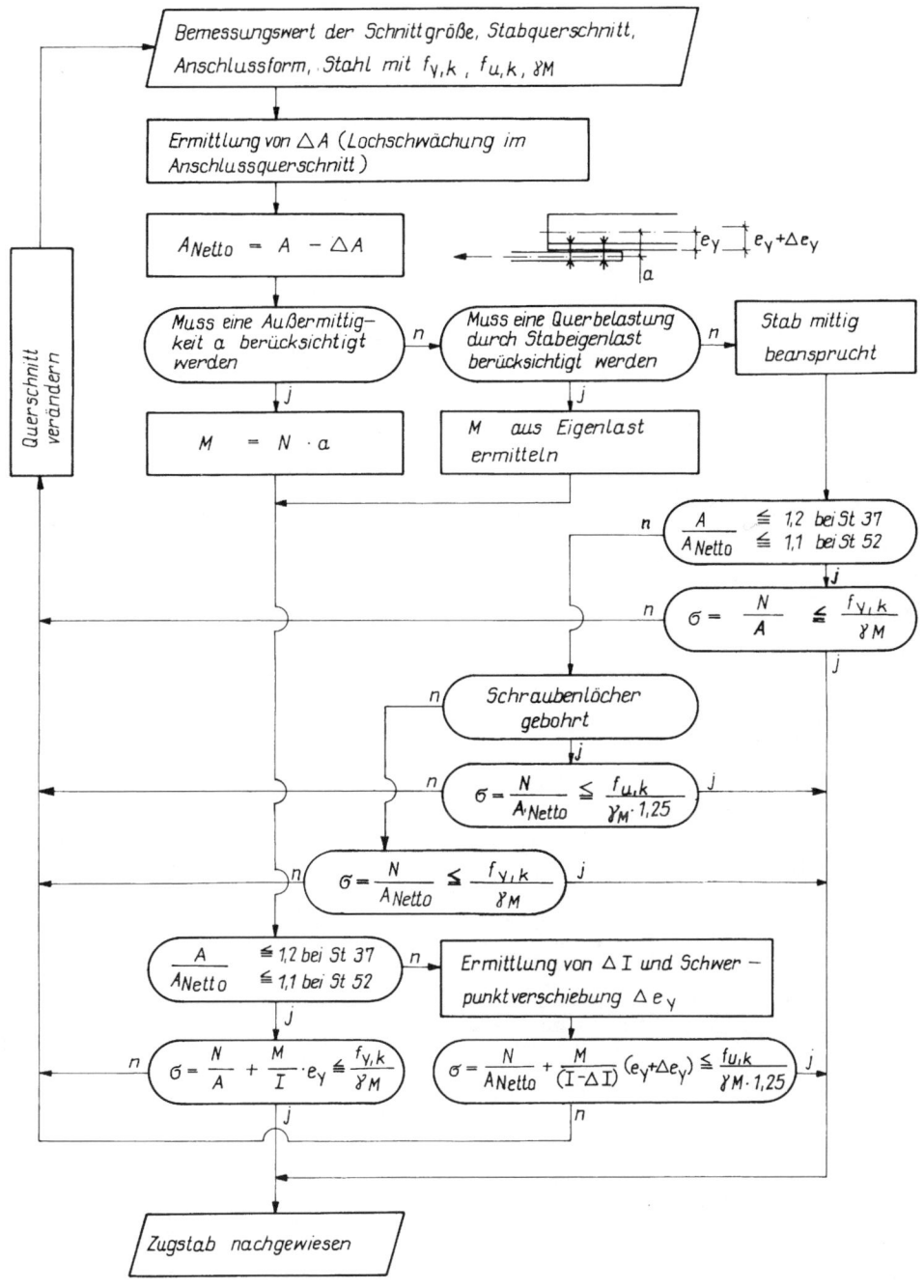

5.3 Beispiele für Zugstäbe

5.3.1 Zugstab mit mittigem Anschluss

Es ist der Nachweis für einen Zugstab zu führen, der mit Schrauben nach Abb. 5.1 an ein Knotenblech angeschlossen ist.

Scher-Lochleibungs-Verbindung
M 16; FK 4.6; $\Delta d = 1{,}0$ mm (rohe Schrauben)
St 37; $\gamma_M = 1{,}1$; Löcher gebohrt
$N_d = 700$ kN; $f_{y,k} = 240$ N/mm^2; $f_{u,k} = 360$ N/mm^2

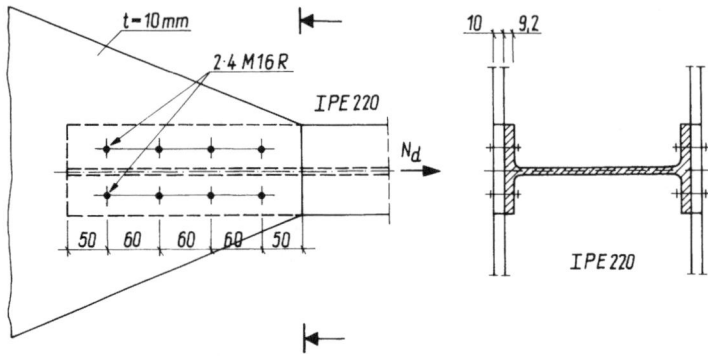

Abb. 5.1

■ Lösung

Für den Stab entsteht keine außermittige Beanspruchung.

$A = 33{,}4$ cm^2
$\Delta A = 4 \cdot 0{,}92 \cdot 1{,}7 = 6{,}26$ cm^2
$A_{\text{Netto}} = 33{,}4 - 6{,}26 = 27{,}14$ cm^2

$$\frac{A}{A_{\text{Netto}}} = 1{,}23 > 1{,}2$$

Die Löcher sind gebohrt.

$$\sigma = \frac{700}{27{,}14} = 25{,}8 \text{ kN/cm}^2 < \frac{36}{1{,}1 \cdot 1{,}25} = 26{,}2 \text{ kN/cm}^2$$

Der Zugstab ist nachgewiesen.
Der Nachweis für den Anschluss kann nach Abschnitt 3 geführt werden.

5.3.2 Zugstab mit außermittigem Anschluss

Das außermittig angeschlossene Zugband nach Abb. 5.2 ist zu berechnen.
M 20; FK 5.6; $\Delta d < 0,3$ mm (Passschrauben)
St 37; $\gamma_M = 1,1$; Löcher gebohrt
$N_d = 390$ kN; $f_{y,k} = 240$ N/mm^2

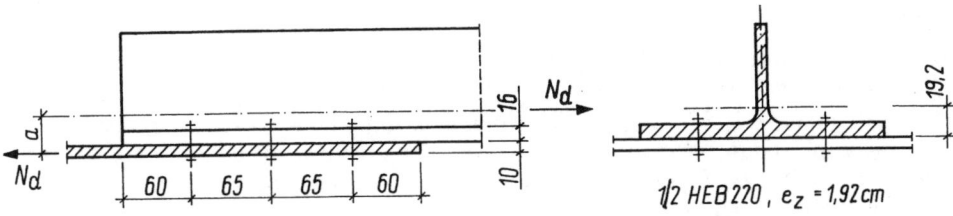

Abb. 5.2

■ Lösung

Für den Stab entsteht eine außermittige Beanspruchung.

$$a = 1,92 + \frac{1,0}{2} = 2,42 \text{ cm}$$

$M_d = 390 \cdot 2,42 = 943,8$ kNcm

Querschnittswerte

$A = 45,50$ cm^2
$I_y = 289$ cm^4

$\Delta A = 2,1 \cdot 1,6 \cdot 2 = 6,72$ cm^2
$A_{\text{Netto}} = 45,50 - 6,72 = 38,78$ cm^2

$$\frac{A}{A_{\text{Netto}}} = \frac{45,50}{38,78} = 1,17 < 1,2$$

Der Lochabzug darf unberücksichtigt bleiben.

$$\sigma = \frac{390}{45,50} + \frac{943,8}{289} \cdot 1,92 = 14,9 \text{ kN/cm}^2 < \frac{24}{1,1} = 21,8 \text{ kN/cm}^2$$

Das Zugband ist nachgewiesen. Der Nachweis des Anschlusses kann nach Abschnitt 3 geführt werden.

6 Knicklängenbeiwert β

6.0 Allgemeines

Die DIN 18 800 T 2 berücksichtigt beim Tragsicherheitsnachweis von stabilitätsgefährdeten Bauteilen die Verformung nach Theorie II. Ordnung. Dabei kann die Nachweisführung auf der Grundlage der Verfahren Elastisch-Elastisch, Elastisch-Plastisch oder Plastisch-Plastisch durchgeführt werden.

Die Gefährdung eines Systems wird generell durch die Größe des Verzweigungslastfaktors η_{Ki} charakterisiert. Eine Stabilitätsgefährdung liegt nicht vor, wenn $\eta_{Ki} = N_{Ki,d}/N \geqq 10$ ist.

Die Nachweisführung nach Theorie II. Ordnung erfordert die Festlegung von Vorverformungen. Somit treten Verzweigungsfälle theoretisch nicht mehr auf. Trotzdem erweist sich die Bezugnahme auf die Knicklänge s_K, die über die Verzweigungslast N_{Ki} berechnet werden kann, für den Nachweis der Tragsicherheit als sehr anwendungsfreundlich. Es wurde deshalb in der DIN 18 800 T 2 für die praktische Rechnung die Möglichkeit gegeben, die Schnittkräfte nach Theorie I. Ordnung zu ermitteln und den Stabilitätsnachweis an einem Ersatzstab mit der Knicklänge s_K zu führen. Die Knicklänge s_K ergibt sich durch Multiplikation der Stablänge l mit dem Knicklängenbeiwert β. Die Knicklängen einzelner Stäbe können in der Systemebene und senkrecht dazu sehr unterschiedliche Werte aufweisen. Damit treten verschiedene β-Werte auf.

Die Knicklänge entspricht der geometrischen Interpretation der Knickfigur und wird durch die Entfernung zweier benachbarter Wendepunkte bestimmt. Es wird vorausgesetzt, dass keine Steifigkeitssprünge auftreten und die äußeren Kräfte richtungstreu wirken.

Der Knicklängenbeiwert β wird für die Nachweisführung nach Abschnitt 7 bis 12 benötigt.

6.1 Ermittlung der Knicklängenbeiwerte mit Formeln

Das Nachweisschema nach 6.3 gilt für die Ermittlung des Knicklängenbeiwertes β für besonders häufig vorkommende Fälle von Stützen, Fachwerkstäben und Rahmenstielen der Abb. 6.1. Die Berechnungsgleichungen gehen auf die DIN 4114 zurück. Dabei stellen die Stäbe 1 bis 4 die Elementarfälle dar, deren Lösung schon *Euler* behandelte. Die angegebenen Formeln der β-Werte gelten für das Knicken in der dargestellten Ebene.

In der DIN 4114 sind noch weitere Rahmenformen mit den entsprechenden Berechnungsgleichungen enthalten. Weiterhin bietet die Literatur noch eine Vielzahl von speziellen Lösungsfällen an. Als Auswahl können genannt werden [4], [5], [6] und [7].

In Fachwerken wird die Knicklänge durch die konstruktive Ausbildung beeinflusst. Häufig müssen die Stabenden als elastisch gelagert betrachtet werden. Diese Lagerung beeinflusst ebenfalls die Knicklänge.

Weiterhin treten bei Stäben, die sich in der Fachwerkebene kreuzen, rechtwinklig dazu Veränderungen der Knicklänge ein. In DIN 18 800 T 2, 5.1.2 sind für diese Fälle weitere Berechnungsgleichungen enthalten.

Die Knicklänge von Endportalen in Bogen mit Windverbänden kann nach DIN 18 800 T 2, Element 606 berechnet werden.

Der Vorteil der Ermittlung von β mit Berechnungsgleichungen liegt bei deren einfacher Handhabung. Für komplizierte Systeme bereitet das Aufstellen der Berechnungsgleichungen beachtliche Schwierigkeiten und führt zu Ergebnissen, die kaum verallgemeinerungsfähig sind.

6.2 Ermittlung der Knicklängenbeiwerte mit Diagrammen

Die Erläuterung der Diagramme und die Beispiele sind in Anlehnung an [8] formuliert worden.

6.2.1 Unverschiebliche Systeme

Die Definition der Unverschieblichkeit ist in DIN 18 800 T 2, Element 512 festgelegt.

Wirken bei der Aufnahme von horizontalen Lasten in Stabwerken der Rahmen und die aussteifenden Bauteile zusammen, so ist der Rahmen als unverschieblich anzusehen, wenn die Steifigkeit der Aussteifungselemente (z. B. Wandscheiben oder Verbände) mindestens 5-mal so groß ist wie die Steifigkeit des Rahmens im betrachteten Stockwerk.

$$S_{\text{Ausst}} \geqq 5 \, S_{\text{Ra}}$$

Diese Bedingung braucht vereinfachend nur auf das unterste Stockwerk angewendet zu werden, wenn dessen Steifigkeitsverhältnisse nicht wesentlich von denen der weiteren Stockwerke abweichen.

Die Berechnung der Steifigkeit der Aussteifungselemente ist nach DIN 18 800 T2, Tab. 17 bzw. Element 513 möglich.

Der Tragsicherheitsnachweis darf am unverschieblichen System durch den Nachweis nach 7 ersetzt werden. Die Knicklängen, die dafür benötigt werden, sind nach 6.4.1 zu ermitteln.

Bei der Biegeknickuntersuchung für unverschiebliche Rahmen nach 8 darf für Momentenanteile aus Querlasten auf Riegeln beim Nachweis der Stiele der Momentenbeiwert β_m für Biegeknicken nach DIN 18 800 T2, Tab. 11 verwendet werden.

Beim Nachweis der Riegel darf das Biegemoment mit dem Faktor $(1 - 0,8/\eta_{\text{Ki}})$ abgemindert werden, sofern im Riegel keine oder nur geringe Druckkräfte vorhanden sind.

Für die Ermittlung der Knicklängen nach 6.4.1 sind Hilfswerte c_o und c_u erforderlich. Für dargestellte Sonderfälle können die Werte berechnet und β kann aus dem Diagramm abgelesen werden.

Sind die Systeme komplizierter als die in den Sonderfällen dargestellten Rahmen, dann ist die Berechnung von c_o und c_u unter Berücksichtigung von Hilfswerten möglich. Die abliegenden Riegelenden können gelenkig gelagert, eingespannt oder eingespannt und gleichzeitig vertikal verschieblich (halber Symmetriestab) sein. Erfasst wird die Lagerung durch unterschiedliche α-Werte. Die Berechnung der exakten β-Werte erfolgt iterativ. Hierzu wird das System in Teilsysteme zerlegt, die mit den Voraussetzungen des Diagramms übereinstimmen. Dabei werden an den abliegenden Endpunkten der geteilten Stäbe jeweils Gelenke vorgesehen. Die Steifigkeit wird so verteilt, dass die $\eta_{\text{Ki,r}}$-Werte aller Teilsysteme gleich sind. Dieser Ausgleich erfordert in der Regel die schrittweise Annäherung und somit eine Rechnung mit verschiedenen Steifigkeitsverteilungen.

Wenn bei der Iteration die gesamte Steifigkeit einem Stab zugeordnet wurde, ist eine weitere Verteilung nicht mehr möglich. Falls dann die η_{Ki}-Werte noch zu große Unterschiede aufweisen, muss β_r korrigiert werden.

Der neue β_r-Wert ergibt sich aus $\sqrt{\eta_{\text{Ki,r}}/\min \eta_{\text{Ki}} \cdot \beta_r}$.

Diese Regel gilt auch für verschiebliche Systeme.

81

6.2.2 Verschiebliche Systeme

Die Mehrzahl der im Stahlbau auftretenden verschieblichen Systeme sind Stockwerkrahmen.

Für Stockwerkrahmen mit beliebiger Stockwerks- und Felderzahl, mit gelenkig gelagerten oder starr eingespannten Fußpunkten, mit innerhalb eines Stockwerks gleich langen Stielen sowie mit ausschließlich horizontal verschieblichen Knoten darf für die Ermittlung der Schnittgrößen die Theorie I. Ordnung angewendet werden, wenn in jedem Stockwerk r die Bedingung $\eta_{\mathrm{Ki,r}} \geqq 10$ erfüllt ist.

Gleichungen zur Ermittlung von $\eta_{\mathrm{Ki,r}}$ bietet DIN 18 800 T 2, Element 519.

Eine vereinfachte Berechnung ist für η_{Ki} bzw. β mittels 6.5.1 und des angegebenen Diagramms möglich.

Der Tragsicherheitsnachweis für verschiebliche Stabwerke darf durch den Nachweis der einzelnen Stäbe des Systems nach 7 erbracht werden, wobei die Knicklänge s_{K} am Gesamtsystem zu ermitteln ist. Behalten in Sonderfällen die am Rahmen angreifenden Druckkräfte ihre Richtung während des Ausknickens nicht bei, so ist dies bei der Berechnung der Knicklängen der Stäbe zu berücksichtigen. Die Ermittlung der Knicklängenbeiwerte an verschieblichen Systemen ist für die in 6.5.1 dargestellten Sonderfälle mit den angegebenen Gleichungen für c_{o} und c_{u} direkt möglich. Für kompliziertere Systeme ist das Diagramm ebenfalls anwendbar. Sind die Fußpunkte nicht drehelastisch durch Riegel eingespannt, dann müssen alle Fußpunkte gleich gelagert sein. Die Näherung setzt in den parallelliegenden Stielen im Verzweigungsfall gleiche Biegelinien voraus. Für die Riegel entstehen für diesen Fall antimetrische Biegelinien mit entgegengesetzt gleichen Endmomenten.

Da die Steifigkeit aller Stiele bei der Berechnung der Hilfswerte addiert wird, ergibt sich mit c_{o} und c_{u} ein Knicklängenbeiwert β, der auf einen Ersatzstiel mit einer fiktiven Steifigkeitssumme bezogen ist. Der β_{j}-Wert des Einzelstiels muss errechnet werden.

$$\beta_{\mathrm{j}} = \sqrt{\frac{N \cdot K_{\mathrm{j}}}{N_{\mathrm{j}} \cdot K_{\mathrm{s}}}} \cdot \beta$$

K_{j} und K_{s} im Teilschema definiert.

Die Zerlegung in Teilsysteme und die Aufteilung der Steifigkeiten erfolgt analog zu den unverschieblichen Systemen, ebenfalls die iterative Annäherung der η_{Ki}-Werte.

Treten angehängte Pendelstäbe auf, dann ist nach [8] eine Näherungsrechnung möglich. Zu den Formeln muss $N = \Sigma N_{\mathrm{j}}$ ersetzt werden durch

$$\Sigma N_{\mathrm{j}} + \Sigma \frac{l_{\mathrm{s}}}{l_{\mathrm{i}}} \cdot N_{\mathrm{i}}$$

N_{i} entspricht dabei der Last auf der Pendelstütze und l_{i} deren Länge.

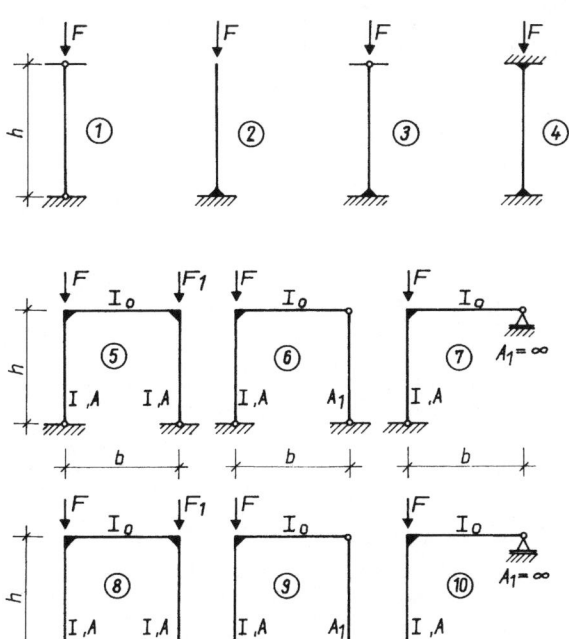

Abb. 6.1

6.3 Schema zur Ermittlung von β mit Formeln

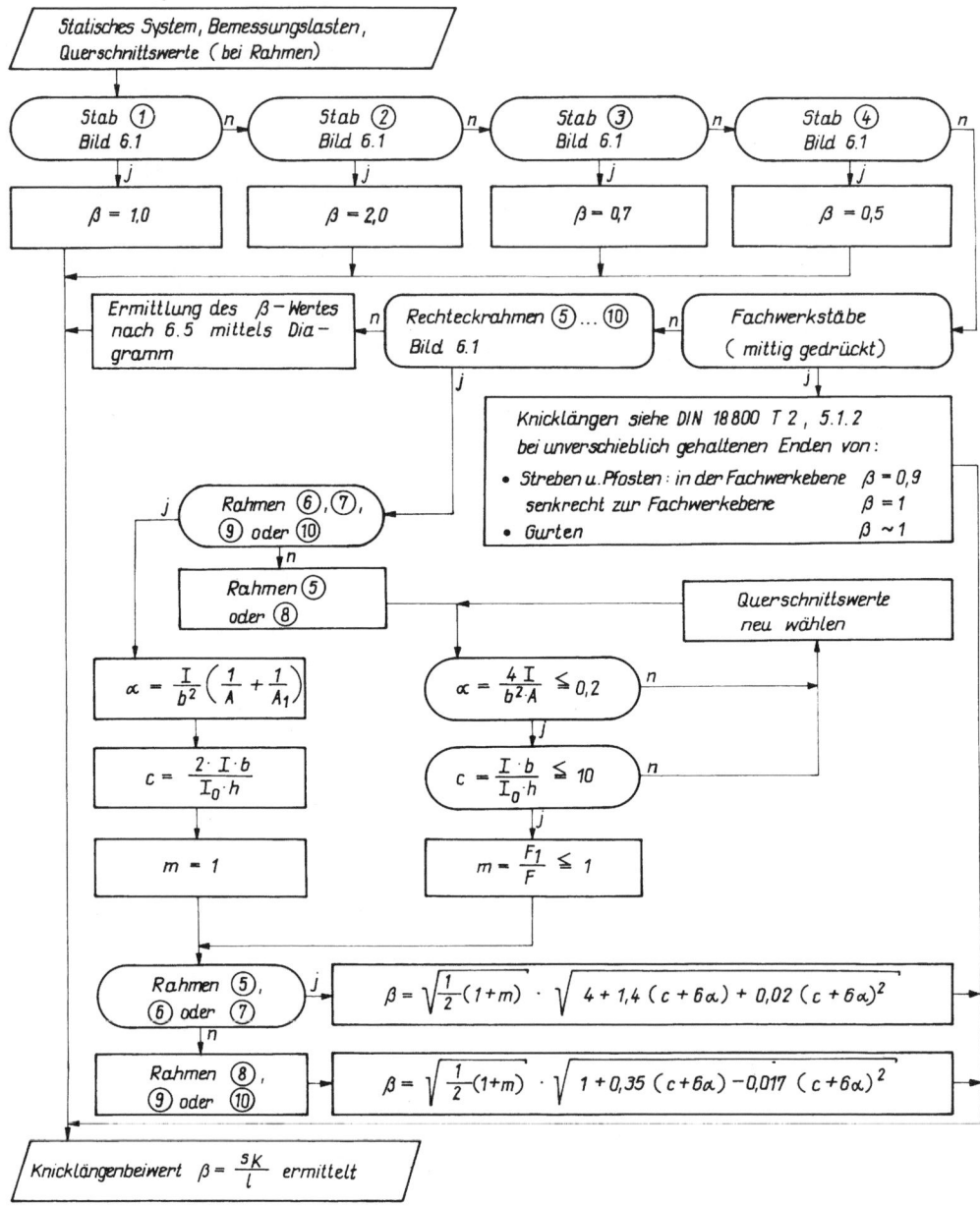

6.4 Ermittlung der Knicklängenbeiwerte von unverschieblichen Systemen

6.4.0 Nachweisschema

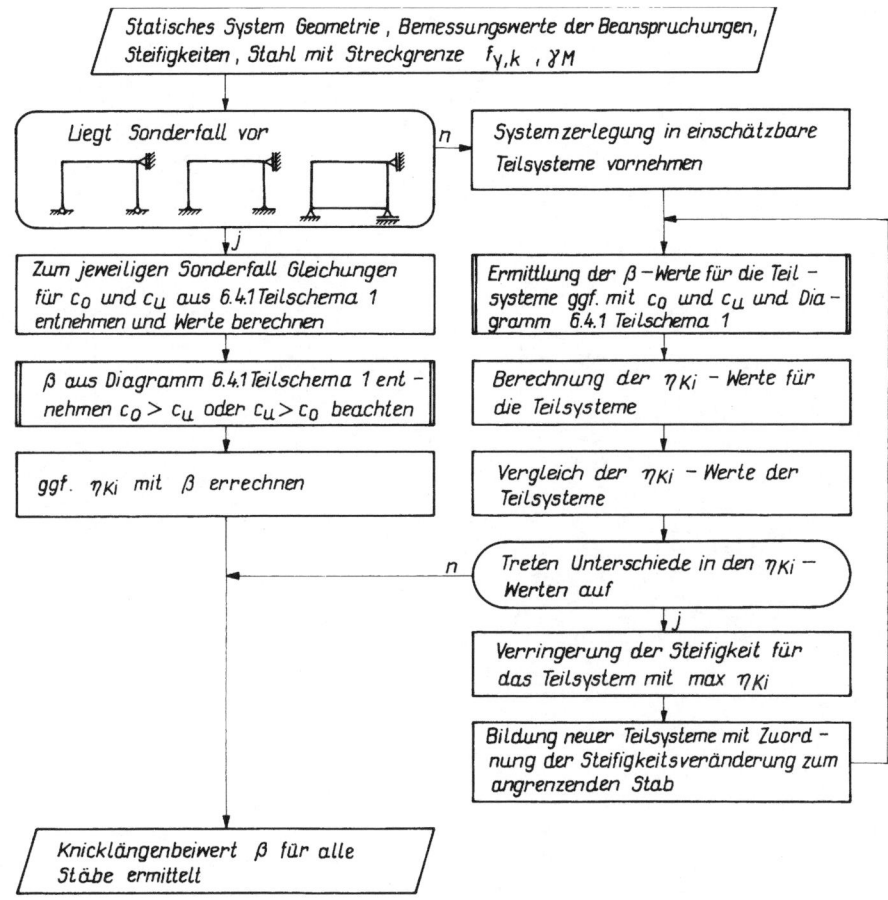

85

6.4.1 Diagramm für die Ermittlung der Knicklängenbeiwerte von unverschieblichen Systemen

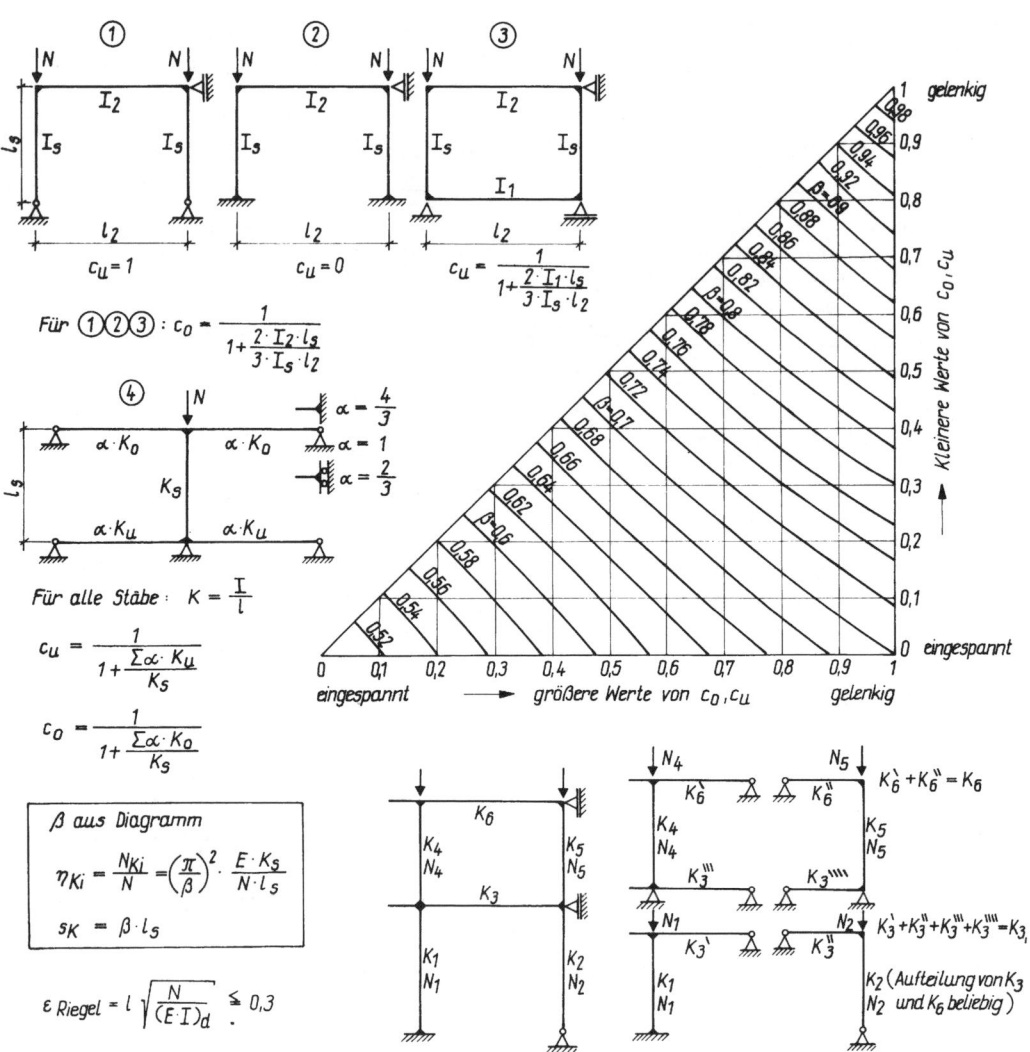

$$\beta \text{ aus Diagramm}$$

$$\eta_{Ki} = \frac{N_{Ki}}{N} = \left(\frac{\pi}{\beta}\right)^2 \cdot \frac{E \cdot K_S}{N \cdot l_S}$$

$$s_K = \beta \cdot l_S$$

$$\varepsilon \, \text{Riegel} = l \sqrt{\frac{N}{(E \cdot I)_d}} \leq 0,3$$

$K_6' + K_6'' = K_6$

$K_3' + K_3'' + K_3''' + K_3'''' = K_{3,}$

K_2 (Aufteilung von K_3
N_2 und K_6 beliebig)

Zerlegung eines unverschieblichen Rahmens in einstielige
Teilrahmen, für die das Diagramm angewendet werden
kann

86

6.5 Ermittlung der Knicklängenbeiwerte von verschieblichen Systemen

6.5.0 Nachweisschema

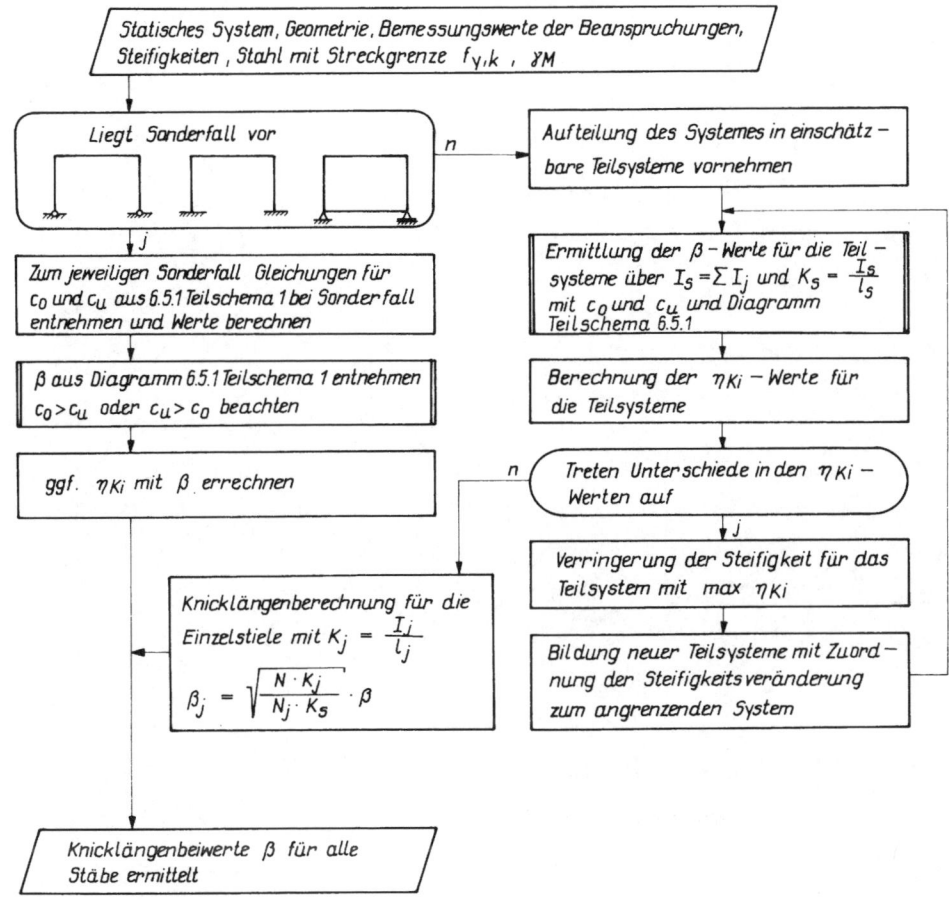

6.5.1 Diagramm für die Ermittlung der Knicklängenbeiwerte von verschieblichen Systemen

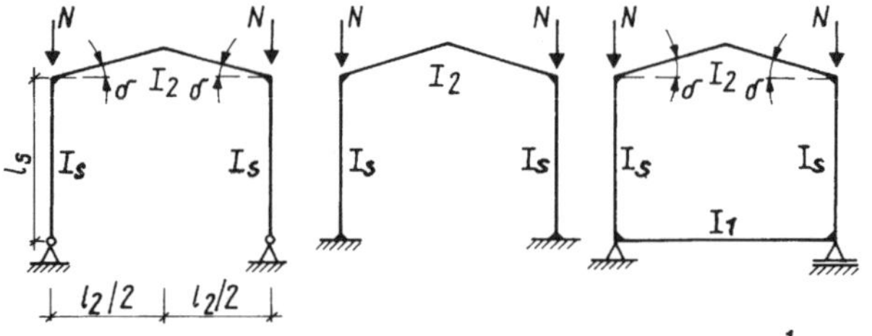

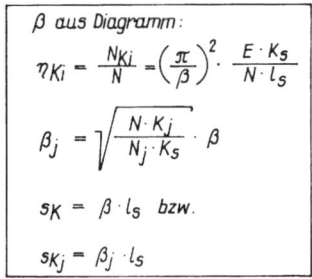

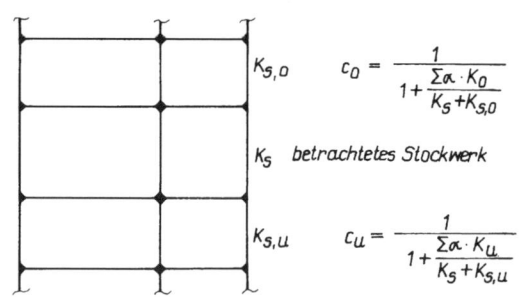

$$c_u = 1 \qquad c_u = 0 \qquad c_u = \dfrac{1}{1+2 \cdot \dfrac{I_1 \cdot l_S}{I_S \cdot l_2}}$$

Für alle Sonderfälle $\sigma \gtreqless 0$: $\quad c_0 = \dfrac{1}{1+2 \cdot \dfrac{I_2 \cdot l_S}{I_S \cdot l_2}}$

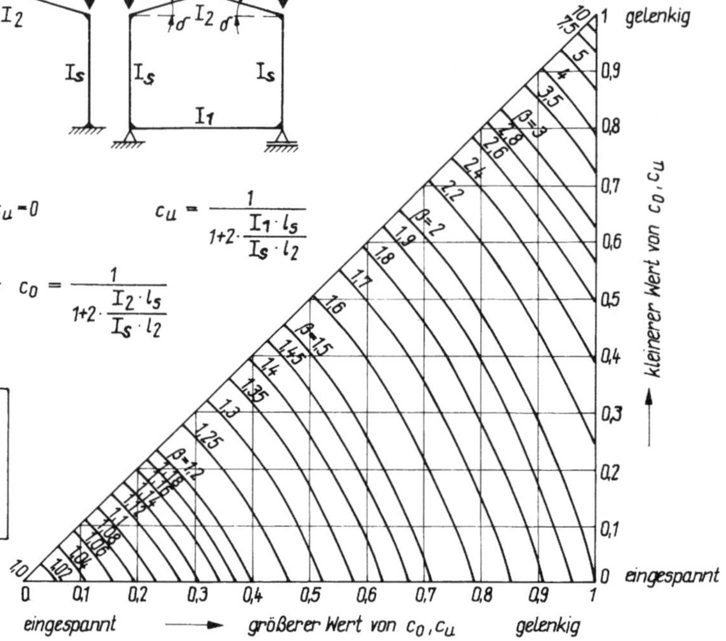

β aus Diagramm :

$$s_K = \beta \cdot l_S$$

$$\eta_{Ki} = \dfrac{N_{Ki}}{N} = \dfrac{\left(\dfrac{\pi}{\beta \cdot l_S}\right)^2 \cdot E \cdot I_S}{N}$$

$$\varepsilon_{Riegel} = l \cdot \sqrt{\dfrac{N}{(E \cdot I)_d}} \leqq 0,3$$

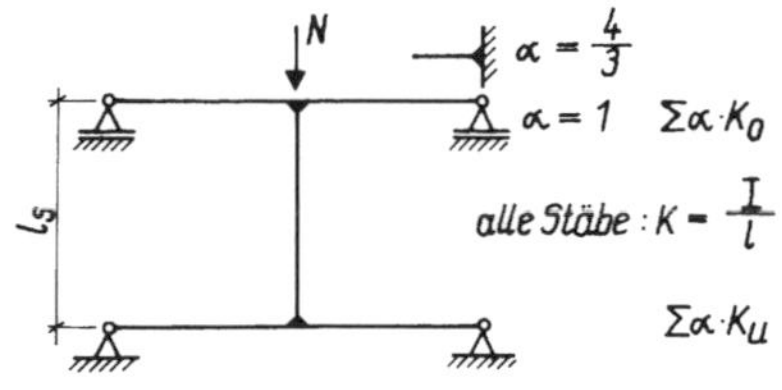

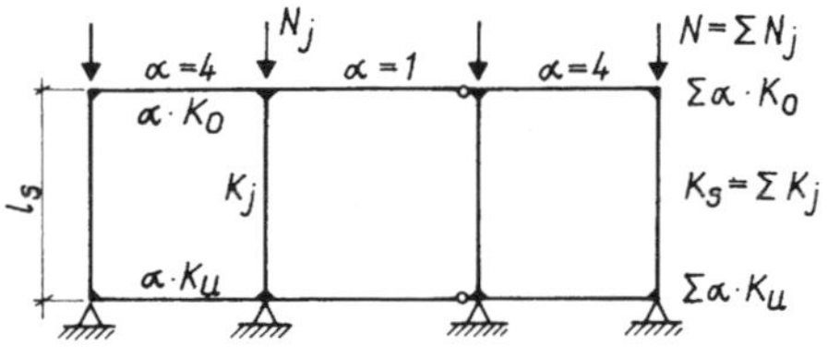

eingespannt $\longrightarrow$ größerer Wert von c_0, c_u $\qquad$ gelenkig

kleinerer Wert von c_0, c_u

$$c_0 = \dfrac{1}{1 + \dfrac{\Sigma \alpha \cdot K_0}{K_S}} \qquad\qquad c_u = \dfrac{1}{1 + \dfrac{\Sigma \alpha \cdot K_u}{K_S}}$$

$\alpha = \dfrac{4}{3}$
$\alpha = 1 \quad \Sigma \alpha \cdot K_0$
alle Stäbe : $K = \dfrac{I}{l}$
$\Sigma \alpha \cdot K_u$

$\alpha = 4 \quad \alpha = 1 \quad \alpha = 4 \qquad N = \Sigma N_j$
$\alpha \cdot K_0 \qquad\qquad\qquad \Sigma \alpha \cdot K_0$
$K_j \qquad\qquad K_S = \Sigma K_j$
$\alpha \cdot K_u \qquad\qquad\qquad \Sigma \alpha \cdot K_u$

Mehrgeschossiger Rahmen: Die Formeln für c_0, c_u sind zu ersetzen durch

β aus Diagramm :

$$\eta_{Ki} = \dfrac{N_{Ki}}{N} = \left(\dfrac{\pi}{\beta}\right)^2 \cdot \dfrac{E \cdot K_S}{N \cdot l_S}$$

$$\beta_j = \sqrt{\dfrac{N \cdot K_j}{N_j \cdot K_S}} \cdot \beta$$

$$s_K = \beta \cdot l_S \quad \text{bzw.}$$

$$s_{Kj} = \beta_j \cdot l_S$$

$K_{S,o}$ $\qquad c_0 = \dfrac{1}{1 + \dfrac{\Sigma \alpha \cdot K_0}{K_S + K_{S,o}}}$

K_S $\quad$ betrachtetes Stockwerk

$K_{S,u}$ $\qquad c_u = \dfrac{1}{1 + \dfrac{\Sigma \alpha \cdot K_u}{K_S + K_{S,u}}}$

88

6.6 Beispiele für die Ermittlung der Knicklängenbeiwerte β

6.6.1 Rahmenformeln nach [19]

Ermittlung der Knicklängenbeiwerte für den Stiel eines Zweigelenkrahmens nach Abb. 6.2. Senkrecht zur Rahmenebene erfolgt eine unverschiebliche Halterung der Riegelknoten durch Verbände. Die Berechnung erfolgt mit Rahmenformeln.

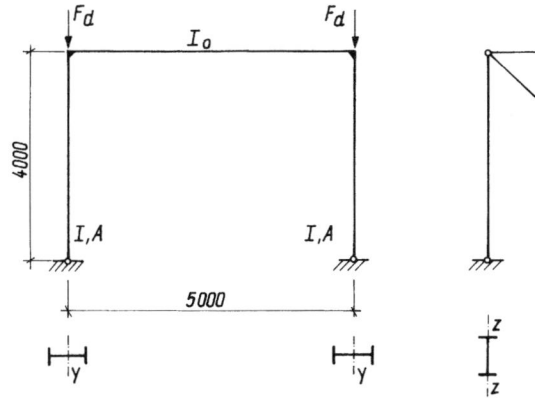

Querschnittswerte:
$I_0 = 23\,130\ \text{cm}^4$
(IPE 400)
$I = 16\,270\ \text{cm}^4$
(IPE 360)
$A = 72,7\ \text{cm}^2$

Geometrie:
$h = 400\ \text{cm}$
$b = 500\ \text{cm}$

Belastung:
$F_d = 400\ \text{kN}$

Abb. 6.2

■ Lösung
β_y-Wert in der Rahmenebene

Rahmenform 5

$$\alpha = \frac{4 \cdot 16\,270}{500^2 \cdot 72,7} = 0,004 < 0,2 \qquad c = \frac{16\,270 \cdot 500}{23\,130 \cdot 400} = 0,879 < 10 \qquad m = \frac{400}{400} = 1$$

$$\beta_y = \sqrt{\frac{1}{2}\,(1+1)} \cdot \sqrt{4 + 1,4\,(0,879 + 6 \cdot 0,004) + 0,02\,(0,879 + 6 \cdot 0,004)^2} = 2,30$$

β_z-Wert senkrecht zur Rahmenebene

$\beta_z = 1$

6.6.2 Rahmenformeln nach DIN 18 800 T 2

Beispiel analog 6.6.1

Berechnung mittels Diagramm 6.5.1

■ Lösung
Das System ist verschieblich und als Sonderfall in 6.5.1 enthalten.
c_u für gelenkige Lagerung
$c_u = 1$

$$c_o = \frac{1}{1 + 2 \cdot \dfrac{23\,130 \cdot 400}{16\,270 \cdot 500}} \qquad c_o = 0,305 \qquad \begin{array}{l} \beta_y \text{ aus Diagramm ablesen} \\ \beta_y = 2,27 \end{array}$$

6.6.3 Durchlaufende Stütze

Ermittlung der β-Werte für eine dreifeldrige Durchlaufstütze nach Abb. 6.3 für Ausweichen in der Systemebene.

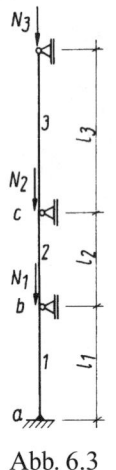

Stütze IPE 240
$I_y = 3890\ \text{cm}^4$
$A\ = 39,1\ \text{cm}^2$
$l_1 = 530\ \text{cm}$
$l_2 = 300\ \text{cm}$
$l_3 = 405\ \text{cm}$
$N_1 = N_{1d} = 100\ \text{kN}$
$N_2 = N_{2d} = 300\ \text{kN}$
$N_3 = N_{3d} = 200\ \text{kN}$

Das System ist unverschieblich.

Abb. 6.3

■ Lösung nach 6.4

1. Näherung
System nach Abb. 6.4 mit der Anordnung von Gelenken in den Knoten b und c.

Die Lagerung entspricht den *Euler*fällen

Stab 3 mit $\beta_3 = 1$

Stab 2 mit $\beta_2 = 1$

Stab 1 mit $\beta_1 = 0,7$

Somit ergibt sich

$$N_{Ki3} = \frac{\pi^2 \cdot 21\,000 \cdot 3890}{(1 \cdot 405)^2} = 4915\ \text{kN}$$

$$\eta_{Ki3} = \frac{4915}{200} = 24,6$$

$$N_{Ki2} = \frac{\pi^2 \cdot 21\,000 \cdot 3890}{(1 \cdot 300)^2} = 8958\ \text{kN}$$

$$\eta_{Ki2} = \frac{8958}{500} = 17,9$$

$$N_{Ki1} = \frac{\pi^2 \cdot 21\,000 \cdot 3890}{(0,7 \cdot 530)^2} = 5858\ \text{kN}$$

$$\eta_{Ki1} = \frac{5858}{600} = 9,76$$

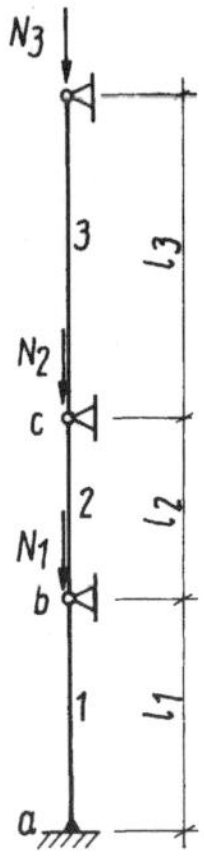

1. Näherung

Abb 6.4

90

Bei dieser Näherung weist Stab 1 die geringsten und Stab 3 die größten Reserven auf.

Es werden deshalb z. B. 40 % der Steifigkeit des Stabes 3 dem Stab 2 und ebenso 40 % der Steifigkeit des Stabes 2 dem Stab 1 zugeordnet. Damit ergeben sich die Teilsysteme entsprechend Abb. 6.5 mit den neu festgelegten Steifigkeitsrelationen.

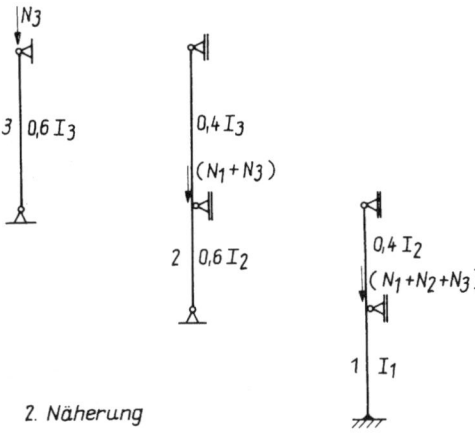

2. Näherung

Abb. 6.5

Stab 3 $\beta_3 = 1$
Stab 2

$$c_\text{o} = \cfrac{1}{1 + \cfrac{0{,}4\,I_3/l_3}{0{,}6\,I_2/l_2}} = \cfrac{1}{1 + \cfrac{0{,}4 \cdot 3890/405}{0{,}6 \cdot 3890/300}} = 0{,}669$$

$c_\text{u} = 1$ (gelenkige Lagerung)
$\beta_2 = 0{,}886$ nach Diagramm

Stab 1

$$c_\text{o} = \cfrac{1}{1 + \cfrac{0{,}4 \cdot I_2/l_2}{I_1/l_1}} = \cfrac{1}{1 + \cfrac{0{,}4 \cdot 3890/300}{3890/530}} = 0{,}586$$

$c_\text{u} = 0$ (Einspannung)
$\beta_1 = 0{,}618$

$$N_{\text{Ki3}} = \frac{\pi^2 \cdot 21\,000 \cdot 0{,}6 \cdot 3890}{(1 \cdot 405)^2} = 2949 \,\text{kN}$$

$$\eta_{\text{Ki3}} = \frac{2949}{200} = 14{,}8$$

$$N_{Ki2} = \frac{\pi^2 \cdot 21\,000 \cdot 0{,}6 \cdot 3890}{(0{,}886 \cdot 300)^2} = 6847\,\text{kN}$$

$$\eta_{Ki2} = \frac{6847}{500} = 13{,}7$$

$$N_{Ki1} = \frac{\pi^2 \cdot 21\,000 \cdot 3890}{(0{,}618 \cdot 530)^2} = 7515\,\text{kN}$$

$$\eta_{Ki1} = \frac{7515}{600} = 12{,}5$$

3. Näherung
Die Verteilung der Steifigkeit wird entsprechend Abb. 6.6 weiter verändert.

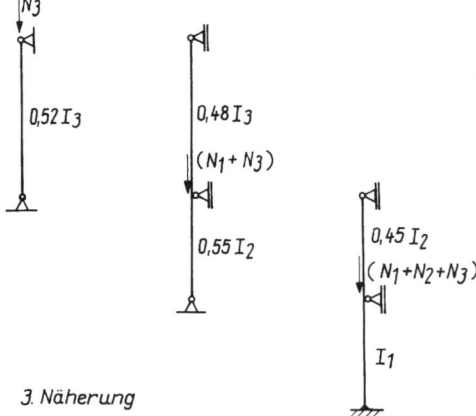

Abb. 6.6

Stab 3 $\beta_3 = 1$
Stab 2

$$c_o = \frac{1}{1 + \dfrac{0{,}48\,I_3/405}{0{,}55\,I_2/300}} = 0{,}607$$

$c_u = 1$
$\beta_2 = 0{,}881$

Stab 1

$$c_o = \frac{1}{1 + \dfrac{0{,}45\,I_2/300}{I_1/530}} = 0{,}557$$

$c_u = 0$
$\beta_1 = 0{,}612$

92

$$N_{Ki3} = \frac{\pi^2 \cdot 21\,000 \cdot 0,52 \cdot 3890}{(1 \cdot 405)^2} = 2556 \, \text{kN}$$

$$\eta_{Ki3} = \frac{2556}{200} = 12,78$$

$$N_{Ki2} = \frac{\pi^2 \cdot 21\,000 \cdot 0,55 \cdot 3890}{(0,881 \cdot 300)^2} = 6348 \, \text{kN}$$

$$\eta_{Ki2} = \frac{6348}{500} = 12,70$$

$$N_{Ki1} = \frac{\pi^2 \cdot 21\,000 \cdot 3890}{(0,612 \cdot 530)^2} = 7663 \, \text{kN}$$

$$\eta_{Ki1} = \frac{7663}{600} = 12,77$$

Die η_{Ki}-Werte entsprechen sich mit genügender Annäherung.

Die Stütze kann mit

$$\beta_3 = 1, \qquad \beta_2 = 0,881, \qquad \beta_1 = 0,612$$

nachgewiesen werden.

6.6.4 Stockwerkrahmen

Ermittlung der β-Werte für die Stiele des Rahmens nach Abb. 6.7 für Ausweichen in der Rahmenebene.

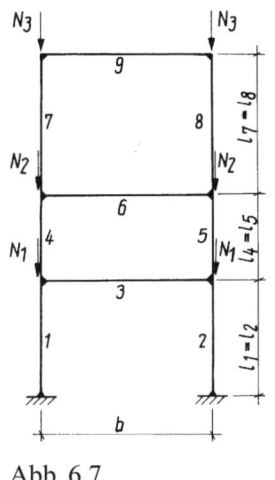

Abb. 6.7

Stiel IPE 240
$I_1 = I_2 = I_4 = I_5 = I_7 = I_8 = 3890 \, \text{cm}^4$
Riegel 3 IPE 270
$I_3 = 5790 \, \text{cm}^4$
Riegel 6 IPE 240
$I_6 = 3890 \, \text{cm}^4$
Riegel 9 IPE 270
$I_9 = 5790 \, \text{cm}^4$
$l_1 = l_2 = 500 \, \text{cm}$
$l_4 = l_5 = 300 \, \text{cm}$
$l_7 = l_8 = 400 \, \text{cm}$

$N_1 = 50 \, \text{kN}; \, N_2 = 280 \, \text{kN}; \, N_3 = 220 \, \text{kN}$
$b = 600 \, \text{cm}$

Das System ist verschieblich.

■ Lösung nach 6.5

1. Näherung

Das System wird nach Abb. 6.8 in Einzelsysteme je Stockwerk aufgeteilt. Für die Riegel ergibt sich $\alpha = 4$. Die Steifigkeit des Riegels 3 wurde halbiert und den Teilsystemen zugeordnet.

Oberer Rahmen

$$c_o = \cfrac{1}{1 + \cfrac{4 \cdot \cfrac{5790}{600}}{\cfrac{3890}{400} + \cfrac{3890}{400}}}$$

$c_o = 0{,}335$

$c_u = 1$

$\beta_{7/8} = 2{,}3$

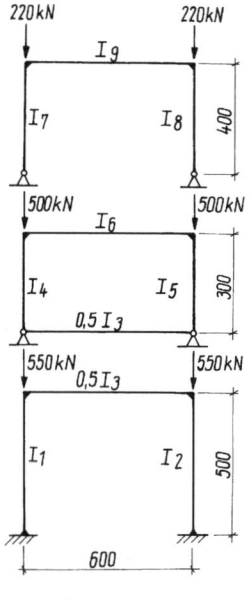

1. Näherung

Abb. 6.8

Mittlerer Rahmen

$$c_o = \cfrac{1}{1 + \cfrac{4 \cdot \cfrac{3890}{600}}{2 \cdot \cfrac{3890}{300}}}$$

$c_o = 0{,}5$

$$c_u = \cfrac{1}{1 + \cfrac{4 \cdot \cfrac{0{,}5 \cdot 5790}{600}}{2 \cdot \cfrac{3890}{300}}}$$

$c_u = 0{,}573$

$\beta_{4/5} = 1{,}57$

Unterer Rahmen

$$c_o = \cfrac{1}{1 + \cfrac{4 \cdot 0{,}5 \cdot \cfrac{5790}{600}}{2 \cdot \cfrac{3890}{500}}} = 0{,}446$$

$c_u = 0$

$\beta_{1/2} = 1{,}24$

Somit ergibt sich:

$$N_{Ki7/8} = \frac{\pi^2 \cdot 21\,000 \cdot 3890}{(2,3 \cdot 400)^2} = 952,6\,kN$$

$$\eta_{Ki7/8} = \frac{952,6}{220} = 4,33$$

$$N_{Ki4/5} = \frac{\pi^2 \cdot 21\,000 \cdot 3890}{(1,68 \cdot 300)^2} = 3174\,kN$$

$$\eta_{Ki4/5} = \frac{3174}{500} = 6,35$$

$$N_{Ki1/2} = \frac{\pi^2 \cdot 21\,000 \cdot 3890}{(1,24 \cdot 500)^2} = 2096\,kN$$

$$\eta_{Ki1/2} = \frac{2096}{550} = 3,81$$

2. Näherung
Die Steifigkeitsverteilung im Riegel 3 wird geändert, 18 % werden dem mittleren Teilsystem und 82 % dem unteren Teilsystem zugeordnet. Damit ergeben sich:

Oberer Rahmen

$$c_o = \cfrac{1}{1 + \cfrac{4 \cdot \cfrac{5790}{600}}{2 \cdot \cfrac{3890}{400}}} = 0,335$$

$$c_u = 1$$
$$\beta_{7/8} = 2,3$$

Mittlerer Rahmen

$$c_o = \cfrac{1}{1 + \cfrac{4 \cdot \cfrac{3890}{600}}{2 \cdot \cfrac{3890}{300}}} = 0,5$$

$$c_u = \cfrac{1}{1 + \cfrac{4 \cdot \cfrac{0,18 \cdot 5790}{600}}{2 \cdot \cfrac{3890}{300}}} = 0,789$$

$\beta_{4/5} = 2,03$

Unterer Rahmen

$$c_o = \cfrac{1}{1 + \cfrac{4 \cdot \cfrac{0,82 \cdot 5790}{600}}{2 \cdot \cfrac{3890}{500}}} = 0,33$$

$c_u = 0$

$\beta_{1/2} = 1,155$

$$N_{Ki7/8} = \frac{\pi^2 \cdot 21\,000 \cdot 3890}{(2,3 \cdot 400)^2} = 952,6\,\text{kN}$$

$$\eta_{Ki7/8} = \frac{952,6}{220} = 4,33$$

$$N_{Ki4/5} = \frac{\pi^2 \cdot 21\,000 \cdot 3890}{(2,03 \cdot 300)^2} = 2175\,\text{kN}$$

$$\eta_{Ki4/5} = \frac{2175}{500} = 4,35$$

$$N_{Ki1/2} = \frac{\pi^2 \cdot 21\,000 \cdot 3890}{(1,155 \cdot 500)^2} = 2420\,\text{kN}$$

$$\eta_{Ki1/2} = \frac{2420}{550} = 4,40$$

Die Annäherung der η_{Ki}-Werte ist genügend genau erreicht.

Da jedoch

$$K_s = \frac{2\,I_s}{l_s} \quad \text{und} \quad K_j = \frac{I_s}{l_s}$$

sowie $N = 2 \cdot N_j$ beträgt, bleiben die β-Werte für die Stiele unverändert.

Die Rahmenstiele können mit

$\beta_1 = \beta_2 = 1,155$
$\beta_4 = \beta_5 = 2,03$
$\beta_7 = \beta_8 = 2,30$

bemessen werden.

7 Mittig gedrückte einteilige Stäbe

7.0 Allgemeines

Beim Versagen infolge von Knicken treten Verschiebungen v und w in y- und z-Richtung oder Verdrehungen ϑ um die Stabachse x auf. Diese Verformungen können gleichzeitig vorkommen. Es können Biegeknicken und Biegedrillknicken auftreten. Zur Vereinfachung dürfen Biegeknicken und Biegedrillknicken getrennt untersucht werden. Dabei ist außer dem Nachweis des Biegeknickens der Biegedrillknicknachweis für die aus dem Gesamtsystem herausgelösten Einzelstäbe zu führen. Für die Stäbe sind die realen Randbedingungen zu beachten. Sie sind auch durch die am Gesamtsystem ermittelten Stabendschnittgrößen und durch die jeweils am Stab vorhandenen Einwirkungen beansprucht.

Ausreichende Tragsicherheit kann wahlweise nach den Verfahren Elastisch-Elastisch, Elastisch-Plastisch oder Plastisch-Plastisch (siehe Abschnitt 2) nachgewiesen werden.

Nach DIN 18 800 T 2 dürfen vereinfachte Tragsicherheitsnachweise geführt werden. Bei veränderlichen Querschnitten oder veränderlichen Längskräften sind die Steifigkeiten $(E \cdot I)_d$, die Längskraft unter kleinster Verzweigungslast N_{Ki} und die dazugehörige Knicklänge s_K für die Stelle zu ermitteln, für die der Tragsicherheitsnachweis geführt wird. Im Zweifelsfall sind mehrere Stellen zu untersuchen. Für diese Fälle muss bei der Anwendung des Nachweisschemas 7.4 der Verzweigungslastfaktor $\eta_{KI} \geqq 1,2$ gesetzt werden. Außerdem muss das Verhältnis min M_{pl}/max $M_{pl} \geqq 0,05$ eingehalten werden.

Wirtschaftlich bemessen sind Stäbe, die bei einem Flächenminimum ihres Querschnittes gleiche Knicksicherheit in Richtung der beiden Hauptachsen haben. Werden zur Verkleinerung der zunächst maßgebenden Knicklänge Haltestäbe angeordnet, so sind diese mit 1/100 der größten Druckkraft des gestützten Stabes nachzuweisen [19].

Wenn die Grenzwerte grenz (b/t) und grenz (d/t) nach DIN 18 800 T 1 für dünnwandige Querschnitte nicht eingehalten sind, dann ist das Zusammenwirken von Knicken und Beulen zu berücksichtigen.

Der Bezugsschlankheitsgrad λ_a für Dicken $t > 40$ mm muss jeweils errechnet werden.

7.1 Biegeknicken

Beim Biegeknicken treten nur Verschiebungen v oder w auf. Die Verdrehungen ϑ um die Stabachse dürfen vernachlässigt werden.

In den Biegeknickuntersuchungen sind strukturelle und geometrische Imperfektionen enthalten, die in DIN 18 800 T 2, Element 201 erläutert werden. Die Form und Größe der Vorkrümmung sind in DIN 18 800 T 2, Element 204 geregelt. Der vereinfachte Tragsicherheitsnachweis erfasst komplex diese Komponenten und wird in der Literatur als Ersatzstabverfahren bezeichnet. Die zu den Stäben bzw. Stabwerken gehörenden Knicklängen können über Knicklängenbeiwerte β nach Abschnitt 6 ermittelt werden.

Der Tragsicherheitsnachweis ist für die maßgebende Ausweichrichtung zu führen. Es ist für jede Hauptachse der Abminderungsfaktor κ zu berechnen. Der Nachweis ist nicht erforderlich, wenn von vornherein zu erkennen ist, dass der Einfluss der Verformungen vernachlässigt werden kann oder wenn der Unterschied zwischen den maßgebenden Biegemomenten nach Theorie I. und II. Ordnung nicht größer als 10 % ist.

Die letzte Bedingung darf bei Stabtragwerken als erfüllt angesehen werden, wenn die Längskräfte N des Systems nicht größer als 10 % der zur idealen Knicklast gehörenden Längskräfte

$N_{\text{Ki,d}}$ des Systems sind (bei Anwendung der Fließgelenktheorie ist hierbei das statische System unmittelbar vor Ausbildung des letzten Fließgelenks zu Grunde zu legen) oder wenn die bezogenen Schlankheitsgrade $\bar{\lambda}_K$ nicht größer als $0,3 \cdot \sqrt{f_{y,d}/\sigma_N}$ mit $\sigma_N = N/A$ sind. Die mit dem Knicklängenbeiwert $\beta = s_K/l$ multiplizierten Stabkennzahlen $\varepsilon = l \cdot \sqrt{N_d/(E \cdot I)_d}$ aller Stäbe dürfen nicht größer als 1,0 sein.

Die Gleichungen, die zur Berechnung des Abminderungsfaktors κ in der DIN 18 800 T2 angegeben sind, sind in 7.4.2 ausgewertet, und κ kann dort gegebenenfalls in Abhängigkeit von $\bar{\lambda}_K$ und der Knickspannungslinie entnommen werden.

Die b/t-Verhältnisse werden für den Stab nur beim Biegeknicken nachgewiesen. Der Biegedrillknicknachweis ist in der Regel dem Nachweis für Biegeknicken nachgeordnet.

7.2 Biegedrillknicken

Beim Biegedrillknicken treten Verschiebungen v, w und gleichzeitig Verdrehungen ϑ um die Stabachse auf. Diese Verdrehungen müssen berücksichtigt werden.

Biegedrillknicken ist für Stäbe mit einfachsymmetrischem Querschnitt nachzuweisen. Der Schubmittelpunkt fällt bei den Querschnitten dieser Stäbe auf der z-Achse nicht mit dem Schwerpunkt zusammen. Das Ausweichen erfolgt rechtwinklig zur z-Achse.

Bei mittig gedrückten Stäben mit doppeltsymmetrischen Querschnitten kann der Sonderfall des Drillknickens auftreten. Die Verschiebungen v und w sind dann null. Der Querschnitt verdreht sich nur.

Die Biegedrillknickuntersuchung ist nicht erforderlich für:

▪ Stäbe mit Hohlquerschnitten;

▪ Stäbe, deren Verdrehung ϑ oder seitliche Verschiebung ausreichend behindert ist. Für das Ermitteln der Verformungsbehinderung kann das Nachweisschema 8.2 benutzt werden.

▪ Walzträger mit I-Querschnitt und für I-Träger mit ähnlichen Abmessungen. Für diese Querschnitte wird das theoretisch mögliche Drillknicken als Sonderfall des Biegedrillknickens betrachtet.

Für Stäbe mit beliebiger, aber unverschieblicher Lagerung an den Enden, mit unveränderlichem Querschnitt und konstanter Längskraft ist ein Nachweis analog zum Biegeknicken zu führen. Bei der Berechnung des bezogenen Schlankheitsgrades $\bar{\lambda}_K$ ist für N_{Ki} die Längskraft unter der kleinsten Verzweigungslast für Biegedrillknicken anzusetzen. Der Abminderungsfaktor κ ist dabei für das Ausweichen rechtwinklig zur z-Achse zu ermitteln.

Verschiebungen und Verdrehungen der Endstirnflächen in ihrer Ebene müssen durch entsprechende Lagerung verhindert sein. Bei $\beta_z = \beta_0 = 1$, der „Gabellagerung" beider Stabenden, sind die Verdrehungen und Verschiebungen der Endstirnflächen in ihrer Ebene ausgeschlossen. Dagegen kann sich jede Endstirnfläche sowohl um ihre z-Achse als auch um ihre y-Achse frei verdrehen. Außerdem kann sich jede Endstirnfläche in Richtung der Stabachse frei verwölben.

Bei $\beta_z = 0,5$ und $\beta_0 = 0,5$ liegt dagegen volle Einspannung gegen Verbiegung um die z-Achse und Wölbbehinderung der Endstirnflächen vor. Praktisch ist die volle Einspannung gegen Verbiegen zu verwirklichen. Es ist mit $\beta_z = 0,6$ zu rechnen. Weichen die Randbedingungen des Stabes von denjenigen der Gabellagerung dadurch ab, dass die Stabenden gegen Verbiegen um die z-Achse elastisch eingespannt sind, so ist $0,6 < \beta_z < 1$. Besteht die Abweichung darin, dass die Verwölbung der Endstirnflächen des Stabes verhindert ist, so ist $0,5 < \beta_0 < 1$.

In praktischen Fällen darf angenommen werden, dass $0{,}6 < \beta_z < 1$ und $\beta_0 = 0{,}5$ ist.

Die Gefahr des Biegedrillknickens wird durch die Verkürzung der Knicklänge oder die Erhöhung der Drillsteifigkeit verringert.

7.3 Bezeichnungen

N	Absolutwert der Bemessungsdruckkraft
c	Drehradius
l	Netzlänge
l_0	für die Verdrehung maßgebender und nach der Zeichnung geschätzter Abstand der Anschlussnietgruppen oder Schweißanschlüsse an beiden Stabenden
z_M	auf den Schwerpunkt bezogene Ordinate des Schubmittelpunktes
A_1, A_2, A_3	Querschnittsteile nach Abb. 7.1
I_1, I_2, I_3	die auf die Symmetrieachse z-z bezogenen Flächenmomente der Flächen A_1, A_2, A_3
I_T	Torsionsflächenmoment 2. Grades
I_ω	Wölbflächenmoment 2. Grades (Wölbwiderstand)
β_z	Einspannwert für Biegung um die z-Achse
β_0	Kennwert für Verwölbung der Endstirnfläche
λ_{vi}	ideeller Schlankheitsgrad

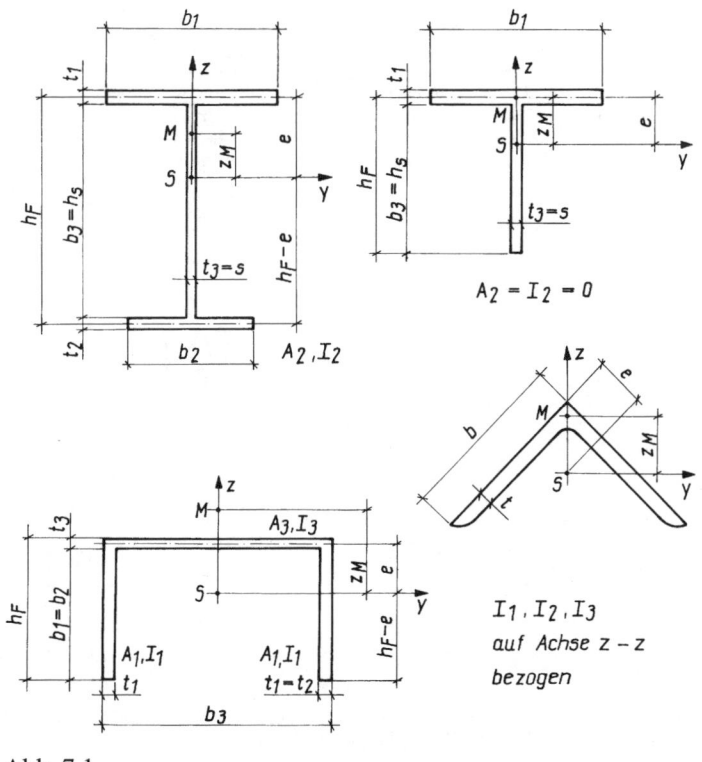

Abb. 7.1

99

7.4 Nachweis für mittig gedrückte einteilige Stäbe (Biegeknicken)

7.4.0 Nachweisschema

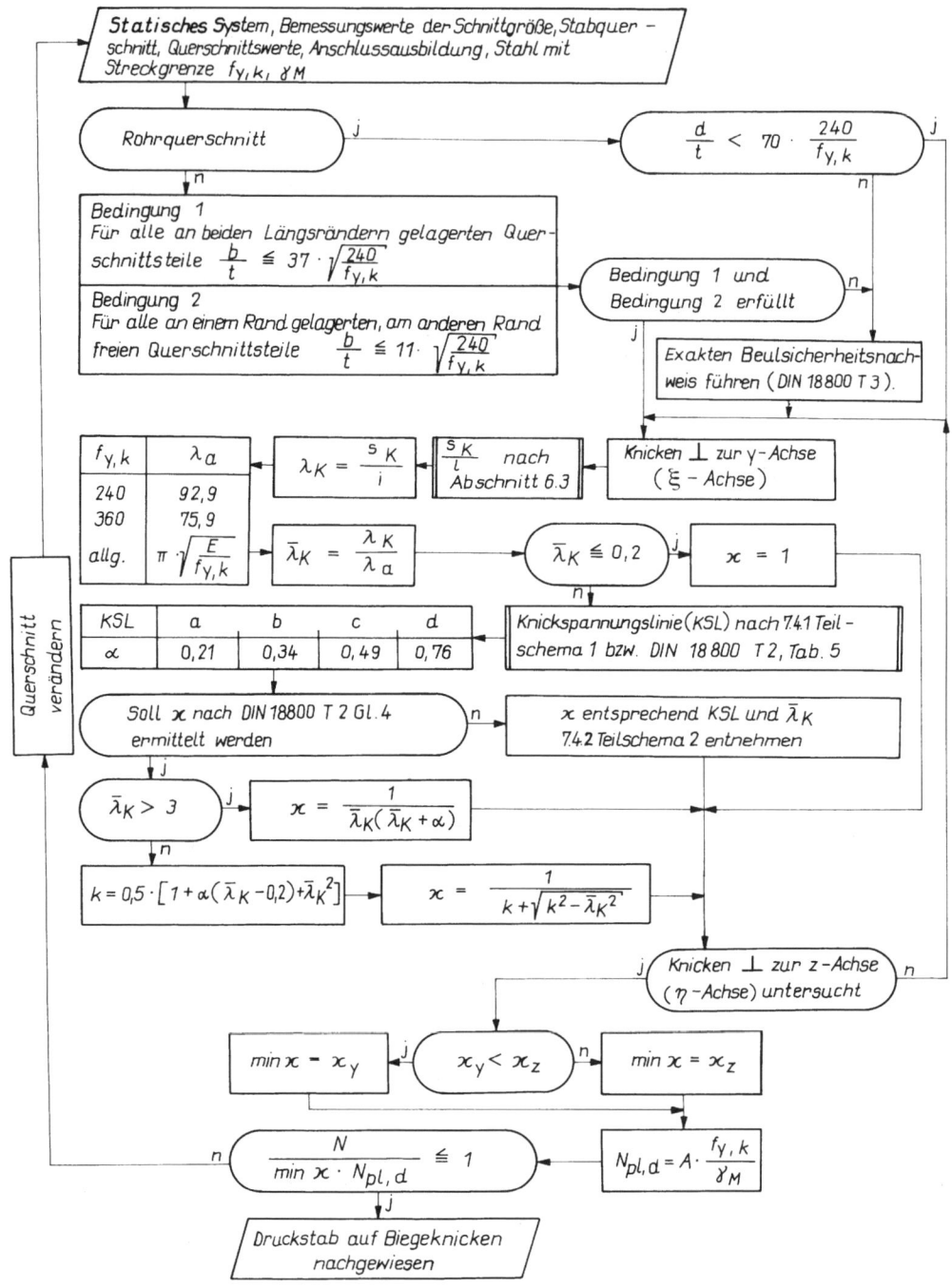

7.4.1 Ermittlung der Knickspannungslinie

	1		2	3
	Querschnitt		Ausweichen rechtwinklig zur Achse	Knickspan- nungslinie KSL
1	Hohlprofile	warm gefertigt	$y-y$ $z-z$	a
		kalt gefertigt	$y-y$ $z-z$	b
2	geschweißte Kastenquerschnitte		$y-y$ $z-z$	b
		$a \geqq \min t$ und $h_y / t_y < 30$ $h_z / t_z < 30$	$y-y$ $z-z$	c
3	gewalzte I – Profile	$h/b > 1,2 \; ; \; t \leqq 40\,mm$	$y-y$ $z-z$	a b
		$h/b > 1,2 \; ; \; 40 < t \leqq 80\,mm$ $h/b \leqq 1,2 \; ; \; t \leqq 80\,mm$	$y-y$ $z-z$	b c
		$t > 80\,mm$	$y-y$ $z-z$	d
4	geschweißte I – Querschnitte	$t_i \leqq 40\,mm$	$y-y$ $z-z$	b c
		$t_i > 40\,mm$	$y-y$ $z-z$	c d
5	U-, L-, T- und Vollquerschnitte und mehrteilige Stäbe nach DIN 18800 T2 Abschnitt 4.4		$y-y$ $z-z$	c
6	Hier nicht aufgeführte Profile sind sinngemäß einzuordnen. Die Einordnung soll dabei nach den möglichen Eigenspannungen und Blechdicken erfolgen.			

101

7.4.2 Tabelle der Abminderungsfaktoren κ

$\overline{\lambda}_K$	κ bei Knickspannungslinie			
	a	b	c	d
0,20	1,000	1,000	1,000	1,000
0,22	0,996	0,993	0,990	0,984
0,24	0,991	0,986	0,980	0,969
0,26	0,987	0,979	0,970	0,954
0,28	0,982	0,971	0,959	0,938
0,30	0,978	0,964	0,949	0,924
0,32	0,973	0,957	0,939	0,909
0,34	0,968	0,949	0,929	0,894
0,36	0,963	0,942	0,918	0,879
0,38	0,958	0,934	0,908	0,865
0,40	0,953	0,926	0,897	0,850
0,42	0,947	0,918	0,887	0,836
0,44	0,942	0,910	0,876	0,822
0,46	0,936	0,902	0,865	0,808
0,48	0,930	0,893	0,854	0,793
0,50	0,924	0,884	0,843	0,779
0,52	0,918	0,875	0,832	0,765
0,54	0,911	0,866	0,820	0,751
0,56	0,904	0,857	0,809	0,738
0,58	0,897	0,847	0,797	0,724
0,60	0,890	0,837	0,785	0,710
0,62	0,882	0,827	0,774	0,696
0,64	0,874	0,816	0,761	0,683
0,66	0,866	0,806	0,749	0,670
0,68	0,857	0,795	0,737	0,656
0,70	0,848	0,784	0,725	0,643
0,72	0,838	0,772	0,712	0,630
0,74	0,828	0,761	0,700	0,617
0,76	0,818	0,749	0,687	0,605
0,78	0,807	0,737	0,675	0,592
0,80	0,796	0,724	0,662	0,580
0,82	0,784	0,712	0,650	0,568
0,84	0,772	0,700	0,637	0,556
0,86	0,760	0,687	0,625	0,544
0,88	0,747	0,674	0,612	0,532
0,90	0,734	0,661	0,600	0,521
0,92	0,721	0,648	0,588	0,510
0,94	0,707	0,635	0,576	0,499
0,96	0,693	0,623	0,564	0,488
0,98	0,680	0,610	0,552	0,477
1,00	0,666	0,597	0,540	0,467
1,02	0,652	0,584	0,528	0,457
1,04	0,638	0,572	0,517	0,447
1,06	0,624	0,560	0,506	0,438
1,08	0,610	0,547	0,495	0,428
1,10	0,596	0,535	0,484	0,419
1,12	0,582	0,523	0,474	0,410
1,14	0,569	0,512	0,463	0,401
1,16	0,556	0,500	0,453	0,393
1,18	0,543	0,489	0,443	0,384
1,20	0,530	0,478	0,433	0,376

Abminderungsfaktoren κ (Fortsetzung)

$\overline{\lambda}_K$	κ bei Knickspannungslinie			
	a	b	c	d
1,22	0,518	0,467	0,424	0,368
1,24	0,505	0,457	0,415	0,360
1,26	0,493	0,447	0,406	0,353
1,28	0,482	0,437	0,397	0,346
1,30	0,470	0,427	0,389	0,338
1,32	0,459	0,417	0,380	0,332
1,34	0,448	0,408	0,372	0,325
1,36	0,438	0,399	0,364	0,318
1,38	0,428	0,390	0,357	0,312
1,40	0,418	0,382	0,349	0,306
1,42	0,408	0,373	0,342	0,299
1,44	0,399	0,365	0,335	0,294
1,46	0,390	0,357	0,328	0,288
1,48	0,381	0,350	0,321	0,282
1,50	0,372	0,342	0,314	0,277
1,52	0,364	0,335	0,308	0,271
1,54	0,356	0,328	0,302	0,266
1,56	0,348	0,321	0,296	0,261
1,58	0,341	0,314	0,290	0,256
1,60	0,333	0,308	0,284	0,251
1,62	0,326	0,302	0,279	0,246
1,64	0,319	0,296	0,273	0,242
1,66	0,312	0,290	0,268	0,238
1,68	0,306	0,284	0,263	0,233
1,70	0,299	0,278	0,258	0,229
1,72	0,293	0,273	0,253	0,225
1,74	0,287	0,267	0,248	0,221
1,76	0,281	0,262	0,243	0,217
1,78	0,276	0,257	0,239	0,213
1,80	0,270	0,252	0,234	0,209
1,82	0,265	0,247	0,230	0,206
1,84	0,260	0,243	0,226	0,202
1,86	0,255	0,238	0,222	0,199
1,88	0,250	0,234	0,218	0,195
1,90	0,245	0,229	0,214	0,192
1,92	0,240	0,225	0,210	0,189
1,94	0,236	0,221	0,207	0,186
1,96	0,231	0,217	0,203	0,183
1,98	0,227	0,213	0,200	0,180
2,00	0,223	0,210	0,196	0,177
2,05	0,213	0,200	0,188	0,170
2,10	0,204	0,192	0,180	0,163
2,15	0,195	0,184	0,173	0,157
2,20	0,187	0,176	0,166	0,151
2,25	0,179	0,169	0,160	0,145
2,30	0,172	0,163	0,154	0,140
2,35	0,165	0,156	0,148	0,135
2,40	0,158	0,151	0,142	0,130
2,45	0,152	0,145	0,137	0,126
2,50	0,147	0,140	0,132	0,121
2,55	0,141	0,135	0,128	0,117
2,60	0,136	0,130	0,123	0,113

Abminderungsfaktoren κ (Fortsetzung)

$\overline{\lambda}_K$	κ bei Knickspannungslinie			
	a	b	c	d
2,65	0,131	0,125	0,119	0,110
2,70	0,127	0,121	0,115	0,106
2,75	0,122	0,117	0,112	0,103
2,80	0,118	0,113	0,108	0,100
2,85	0,114	0,110	0,104	0,097
2,90	0,110	0,106	0,101	0,094
2,95	0,107	0,103	0,098	0,091
3,00	0,104	0,099	0,095	0,088

7.5 Nachweis für mittig gedrückte einteilige Stäbe mit einfach- und doppeltsymmetrischem Querschnitt (Biegedrillknicken)

7.5.0 Nachweisschema

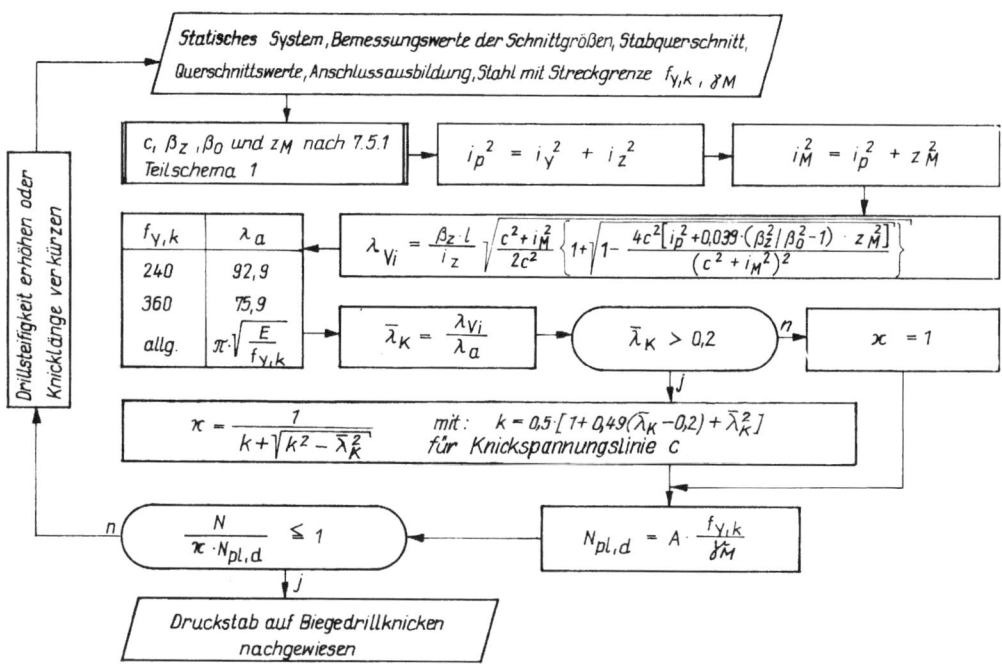

7.5.1 Ermittlung des Drehradius c und der Ordinate des Schubmittelpunktes

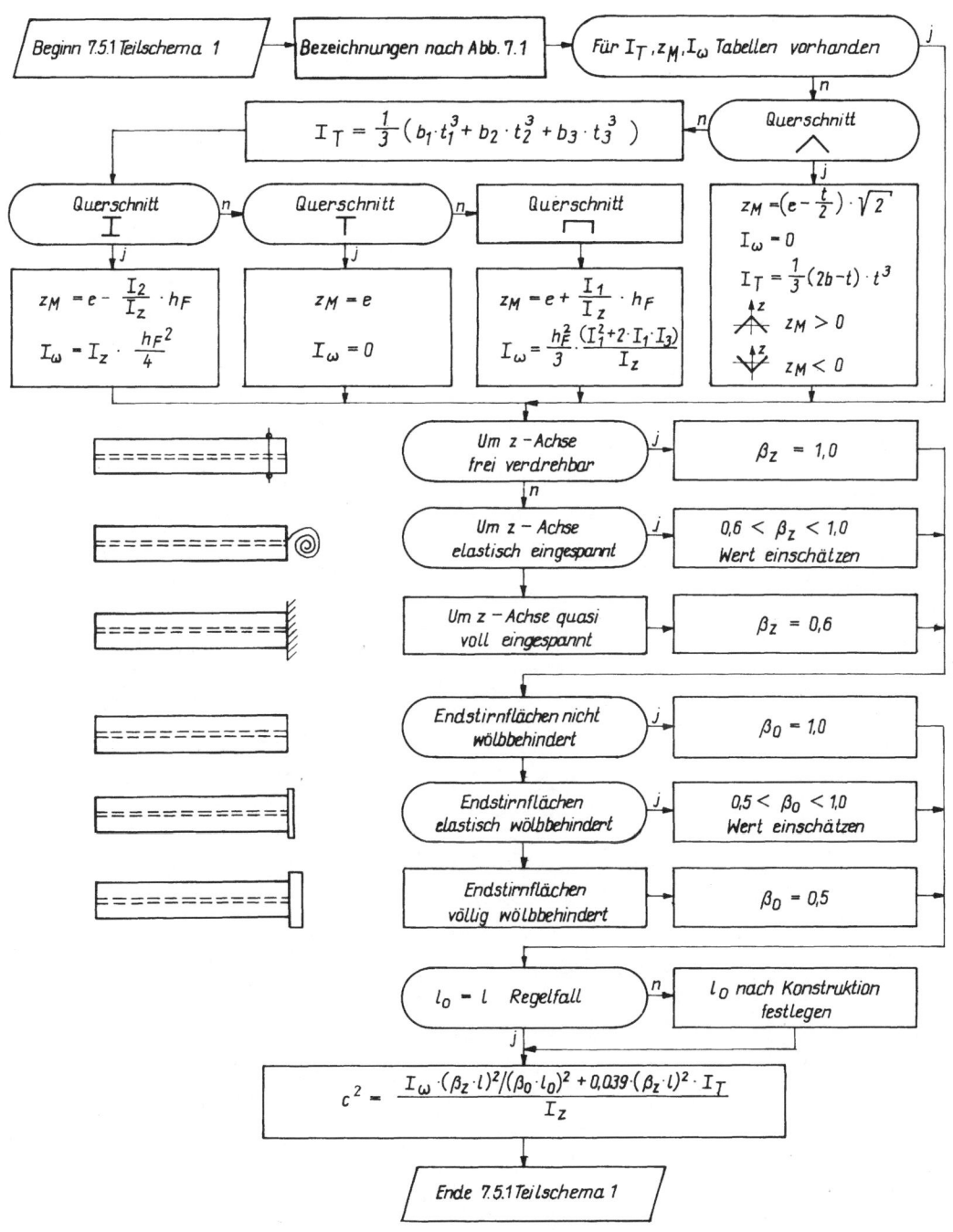

7.5.2 Diagramm zur Ermittlung der maßgebenden Versagensform bei L-Profilen nach [9]

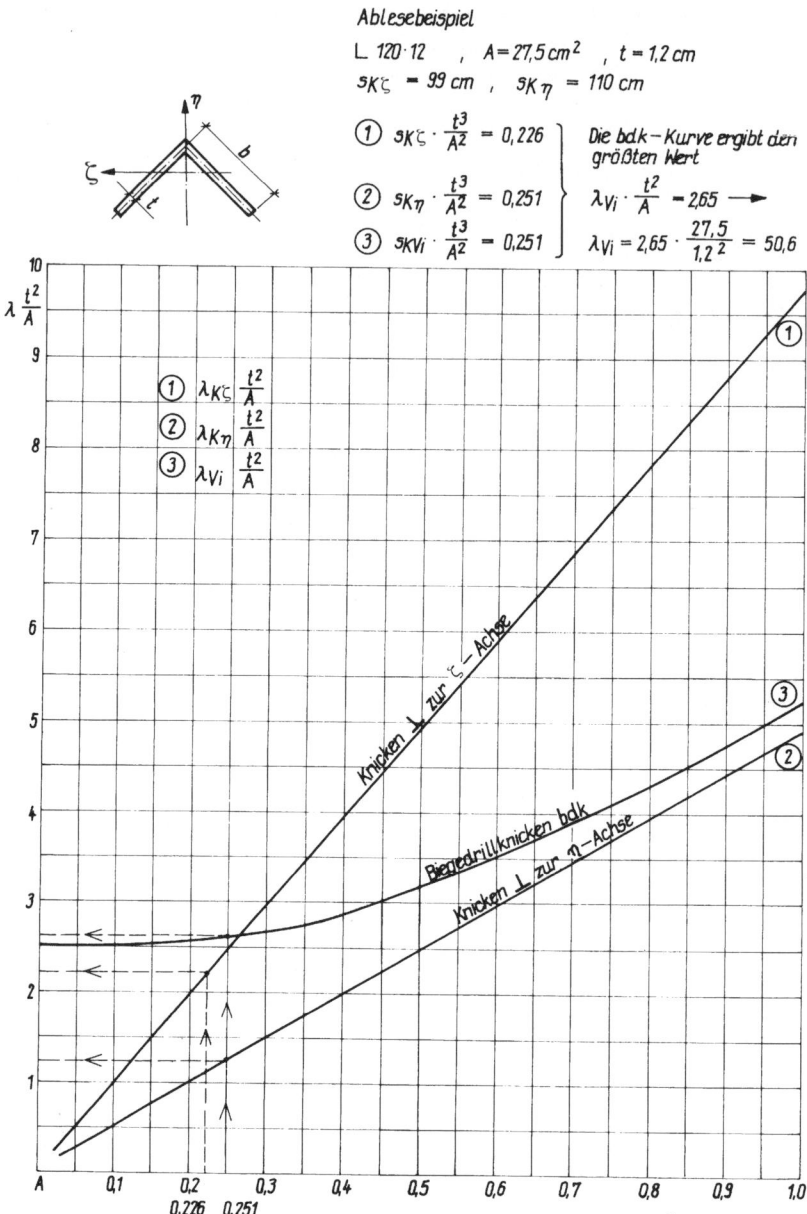

Ablesebeispiel

L 120·12   ,   A = 27,5 cm² ,   t = 1,2 cm

$s_{K\zeta}$ = 99 cm , $s_{K\eta}$ = 110 cm

① $s_{K\zeta} \cdot \dfrac{t^3}{A^2}$ = 0,226

② $s_{K\eta} \cdot \dfrac{t^3}{A^2}$ = 0,251

③ $s_{KVi} \cdot \dfrac{t^3}{A^2}$ = 0,251

Die bdk – Kurve ergibt den größten Wert

$\lambda_{Vi} \cdot \dfrac{t^2}{A}$ = 2,65 ⟶

λ_{Vi} = 2,65 · $\dfrac{27,5}{1,2^2}$ = 50,6

7.5.3 Diagramm zur Ermittlung der maßgebenden Versagensform bei T-Profilen nach [9]

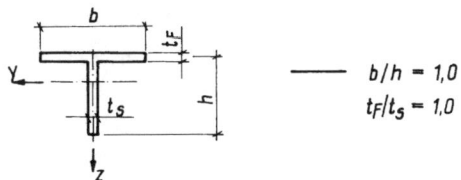

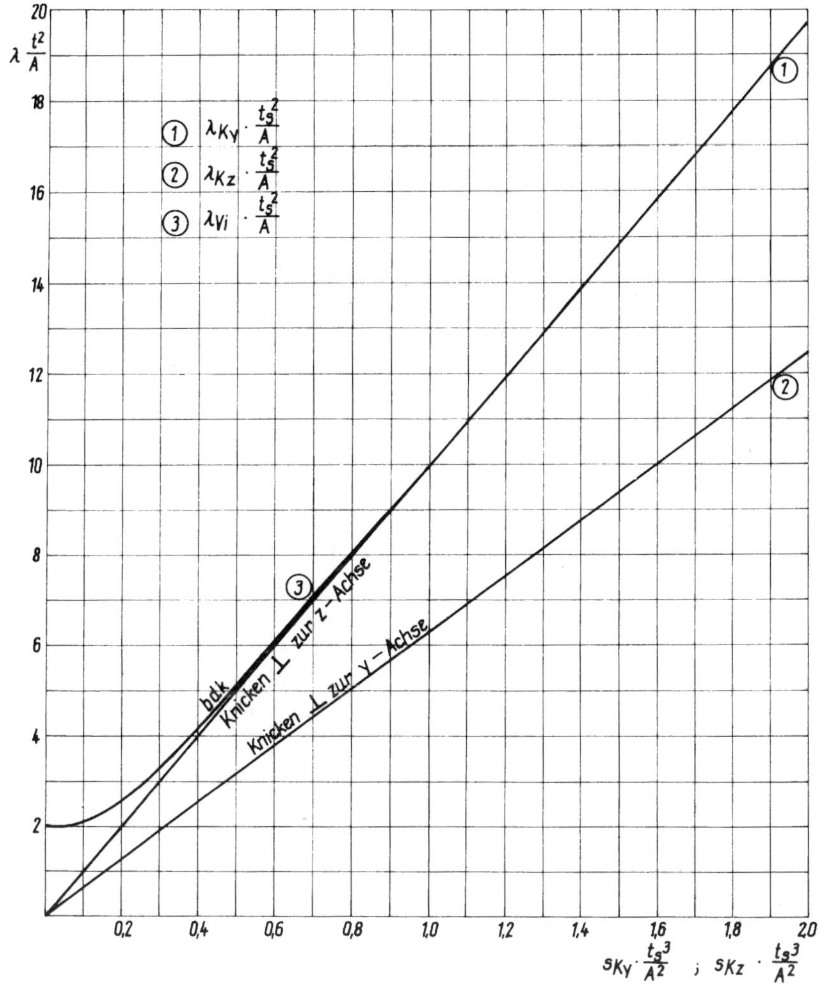

b
t_F
Y
t_s
h
z
b/h = 1,0
t_F/t_s = 1,0

$\lambda \frac{t^2}{A}$
20
18
16
14
12
10
8
6
4
2
① $\lambda_{Ky} \cdot \frac{t_s^2}{A}$
② $\lambda_{Kz} \cdot \frac{t_s^2}{A}$
③ $\lambda_{Vi} \cdot \frac{t_s^2}{A}$
①
②
③
bdk
Knicken ⊥ zur z-Achse
Knicken ⊥ zur y-Achse
0,2
0,4
0,6
0,8
1,0
1,2
1,4
1,6
1,8
2,0
$s_{Ky} \cdot \frac{t_s^3}{A^2}$; $s_{Kz} \cdot \frac{t_s^3}{A^2}$

7.6 Beispiele für mittig gedrückte einteilige Stäbe

7.6.1 Stütze mit I-Querschnitt

Der doppeltsymmetrische I-Querschnitt einer Stütze nach Abb. 7.2 ist nachzuweisen. Konstruktionsbedingt ergeben sich in Richtung der Querschnittshauptachsen unterschiedliche Knicklängen.

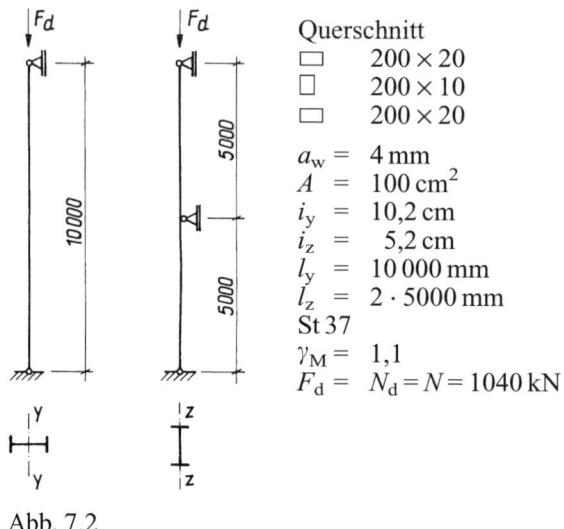

Querschnitt
☐ 200×20
☐ 200×10
☐ 200×20

a_w = 4 mm
A = 100 cm²
i_y = 10,2 cm
i_z = 5,2 cm
l_y = 10 000 mm
l_z = 2 · 5000 mm
St 37
γ_M = 1,1
F_d = $N_d = N = 1040$ kN

Abb. 7.2

■ Lösung

b/t-Verhältnisse

Steg: $b/t = (200 - 2 \cdot 4)/10 = 19,2 < 37$

Gurt: $b/t = \left(100 - \dfrac{10}{2} - 4\right)/20 = 4,55 < 11$

Ausweichen ⊥ zur y-Achse

$s_{Ky}/l = \beta_y = 1$ (nach 6.3)
$s_{Ky} = 1000$ cm
$\lambda_{Ky} = 1000/10,2 = 98$
$\lambda_a = 92,9$
$\overline{\lambda}_{Ky} = 98/92,9 = 1,055 > 0,2$

Knickspannungslinie b

$\alpha = 0,34$
$\overline{\lambda}_{Ky} < 3$
$k = 0,5\,[1 + 0,34\,(1,055 - 0,2) + 1,055^2]$
$k = 1,202$

$$\kappa_y = \frac{1}{1,202 + \sqrt{1,202^2 - 1,055^2}} = 0,562$$

Ausweichen zur $\perp z$-Achse
$s_{Kz}/l = \beta_z = 1$ (nach 6.3)
$s_{Kz} = 500\,\text{cm}$
$\lambda_{Kz} = 500/5,2 = 96,1$
$\overline{\lambda}_{Kz} = 96,1/92,9 = 1,034 > 0,2$

Knickspannungslinie c

$\alpha = 0,49$
$\overline{\lambda}_{Kz} < 3$
$k = 0,5\,[1 + 0,49\,(1,034 - 0,2) + 1,034^2] = 1,239$

$$\kappa_z = \frac{1}{1,239 + \sqrt{1,239^2 - 1,034^2}} = 0,520$$

Drillknicken als Spezialfall des Biegedrillknickens braucht für I-Querschnitte nach DIN 18 800 T2, Element 306 nicht untersucht zu werden.

$\kappa_z < \kappa_y \rightarrow \min \kappa = \kappa_z$

$$N_{pl,d} = 100 \cdot \frac{24}{1,1} = 2182\,\text{kN}$$

$$\frac{N_d}{N_{pl,d} \cdot \kappa} = \frac{1040}{2182 \cdot 0,520} = 0,917 < 1$$

Der Druckstab ist nachgewiesen!

7.6.2 Druckstab mit T-Querschnitt

Der einfachsymmetrische Druckstab O_2 einer Fachwerkkonstruktion nach Abb. 7.3 ist nachzuweisen. Alle Fachwerkknoten sind in der Ebene und auch senkrecht dazu gehalten.

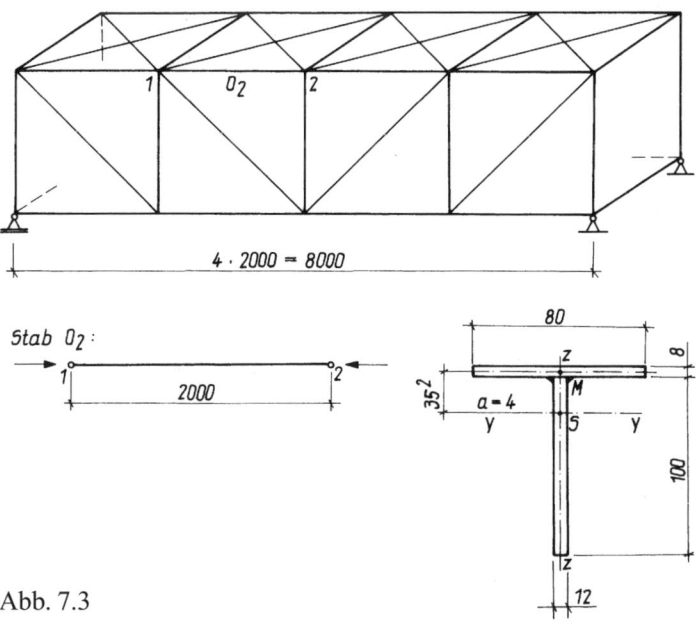

Abb. 7.3

109

Querschnitt: ☐ 80 · 8
           ☐ 100 · 12

$A = 18,4 \text{ cm}^2$
$i_y = 3,47 \text{ cm}; \; I_y = 222 \text{ cm}^4$
$i_z = 1,36 \text{ cm}; \; I_z = 34,1 \text{ cm}^4$
$z_M = 3,52 \text{ cm}$
St 37; $\gamma_M = 1,1; \; N_d = |O_2| = 110 \text{ kN}$

■ Lösung

Biegeknicken nach 7.4
b/t-Verhältnisse

Steg: $b/t = (100 - 4)/12 = 8 < 11$

Gurt: $b/t = \left(40 - \dfrac{12}{2} - 4\right) /8 = 3,75 < 11$

Ausweichen ⊥ zur y-Achse

$s_{Ky}/l = \beta_y = 1$ (nach 6.3)
$\lambda_{Ky} = 200/3,47 = 57,6$
$\lambda_a = 92,9$
$\overline{\lambda}_{Ky} = 57,6/92,9 = 0,620$

Knickspannungslinie c (nach 7.4.1)

$\alpha = 0,49$
$\overline{\lambda}_{Ky} < 3$
$k = 0,5 \, [1 + 0,49 \, (0,62 - 0,2) + 0,62^2] = 0,795$

$\kappa_y = \dfrac{1}{0,795 + \sqrt{0,795^2 - 0,62^2}} = 0,774$

Ausweichen ⊥ zur z-Achse

$s_{Kz}/l = \beta_z = 1$ (nach 6.3)
$s_{Kz} = 200 \text{ cm}$
$\lambda_{Kz} = 200/1,36 = 147$
$\lambda_a = 92,9$
$\overline{\lambda}_{Kz} = 147/92,9 = 1,582 > 0,2$

Knickspannungslinie c (nach 7.4.2)

$\alpha = 0,49$
$\overline{\lambda}_{Kz} < 3$
$k = 0,5 \, [1 + 0,49 \, (1,582 - 0,2) + 1,582^2] = 2,09$

$\kappa_z = \dfrac{1}{2,09 + \sqrt{2,09^2 - 1,582^2}} = 0,289$ $N_{pl,d} = 18,4 \cdot \dfrac{24}{1,1} = 401,5 \text{ kN}$

$\kappa_z < \kappa_y \rightarrow \min \kappa = \kappa_z$ $\dfrac{N_d}{N_{pl,d} \cdot \kappa} = \dfrac{110}{401,5 \cdot 0,289} = 0,95 < 1$

Biegedrillknicken nach 7.5
Ermittlung des Drehradius c, β_z, β_0, l, l_0 und z_M nach 7.5.1

$I_T = \dfrac{1}{3} \, (10 \cdot 1,2^3 + 8 \cdot 0,8^{3)}) = 7,13 \text{ cm}^4$

$z_M = 3,52$ cm

$I_\omega = 0$

$\beta_z = \beta_0 = 1$ (Gabellagerung)

$l = l_0 = 200$ cm

$$c^2 = \frac{0,039 \cdot 200^2 \cdot 7,13}{34,1} = 326 \text{ cm}^2$$

$i_p^2 = 1,36^2 + 3,47^2 = 13,9 \text{ cm}^2$

$i_M^2 = 13,9 + 3,52^2 = 26,3 \text{ cm}^2$

$$\lambda_{Vi} = \frac{1 \cdot 200}{1,36} \sqrt{\frac{326 + 26,3}{2 \cdot 326}} \left[\sqrt{1 + 1 - \frac{4 \cdot 326 \cdot 13,9}{(326 + 26,3)^2}} \right] = 150$$

$\lambda_a = 92,9$

$$\overline{\lambda}_K = \frac{150}{92,9} = 1,615 > 0,2$$

$$k = 0,5 [1 + 0,49 (1,615 - 0,2) + 1,615^2] = 2,151$$

$$\kappa = \frac{1}{2,151 + \sqrt{2,151^2 - 1,615^2}} = 0,280$$

$$N_{pl,d} = 18,4 \cdot \frac{24}{1,1} = 401,5 \text{ kN}$$

$$\frac{N_d}{\kappa \cdot N_{pl,d}} = \frac{110}{0,280 \cdot 401,5} = 0,98 < 1$$

Der Druckstab ist auf Biegeknicken und Biegedrillknicken nachgewiesen. Der Nachweis für Biegedrillknicken ist maßgebend.

7.6.3 Der einfachsymmetrische Diagonalstab

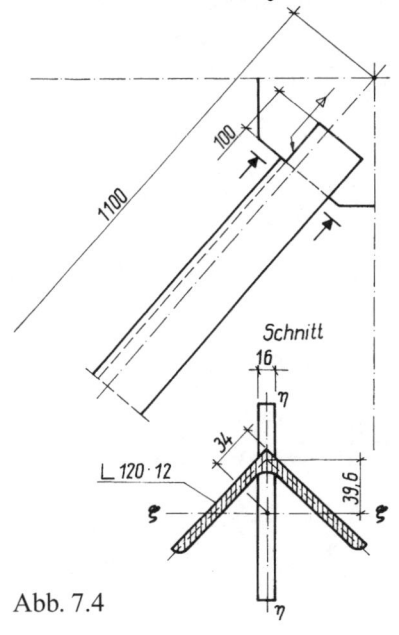

Der einfachsymmetrische Diagonalstab einer Fachwerkkonstruktion nach Abb. 7.4 wird auf Druck beansprucht. Es ist der erforderliche Knicknachweis zu führen. Das System ist senkrecht zur Fachwerkebene gehalten.

Querschnittswerte

L 120 · 12

$A = 27,5 \text{ cm}^2$

$I_\eta = 584 \text{ cm}^4$

$I_\zeta = 152 \text{ cm}^4$

$i_\eta = 4,60 \text{ cm}$

$i_\zeta = 2,35 \text{ cm}$

$e = 3,40 \text{ cm}$

$V_1 = 4,80 \text{ cm}$

St 37

$\gamma_M = 1,1$

$N = N_d = 480 \text{ kN}$

$l = 1100 \text{ mm}$

Abb. 7.4

111

■ Lösung nach 7.4

b/t-Verhältnis für den Winkelschenkel

$$b/t = \frac{120 - 12 - 13}{12} = 7,9 < 11$$

β in der Fachwerkebene nach 6.3
$\beta_\zeta = 0,9$

β rechtwinklig zur Fachwerkebene
$\beta_\vartheta = 1$

Knicken rechtwinklig zur ζ-Achse
$s_{K\zeta} = 0,9 \cdot 110 = 99$ cm

$$\lambda_{K\zeta} = \frac{99}{2,35} = 42,1 \qquad\qquad \bar{\lambda}_{K\zeta} = \frac{42,1}{92,9} = 0,453$$

KSL c

$\kappa_\zeta = 0,869$

Knicken rechtwinklig zur η-Achse
$s_{K\eta} = 110$ cm

$$\lambda_{K\eta} = \frac{110}{4,60} = 23,9 \qquad\qquad \bar{\lambda}_{K\eta} = \frac{23,9}{92,9} = 0,257$$

KSL c

$\kappa_\eta = 0,972$

Bei einfachsymmetrischen Profilen besteht besonders bei kurzen Stäben Biegedrillknickgefahr für das Ausweichen rechtwinklig zur Symmetrieachse.

■ Lösung nach 7.5

$$z_M = \left(3,40 - \frac{1,2}{2}\right) \cdot \sqrt{2} = 3,96 \text{ cm} \qquad\qquad I_T = \frac{1}{3} \left(2 \cdot 12 - 1,2\right) \cdot 1,2^3 = 13,1 \text{ cm}^4$$

$I_\omega = 0$

$\beta = \beta_0 = 1$

$l = l_0 = 110$ cm

$$c^2 = \frac{0,039 \cdot 110^2 \cdot 13,1}{584} = 10,6 \text{ cm}^2$$

$$i_p^2 = 4,6^2 + 2,35^2 = 26,7 \text{ cm}^2$$

$$i_M^2 = 26,7 + 3,96^2 = 42,4 \text{ cm}^2$$

$$\lambda_{Vi} = \frac{1 \cdot 110}{4,6} \sqrt{\frac{10,6 + 42,4}{2 \cdot 10,6} \left[1 + \sqrt{1 - \frac{4 \cdot 10,6 \cdot 26,7}{(10,6 + 42,4)^2}}\right]} = 50,3$$

$$\bar{\lambda}_{Ki} = \frac{50,3}{92,9} = 0,541$$

KSL c

$\kappa_{\mathrm{Vi}} = 0{,}820$

$\min \kappa = 0{,}820$

Biegedrillknicken ist maßgebend!

$$N_{\mathrm{pl,d}} = 27{,}5 \cdot \frac{24}{1{,}1} = 600\,\mathrm{kN}$$

Nachweis:

$$\frac{480}{0{,}82 \cdot 600} = 0{,}98 < 1$$

Anschluss des Stabes nach 4.4

Stumpfnaht $a = 12\,\mathrm{mm}$

$$\tau_{\mathrm{II}} = \frac{480}{2 \cdot 1{,}2 \cdot 10} = 20{,}0\,\mathrm{kN/cm^2}$$

Im Anschluss entsteht ein Versatzmoment. Nach DIN 18 800 T1, Element 823 darf das Versatzmoment bei der gewählten Anschlussausführung vernachlässigt werden.

$\sigma_{\mathrm{w,v}} = \tau_{\mathrm{II}} = 20\,\mathrm{kN/cm^2}$

$\alpha_{\mathrm{w}} = 0{,}95$

$$\sigma_{\mathrm{w,R,v}} = 0{,}95 \cdot \frac{24}{1{,}1} = 20{,}7\,\mathrm{kN/cm^2}$$

$$\frac{20}{20{,}7} = 0{,}97 < 1$$

Der Anschluss ist nachgewiesen.

Variante – Beispiel analog 7.6.3: Bemessung mithilfe des Diagramms 7.5.2

L 120 · 12

$A = 27{,}5\,\mathrm{cm^2};\ t = 1{,}2\,\mathrm{cm}$

$s_{\mathrm{K}\zeta} = 99\,\mathrm{cm};\ s_{\mathrm{K}\eta} = 110\,\mathrm{cm}$

Hilfswerte

$$s_{\mathrm{K}\zeta} \cdot \frac{t^3}{A^2} = 99 \cdot \frac{1{,}2^3}{27{,}5^2} = 0{,}226 \qquad s_{\mathrm{K}\eta} \cdot \frac{t^3}{A^2} = 110 \cdot \frac{1{,}2^3}{27{,}5} = 0{,}251$$

$$\lambda_\zeta \cdot \frac{1{,}2^2}{27{,}5} = 2{,}20$$

$$\lambda_\eta \cdot \frac{1{,}2^2}{27{,}5} = 1{,}25$$

$$\lambda_{\mathrm{Vi}} \cdot \frac{1{,}2^2}{27{,}5} = 2{,}63$$

Der Maximalwert ergibt sich mit λ_{Vi}, Biegedrillknicken ist die maßgebende Versagensform!

$$\lambda_{\mathrm{Vi}} = 2{,}63 \cdot \frac{27{,}5}{1{,}2^2} = 50{,}2 \qquad \text{(vgl. } \lambda_{\mathrm{Vi}} = 50{,}3 \text{ rechnerisch ermittelt)}$$

8 Stäbe mit einachsiger Biegung ohne Normalkraft

8.0 Allgemeines

Bei einer reinen Biegebeanspruchung liegt für das Ausweichen in der Momentenebene kein Stabilitätsproblem vor. Die Beanspruchbarkeit des Traggliedes kann durch eine Nachweisführung Elastisch-Elastisch oder Elastisch-Plastisch entsprechend Abschnitt 2 ermittelt werden. Dagegen muss der Gebrauchstauglichkeitsnachweis mit einer gegebenenfalls erforderlichen Begrenzung der Durchbiegung nach anderen Grund- oder Fachnormen beachtet werden.

Für Tragglieder mit vorgegebener Beanspruchung quer zu ihrer Längsachse werden im Stahlbau häufig Vollwandträger eingesetzt. Sie sind in der Lage, Lasten durch Biegung in die Auflagerpunkte zu übertragen. Als Schnittgrößen sind nur Biegemomente und Querkräfte vorhanden. Das Standardprofil ist der I-Querschnitt. [-Profile können ebenfalls als Biegeträger eingesetzt werden. Dabei ist jedoch zu beachten, dass hier der Schwerpunkt nicht mit dem Schubmittelpunkt zusammenfällt. Die Lasteintragung erfolgt meist in der Stegebene des [-Profils, und es ergeben sich Torsionsbeanspruchungen, die zu Wölbnormalspannungen führen.

Biegeträger aus Walzprofilen werden als Deckenträger, Pfetten, Unterzüge oder ähnliche Tragglieder eingesetzt. Ihr statisches System kann der Einfeld-, aber auch der Mehrfeldträger sein.

I-Profile können für Biegeträger auch aus durch Schweißnähte verbundene Gurt- und Stegbleche gebildet werden. Trägerhöhe und Gurtabmessungen sind frei wählbar. Für Blechträger auf zwei Stützen ergibt sich mit Rücksichtnahme auf den Nachweis der Gebrauchstauglichkeit die wirtschaftliche Profilhöhe bei $l/h \approx 15$. Für Durchlaufträger können die l/h-Verhältnisse größer sein. Das Stegblech dieser Träger muss so dick sein, dass keine Beulgefahr besteht.

Werden konzentrierte Lasten in I-Träger an Stellen ohne Aussteifungen eingetragen, so ist im Stegbereich die Grenzkraft $F_{R,d}$ nach DIN 18 800 T 1, Element 744 zu ermitteln (siehe Abschnitt 18).

8.1 Ausweichen rechtwinklig zur Momentenebene

Aus der Biegebeanspruchung ergibt sich im Obergurtbereich des Trägers eine Druckbeanspruchung. In der DIN 4114 und der Fachliteratur der vergangenen Jahrzehnte wurde das aus dieser Druckspannung resultierende Stabilitätsproblem als Kippen des Trägers bezeichnet. Der Ausweichvorgang führt zu einer seitlichen Verschiebung und Verdrehung des Querschnittes. Diesem Ausweichvorgang entspricht prinzipiell auch das Biegedrillknicken. Deshalb und in Anlehnung an den englischen Sprachgebrauch wird nunmehr auch bei einer Biegung ohne Normalkraft vom Biegedrillknicken gesprochen.

Die DIN 18 800 T 2 enthält im Element 310 ein Näherungsverfahren, das den Druckgurt als Druckstab betrachtet. Diese Berechnungsmöglichkeit war auch schon in ähnlicher Form in der DIN 4114 enthalten. Durch die Einbeziehung des Verhältnisses $M_{pl,y,d}/M_y$ in den Vergleich mit einem bezogenen Schlankheitsgrad $\bar{\lambda}$ ist jedoch der Genauigkeitsgrad dieser Näherung deutlich verbessert worden. Beim Näherungsverfahren wird der Trägheitsradius des Gurtes aus der Querschnittsfläche des Druckgurtes und 1/5 der anschließenden Stegfläche berechnet. Es darf jedoch auch mit dem Trägheitsradius des Gesamtprofils gerechnet werden. Die Werte sind durchschnittlich 12 ... 14 % kleiner. Damit ergibt sich eine größere

Sicherheitsreserve. Der Näherungsnachweis ist im ersten Teil von Nachweisschema 8.2 enthalten. Eine graphische Auswertungsmöglichkeit bietet das Diagramm 8.3. Sobald in diesem Diagramm das vorhandene Biegemoment vorh M_y geringer als das abgelesene Biegemoment max M_y ist, besteht für den Träger keine Biegedrillknickgefährdung.

Im zweiten Teil des Nachweisschemas 8.2 ist der exakte Biegedrillknicknachweis aufbereitet. Die Ermittlung von $M_{Ki,y}$ kann mithilfe der Diagramme 8.4 bei Lastangriff am Obergurt bzw. mit 8.5 bei Querbelastung im Schwerpunkt ermittelt werden. Der Abminderungsfaktor κ_M für Biegemomente M_y lässt sich in Abhängigkeit vom bezogenen Schlankheitsgrad $\bar{\lambda}_M$ für den Trägerbeiwert $n = 2{,}5$, wie er für gewalzte Träger ohne Ausklinkung maßgebend ist, nach Tabelle 8.6 ablesen. Für geschweißte Träger gilt Tabelle 8.7. Für andere Profilmöglichkeiten sind die n-Werte in DIN 18 800 T 2, Element 311 festgelegt.

Die Nachweisführung nach 8.2 gilt nicht für planmäßige Torsion. Bei Ermittlung von $M_{Ki,y}$ kann die Berechnung des Drehradius c analog zum Biegedrillknicken des Druckstabes nach 7.5.1 erfolgen. Die Verwölbung der Endstirnfläche β_0 und die Einspannung um die z-Achse werden mit erfasst. Werte für $M_{Ki,y}$ können auch [10] entnommen werden.

Nach DIN 18 800 T 2, Elemente 308 und 309 kann der Nachweis des Druckgurtes als Druckstab oder der Biegedrillknicknachweis entfallen, wenn ausreichende Verformungsbehinderung vorhanden ist. Ausreichende Behinderung der seitlichen Verschiebung kann durch am Druckgurt anschließendes Mauerwerk, durch aufgeschraubte Trapezprofilbleche nach DIN 18 807 oder auch durch Trägerlagen nachgewiesen werden. Verdrehungsbehinderung wird bei doppeltsymmetrischen I-förmigen Querschnitten durch den Nachweis ausreichender Drehbettung erfasst. Dabei kann auch im Falle ungenügender Drehbettung der stabilisierende Einfluss eines vergrößerten Drehradius erfasst werden. Diese Nachweise erfordern die Berechnung der vorhandenen bzw. erforderlichen Drehfederwirkung der angeschlossenen Tragglieder.

8.2 Nachweisschema für Stäbe mit einachsiger Biegung ohne Normalkraft

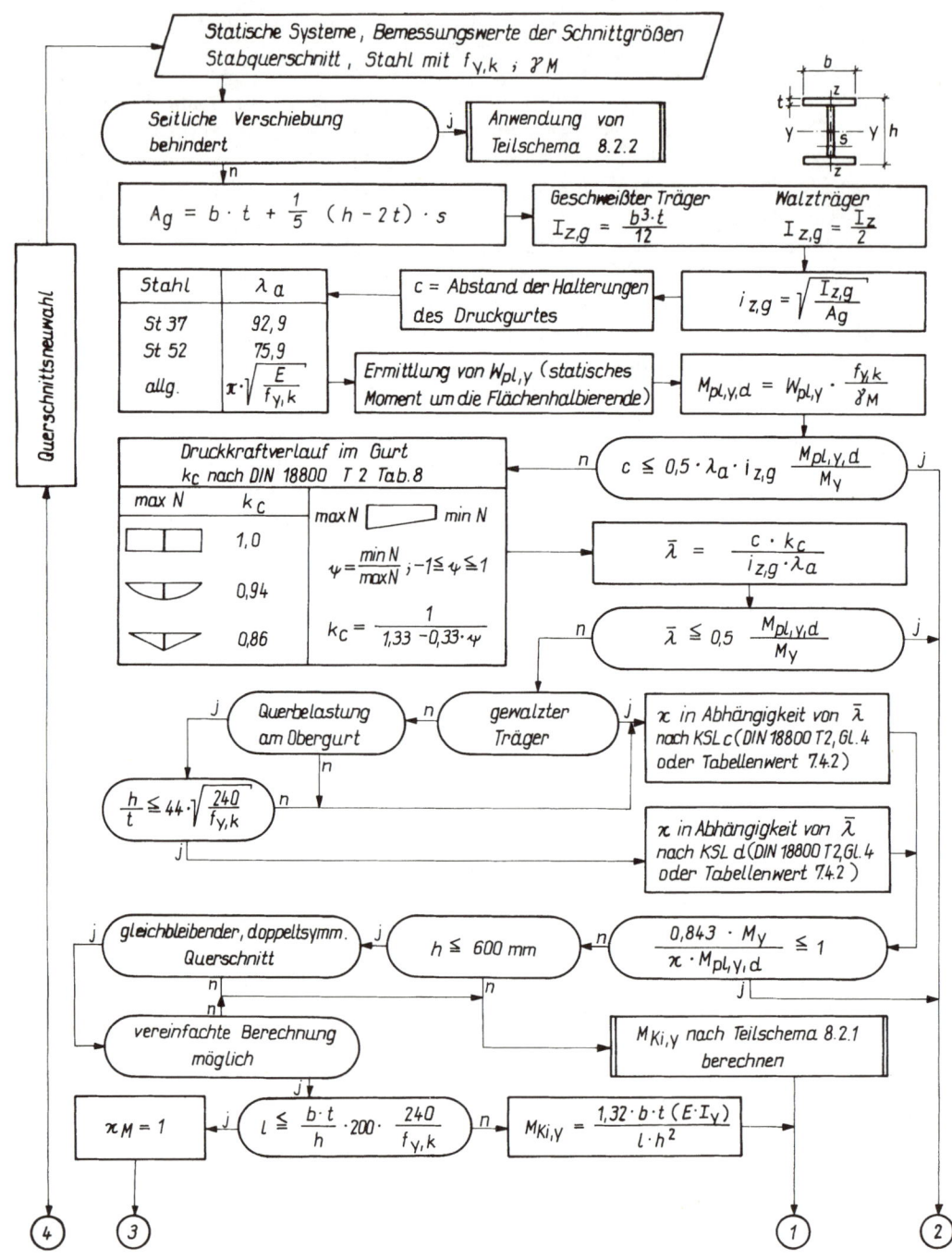

116

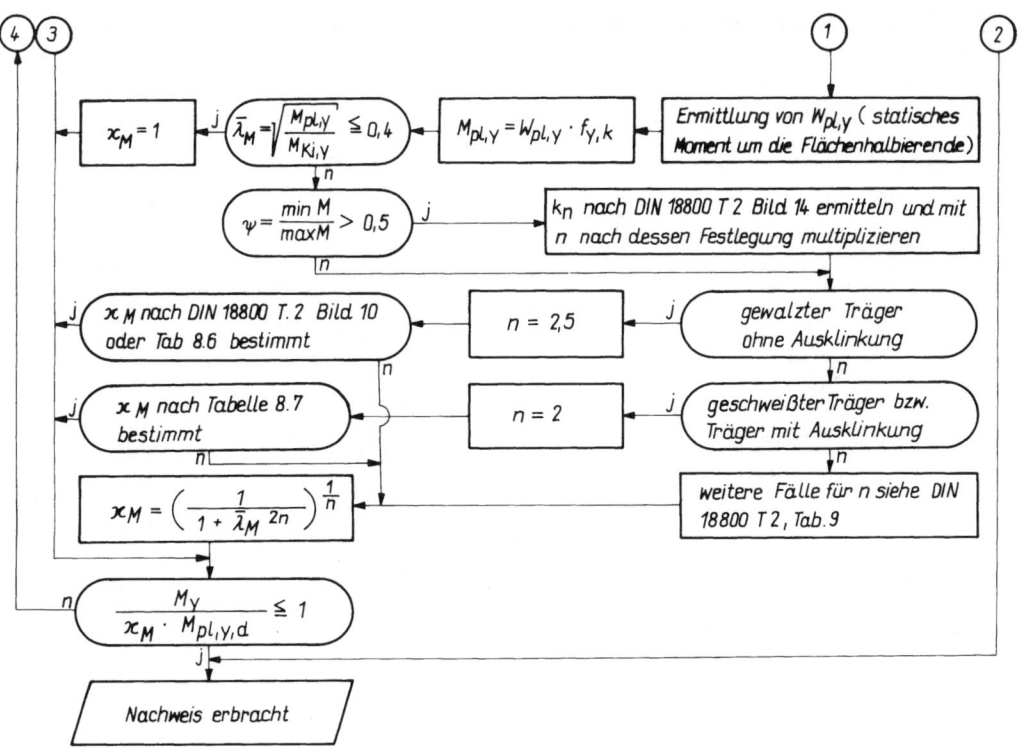

④ ③ ① ②

$x_M = 1$ ← j ← $\bar{\lambda}_M = \sqrt{\dfrac{M_{pl,y}}{M_{Ki,y}}} \leqq 0,4$ ← $M_{pl,y} = W_{pl,y} \cdot f_{y,k}$ ← Ermittlung von $W_{pl,y}$ (statisches Moment um die Flächenhalbierende)

n

$\psi = \dfrac{\min M}{\max M} > 0,5$ → j → k_n nach DIN 18800 T 2 Bild 14 ermitteln und mit n nach dessen Festlegung multiplizieren

n

j → x_M nach DIN 18800 T. 2 Bild 10 oder Tab 8.6 bestimmt ← $n = 2,5$ ← j ← gewalzter Träger ohne Ausklinkung

n | n

j → x_M nach Tabelle 8.7 bestimmt ← $n = 2$ ← j ← geschweißter Träger bzw. Träger mit Ausklinkung

n | n

$x_M = \left(\dfrac{1}{1 + \bar{\lambda}_M{}^{2n}} \right)^{\frac{1}{n}}$ ← weitere Fälle für n siehe DIN 18800 T 2, Tab. 9

n → $\dfrac{M_y}{x_M \cdot M_{pl,y,d}} \leqq 1$

j

Nachweis erbracht

8.2.1 Exakte Ermittlung von $M_{Ki,y}$

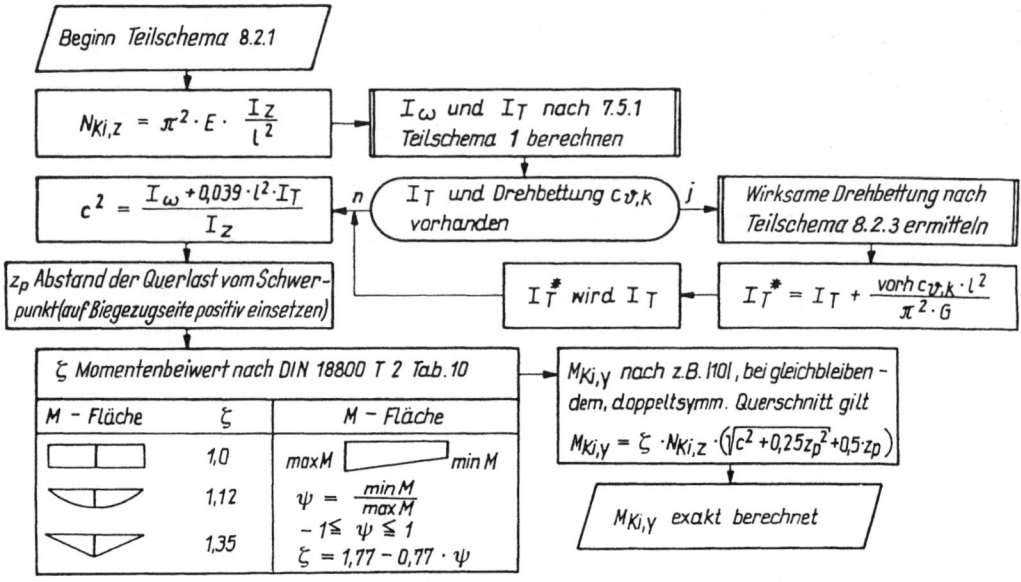

8.2.2 Berücksichtigung aussteifender Bauelemente beim Biegedrillknicknachweis

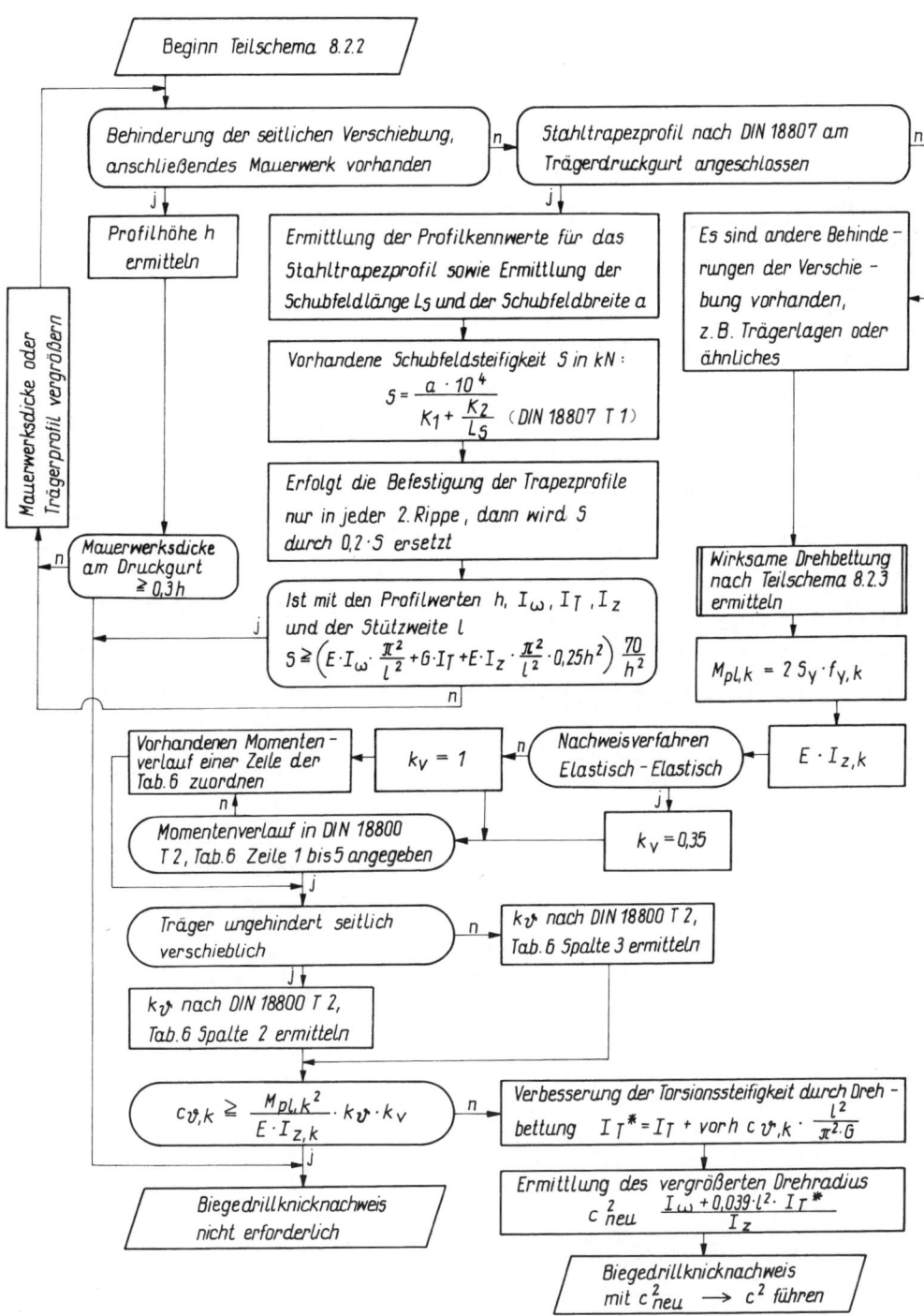

8.2.3 Nachweis der wirksamen Drehbettung

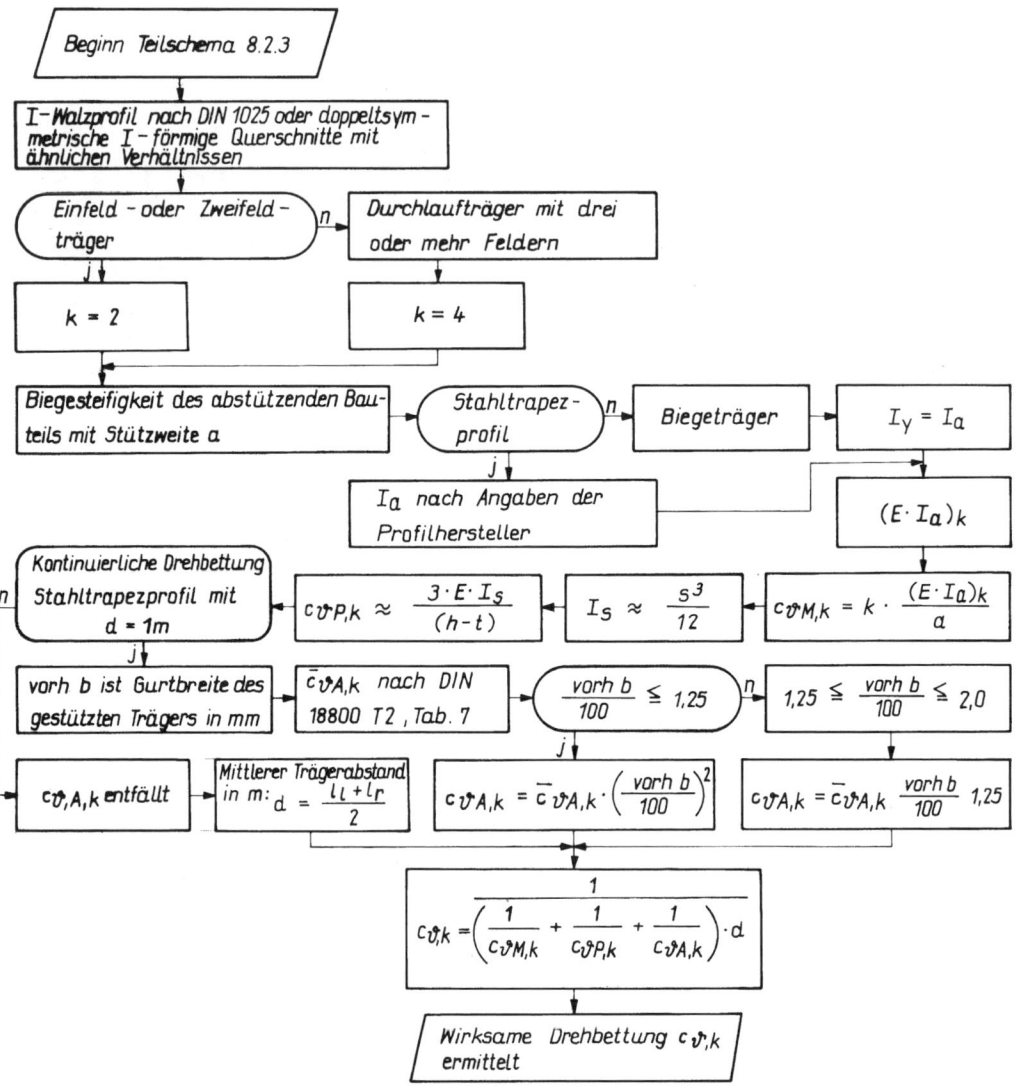

8.3 Diagramm zur Ermittlung von max M_y nach der Druckstabanalogie

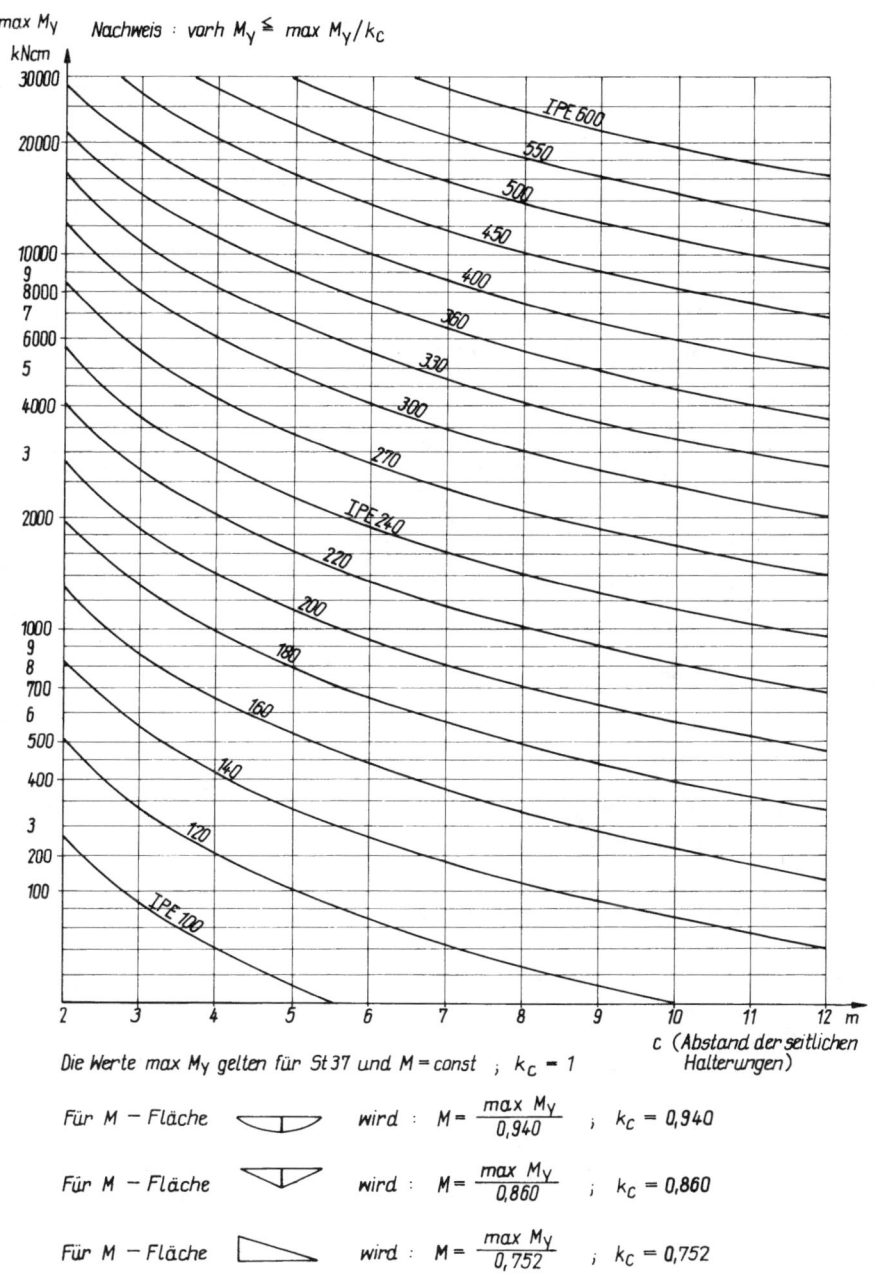

max M_y kNcm

Nachweis : vorh $M_y \leq$ max M_y / k_c

c (Abstand der seitlichen Halterungen)

Die Werte max M_y gelten für St 37 und M = const ; k_c = 1

Für M – Fläche ⟍⟍⟋ wird : $M = \dfrac{\text{max } M_y}{0,940}$; $k_c = 0,940$

Für M – Fläche ⟍⟍⟋ wird : $M = \dfrac{\text{max } M_y}{0,860}$; $k_c = 0,860$

Für M – Fläche ⟍___⟍ wird : $M = \dfrac{\text{max } M_y}{0,752}$; $k_c = 0,752$

121

8.4 Diagramm zur Ermittlung von $M_{Ki,y}$ mit $z_p = -\dfrac{h}{2}$

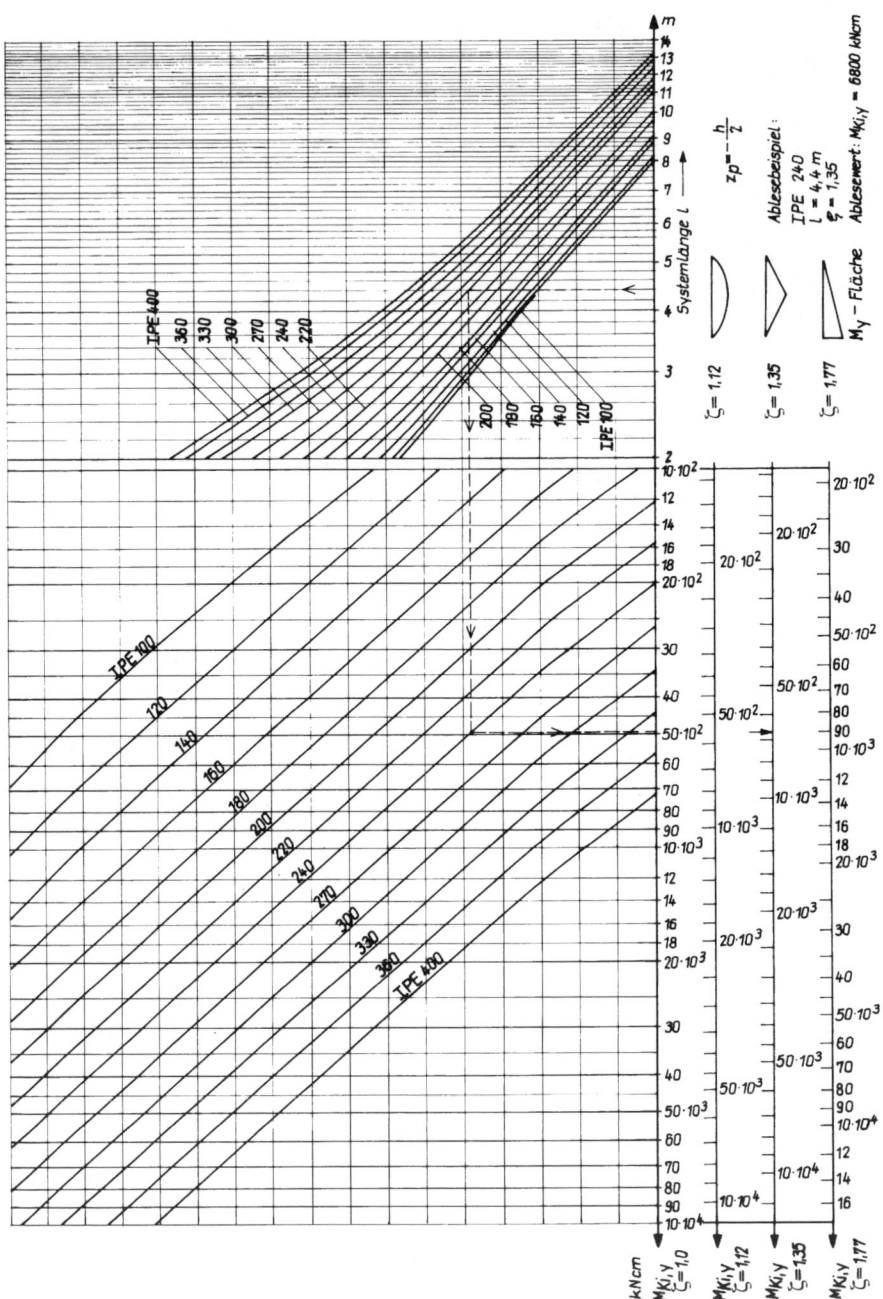

8.5 Diagramm zur Ermittlung von $M_{Ki,y}$ mit $z_p = 0$

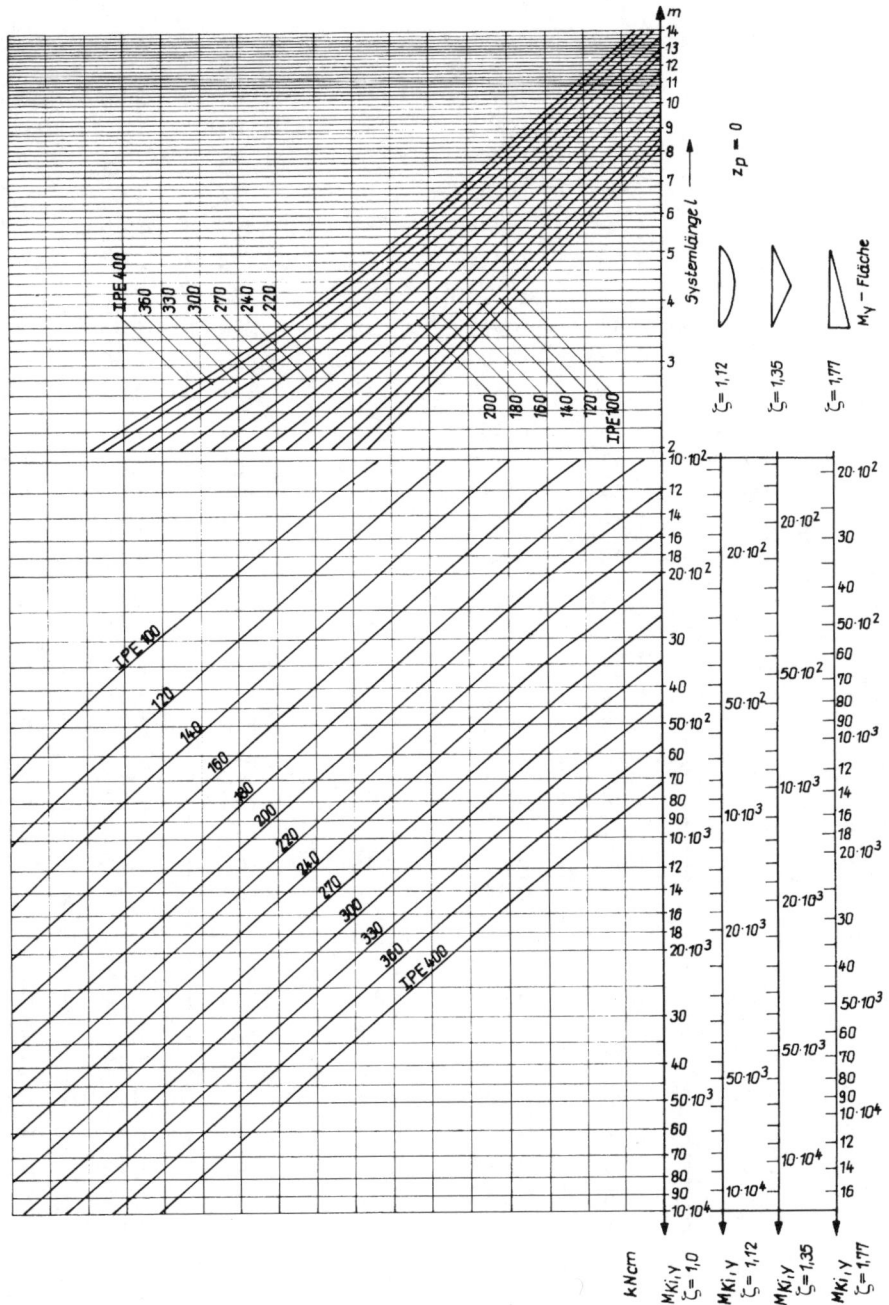

8.6 Abminderungsfaktor κ_M für Walzträger ohne Ausklinkung ($n = 2,5$)

$\overline{\lambda}_M$	κ_M	$\overline{\lambda}_M$	κ_M	$\overline{\lambda}_M$	κ_M	$\overline{\lambda}_M$	κ_M
0,40	0,996	1,20	0,607	2,00	0,247	2,80	0,127
0,42	0,995	1,22	0,592	2,02	0,242	2,82	0,125
0,44	0,993	1,24	0,578	2,04	0,238	2,84	0,124
0,46	0,992	1,26	0,565	2,06	0,233	2,86	0,122
0,48	0,990	1,28	0,551	2,08	0,229	2,88	0,120
0,50	0,988	1,30	0,538	2,10	0,225	2,90	0,119
0,52	0,985	1,32	0,525	2,12	0,220	2,92	0,117
0,54	0,982	1,34	0,512	2,14	0,216	2,94	0,115
0,56	0,979	1,36	0,500	2,16	0,213	2,96	0,114
0,58	0,975	1,38	0,488	2,18	0,209	2,98	0,112
0,60	0,970	1,40	0,477	2,20	0,205	3,00	0,111
0,62	0,966	1,42	0,465	2,22	0,201	3,02	0,109
0,64	0,960	1,44	0,454	2,24	0,198	3,04	0,108
0,66	0,954	1,46	0,444	2,26	0,194	3,06	0,107
0,68	0,947	1,48	0,433	2,28	0,191	3,08	0,105
0,70	0,940	1,50	0,423	2,30	0,188	3,10	0,104
0,72	0,932	1,52	0,413	2,32	0,185	3,12	0,103
0,74	0,923	1,54	0,404	2,34	0,182	3,14	0,101
0,76	0,914	1,56	0,394	2,36	0,179	3,16	0,100
0,78	0,904	1,58	0,385	2,38	0,176	3,18	0,099
0,80	0,893	1,60	0,377	2,40	0,173	3,20	0,098
0,82	0,881	1,62	0,368	2,42	0,170	3,22	0,096
0,84	0,870	1,64	0,360	2,44	0,167	3,24	0,095
0,86	0,857	1,66	0,352	2,46	0,165	3,26	0,094
0,88	0,844	1,68	0,344	2,48	0,162	3,28	0,093
0,90	0,831	1,70	0,337	2,50	0,159	3,30	0,092
0,92	0,817	1,72	0,329	2,52	0,157	3,32	0,091
0,94	0,802	1,74	0,322	2,54	0,154	3,34	0,090
0,96	0,788	1,76	0,315	2,56	0,152	3,36	0,088
0,98	0,773	1,78	0,309	2,58	0,150	3,38	0,087
1,00	0,758	1,80	0,302	2,60	0,147	3,40	0,086
1,02	0,743	1,82	0,296	2,62	0,145	3,42	0,085
1,04	0,727	1,84	0,290	2,64	0,143	3,44	0,084
1,06	0,712	1,86	0,284	2,66	0,141	3,46	0,083
1,08	0,697	1,88	0,278	2,68	0,139	3,48	0,083
1,10	0,681	1,90	0,273	2,70	0,137	3,50	0,082
1,12	0,666	1,92	0,267	2,72	0,135	3,52	0,081
1,14	0,651	1,94	0,262	2,74	0,133	3,54	0,080
1,16	0,636	1,96	0,257	2,76	0,131	3,56	0,079
1,18	0,621	1,98	0,252	2,78	0,129	3,58	0,078

8.7 Abminderungsfaktor κ_M für Walzträger mit Ausklinkung und Schweißträger ($n = 2,0$)

$\overline{\lambda}_\mathrm{M}$	κ_M	$\overline{\lambda}_\mathrm{M}$	κ_M	$\overline{\lambda}_\mathrm{M}$	κ_M	$\overline{\lambda}_\mathrm{M}$	κ_M
0,40	0,987	1,20	0,570	2,00	0,242	2,80	0,126
0,42	0,985	1,22	0,558	2,02	0,238	2,82	0,125
0,44	0,982	1,24	0,545	2,04	0,234	2,84	0,123
0,46	0,978	1,26	0,533	2,06	0,229	2,86	0,121
0,48	0,974	1,28	0,521	2,08	0,225	2,88	0,120
0,50	0,970	1,30	0,509	2,10	0,221	2,90	0,118
0,52	0,965	1,32	0,498	2,12	0,217	2,92	0,116
0,54	0,960	1,34	0,487	2,14	0,213	2,94	0,115
0,56	0,954	1,36	0,476	2,16	0,210	2,96	0,113
0,58	0,948	1,38	0,465	2,18	0,206	2,98	0,112
0,60	0,941	1,40	0,454	2,20	0,202	3,00	0,110
0,62	0,933	1,42	0,444	2,22	0,199	3,02	0,109
0,64	0,925	1,44	0,434	2,24	0,196	3,04	0,108
0,66	0,917	1,46	0,425	2,26	0,192	3,06	0,106
0,68	0,908	1,48	0,415	2,28	0,189	3,08	0,105
0,70	0,898	1,50	0,406	2,30	0,186	3,10	0,104
0,72	0,888	1,52	0,397	2,32	0,183	3,12	0,102
0,74	0,877	1,54	0,388	2,34	0,180	3,14	0,101
0,76	0,866	1,56	0,380	2,36	0,177	3,16	0,100
0,78	0,854	1,58	0,372	2,38	0,174	3,18	0,098
0,80	0,842	1,60	0,364	2,40	0,171	3,20	0,097
0,82	0,830	1,62	0,376	2,42	0,168	3,22	0,096
0,84	0,817	1,64	0,348	2,44	0,166	3,24	0,095
0,86	0,804	1,66	0,341	2,46	0,163	3,26	0,094
0,88	0,791	1,68	0,334	2,48	0,160	3,28	0,093
0,90	0,777	1,70	0,327	2,50	0,158	3,30	0,091
0,92	0,763	1,72	0,320	2,52	0,156	3,32	0,090
0,94	0,749	1,74	0,314	2,54	0,153	3,34	0,089
0,96	0,735	1,76	0,307	2,56	0,151	3,36	0,088
0,98	0,721	1,78	0,301	2,58	0,149	3,38	0,087
1,00	0,707	1,80	0,295	2,60	0,146	3,40	0,086
1,02	0,693	1,82	0,289	2,62	0,144	3,42	0,085
1,04	0,679	1,84	0,283	2,64	0,142	3,44	0,084
1,06	0,665	1,86	0,278	2,66	0,140	3,46	0,083
1,08	0,651	1,88	0,272	2,68	0,138	3,48	0,082
1,10	0,637	1,90	0,267	2,70	0,136	3,50	0,081
1,12	0,623	1,92	0,262	2,72	0,134	3,52	0,080
1,14	0,610	1,94	0,257	2,74	0,132	3,54	0,080
1,16	0,596	1,96	0,252	2,76	0,130	3,56	0,079
1,18	0,583	1,98	0,247	2,78	0,128	3,58	0,078

8.8 Beispiele für den Biegedrillknicknachweis bei Biegeträgern (Kippnachweis)

8.8.1 Exakter Nachweis (nach Arbeitsschema 8.2)

Die Trägerlage nach Abb. 8.1 hat die Lasten eines Behälters aufzunehmen. Der Träger ist über die Länge $l = 4{,}40$ m nicht gegen seitliches Ausweichen gehalten. Am Auflager liegt eine frei drehbare Lagerung vor, die Endstirnfläche ist nicht wölbbehindert (Gabellagerung).

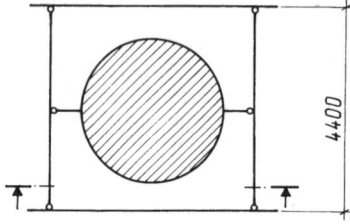

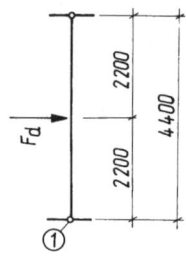

Querschnitt: IPE 240
$A = 39{,}1$ cm^2
$I_y = 3890$ cm^4; $W_y = 324$ cm^3
$I_z = 284$ cm^4; $W_{pl,y} = 366$ cm^3
$h = 240$ mm; $b = 120$ mm
$t = 9{,}8$ mm; $s = 6{,}2$ mm
$I_T = 12{,}9$ cm^4
$I_\omega = 37\,400$ cm^6
$\beta = \beta_0 = 1$
$l = l_0 = 440$ cm
St 37; $\gamma_M = 1{,}1$
$F_d = 45$ kN

$$M_y = M_{y,d} = \frac{45 \cdot 440}{4} = 4950 \text{ kNcm}$$

$$V_z = V_{z,d} = \frac{45}{2} = 22{,}5 \text{ kN}$$

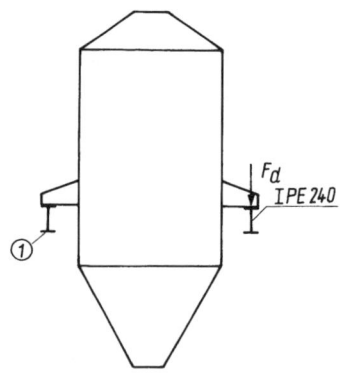

Abb. 8.1

■ Lösung nach 8.2

$$A_g = 12 \cdot 0{,}98 + \frac{1}{5}\,(24 - 2 \cdot 0{,}98) \cdot 0{,}62 - 14{,}5 \text{ cm}^2$$

$$I_{z,g} = \frac{1}{2} \cdot 284 = 142 \text{ cm}^4$$

$$i_{z,g} = \sqrt{\frac{142}{14{,}5}} = 3{,}13 \text{ cm}$$

$c = 440$ cm
$\lambda_a = 92{,}9$
$W_{pl,y} = 366 \text{ cm}^4 \approx 1{,}14 \cdot 324 = 369 \text{ cm}^3$

$$M_{pl,y,d} = 366 \cdot \frac{24}{1{,}1} = 7985 \text{ kNcm}$$

126

$$440\,\text{cm} < 0,5 \cdot 92,9 \cdot 3,13 \cdot \frac{7985}{4950}$$

Die Bedingung ist nicht erfüllt.
Für den Druckkraftverlauf im Gurt ergibt sich
$k_c = 0,86$

$$\overline{\lambda} = \frac{440 \cdot 0,86}{3,13 \cdot 92,9} = 1,301$$

$$\overline{\lambda} = 1,301 < 0,5 \cdot \frac{7985}{4950}$$

Diese Bedingung ist ebenfalls nicht erfüllt.
Der Träger ist ein Walzprofil.
κ für KSL c und $\overline{\lambda} = 1,301$ (Tabelle 7.4.2)
$\kappa = 0,388$

$$\frac{0,843 \cdot 4950}{0,388 \cdot 7985} = 1,347 > 1,$$

somit muss der exakte Nachweis geführt werden.

$$N_{\text{Ki,z}} = 3,14^2 \cdot 21\,000 \cdot \frac{284}{440^2} = 304\,\text{kN}$$

$I_{\omega} = 37\,400\,\text{cm}^6$
c^2 nach 7.5.1 mit $\beta_z = \beta_0 = 1$

$$c^2 = \frac{37\,400 + 0,039 \cdot 440^2 \cdot 12,9}{284} = 474,7\,\text{cm}^2$$

$z_p = -12\,\text{cm};\ \zeta = 1,35$
$$M_{\text{Ki,y}} = 1,35 \cdot 304\,\{\sqrt{[474,7 + 0,25 \cdot (-12)^2]} + 0,5 \cdot (-12)\} = 6812\,\text{kNcm}$$

$M_{\text{Ki,y}}$ mit Diagramm 8.4
$M_{\text{Ki,y}} = 6800\,\text{kNcm}$
$W_{\text{pl,y}} = 366\,\text{cm}^3$ (Tabellenwert: $2 \cdot S_y$)
$M_{\text{pl,y}} = 366 \cdot 24 = 8784\,\text{kNcm}$

$$\overline{\lambda}_M = \sqrt{\frac{8784}{6812}} = 1,136$$

Mit $\psi = 0$ ergibt sich für Walzträger ohne Ausklinkung $n = 2,5$.

$$\kappa_M = \left(\frac{1}{1 + 1,136^{2 \cdot 2,5}}\right)^{\frac{1}{2,5}} = 0,654$$

$$\frac{4950}{0,654 \cdot 7985} = 0,95 < 1$$

Der Träger ist nicht biegedrillknickgefährdet!

8.8.2 Näherungsnachweis nach der Druckstabanalogie

Für einen Biegeträger $l = 500$ cm mit einer mittigen Einzellast F_d ist der Biegedrillknicknachweis mit der Druckstabanalogie zu führen.

$F_d = 10$ kN

$$M_d = \frac{10 \cdot 500}{4} = 1250 \text{ kNcm}$$

IPE 200
St 37; $\gamma_M = 1{,}1$; $\gamma_a = 92{,}9$
$l = c = 500$ cm (keine seitliche Halterung)
$A = 28{,}5$ cm^2
$I_z = 142$ cm^4
$t = 0{,}85$ cm
$s = 0{,}56$ cm

Variante 1
Rechnung nach DIN 18 800 T2, Gl. 12
$M_{pl,y,d} = 4800$ kNcm; $k_c = 0{,}86$

$$i_{z,g} = \sqrt{\frac{142/2}{\left[28{,}5 - (20 - 2 \cdot 0{,}85 \cdot 0{,}56) \cdot \dfrac{3}{5}\right] \cdot \dfrac{1}{2}}} = 2{,}52 \text{ cm}$$

$$\bar{\lambda} = \frac{500 \cdot 0{,}86}{92{,}9 \cdot 2{,}52} = 1{,}84 < 0{,}5 \, \frac{4800}{1250} = 1{,}92$$

Nachweis erfüllt!

Variante 2
Lösung mit Diagramm 8.3
max $M_y = 1120$ kNcm

$$\frac{\text{max } M_y}{k_c} = \frac{1120}{0{,}86} = 1302 \text{ kNcm}$$

1250 kNcm < 1302 kNcm
Nachweis erfüllt!

8.8.3 Nachweisführung für eine Bühnenträgerlage

Für die in Abb. 8.2 dargestellte Trägerlage aus rechtwinklig zueinanderliegenden Neben- und Hauptträgern, deren Obergurte bündig zueinanderliegen, ist der Tragsicherheitsnachweis für die Hauptträger zu führen. Der Bühnenboden besteht aus Gitterrosten.

Der Hauptträger ist mit $q_d = 11$ kN/m belastet.

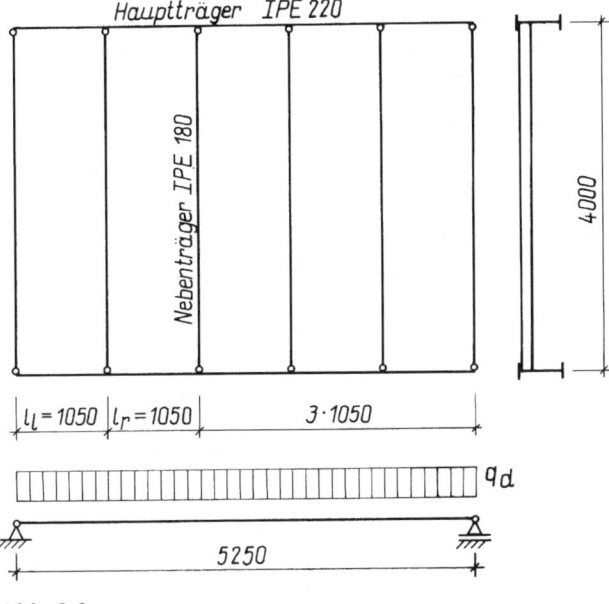

Abb. 8.2

Nebenträgerprofil:

IPE 180; St 37; $\gamma_M = 1,1$
$A = 23,9$ cm^2
$I_y = 1320$ cm$^4 = 0,1320$ cm^{2}m^2
$I_z = 101$ cm$^4 = 0,01010$ cm^{2}m^2
$h = 180$ mm; $b = 91$ mm
$s = 5,3$ mm; $t = 8,0$ mm
$I_T = 4,81$ cm^4
$I_\omega = 7430$ cm^6

Hauptträgerprofil:

IPE 220; St 37; $\gamma_M = 1,1$
$A = 33,4$ cm^2
$I_y = 2770$ cm$^4 = 0,2770$ cm^{2}m^2
$I_z = 205$ cm$^4 = 0,02050$ cm^{2}m^2
$h = 220$ mm; $b = 110$ mm
$s = 5,9$ mm; $t = 9,2$ mm
$I_T = 9,1$ cm^4
$I_\omega = 22\,670$ cm^6

$$M_y = M_{y,d} = \frac{0{,}11 \cdot 525^2}{8} = 3790 \text{ kNcm}$$

Der Normalspannungsnachweis nach 2.11 ergibt: $\quad$ $15{,}0 \text{ kN/cm}^2 < 21{,}8 \text{ kN/cm}^2$

■ Lösung nach 8.2

Der Hauptträgerquerschnitt erfüllt den Regelnachweis für Biegedrillknicken nicht. Der überschlägliche Nachweis ist nicht geführt. Im Nachweisschema 8.2 wird mit der Ermittlung von $M_{Ki,y}$ nach Teilschema 8.2.1 begonnen.

$$N_{Ki,z} = \frac{3{,}14^2 \cdot 21\,000 \cdot 205}{525^2} = 154{,}1 \text{ kN}$$

Drehbettung wird nicht berücksichtigt. Der Stab ist gabelgelagert.

$$c^2 = \frac{22\,670 + 0{,}039 \cdot 525^2 \cdot 9{,}1}{205} = 586 \text{ cm}^2$$

Die Last greift am Obergurt an.

$z_p = -22/2 \text{ cm}; \qquad \zeta = 1{,}12$

$M_{Ki,y} = 1{,}12 \cdot 154{,}1 \, [\sqrt{586 + 0{,}25 \, (22/2)^2} - 0{,}5 \cdot 22/2] = 3335 \text{ kNcm}$
$W_{pl,y} = 2 \cdot 143 = 286 \text{ cm}^3$
$M_{pl,y,k} = 286 \cdot 24 = 6864 \text{ kNcm}$
$M_{pl,y,d} = 6864/1{,}1 = 6240 \text{ kNcm}$

$$\overline{\lambda}_M = \sqrt{\frac{6864}{3335}} = 1{,}43 > 0{,}4; \qquad \psi = 0$$

Der Hauptträger hat keine Ausklinkung.

$n = 2{,}5$

$$\kappa = \left(\frac{1}{1 + 1{,}43^{2 \cdot 2{,}5}}\right)^{1/2{,}5} = 0{,}460$$

$$\frac{M_{y,d}}{\kappa \cdot M_{pl,y,d}} = \frac{3790}{0{,}460 \cdot 6240} = 1{,}32 > 1 \qquad \text{Nachweis nicht erbracht!}$$

Fortsetzung der Berechnung mit Berücksichtigung der Drehbettung aus der Trägerlage nach Teilschema 8.2.2 und 8.2.3.

Die Verdrehung des Hauptträgers wird durch die angeschlossenen Nebenträger behindert. Für den Einfeldträger gilt $k = 2$. Die Nebenträgerstützweite beträgt $a = 4{,}0$ m. Die Einflussbreite eines Nebenträger ist:

$$d = \frac{l_1 + l_r}{2} = 1{,}05 \text{ m}$$

Der Nachweis wird Elastisch-Elastisch geführt.

$I_y = I_a = 1320 \text{ cm}^4$

130

Drehbettungsanteil der Nebenträger:

$$c_{\vartheta,\mathrm{M,k}} = \frac{2 \cdot 21\,000 \cdot 0,1320}{4,0} = 1386\,\mathrm{kNm}$$

Drehbettungsanteil der Profilverformung:

$$c_{\vartheta,\mathrm{P,k}} = \frac{3 \cdot 21\,000\,(0,59^3/12)}{22 - 0,92} = 51,1\,\mathrm{kNm}$$

Der Drehbettungsanteil für den Anschluss tritt nicht auf.

Die wirksame vorhandene Drehbettung beträgt:

$$c_{\vartheta,\mathrm{k}} = \frac{1}{\left(\dfrac{1}{1386} + \dfrac{1}{51,1}\right) \cdot 1,05} = 47,0\,\mathrm{kNm/m}$$

Die erforderliche Drehbettung beträgt mit $M_{\mathrm{pl,y,k}} = 68,64\,\mathrm{kNm}$, $I_{\mathrm{z,k}} = 0,0205\,\mathrm{cm^2 m^2}$, $k_{\mathrm{v}} = 0,35$ und $k_{\vartheta} = 4$:

$$\frac{68,64^2}{21\,000 \cdot 0,0205} \cdot 0,35 \cdot 4 = 15,3\,\mathrm{kNm/m}$$

$47,0\,\mathrm{kNm/m} > 15,3\,\mathrm{kNm/m}$

Der Nachweis ausreichender Tragfähigkeit ist erbracht!

9 Stäbe mit einachsiger Biegung und Normalkraft

9.0 Allgemeines

Bei einachsiger Biegebeanspruchung mit Normalkraft liegt für das Ausweichen in der Momentenebene und auch senkrecht dazu ein Stabilitätsfall vor.

Beim Ausweichen in der Momentenebene ist der Träger gegen Biegeknicken abzusichern. Es treten nur Verschiebungen des Querschnitts auf. Dagegen verschiebt und verdreht sich der Querschnitt beim Ausweichen senkrecht zur Momentenebene. Dann muss der Versagensfall Biegedrillknicken untersucht werden.

Beide Nachweise werden in der DIN 18 800 T 2 mit plastischen Schnittgrößen und Interaktionsbeziehungen nach dem Verfahren Elastisch-Plastisch geführt. Der Nachweis für Stäbe mit Querbelastung und Normalkraft entspricht im Prinzip dem Ersatzstabverfahren [11]. Das Charakteristische am Ersatzstabverfahren ist die Rückführung auf eine fiktive Knicklänge und die Bezugnahme auf die europäischen Knickspannungslinien.

Das entscheidende Kriterium für die Anwendung der Gleichungen für die Nachweisführung bildet die Bedingung, dass die zur Belastung gehörende Verformungsfigur nach Theorie I. Ordnung der Knickbiegelinie ähnlich ist. Anderenfalls können Differenzen auftreten. Die DIN 18 800 T 2 unterscheidet nicht, ob die Biegung des Stabes durch eine außermittig angreifende Druckkraft oder durch eine Querbelastung entsteht. Diese Unterscheidung ist auch bei der Umsetzung der Theorie II. Ordnung durch die notwendige Berücksichtigung von Imperfektionen nicht mehr erforderlich. Im Fall des Biegeknickens sind die Schnittgrößen am Gesamtstabwerk zu ermitteln. Für den Biegedrillknicknachweis werden die Einzelstäbe mit den ermittelten Endschnittgrößen gegebenenfalls aus dem Gesamtsystem herausgelöst betrachtet.

Zur Vereinfachung der Nachweisführung dürfen somit Biegeknicken und Biegedrillknicken getrennt untersucht werden. Die b/t-Begrenzungen müssen generell beachtet werden.

9.1 Biegeknicknachweis

Der bisherige Nachweis für Druck und Biegung beim Ausweichen in der Momentenebene erfolgte mit der klassischen Formel der DIN 4114.

Die Ableitung dieser Formel ist jedoch nicht eindeutig möglich und erlaubt deshalb auch keine Umstellung auf das Nachweisverfahren Elastisch-Plastisch. Die Nachweisgleichungen der DIN 18 800 T 2, Element 313 und 314 basieren auf der Theorie II. Ordnung. Der Einfluss der Theorie II. Ordnung darf vernachlässigt werden, wenn die Kriterien nach DIN 18 800 T 1, Element 739 erfüllt sind (vgl. auch 7.1). Für $\eta_{Ki} = N_{Ki}/N_d > 10$ genügt der Spannungsnachweis.

Der Einfluss der Querkraft kann zu einer Reduzierung der Tragfähigkeit des Stabes führen. Bei $V/V_{pl} > 0,33$ ist eine Abminderung von M_{pl} vorgeschrieben.

Bei veränderlichen Querschnitten und bzw. oder veränderlichen Normalkräften gilt das Nachweisschema nach 9.3 nicht uneingeschränkt. Die Nachweisgleichung am Ende des Nachweisschemas 9.3 muss für alle maßgebenden Querschnitte mit den jeweils zugehörigen Schnittgrößen, Querschnittswerten und der zugehörigen Normalkraft N_{Ki} an der betreffenden Stelle erfüllt sein. Zusätzlich gelten die Bedingungen

$\eta_{Ki} \geqq 1,2$ und min $M_{pl} \geqq 0,05$ max M_{pl}.

Treten in einem Tragwerk Stababschnitte ohne Druckkräfte auf, die auf Grund der Verbindung mit druckbeanspruchten Stäben Biegemomente aufnehmen, ist DIN 18 800 T 2, Element 318 zu beachten.

9.2 Biegedrillknicknachweis

Wenn die Stäbe über ihre Länge nicht durch Halterungen am seitlichen Ausweichen gehindert werden, dann ist meist bei I-Querschnitten der Biegedrillknicknachweis gegenüber dem Biegeknicknachweis maßgebend.

In der Nachweisgleichung für das Biegedrillknicken werden die Tragwirkungen aus der zentrisch wirkenden Normalkraft sowie die Anteile aus der Biegung um die y-Achse addiert.

Die Ermittlung des Abminderungsfaktors κ_z erfolgt in Abhängigkeit von $\overline{\lambda}_{K,z}$. Dabei ist nach DIN 18 800 T 2, Element 320 $\overline{\lambda}_{K,z} = \sqrt{N_{pl}/N_{Ki}}$ mit der kleinsten Verzweigungslast für das Ausweichen rechtwinklig zur z-Achse oder der Drillknicklast zu berechnen. Die Biegedrillknicklast ergibt sich dabei unter alleiniger Wirkung der Normalkraft.

Bei Winkel- und U-Profilen liegen Schubmittelpunkt und Schwerpunkt nicht an der gleichen Stelle. Die auftretende planmäßige Torsion ist bei einem Nachweis nach 9.4 nicht erfasst. T-Querschnitte dürfen ebenfalls nicht auf dieser Grundlage nachgewiesen werden.

Im Element 303 der DIN 18 800 T 2 wird für die aus dem Stabwerk herausgelöst gedachten Stäbe verlangt, dass auftretende Stabendmomente erforderlichenfalls nach Theorie II. Ordnung zu bestimmen sind. Für verschiebliche Systeme hat diese Festlegung praktische Bedeutung. Beim Biegedrillknicknachweis ist dann anstelle von M_y das Moment nach Theorie II. Ordnung M_y^{II} einzusetzen.

Als vertretbare Näherung kann M^{II} aus M^I durch Multiplikation mit dem Vergrößerungsfaktor

$$\alpha = \frac{1}{(1 - N/N_{Ki})} \text{ mit } N_{Ki} = \frac{\pi^2 \cdot E \cdot I_y}{(\beta_y \cdot l)^2} \text{ berechnet werden.}$$

9.3 Nachweis bei einachsiger Biegung mit Normalkraft (Biegeknicken)

9.3.0 Nachweisschema

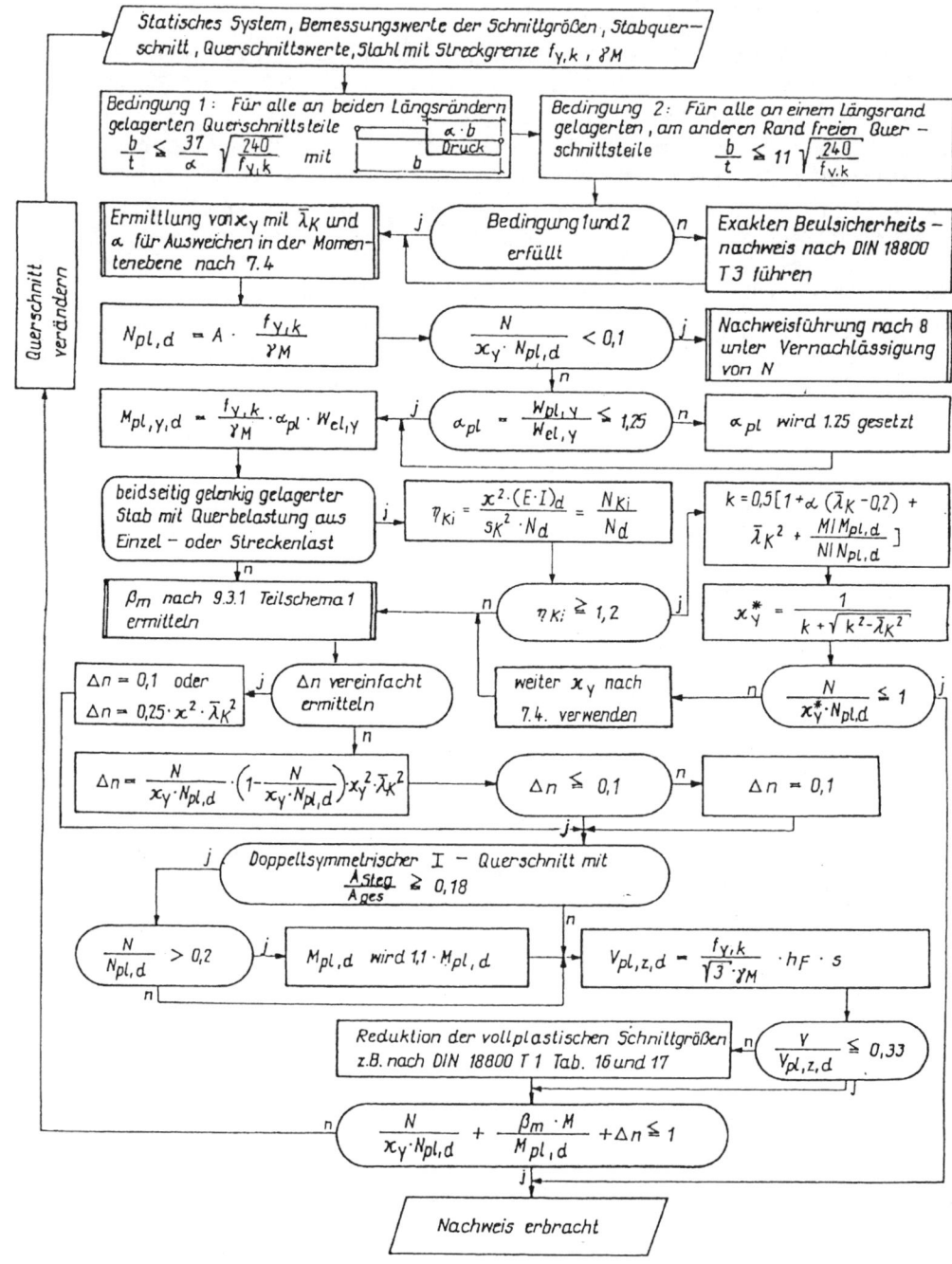

9.3.1 Momentenbeiwert β_m und β_M

	1	2	3
	Momentenverlauf	Momentenbeiwerte β_m für Biegeknicken	Momentenbeiwerte β_M für Biegedrillknicken
1	Stabendmomente M $-1 \leq \psi \leq 1$	$\beta_{m,\psi} = 0{,}66 + 0{,}44\,\psi$ jedoch $\beta_{m,\psi} \geq 1 - \dfrac{1}{\eta_{Ki}}$ und $\beta_{m,\psi} \geq 0{,}44$ $\eta_{Ki} = \dfrac{\pi^2 \cdot (E \cdot I)_d}{s_K^2 \cdot N}$	$\beta_{M,\psi} = 1{,}8 - 0{,}7\,\psi$
2	Momente aus Querlast M_Q M_Q	$\beta_{m,Q} = 1{,}0$	$\beta_{M,Q} = 1{,}3$ $\beta_{M,Q} = 1{,}4$
3	Momente aus Querlasten mit Stabendmomenten M_Q M_1 ΔM M_Q M_1 ΔM M_1 ΔM M_Q	$\psi \leq 0{,}77$: $\beta_m = 1{,}0$ $\psi > 0{,}77$: $\beta_m = \dfrac{M_Q + M_1 \cdot \beta_{m,\psi}}{M_Q + M_1}$	$\beta_M = \beta_{M,\psi} + \dfrac{M_Q}{\Delta M}\,(\beta_{M,Q} - \beta_{M,\psi})$ $M_Q = |\max M|$ nur aus Querlast $\Delta M = \begin{cases} |\max M| & \text{bei nicht durch}-\\ & \text{schlagendem Mo-}\\ & \text{mentenverlauf}\\ |\max M| + |\min M| & \text{bei durch}-\\ & \text{schlagendem}\\ & \text{Momentenver-}\\ & \text{lauf} \end{cases}$
		Für die anschließende Nachweisführung wird stets $\beta_{m,\psi}$ und $\beta_{m,Q}$ bzw. $\beta_{m,\psi}$ und $\beta_{M,Q}$ zu β_m bzw. β_M	

9.4 Nachweisschema bei einachsiger Biegung mit Normalkraft (Biegedrillknicken)

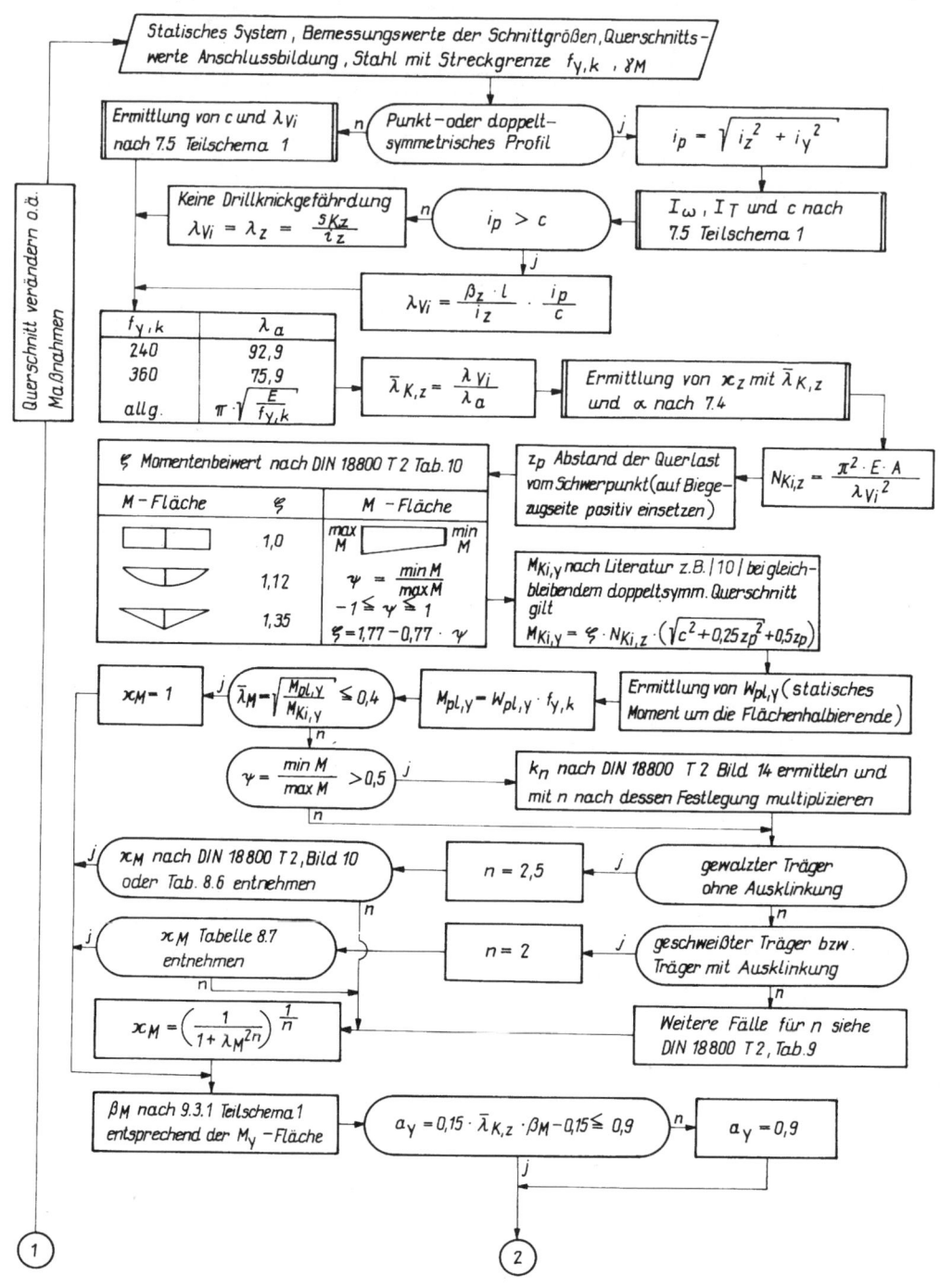

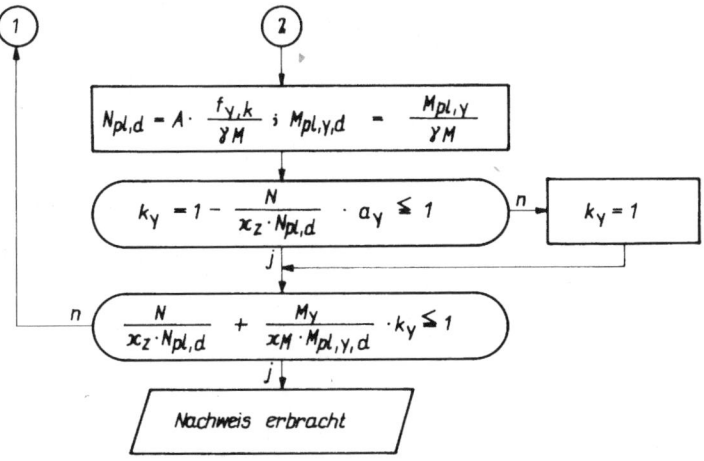

9.5 Beispiele für Träger mit Druck und einachsiger Biegebeanspruchung

9.5.1 Träger mit konstanter Normalkraft

Für den in Abb. 9.1 dargestellten Träger sind die erforderlichen Stabilitätsnachweise zu führen. Der Träger ist über seine Länge seitlich gegen Verdrehung nicht gehalten. Die Endauflager sind als Gabellagerungen ausgebildet.

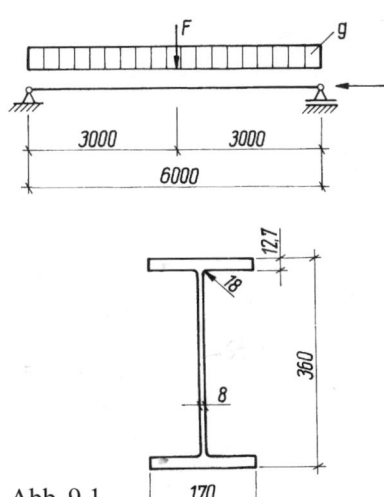

Abb. 9.1

Querschnittswerte IPE 360
$A = 72,7 \text{ cm}^2$
$I_y = 16\,270 \text{ cm}^4$
$I_z = 1040 \text{ cm}^4$
$i_y = 15 \text{ cm}$
$i_z = 3,79 \text{ cm}$
$W_{el,y} = 904 \text{ cm}^3$
$W_{pl,y} = 1020 \text{ cm}^3$

Belastung
$g_d = 0,0244 \text{ kN/cm}$
$F_d = 52 \text{ kN}$
$N_d = N = 150 \text{ kN}$

$$M_d = M = \frac{0,0244 \cdot 600^2}{8} + \frac{52 \cdot 600}{4} = 8900 \text{ kNcm}$$

$$V_{dl} = V_l = V_r = \frac{52}{2} = 26 \text{ kN}$$

St 37; $\gamma_M = 1,1$

■ Lösung
Biegeknicken nach 9.3
b/t-Verhältnisse
Steg: $\alpha < 1$; mit $\alpha = 1$ ergibt sich jedoch schon

$$b/t = \frac{360 - 2 \cdot 12,7 - 2 \cdot 18}{8} = 37,3 \approx 37$$

137

Gurt: $\alpha = 1$

$$b/t = \frac{\dfrac{170}{2} - \dfrac{8}{2} - 18}{12{,}7} = 5 < 11$$

$$\lambda_y = \frac{600}{15} = 40$$

[handwritten: ℓ cm above 600, i_y below 15]

$t < 40\,\text{mm} \rightarrow \lambda_a = 92{,}9$

$$\overline{\lambda}_{K,y} = \frac{40}{92{,}9} = 0{,}4306$$

$h/b = 360/170 = 2{,}1 > 1{,}2$
$\rightarrow$ KSL a
$\alpha = 0{,}21$
$k = 0{,}5\,[1 + 0{,}21\,(0{,}4306 - 0{,}2) + 0{,}4306^2] = 0{,}6169$

$$\kappa_y = \frac{1}{0{,}6169 + \sqrt{0{,}6169^2 - 0{,}4306^2}} = 0{,}9446$$

$$N_{pl,d} = 72{,}7 \cdot \frac{24}{1{,}1} = 1586\,\text{kN}$$

$$\frac{150}{0{,}9446 \cdot 1586} = 0{,}101 > 0{,}1$$

Der Einfluss der Normalkraft darf nicht vernachlässigt werden!

$$\alpha_{pl} = \frac{1020}{904} = 1{,}128$$

$$M_{pl,y,d} = \frac{24}{1{,}1} \cdot 1{,}128 \cdot 904 = 22\,248\,\text{kNcm}$$

Es treten Strecken- und Einzellast auf.

Die Momente resultieren aus Querlasten, die Endmomente sind null.
Nach 9.3.1 ergibt sich $\beta_m = \beta_{m,Q} = 1$
Δn nach der exakten Formel:

$$\Delta n = \frac{150}{0{,}9446 \cdot 1586} \left(1 - \frac{150}{0{,}9446 \cdot 1586}\right) \cdot 0{,}9446^2 \cdot 0{,}4306^2 = 0{,}015 < 0{,}1$$

$A_{Steg} = (36 - 1{,}27) \cdot 0{,}8 = 27{,}8\,\text{cm}^2$

[handwritten: h - t s]

$$\frac{27{,}8}{72{,}7} = 0{,}38 > 0{,}18$$

$$\frac{N}{N_{pl,d}} = \frac{150}{1586} = 0{,}095 < 0{,}2$$

$M_{pl,d,y}$ bleibt unverändert.

138

Einfluss der Querkraft

$$V_{\text{pl,d,z}} = (36 - 1{,}27) \cdot 0{,}8 \cdot \frac{24}{\sqrt{3 \cdot 1{,}1}} = 350 \, \text{kN}$$

$$\frac{V}{V_{\text{pl,d,z}}} = \frac{26}{350} = 0{,}074 < 0{,}33$$

Damit braucht nach 2.2.2 bzw. DIN 18 800 T 1, Tab. 16 $M_{\text{pl,y,d}}$ nicht reduziert zu werden.

Nachweis

$$\frac{150}{0{,}9446 \cdot 1586} + \frac{1 \cdot 8900}{22\,248} \overset{\Delta n}{} + 0{,}015 = 0{,}52 < 1$$

Der Träger ist nicht biegeknickgefährdet.

Biegedrillknicken nach 9.4:
doppeltsymmetrischer Querschnitt, das System ist nicht verschieblich.

$$i_{\text{p}} = \sqrt{15^2 + 3{,}79^2} = 15{,}47 \, \text{cm}$$

[handschriftlich: i_z, i_y]

Standardisiertes Profil

$I_{\text{T}} = 37{,}5 \, \text{cm}^4$
$I_{\omega} = 314\,000 \, \text{cm}^6$
c nach 7.5.1

Gabellagerung: $\beta = \beta_0 = 1$; $l = l_0 = 600 \, \text{cm}$

$$c^2 = \frac{\overset{I_{\omega s}}{314\,000} + 0{,}039 \cdot 600^2 \cdot \overset{I_T}{37{,}5}}{1040 \; {}_{I_z}} = 808{,}2 \, \text{cm}^2$$

$c = 28{,}4 \, \text{cm} \approx$ *[handschriftlich: 28,429]*

[handschriftlich: $i_p =$] $15{,}47 \, \text{cm} < 28{,}4 \, \text{cm}$

Es besteht keine Drillknickgefährdung.

$$\lambda_{\text{z}} = \frac{600}{3{,}79 \; {}_{i_z}} = 158{,}3$$

$\lambda_{\text{a}} = 92{,}9$ *[handschriftlich: siehe Tab.]*

$$\overline{\lambda}_{\text{K,z}} = \frac{158{,}3}{92{,}9} = 1{,}704$$

Knickspannungslinie nach 7.4.1

$h/b = 36/17 = 2{,}11 > 1{,}2$
KSL b
κ_{z} nach 7.4.2
$\kappa_{\text{z}} = 0{,}277$

$$N_{\text{Ki,z}} = \frac{\pi^2 \cdot 21\,000 \cdot \overset{A}{72{,}7}}{158{,}3^2 \; {}_{\lambda_z}} = 601{,}3 \, \text{kN}$$

139

$z_p = -18$ cm (Lastangriff auf der Biegedruckseite)

$\zeta = 1,35$, der M-Anteil aus Einzellast dominiert.

$M_{Ki,y} = 1,35 \cdot 601,3 \, [\sqrt{28,4^2 + 0,25 \, (-18)^2} - 0,5 \cdot 18] = 16\,878$ kNcm

Mit Diagramm nach 8.4 ergibt sich

$M_{Ki,y} = 16\,800$ kNcm

$M_{pl,y} = 1020 \cdot 24 = 24\,480$ kNcm

$$\bar{\lambda}_M = \sqrt{\frac{24\,480}{16\,878}} = 1,204 > 0,4$$

$\psi = 0$

Gewalzter Träger mit Ausklinkung im Obergurt des Anschlussbereichs

$n = 2$

$$\kappa_M = \left(\frac{1}{1 + 1,204^{2 \cdot 2}}\right)^{1/2} = 0,567$$

κ_M kann ohne Rechnung 8.7 entnommen werden.

$\beta_M = \beta_{M,Q} \approx 1,4$

$a_y = 0,15 \cdot 1,704 \cdot 1,4 - 0,15 = 0,208 < 0,9$

$$N_{pl,d} = 72,7 \cdot \frac{24}{1,1} = 1586 \text{ kN}$$

$$M_{pl,y,d} = \frac{24\,480}{1,1} = 22\,255 \text{ kNcm} \cong 22\,248 \text{ kNcm}$$

Diese Werte können auch 2.2.5 entnommen werden.

$$k_y = 1 - \frac{150}{0,277 \cdot 1586} \cdot 0,208 = 0,929 \leqq 1$$

Nachweis

$$\frac{150}{0,277 \cdot 1586} + \frac{8900}{0,567 \cdot 22\,248} \cdot 0,929 < 1$$

$0,997 < 1$

Der Träger ist nicht biegedrillknickgefährdet.

9.5.2 Träger mit veränderlicher Normalkraft

Für die Stütze nach Abb. 9.2 ist der Biegeknicknachweis zu führen. Rechtwinklig zur Momentenebene ist der Träger in den Knotenpunkten 1 bis 5 gehalten. Die Normalkraft ist veränderlich. Nach 9.1 ist eine Nachweisführung nur in Anlehnung an das Arbeitsschema 9.3 unter Beachtung der genannten Einschränkungen möglich.

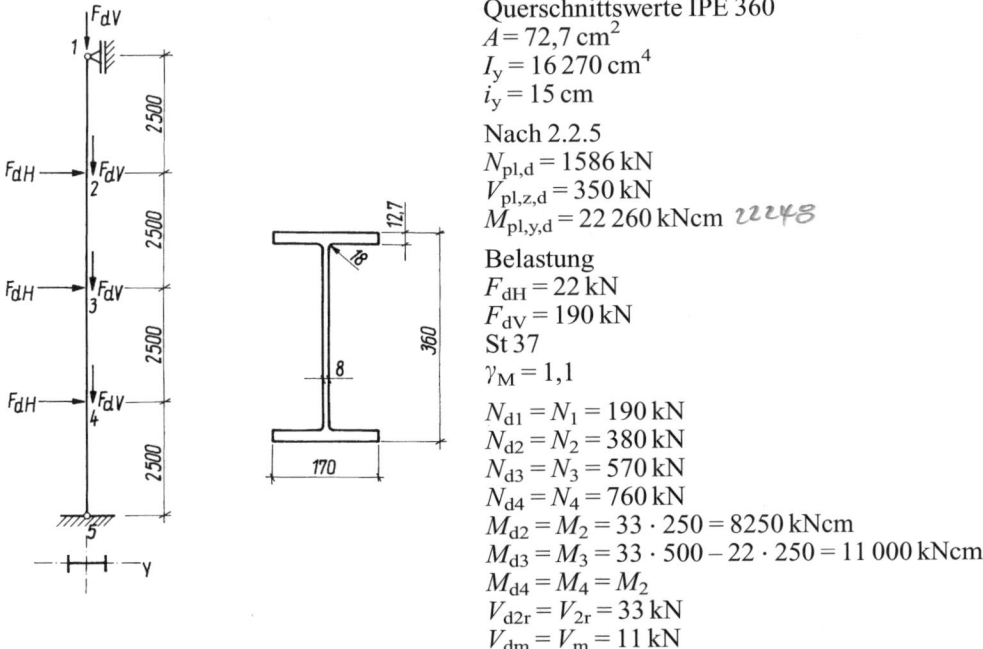

Querschnittswerte IPE 360
$A = 72,7\ \text{cm}^2$
$I_y = 16\,270\ \text{cm}^4$
$i_y = 15\ \text{cm}$

Nach 2.2.5
$N_{\text{pl,d}} = 1586\ \text{kN}$
$V_{\text{pl,z,d}} = 350\ \text{kN}$
$M_{\text{pl,y,d}} = 22\,260\ \text{kNcm}$ ~~22248~~

Belastung
$F_{\text{dH}} = 22\ \text{kN}$
$F_{\text{dV}} = 190\ \text{kN}$
St 37
$\gamma_{\text{M}} = 1,1$

$N_{\text{d1}} = N_1 = 190\ \text{kN}$
$N_{\text{d2}} = N_2 = 380\ \text{kN}$
$N_{\text{d3}} = N_3 = 570\ \text{kN}$
$N_{\text{d4}} = N_4 = 760\ \text{kN}$
$M_{\text{d2}} = M_2 = 33 \cdot 250 = 8250\ \text{kNcm}$
$M_{\text{d3}} = M_3 = 33 \cdot 500 - 22 \cdot 250 = 11\,000\ \text{kNcm}$
$M_{\text{d4}} = M_4 = M_2$
$V_{\text{d2r}} = V_{2r} = 33\ \text{kN}$
$V_{\text{dm}} = V_{\text{m}} = 11\ \text{kN}$

Abb. 9.2

■ Lösung in Anlehnung an 9.3 und [2]

Für alle maßgebenden Querschnitte ist die Nachweisgleichung nach 9.3 mit den zugehörigen Schnittgrößen und Querschnittswerten an der betreffenden Stelle zu erfüllen. Wegen der symmetrischen Momentenverteilung müssen die Stellen 3 und 4 untersucht werden.

Weiterhin wird gefordert:
$\eta_{\text{Ki}} \geqq 1,2$ und $M_{\text{pl}} \geqq 0,05\ \text{max}\ M_{\text{pl}}$

Der Knicklängenbeiwert des Gesamtsystems mit veränderlicher Normalkraft nach [4] Systemgruppe 43.

$$\delta = \frac{D_0}{D_1} = \frac{N_1}{N_4} = \frac{190}{760} = 0,25 \rightarrow \beta = 0,8$$

$s_{\text{K}} = 0,8 \cdot 1000 = 800\ \text{cm}$

b/t-Verhältnisse
Steg: $\alpha < 1$: mit $\alpha = 1$ ergibt sich jedoch schon

$$b/t = \frac{360 - 2 \cdot 12,7 - 2 \cdot 18}{8} = 37,3 \approx 37$$

Gurt: $b/t = \dfrac{\dfrac{170}{2} - \dfrac{8}{2} - 18}{12,7} = 4,96 < 11$

141

$$N_{Ki} = \frac{\pi^2 \cdot 21\,000 \cdot 16\,270}{800^2} = 5269\,\text{kN}$$

$$\eta_{Ki} = \frac{5269}{760} = 6{,}93 \quad \begin{matrix} > 1{,}2 \\ < 10 \end{matrix}$$

$\min M_{pl} = \max M_{pl}$ (Querschnitt konstant)

Nachweis Stelle 3

$$\bar{\lambda}_{K3} = \sqrt{\frac{1586}{\dfrac{5269 \cdot 570}{760}}} = 0{,}632$$

$h/b = 36/17 = 2{,}11 > 1{,}2$
KSL a nach 7.4.1
$\kappa_y = 0{,}877$
$\beta_m = 1$

$$\Delta n = \frac{570}{0{,}877 \cdot 1586} \left(1 - \frac{570}{0{,}877 \cdot 1586}\right) \cdot 0{,}877^2 \cdot 0{,}632^2 = 0{,}074$$

$$\frac{V}{V_{pl,z,d}} = \frac{11}{350} = 0{,}03 < 0{,}33$$

$$\frac{570}{0{,}877 \cdot 1586} + \frac{1 \cdot 11\,000}{22\,260} + 0{,}074 = 0{,}98 < 1$$

Die Stelle 3 ist nachgewiesen.

Nachweis Stelle 4

$$\bar{\lambda}_{K4} = \sqrt{\frac{1586}{5269}} = 0{,}548$$

KSL a bleibt
$\kappa_y = 0{,}908$
$\beta_m = 1$

$$\Delta n = \frac{760}{0{,}908 \cdot 1586} \left(1 - \frac{760}{0{,}908 \cdot 1586}\right) 0{,}908^2 \cdot 0{,}548^2 = 0{,}061$$

$$\frac{V}{V_{pl,z,d}} = \frac{33}{350} = 0{,}09 < 0{,}33$$

$$\frac{760}{0{,}908 \cdot 1586} + \frac{1 \cdot 8250}{22\,260} + 0{,}061 = 0{,}96 < 1$$

Die Stelle 4 ist nachgewiesen.

Der Träger ist gegen Biegeknicken abgesichert.

142

9.5.3 Rahmenstiel mit Biege- und Normalkraftbeanspruchung

Für den Rahmenstiel nach Abb. 9.3 sind in der Momentenebene und senkrecht dazu die erforderlichen Stabilitätsnachweise zu führen. Rechtwinklig zur Momentenebene sind die Rahmenecken unverschieblich gehalten.

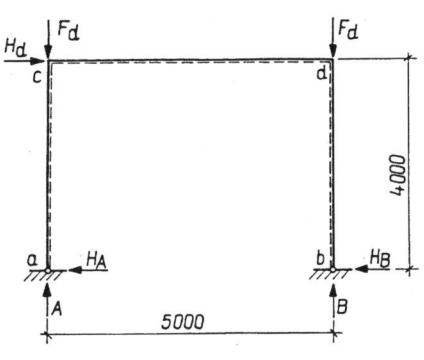

Riegel- und Stielprofil: IPE 360
Querschnittswerte
$A = 72{,}7 \text{ cm}^2$
$I_y = 16\,270 \text{ cm}^4$, $I_z = 1040 \text{ cm}^4$
$W_y = W_{el,y} = 904 \text{ cm}^3$
$W_{pl,y} = 2 \cdot 510 = 1020 \text{ cm}^3$
$i_y = 15{,}0 \text{ cm}$
$i_z = 3{,}79 \text{ cm}$
$b = 17{,}0 \text{ cm}$
$t = 1{,}27 \text{ cm}$
$s = 0{,}8 \text{ cm}$
$r = 1{,}8 \text{ cm}$
$I_T = 37{,}5 \text{ cm}^4$
$I_\omega = 313\,600 \text{ cm}^6$
Das System ist verschieblich.

Abb. 9.3

Belastung:
$H_d = 30 \text{ kN}$
$F_d = 490 \text{ kN}$

Material:
St 37; $\gamma_M = 1{,}1$

Auflagerreaktionen:

$$A = 490 - 30 \cdot \frac{400}{500} = 466 \text{ kN}$$

$$B = 490 + 30 \cdot \frac{400}{500} = 514 \text{ kN}$$

$H_A = H_B = 30/2 = 15 \text{ kN}$

Eckmoment:
$M_d = -15 \cdot 400 = -6000 \text{ kNcm}$
$M_d^{II} = -7895 \text{ kNcm}$ nach 13.4.2

■ Lösung:

– Ausweichen in der Rahmenebene

Die Rechnung nach Theorie II. Ordnung ist in 13.4.2 enthalten.

Biegeknicken nach 9.3

Ermittlung der b/t-Verhältnisse
für den Steg: Am Auflagerpunkt beträgt $\alpha = 1$ und im Stielbereich $\alpha < 1$.

Für $\alpha = 1$ ergibt sich das ungünstigste Verhältnis.

$$b/t = \frac{36 - 2\,(1,27 + 1,8)}{0,8} = 37,3 \approx \text{grenz } b/t = 37$$

für den Gurt: $\alpha = 1$ (sichere Seite)

$$b/t = \frac{17 - (0,8 + 2 \cdot 1,8)}{2 \cdot 1,27} = 5 < \text{grenz } b/t = 11$$

Ermittlung der Knicklänge des Rahmenstieles nach 6.5.1

Rahmensystem 1 mit $I_s = I_2 = 16\,270\ \text{cm}^4$ und $l_s = 400\ \text{cm}$ sowie $l_2 = 500\ \text{cm}$
$c_u = 1$

$$c_o = \frac{1}{1 + 2 \cdot \dfrac{16\,270 \cdot 400}{16\,270 \cdot 500}} = 0,385$$

Aus dem Nomogramm ergibt sich
$\beta_y = 2,35$
$s_{K,y} = 2,35 \cdot 400 = 940\ \text{cm}$

$$\lambda_{K,y} = \frac{940}{15,0} = 62,7$$

$\lambda_a = 92,9$

$$\overline{\lambda}_{K,y} = \frac{62,7}{92,9} = 0,675$$

Nach 7.4.1, Zeile 3 ist Knickspannungslinie a maßgebend.
$\kappa_y = 0,859$ in 7.4.2 abgelesen

$$N_{pl,d} = 72,7 \cdot \frac{24}{1,1} = 1586\ \text{kN}$$

$$\frac{514}{0,859 \cdot 1586} = 0,377 > 0,1$$

$$\alpha_{pl} = \frac{1020}{904} = 1,128 \approx 1,14 < 1,25$$

Nach 2.2.5 ergibt sich
$M_{pl,y,d} = 22\,248\ \text{kNcm}$

Der Stab ist nicht beidseitig gelenkig gelagert. Es greifen keine Querlasten am Stiel an. Wegen der verschieblichen Lagerung des Stieles am oberen Ende beträgt
$\beta_{m,\psi} = 1$.

Δn soll exakt ermittelt werden.

$$\Delta n = \frac{514}{0,859 \cdot 1586} \cdot \left(1 - \frac{514}{0,859 \cdot 1586}\right) \cdot 0,859^2 \cdot 0,675^2 = 0,079 < 0,1$$

$A_{\text{Steg}} = (36 - 1{,}27) \cdot 0{,}8 = 27{,}8 \text{ cm}^2$

$\dfrac{27{,}8}{72{,}7} = 0{,}38 > 0{,}18$

$\dfrac{514}{1586} = 0{,}324 > 0{,}2$

$M_{\text{pl,d}}$ darf um 10 % vergrößert werden:
$M_{\text{pl,d}} = 1{,}1 \cdot 22\,248 = 24\,473 \text{ kNcm}$

$V_{\text{pl,z,d}} = \dfrac{24}{1{,}1 \cdot \sqrt{3}} \cdot (36 - 1{,}27) \cdot 0{,}8 = 350 \text{ kN}$

$\dfrac{15}{350} = 0{,}043 < 0{,}33$

Damit braucht nach 2.2.2 bzw. DIN 18 800 T 1, Tab. 16 $M_{\text{pl,y,d}}$ nicht reduziert zu werden.

Nachweis:

$\dfrac{514}{0{,}859 \cdot 1586} + \dfrac{1 \cdot 6000}{24\,473} + 0{,}079 = 0{,}70 < 1$

Der Rahmenstiel ist nicht biegeknickgefährdet.

▓ Ausweichen senkrecht zur Rahmenebene

Biegedrillknicken nach 9.4
doppeltsymmetrischer Querschnitt, $M_{\text{d}}'' = -7895$ kNcm

$i_{\text{p}} = \sqrt{15{,}0^2 + 3{,}79^2} = 15{,}47 \text{ cm}$

Standardisiertes Profil
$I_{\text{T}} = 37{,}5 \text{ cm}^4$
$I_\omega = 313\,600 \text{ cm}^6$
c nach 7.5.1

Gabellagerung: $\beta_{\text{z}} = 1$; $l_0 = l = 400 \text{ cm}$

$c^2 = \dfrac{313\,600 + 0{,}039 \cdot 400^2 \cdot 37{,}5}{1040} = 526{,}5 \text{ cm}^2$

$c = 22{,}9 \text{ cm}$

$15{,}47 \text{ cm} < 22{,}9 \text{ cm}$

Es besteht keine Drillknickgefährdung.

$\lambda_{\text{Vi}} = \lambda_{\text{z}} = \dfrac{400}{3{,}79} = 105{,}5$

$\lambda_{\text{a}} = 92{,}9$

$\overline{\lambda}_{\text{K,z}} = \dfrac{105{,}5}{92{,}9} = 1{,}136$

Knickspannungslinie nach 7.4.1

KSL b

$\kappa_z = 0,514$

$$N_{Ki,z} = \frac{\pi^2 \cdot 21\,000 \cdot 72,7}{105,5^2} = 1353,8 \text{ kN}$$

$z_p = 0$ (Last wirkt in der Schwerachse)

$\zeta = 1,77 \ (\psi = 0)$

$M_{Ki,y} = 1,77 \cdot 1353,8 \cdot 22,9 = 54\,874 \text{ kNcm}$

$M_{pl,y} = 1020 \cdot 24 = 24\,480 \text{ kNcm}$

$$\overline{\lambda}_M = \sqrt{\frac{24\,480}{54\,874}} = 0,668 > 0,4$$

$\psi = 0$

gewalzter Träger ohne Ausklinkung mit

$n = 2,5$

$\kappa_M = 0,952$

$\beta_M = 1,8$

$a_y = 0,15 \cdot 1,136 \cdot 1,8 - 0,15 = 0,157 < 0,9$

$$N_{pl,d} = 72,7 \cdot \frac{24}{1,1} = 1586 \text{ kN}$$

$$M_{pl,y,d} = \frac{24\,480}{1,1} = 22\,255 \text{ kNcm} \approx 22\,260 \text{ kNcm (nach 2.2.5)}$$

$$k_y = 1 - \frac{514}{0,514 \cdot 1586} \cdot 0,157 = 0,90$$

Nachweis:

$$\frac{514}{0,514 \cdot 1586} + \frac{7895}{0,952 \cdot 22\,260} \cdot 0,90 = 0,97 < 1$$

Der Rahmenstiel ist nicht biegedrillknickgefährdet!

10 Stäbe mit zweiachsiger Biegung mit oder ohne Normalkraft

10.0 Allgemeines

Bei eingespannten Stützen oder Rahmenstielen treten häufig Biegemomente um beide Hauptachsen in Verbindung mit Druckkräften auf. Diese Beanspruchung ist auch bei Stützen mit außergewöhnlichen Einwirkungen (Anprall von Fahrzeugen) vorhanden, da die Anprallrichtung nur selten mit einer Hauptachse zusammenfällt.

Die erforderliche Interpretation der Verformungen für eine Nachweisführung nach Theorie II. Ordnung ist kompliziert und verlangt außerdem die Einbeziehung von Imperfektionen.

Die DIN 18 800 T 2, Elemente 321 und 323 schlägt analog zur einachsigen Biegung mit Normalkraft eine Nachweisführung für Biegeknicken und Biegedrillknicken vor.

10.1 Biegeknicknachweis

Nach DIN 18 800 T 2, Elemente 321 und 322 kann der Nachweis des Biegeknickens bei zweiachsiger Biegung mit Normalkraft auf der Grundlage von zwei unterschiedlichen Nachweismethoden geführt werden. In [12] und [13] erfolgt eine Erläuterung und Begründung der Bemessungsgleichungen. Die Berechnung basiert auf der Grundlage des Ersatzstabverfahrens. In beiden Nachweisen ist das Biegedrillknicken nicht enthalten.

Beim Nachweisverfahren nach Theorie II. Ordnung wird stets nur eine Imperfektion in der maßgebenden Richtung angesetzt. Auf der Grundlage der Gleichungen ist für Stäbe ohne Biegedrillknickgefahr eine einfache Nachweisführung möglich. Das Biegeknicken um die starke Achse erfolgt mit der Imperfektion, die dieser Richtung zugeordnet ist. Als Sonderfall ist der Nachweis des Biegeknickens um die schwache Achse enthalten.

In DIN 18 800 T 2, Element 321 ist die Begrenzung des Formbeiwertes α_{pl} auf 1,25 festgelegt.

Diese Forderung beruht auf dem Umstand, dass infolge der Längsausdehnung plastizierter Bereiche zusätzlich seitliche Verformungen auftreten, deren Auswirkungen zu beachtlichen Zusatzmomenten führen.

Bei den in DIN 18 800 T 2, Element 321 vorgestellten und im Arbeitsschema 10.3 aufbereiteten Nachweisverfahren sind diese ungünstigen Komponenten bereits z. T. erfasst, so dass für $\alpha_{pl,z}$ die Schranke nicht berücksichtigt zu werden braucht. Bei $\alpha_{pl,y}$ liegen die geometrischen Verhältnisse ohnehin so, dass $\alpha_{pl,y}$ in der Regel kleiner als 1,25 bleibt.

Die Nichtlinearität der N-M-Beziehungen wird über die Werte a_y und a_z berücksichtigt und in die Nachweisführung einbezogen. Eine Vergrößerung der Momente nach Theorie II. Ordnung erfolgt über die Abminderungsfaktoren κ_y und κ_z sowie die Beiwerte k_y und k_z. Die Momente, die durch die Imperfektionen entstehen, sind um so größer, je schlanker der Stab und je ungünstiger die Knickspannungslinie ist. Beide Einflüsse werden generell durch die Einbeziehung des Abminderungsfaktors κ in die Nachweisführung berücksichtigt. Dabei ist beim Biegeknicken stets von $\kappa = \min(\kappa_y, \kappa_z)$ auszugehen, beim Biegedrillknicken entsprechend der Ausweichrichtung von κ_z.

Die Bedingung $\eta_{Ki} = N_{Ki,d}/N \geq 1{,}2$ ist einzuhalten. Wenn die Nachweismethoden 1 und 2 für nur ein Biegemoment angewendet werden, muss der κ-Wert, der der Biegeebene zugeordnet ist, in die Rechnung eingeführt werden.

10.2 Biegedrillknicknachweis

Zusätzlich zum Biegeknicken ist ggf. der Biegedrillknicknachweis zu führen.

Als Kriterium für eine Biegedrillknickgefährdung kann der bezogene Schlankheitsgrad bei Biegemomentenbeanspruchung $\bar{\lambda}_M = \sqrt{M_{pl,y}/M_{Ki,y}}$ herangezogen werden. Stäbe mit $\bar{\lambda}_M \leq 0,4$ sind nicht biegedrillknickgefährdet.

In [14] wird darauf hingewiesen, dass der Fall der Biegung um die starke Achse mit Normalkraft als Sonderfall nicht in der Nachweisgleichung für das Biegedrillknicken enthalten ist. Dies ist auf Grund der vorausgesetzten Versagensform und der angesetzten Imperfektionen generell nicht möglich.

Beim Biegedrillknicknachweis nach DIN 18 800 T 2, Element 323 wird planmäßige Torsion nicht erfasst. Es ist ein gesonderter Nachweis zu führen.

T-Querschnitte können nach Element 323 ebenfalls nicht nachgewiesen werden.

Im Element 303 der DIN 18 800 T 2 wird für die aus dem Stabwerk herausgelöst gedachten Stäbe verlangt, dass auftretende Stabendmomente erforderlichenfalls nach Theorie II. Ordnung zu bestimmen sind. Für verschiebliche Systeme hat diese Festlegung praktische Bedeutung. Beim Biegedrillknicknachweis ist dann anstelle von M_y das Moment nach Theorie II. Ordnung M_y^{II} einzusetzen.

Als vertretbare Näherung kann M^{II} aus M^{I} durch Multiplikation mit dem Vergrößerungsfaktor

$$\alpha = \frac{1}{(1 - N/N_{Ki})} \quad \text{mit } N_{Ki} = \frac{\pi^2 \cdot E \cdot I_y}{(\beta_y \cdot l)^2}$$

berechnet werden.

10.3 Nachweisschema für zweiachsige Biegung mit Normalkraft – Biegeknicken, Nachweismethode 1

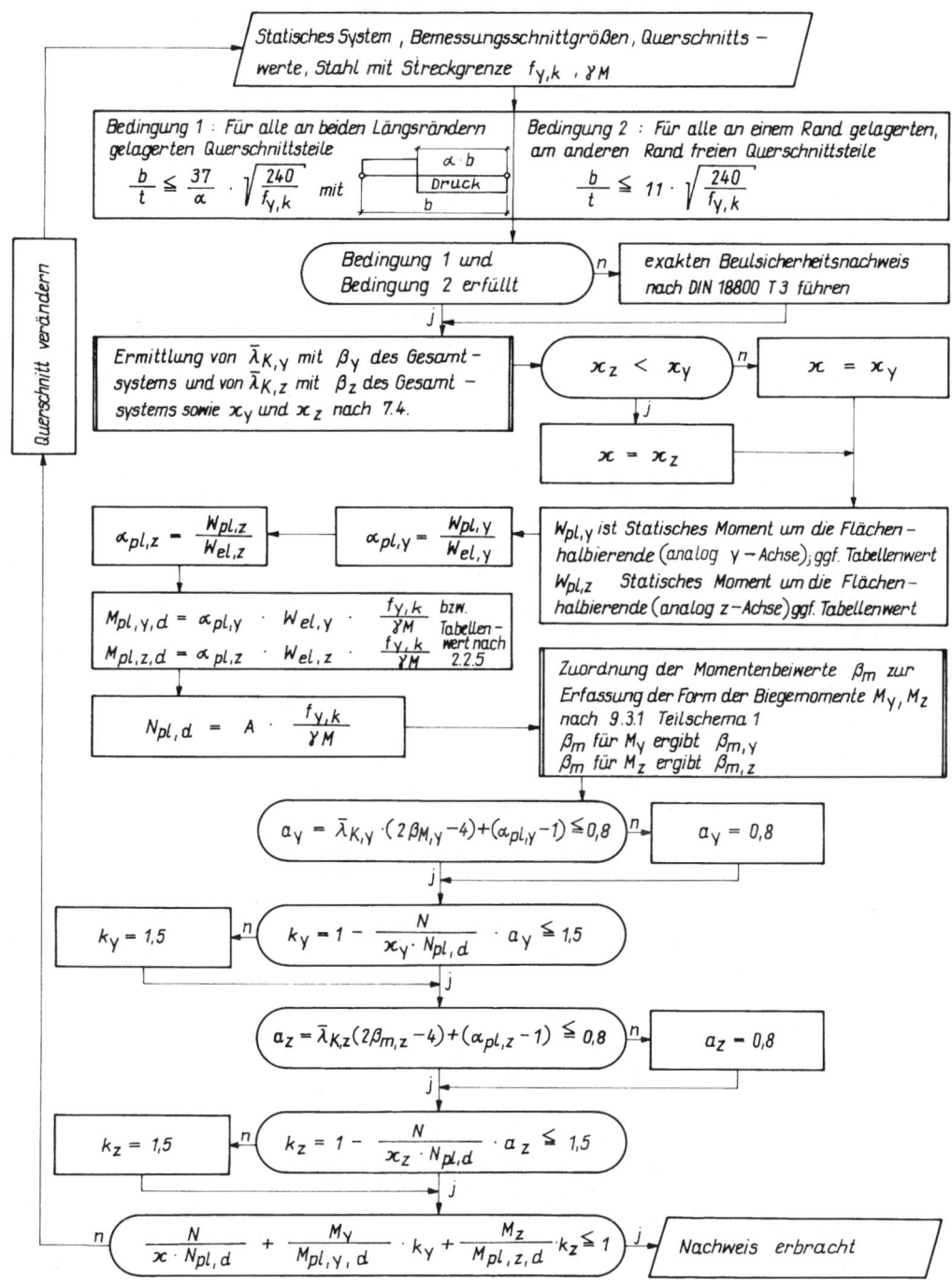

149

10.4 Nachweisschema für zweiachsige Biegung mit Normalkraft – Biegeknicken, Nachweismethode 2

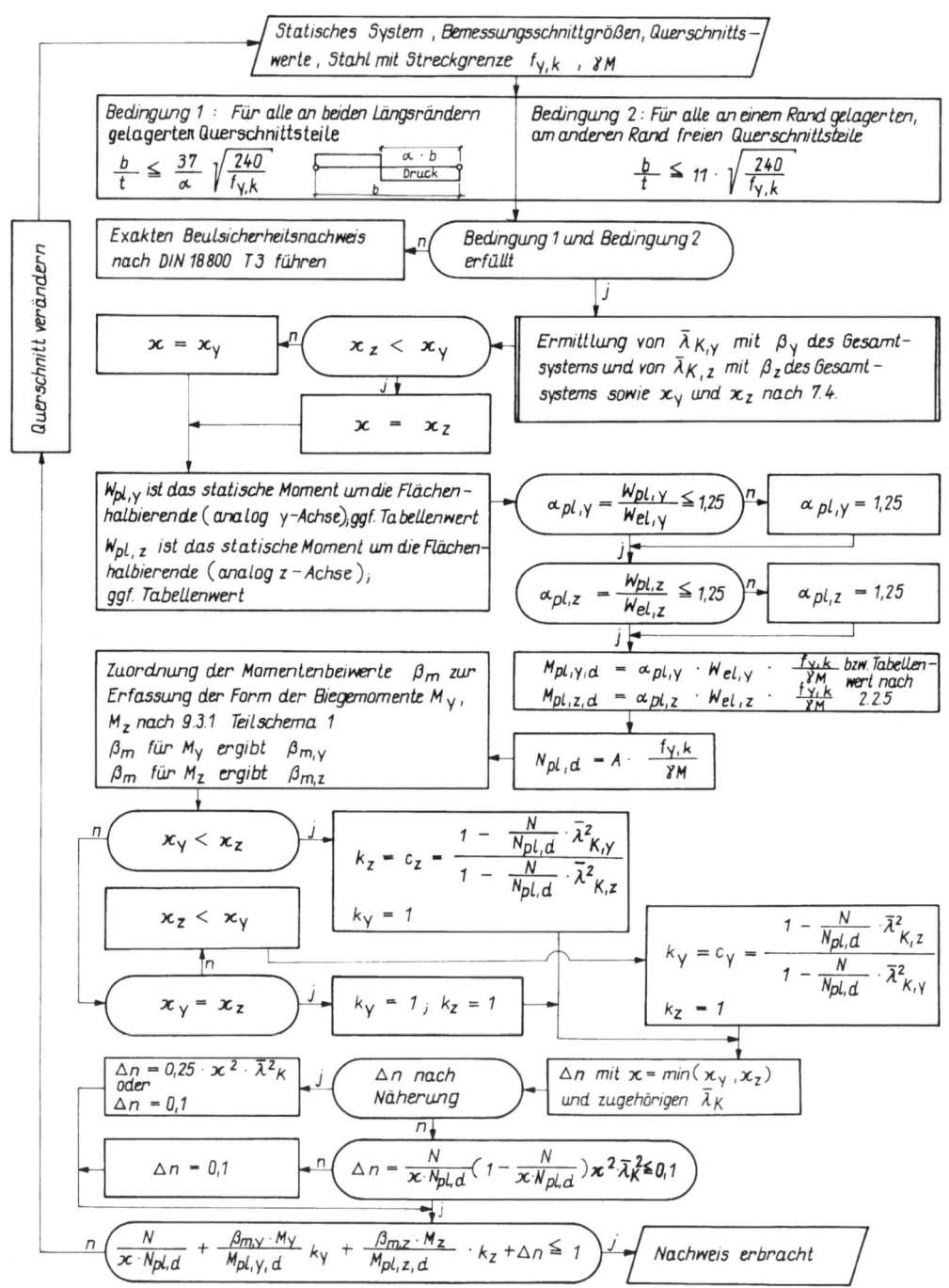

10.5 Nachweisschema für zweiachsige Biegung mit Normalkraft – Biegedrillknicken

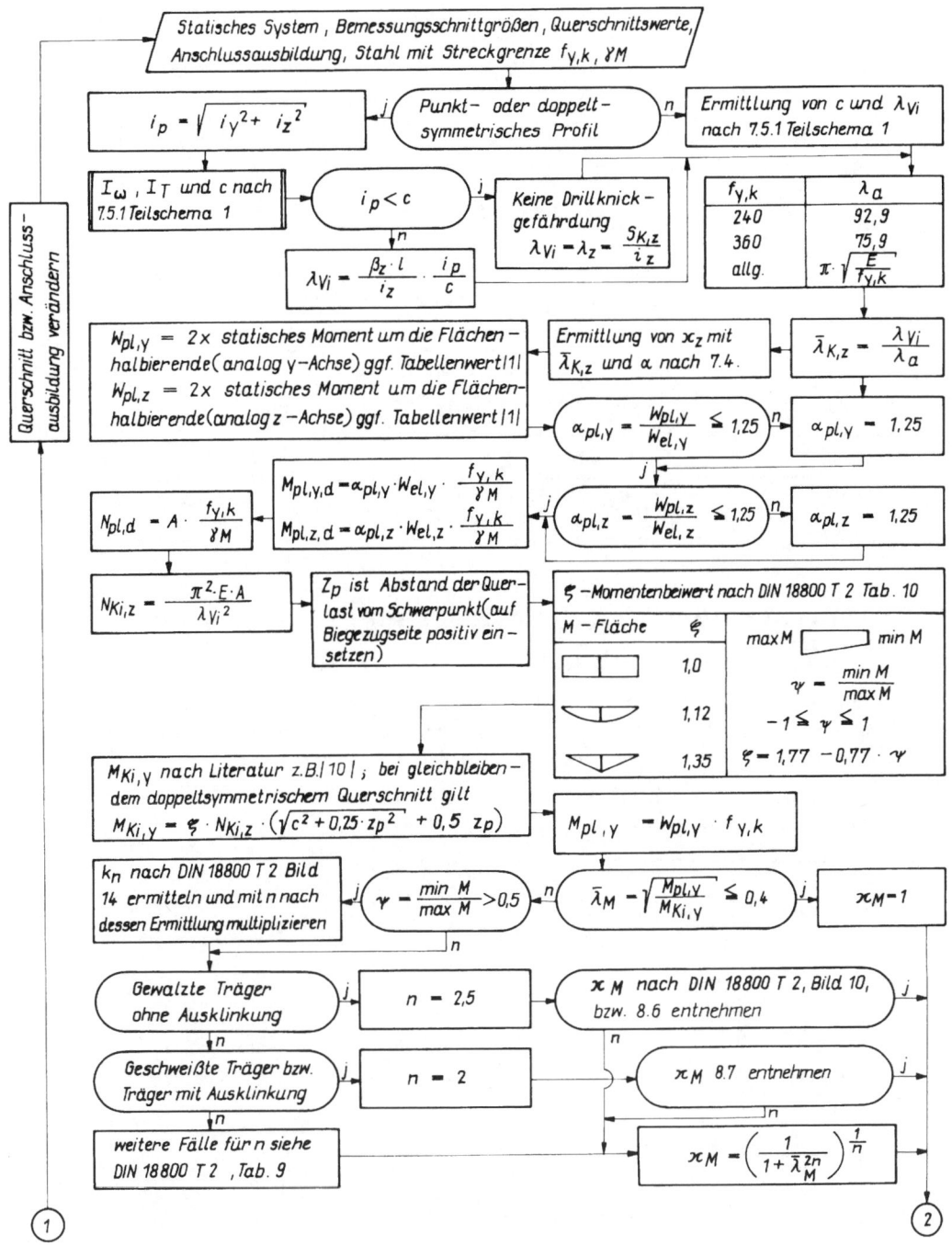

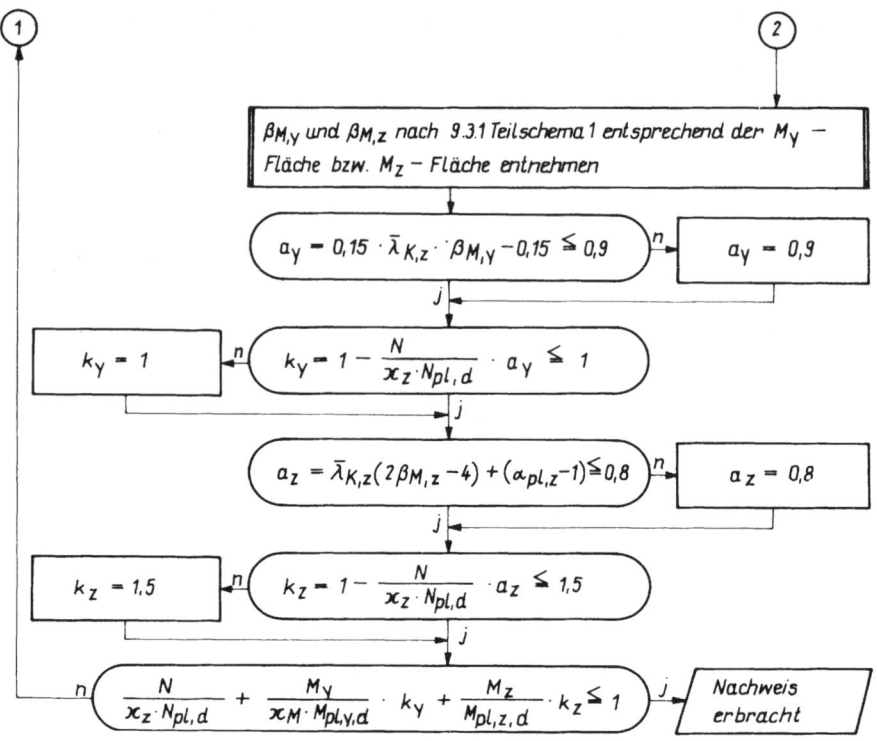

10.6 Beispiel für Träger mit Druck und zweiachsiger Biegebeanspruchung

Für den in Abb. 10.1 dargestellten Träger sind die erforderlichen Stabilitätsnachweise zu führen. Der Träger ist über seine Länge seitlich gegen Verdrehung nicht gehalten. Die Endauflager sind als Gabellagerungen ausgebildet.

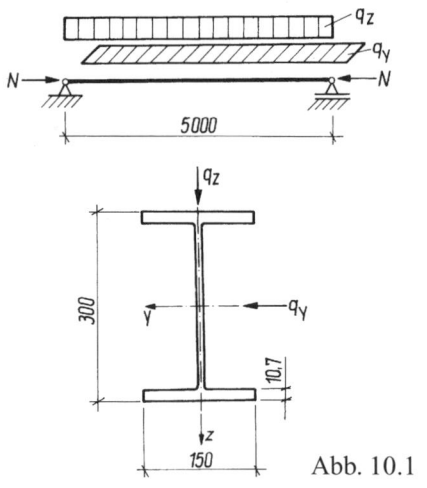

Abb. 10.1

Querschnittswerte IPE 300
$A = 53,8 \text{ cm}^2$
$I_y = 8360 \text{ cm}^4$
$W_{el,y} = 557 \text{ cm}^3$
$I_z = 604 \text{ cm}^4$

$W_{el,z} = 80,5 \text{ cm}^3$
$i_y = 12,5 \text{ cm}$
$i_z = 3,35 \text{ cm}$
$I_T = 20,2 \text{ cm}^4$
$I_\omega = 126\,000 \text{ cm}^6$

Belastung
$N = N_d = 100 \text{ kN}$
$q_z = q_{z,d} = 0,13 \text{ kN/cm}$
$q_y = q_{y,d} = 0,01 \text{ kN/cm}$

$$M_y = 0,13 \cdot \frac{500^2}{8} = 4062,5 \text{ kNcm}$$

$$M_z = 0,01 \cdot \frac{500^2}{8} = 312,5 \text{ kNcm}$$

■ Lösung nach 10.3, 10.4 und 10.5

Biegeknicken nach 10.3
(Variante Nachweismethode 1)
b/t-Verhältnisse
Steg: $\alpha < 1$, mit $\alpha = 1$ ergibt sich jedoch schon

$$b/t = \frac{300 - 2 \cdot 10,7 - 2 \cdot 15}{7,1} = 35 < 37$$

Gurt: $b/t = \dfrac{150/2 - 7,1/2 - 15}{10,7} = 5,28 < 11$

$\beta_y = 1$

$$\lambda_{K,y} = \frac{500}{12,5} = 40$$

$$\overline{\lambda}_{K,y} = \frac{40}{92,3} = 0,431$$

Ausweichen $\perp$ zur y-Achse

$h/b = 300/150 = 2 > 1,2 \rightarrow$ nach 7.4.1
KSL a
κ_y nach 7.4.2
$\kappa_y = 0,945$
$\beta_z = 1$

$$\lambda_{K,z} = \frac{500}{3,35} = 149,3$$

$$\overline{\lambda}_{K,z} = \frac{149,3}{92,9} = 1,607$$

Ausweichen $\perp$ zur z-Achse

KSL b
$\kappa_z = 0,306$
$\kappa_z < \kappa_y$, somit wird $\kappa = 0,306$ festgelegt.
$W_{pl,y} = 2 \cdot 314 = 628 \text{ cm}^3 \approx 1,14 \cdot 557 = 635 \text{ cm}^3$

$$W_{pl,z} = 2 \cdot S_z = \frac{15}{2} \cdot 1,07 \cdot \frac{15}{4} \cdot 4 = 120,4 \text{ cm}^3$$

$$\alpha_{pl,y} = \frac{635}{557} = 1,14$$

$$\alpha_{pl,z} = \frac{120,4}{80,5} = 1,50$$

DIN 18 800 T 2, Element 123 ($\alpha_{pl} < 1,25$) ist bei dieser Nachweismethode nicht anzuwenden!

$$M_{pl,y,d} = 1,14 \cdot 557 \cdot \frac{24}{1,1} = 13\,855 \text{ kNcm}$$

(nach 2.2.5 ergibt sich $M_{pl,y,d} = 13\,700$ kNcm)

$$M_{pl,z,d} = 1,50 \cdot 80,5 \cdot \frac{24}{1,1} = 2635 \text{ kNcm}$$

$$N_{pl,d} = 53,8 \cdot \frac{24}{1,1} = 1174 \text{ kN}$$

β_M nach 9.3.1 Spalte 3

$\beta_{M,y} = 1,3$; $\beta_{M,z} = 1,3$

$a_y = 0,431 \cdot (2 \cdot 1,3 - 4) + (1,14 - 1) = -0,463 < 0,8$

$$k_y = 1 - \frac{100}{0,945 \cdot 1174} \cdot (-0,463) = 1,042 < 1,5$$

$a_z = 1,607\,(2 \cdot 1,3 - 4) + (1,5 - 1) = -1,75 < 0,8$

$$k_z = 1 - \frac{100}{0,306 \cdot 1174} \cdot (-1,75) = 1,487 < 1,5 \to k_z = 1,487$$

Nachweis

$$\frac{100}{0,306 \cdot 1174} + \frac{4062,5}{13\,855} \cdot 1,042 + \frac{312,5}{2635} \cdot 1,487 < 1$$

$0,76 < 1$

Der Träger ist nicht biegeknickgefährdet.

Biegeknicken nach 10.4
(Variante Nachweismethode 2)

$\kappa_z = 0,306$; $\kappa_y = 0,945$ (vgl. Variante 1)

$W_{pl,y} = 635$ cm^3

$W_{pl,z} = 120,4$ cm^3

$$\alpha_{pl,y} = \frac{635}{557} = 1,14 < 1,25$$

$$\alpha_{pl,z} = \frac{120,4}{80,5} = 1,50 > 1,25 \to \alpha_{pl,z} = 1,25$$

$$M_{pl,y,d} = 1,14 \cdot 557 \cdot \frac{24}{1,1} = 13\,855 \text{ kNcm}$$

$$M_{pl,z,d} = 1,25 \cdot 80,5 \cdot \frac{24}{1,1} = 2195 \text{ kNcm}$$

$$N_{pl,d} = 53,8 \cdot \frac{24}{1,1} = 1174 \text{ kN}$$

β_m nach 9.3.1 Spalte 2
$\beta_{m,y} = 1; \beta_{m,z} = 1$
$\kappa_z < \kappa_y$
$k_z = 1$

$$k_y = c_y = \frac{1 - \dfrac{100}{1174} \cdot 1,607^2}{1 - \dfrac{100}{1174} \cdot 0,431^2} = 0,7926 \qquad \kappa = 0,306; \ \overline{\lambda}_K = 1,607$$

$$\Delta n = \frac{100}{0,306 \cdot 1174} \left(1 - \frac{100}{0,306 \cdot 1174}\right) \cdot 0,306^2 \cdot 1,607^2 = 0,05 < 0,1$$

Nachweis

$$\frac{100}{0,306 \cdot 1174} + \frac{1 \cdot 4062,5}{13\,855} \cdot 0,7926 + \frac{1 \cdot 312,5}{2195} \cdot 1 + 0,05 < 1$$

$0,66 < 1$
Der Träger ist nicht biegeknickgefährdet.

Biegedrillknicken nach 10.5
Der Querschnitt ist doppeltsymmetrisch.
$i_p = \sqrt{12,5^2 + 3,35^2} = 12,94 \text{ cm}$

c nach 7.5.1
$I_\omega = 126\,000 \text{ cm}^6$ (Tabellenwert)
$I_T = 20,2 \text{ cm}^4$ (Tabellenwert)
mit $\beta = \beta_0 = 1$ und $l = l_0 = 500 \text{ cm}$ (Gabellagerung)

$$c^2 = \frac{126\,000 + 0,039 \cdot 500^2 \cdot 20,2}{604}$$

$c = 23,1 \text{ cm}$
$i_p < c; \ 12,94 \text{ cm} < 23,1 \text{ cm}$

Es ist keine Drillknickgefährdung vorhanden.

$$\lambda_z = \frac{500}{3,35} = 149,3$$

λ_z wird für das Arbeitsschema gleich λ_{Vi} gesetzt.
$\lambda_a = 92,9$

$$\overline{\lambda}_{K,z} = \frac{149,3}{92,9} = 1,607$$

KSL b nach 7.4.1
$\kappa_z = 0,306$ nach 7.4.2
$W_{pl,y} = 635 \text{ cm}^3$
$W_{pl,z} = 120,4 \text{ cm}^3$
$\alpha_{pl,y} = 1,14$
$\alpha_{pl,z} = 1,25$
jeweils vom Biegeknicknachweis übernommen.

155

$$M_{pl,y,d} = 1,14 \cdot 557 \cdot \frac{24}{1,1} = 13\,855 \text{ kNcm}$$

$$M_{pl,z,d} = 1,25 \cdot 80,5 \cdot \frac{24}{1,1} = 2195 \text{ kNcm}$$

$$N_{pl,d} = 53,8 \cdot \frac{24}{1,1} = 1174 \text{ kN}$$

$$N_{Ki,z} = \frac{\pi^2 \cdot 21\,000 \cdot 53,8}{149,3^2} = 500,2 \text{ kN}$$

$z_p = -15 \text{ cm}$
$\zeta = 1,12$

$M_{Ki,y} = 1,12 \cdot 500,2 \, [\sqrt{23,1^2 + 0,25 \, (-15)^2} + 0,5 \, (-15)] = 9404 \text{ kNcm}$
$M_{pl,y} = 1,14 \cdot 557 \cdot 24 = 15\,240 \text{ kNcm}$

$$\overline{\lambda}_M = \sqrt{\frac{15\,240}{9404}} = 1,27 > 0,4$$

Träger gewalzt, nicht ausgeklinkt
$n = 2,5$
κ_M nach 8.6 $\kappa_M = 0,558$
β_M nach 9.3.1
$\beta_{M,y} = 1,3$
$\beta_{M,z} = 1,3$
$a_y = 0,15 \cdot 1,607 \cdot 1,3 - 0,15 = 0,163 < 0,9$

$$k_y = 1 - \frac{100}{0,306 \cdot 1174} \cdot 0,163 = 0,955 < 1$$

$a_z = 1,607 \, (2 \cdot 1,3 - 4) + (1,25 - 1) = -2 < 0,8$

$$k_z = 1 - \frac{100}{0,306 \cdot 1174} \cdot (-2) = 1,55 > 1,5 \rightarrow k_z = 1,5$$

Nachweis

$$\frac{100}{0,306 \cdot 1174} + \frac{4062,5}{0,558 \cdot 13\,855} \cdot 0,955 + \frac{312,5}{2195} \cdot 1,5 = 0,994 < 1$$

Der Träger ist nicht biegedrillknickgefährdet.

10.7 Stäbe mit zweiachsiger Biegung und Torsion

10.7.1 Erläuterungen

In der DIN 18 800 T 2, Abschnitt 3.5 ist der Nachweis für zweiachsige Biegung mit oder ohne Normalkraft enthalten. Beim Biegedrillknicknachweis wird jedoch eingeschränkt, dass eine planmäßige Torsion in der Nachweisführung nicht berücksichtigt ist. An Trägern greift jedoch häufig die Horizontalkraft in Höhe des Obergurtes an und verursacht somit sowohl Biege- als auch Torsionsbeanspruchung.

Dieses Problem wurde u. a. von [16] exakt gelöst. Die Anwendung erfordert Näherungslösungen. Die Berechnung als Spannungsproblem bereitete [4] nach Theorie II. Ordnung für die praktische Anwendung auf.

Die Lösung gilt für Einfeldträger mit doppelt- oder einfachsymmetrischen Querschnitten und beidseitiger Gabellagerung. Für die Berechnung wird das Nachweisverfahren Elastisch-Elastisch angewendet. Die Möglichkeit der örtlichen Plastizierung nach DIN 18 800 T 1, Element 749 bzw. 750 wird dabei nicht berücksichtigt. Hier ist die Nachweisführung von [4] auf die Achsendefinition der DIN 18 800 umgestellt und nach [17] um ein Glied für die Berücksichtigung von Imperfektionen erweitert. Als Vorkrümmungsverlauf wurde dabei eine sin-Halbwelle gewählt. Die Vorzeichendefinition für den Drillwinkel ϑ ist in Abb. 10.2 dargestellt. Beim Festlegen der Achsabstände e bzw. $\bar{e}$ bedeutet der erste Index die Koordinate und der zweite die Richtung der Kraft. Der Querstrich kennzeichnet Einzelkräfte. Ohne Querstrich handelt es sich bei den äußeren Kräften um Streckenlasten. Die Vorverformung v_0 wurde entsprechend DIN 18 800 T 2, Element 202 nur in Richtung der y-Achse angesetzt. Diese Richtung ist im vorliegenden Fall der Biegetorsion die ungünstigste. Der Stich der Vorkrümmung ist in Abhängigkeit von der Knickspannungslinie DIN 18 800 T 2, Tab. 3 zu entnehmen. Nach DIN 18 800 T 2, Element 202 genügt es, beim Biegedrillknicken lediglich eine Vorkrümmung von $0{,}5 \cdot v_0$ anzusetzen. Dieser Wert darf nach DIN 18 800 T 2, Element 201 bei Anwendung des Nachweisverfahrens Elastisch-Elastisch auf 2/3 reduziert werden. Der Faktor 2/3 trägt dem Umstand Rechnung, dass die plastische Querschnittsreserve nicht ausgenutzt wird. Im Mittel werden dadurch angenäherte Traglasten wie bei einer Nachweisführung Elastisch-Plastisch angestrebt.

Um die maximalen Biegenormalspannungen und die Verwölbung berechnen zu können, müssen der Drillwinkel ϑ und dessen zweite Ableitung ϑ'' in Trägermitte bekannt sein. Die Berechnung dieser Werte bereitet nummerische Schwierigkeiten. Im Arbeitsschema ist für die Lastarten 2 und 3 nach Tabelle 10.7.4 ϑ''_m als erste Näherung angegeben. Sie ist in diesem Fall genügend genau. Bei den Lasten 1, 4 und 5 empfiehlt [4] eine exaktere Lösung.

Im Nachweisschema werden, wie auch sonst für Stabilitätsnachweise, Druckspannungen positiv angegeben. Ein positives Moment ist so definiert, dass auf der Seite der positiven Achse Druckspannungen entstehen. Wenn eindeutig feststeht, an welchem Eckpunkt die maximale Spannung auftritt, genügt der Nachweis für diese Stelle.

Der Träger ist über seine Länge l nicht gegen seitliches Ausweichen gehalten.

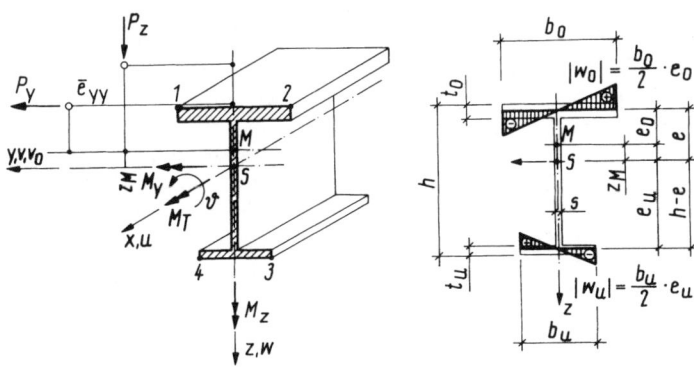

Abb. 10.2

10.7.2 Nachweisschema für zweiachsige Biegung und Torsion

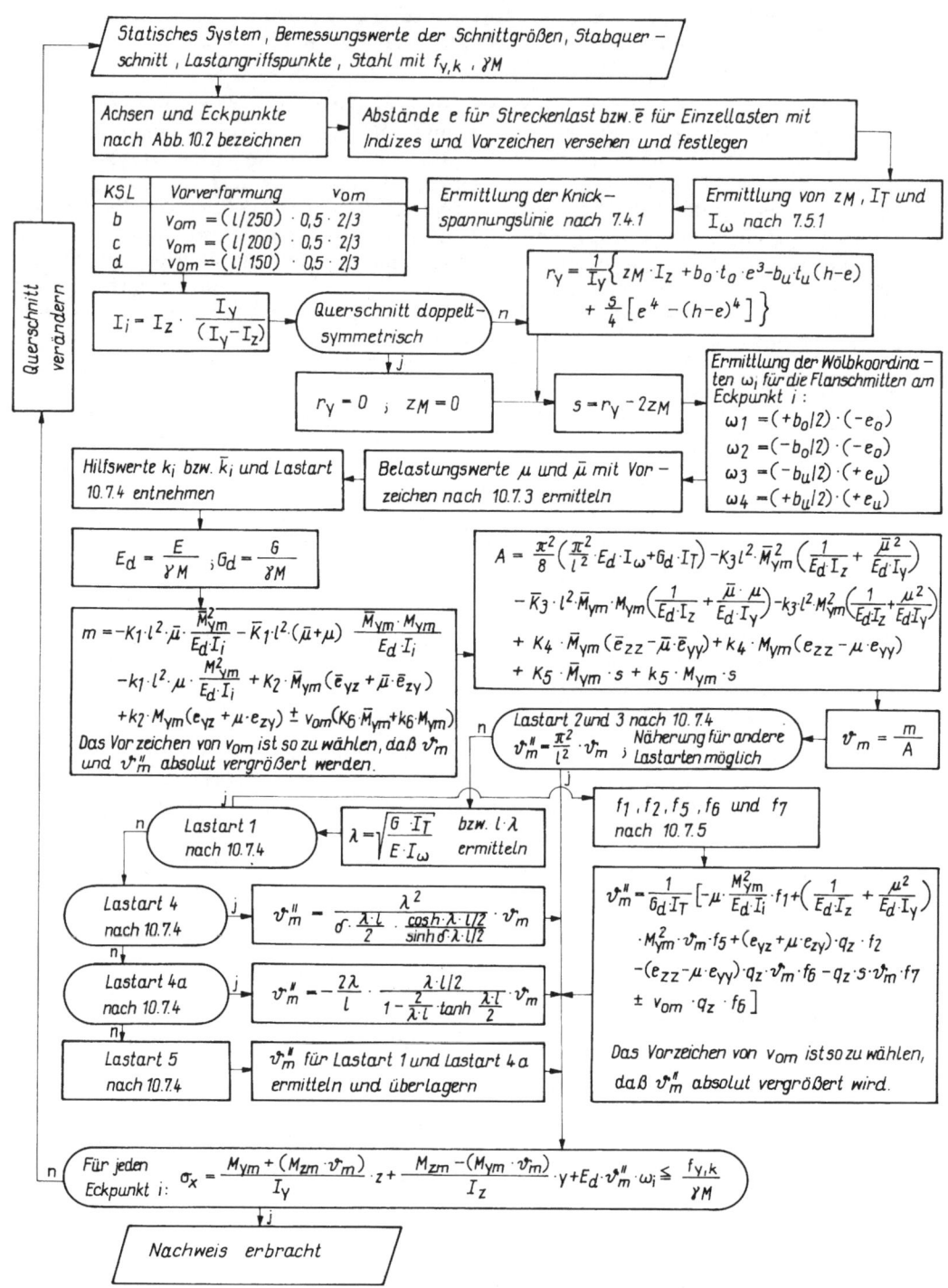

10.7.3 Zusammenstellung der Belastungswerte

q_z, q_y Komponenten der Streckenlasten in z-Richtung bzw. y-Richtung
M_{ym}, M_{zm} zugehörige Biegemomente in Trägermitte

Lastart nach 10.7.4
Lastart 1 (Streckenlast)

$$M_{ym} = \frac{q_z \cdot l^2}{8} \; , \qquad M_{zm} = -\frac{q_y \cdot l^2}{8}$$

Lastart 2 (Ersatzstreckenlast)

$$M_{ym} = \frac{q_z \cdot l^2}{\pi^2} \; , \qquad M_{zm} = -\frac{q_y \cdot l^2}{\pi^2}$$

mit $q = \max M \cdot \dfrac{\pi^2}{l^2}$

$$\mu = \frac{M_{zm}}{M_{ym}} = -\frac{q_y}{q_z}$$

P_z, P_y Komponenten der Einzellasten in z-Richtung bzw. y-Richtung
$\overline{M}_{ym}$, $\overline{M}_{zm}$ zugehörige maximale Momente

Lastart 4 und 4a

$$\overline{M}_{ym} = \frac{P_z \cdot l}{4} \cdot \delta$$

$$\overline{M}_{zm} = \frac{-P_y \cdot l}{4} \cdot \delta$$

δ vgl. 10.7.4

$$\overline{\mu} = \frac{\overline{M}_{zm}}{\overline{M}_{ym}} = -\frac{P_z}{P_y}$$

10.7.4 Tabelle für Hilfswerte k_i und K_i

		1	2	3	4	5	6
	Lastart	k_1	k_2	k_3	k_4	k_5	k_6
1	q const	0,1114	1,2732	0,0975	1	0,5725	1,0725
2	$q = \sin \frac{x \cdot \pi}{l}$	0,1061	1,2337	0,0940	1,0470	0,5235	1,0472
3	M	0,1592	–	0,1250	–	1,2337	1,2337
	δ	K_1	K_2	K_3	K_4	K_5	K_6
4	0,5	0,1354	1,4142	0,1155	1	0,6752	1,0877
	0,6	0,1256	1,3484	0,1093	1,0908	0,5908	1,1363
	0,7	0,1142	1,2729	0,1012	1,1341	0,5184	1,0854
	0,8	0,1016	1,1889	0,0914	1,1306	0,4576	1,0229
4a	0,9	0,0880	1,0974	0,0798	1,0839	0,4076	0,9495
	1	0,0736	1	0,0670	1	0,3669	0,8668
	K	0,0736	1	0,0670	1	0,3669	0,8668
5	$\overline{K}$	0,0897	–	0,0801	–	–	–
	k	0,1114	1,2732	0,0975	1	0,5725	1,0725

10.7.5 Tabelle für die Hilfswerte f_1, f_2, f_5, f_6, f_7

$\lambda \cdot l$	f_1	f_2	f_5	f_6	f_7
0,5	0,0224	0,0305	0,0204	0,0254	0,0153
1,0	0,0833	0,1132	0,0756	0,0946	0,0573
1,5	0,1685	0,2276	0,1530	0,1907	0,1169
2,0	0,2623	0,3519	0,2387	0,2961	0,1844
2,5	0,3535	0,4705	0,3226	0,3978	0,2525
3,0	0,4362	0,5749	0,3992	0,4890	0,3171
3,5	0,5083	0,6626	0,4666	0,5673	0,3765
4,0	0,5697	0,7342	0,5247	0,6329	0,4303
4,5	0,6216	0,7915	0,5746	0,6873	0,4789
5,0	0,6655	0,8369	0,6173	0,7322	0,5227
5,5	0,7026	0,8727	0,6540	0,7692	0,5623
6,0	0,7341	0,9007	0,6858	0,7999	0,5982
6,5	0,7611	0,9226	0,7135	0,8253	0,6308
7,0	0,7843	0,9397	0,7378	0,8466	0,6604
7,5	0,8045	0,9530	0,7591	0,8645	0,6874
8,0	0,8220	0,9634	0,7781	0,8796	0,7120
8,5	0,8374	0,9715	0,7950	0,8924	0,7343
9,0	0,8509	0,9778	0,8101	0,9034	0,7547
9,5	0,8629	0,9827	0,8237	0,9129	0,7733
10,0	0,8736	0,9865	0,8360	0,9211	0,7902
10,5	0,8831	0,9895	0,8470	0,9282	0,8056
11,0	0,8916	0,9918	0,8571	0,9344	0,8196
11,5	0,8993	0,9936	0,8663	0,9399	0,8324
12,0	0,9062	0,9950	0,8746	0,9447	0,8441
12,5	0,9125	0,9961	0,8823	0,9490	0,8547
13,0	0,9182	0,9970	0,8893	0,9528	0,8644
13,5	0,9233	0,9977	0,8957	0,9562	0,8733
14,0	0,9280	0,9982	0,9016	0,9593	0,8814
14,5	0,9324	0,9986	0,9071	0,9620	0,8889
15,0	0,9363	0,9989	0,9121	0,9645	0,8957
15,5	0,9399	0,9991	0,9168	0,9667	0,9019
16,0	0,9433	0,9993	0,9211	0,9688	0,9077
16,5	0,9463	0,9995	0,9251	0,9706	0,9129
17,0	0,9492	0,9996	0,9289	0,9723	0,9178
17,5	0,9518	0,9997	0,9323	0,9739	0,9223
18,0	0,9542	0,9998	0,9356	0,9753	0,9264
18,5	0,9565	0,9998	0,9386	0,9766	0,9303
19,0	0,9586	0,9999	0,9414	0,9778	0,9338
19,5	0,9606	0,9999	0,9440	0,9790	0,9371
20,0	0,9624	0,9999	0,9465	0,9800	0,9402

10.7.6 Beispiel für einen Träger mit zweiachsiger Biegung und Torsion

Für den Träger nach Abb. 10.3 sind die erforderlichen Nachweise zu führen.

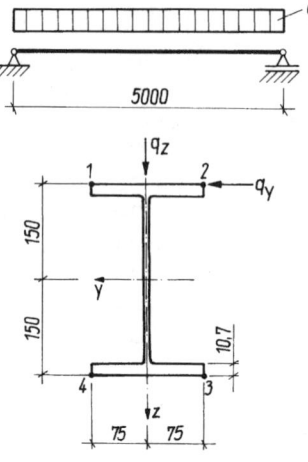

Querschnitt IPE 300
Querschnittswerte
$I_y = 8360 \text{ cm}^4$
$I_z = 604 \text{ cm}^4$
$t = 10,7 \text{ mm}$

Belastung
$q_z = q_{zd} = 0,13 \text{ kN/cm}$
$q_y = q_{yd} = 0,01 \text{ kN/cm}$
St 37

$\gamma_M = 1,1$

Abb. 10.3

■ Lösung nach 10.7.2

Achs- und Eckbezeichnung siehe Abb. 10.3

Koordinaten der Eckpunkte in cm

Punkt	y	z
1	+7,5	−15
2	−7,5	−15
3	−7,5	+15
4	+7,5	+15

Zur Streckenlast q_z gehören die Abstände $e_{yz} = 0$ und $e_{zz} = -15$ cm. Zur Streckenlast q_y gehören die Abstände $e_{zy} = -15$ cm und $e_{yy} = 0$.

Da keine Einzellasten vorhanden sind, werden alle Werte mit Querstrich null.

I_T, I_ω und z_M nach 7.5.1

$I_T = 20,2 \text{ cm}^4$ Tabellenwerte
$I_\omega = 125\,900 \text{ cm}^6$
$z_M = 0$

Knickspannungslinie nach 7.4.1
Für $h/b = 300/150 = 2$ ergibt sich KSL b

$v_{0m} = (500/250) \cdot 0,5 \cdot 2/3 = 0,67 \text{ cm}$

$$I_i = 604 \, \frac{8360}{8360 - 604} = 651 \text{ cm}^4$$

Querschnitt doppeltsymmetrisch

$r_y = 0; \quad s = 0$

Ermittlung der Wölbordinaten ω_i

Eckpunkt 1: $\omega_1 = 7,5 \left[- \left(15 - \dfrac{1,07}{2}\right)\right] = - 108,5$

Eckpunkt 2: $\omega_2 = (- 7,5) \left[- \left(15 - \dfrac{1,07}{2}\right)\right] = + 108,5$

Eckpunkt 3: $\omega_3 = (- 7,5) \left(15 - \dfrac{1,07}{2}\right) = - 108,5$

Eckpunkt 4: $\omega_4 = 7,5 \left(15 - \dfrac{1,07}{2}\right) = + 108,5$

Lastart 1 nach 10.7.4
Belastungswerte nach 10.7.3
(Vorzeichen beachten!)

$$M_{ym} = \frac{0,13 \cdot 500^2}{8} = 4062,5 \text{ kNcm}$$

$$M_{zm} = - \frac{0,01 \cdot 500^2}{8} = - 312,5 \text{ kNcm}$$

$$\mu = - \frac{312,5}{4062,5} = - 0,0769$$

Hilfswerte k_i und K_i nach 10.7.4
Für Lastart 1 ergibt sich nur k_i

$k_1 = 0,1114;$ $k_4 = 1$
$k_2 = 1,2732;$ $k_5 = 0,5725$
$k_3 = 0,0975;$ $k_6 = 1,0725$
$E_d = 21\,000/1,1 \text{ kN/cm}^2$
$G_d = 8\,100/1,1 \text{ kN/cm}^2$

$$m = - 0,1114 \cdot 500^2 \, (- 0,0769) \, \frac{4062,5^2 \cdot 1,1}{21\,000 \cdot 651}$$

$$+ 1,2732 \cdot 4062,5 \, [0 + (- 0,0769) \cdot (- 15)] + 0,67 \cdot 1,0725 \cdot 4062,5$$

$$m = 11\,729$$

$$A = \frac{\pi^2}{8} \left(\frac{\pi^2}{500^2} \cdot \frac{21\,000}{1,1} \cdot 125\,900 + \frac{8100}{1,1} \cdot 20,2\right)$$

$$- 0,0975 \cdot 500^2 \cdot 4062,5^2 \left[\frac{1,1}{21\,000 \cdot 604} + \frac{1,1 \, (- 0,0769)^2}{21\,000 \cdot 8360}\right] + 1 \cdot 4062,5 \, (- 15)$$

$$A = 204\,731$$

$$\vartheta_m = \frac{11\,729}{204\,731} = 0,0573$$

Lastart 1

$$\lambda = \sqrt{\frac{1,1 \cdot 8100 \cdot 20,2}{1,1 \cdot 21\,000 \cdot 125\,900}} = 0,00787$$

$\lambda \cdot l = 0,00787 \cdot 500 = 3,93$

Nach 10.7.5

$f_1 = 0,56; \quad f_6 = 0,62$
$f_2 = 0,72; \quad f_7 = 0,42$
$f_5 = 0,51;$

$$\vartheta''_m = - \frac{1 \cdot 1,1}{8100 \cdot 20,2} \left[(-0,0769) \frac{1,1 \cdot 4062,5^2}{21\,000 \cdot 651} \cdot 0,56 \right.$$

$$+ \frac{1,1}{21\,000} \left(\frac{1}{604} + \frac{(-0,0769)^2}{8360} \right) \cdot 4062,5^2 \cdot 0,0573 \cdot 0,51$$

$$+ [0 + (-0,0769) \cdot (-15)] \cdot 0,13 \cdot 0,72$$

$$\left. - (-15) \cdot 0,13 \cdot 0,0573 \cdot 0,62 + 0,67 \cdot 0,13 \cdot 0,62 \right]$$

$\vartheta''_m = -2,220 \cdot 10^{-6}$

Näherungsrechnung zum Vergleich

$$\vartheta''_m = - \frac{\pi^2}{500^2} \cdot 0,0573 = -2,226 \cdot 10^{-6}$$

Für die Relationen des Beispiels wäre die Näherung auch für Lastart 1 vertretbar genau.

Spannungsermittlung für Eckpunkt 1

$$\sigma_x = \frac{4062,5 + (-312,5 \cdot 0,0578)}{8360} \cdot (-15)$$

$$- \frac{(-312,5) - 4062,5 \cdot 0,0578}{604} \cdot (+7,5)$$

$$+ \frac{21\,000}{1,1} (-2,220 \cdot 10^{-6}) \cdot (-108,5)$$

$$= -7,3 + 6,8 + 4,6 = 4,1 \text{ kN/cm}^2$$

$$\sigma_x = 4,1 \text{ kN/cm}^2 < \frac{24}{1,1} = 21,8 \text{ kN/cm}^2$$

Eckpunkt 2

$$\sigma_x = \frac{4062,5 + (-312,5 \cdot 0,0578)}{8360} \cdot (-15)$$

$$- \frac{(-312,5) - 4062,5 \cdot 0,0578}{604} \cdot (-7,5)$$

$$+ \frac{21\,000}{1,1} \left(-2,220 \cdot 10^{-6} \right) \cdot (+108,5)$$

$$= -7,3 - 6,8 - 4,6 = -18,7 \, \text{kN/cm}^2$$

$$\sigma_x = -18,7 \, \text{kN/cm}^2 < \frac{24}{1,1} = 21,8 \, \text{kN/cm}^2$$

Eckpunkt 3

$$\sigma_x = \frac{4062,5 + (-312,5 \cdot 0,0578)}{8360} \cdot (+15)$$

$$- \frac{(-312,5) - 4062,5 \cdot 0,0578}{604} \cdot (-7,5)$$

$$+ \frac{21\,000}{1,1} \left(-2,220 \cdot 10^{-6} \right) \cdot (-108,5)$$

$$= +7,3 - 6,8 + 4,6 = 5,1 \, \text{kN/cm}^2$$

$$\sigma_x = 5,1 \, \text{kN/cm}^2 < \frac{24}{1,1} = 21,8 \, \text{kN/cm}^2$$

Eckpunkt 4

$$\sigma_x = \frac{4062,5 + (-312,5 \cdot 0,0578)}{8360} \cdot (+15)$$

$$- \frac{(-312,5) - 4062,5 \cdot 0,0578}{604} \cdot (+7,5)$$

$$+ \frac{21\,000}{1,1} \left(-2,220 \cdot 10^{-6} \right) \cdot (+108,5)$$

$$= +7,3 + 6,8 - 4,6 = 9,5 \, \text{kN/cm}^2$$

$$\sigma_x = 9,5 \, \text{kN/cm}^2 < \frac{24}{1,1} = 21,8 \, \text{kN/cm}^2$$

Nachweis erbracht!

11 Mehrteilige einfeldrige Stäbe mit unveränderlichem Querschnitt und konstanter Normalkraft

11.0 Allgemeines

Im Gegensatz zur kontinuierlichen Verbindung zwischen Gurt und Steg ist das Konstruktionsprinzip für mehrteilige Stäbe durch punktförmige Verbindung der Gurte charakterisiert. Die mehrteiligen Druckstäbe bilden eine Möglichkeit, den Materialaufwand für Stahlkonstruktionen zu reduzieren. Im Vergleich zum einteiligen Druckstab wird etwa $10-15\,\%$ an Material eingespart.

Der erhöhte Werkstattaufwand, der bei der Herstellung mehrteiliger Stäbe unvermeidbar ist, schränkt die Anwendung dieser Konstruktionsform ein.

Hohe Transportkosten können zu wirtschaftlichen Alternativen führen.

Der mehrteilige Druckstab hat bei großen Querschnitten konstruktiv auch relativ günstige Anschlusseigenschaften. In diesem Zusammenhang ist auch der Einsatz mehrteiliger Zugstäbe praktikabel. Die Entscheidung für den Einsatz mehrteiliger Querschnittsformen erfordert die komplexe Betrachtung aller Einflussparameter.

Durch sinnvoll gewählte Spreizung kann auch mit schlanken Einzelprofilen die Schlankheit des Gesamtstabes klein werden. Voraussetzung für die gemeinsame Tragwirkung der Einzelprofile ist ihre schubsteife Verbindung durch Querverbände. Wenn der Querverband durch biegesteif angeschlossene Bindebleche gebildet wird, bezeichnet man das Konstruktionsglied als Rahmenstab. Werden die Einzelstäbe fachwerkartig miteinander verbunden, dann heißt das Tragglied Gitterstab.

Beide Konstruktionsformen erfordern die Einschätzung der Schubverformung des Gesamtsystems. Dieser Einfluss ist bei Rahmenstäben kritischer als bei Gitterstäben. Bei den mehrteiligen Druckstäben können Querschnitte entstehen, in denen die Querschnittshauptachse Einzelprofile schneidet. Diese Achse wird dann als Stoffachse bezeichnet. Für das Ausweichen rechtwinklig zur Stoffachse erfolgt die Nachweisführung wie beim einteiligen Druckstab. Die Schubverformung hat in dieser Richtung keinen Einfluss. Stofffreie Achse heißt die Querschnittshauptachse, die keine Einzelprofile schneidet. Der Ausweichvorgang eines mehrteiligen Stabes senkrecht zu einer stofffreien Achse unterscheidet sich prinzipiell vom Ausweichvorgang eines einteiligen Querschnitts. Bei der Berechnung der mehrteiligen Stäbe nach Theorie II. Ordnung legt die DIN 18 800 T 2, Element 204 eine sinusförmige Vorkrümmung mit einem Stich von $w_0 = l/500$ fest.

Diese Vorverformung wird für beide Stabarten gleich groß angesetzt. Beim Stabilitätsnachweis für mehrteilige Druckstäbe müssen das Verhalten des Gesamtstabes mit Berücksichtigung von Biege- und Schubverformung, das Knicken des Einzelstabes und die Schubsteifigkeit der Querverbände abgesichert werden. Diese drei Einflusskomponenten bestimmen die Gesamtstabilität mehrteiliger Druckstäbe.

Im ersten Schritt der Nachweisführung erfolgt eine ersatzweise Berechnung des Gesamtstabes nach Theorie II. Ordnung als schubweicher Stab unter Ansatz von Ersatzsteifigkeiten, der Biegesteifigkeit des Gesamtquerschnitts, der Schubsteifigkeit S^* und der Vorverformung w_0. Aus dieser Gesamtwirkung ergeben sich Schnittgrößen, die im zweiten Schritt für den Einzelstabnachweis die Grundlage bilden. An den ungünstigsten Stellen des Gesamtstabes erfolgt dann die Berechnung der Einzelstäbe.

In der DIN 4114 hatte die Bemessung des Gesamtstabes mit der ideellen Schlankheit die größere Bedeutung. In der DIN 18 800 T 2 dagegen ist der Nachweis des Einzelstabes, eingebettet in den Gesamtstabnachweis, in den Vordergrund gerückt.

11.1 Rahmenstäbe

Plastizitätstheoretisch bildet der in der Regel zweiteilige Rahmenstab einen Zweipunktquerschnitt, dessen Traglast durch das Erreichen der Streckgrenze in einer Gurtschwerlinie begrenzt wird. Die Tragwirkung als Rahmenstab wird dadurch erreicht, dass Bindebleche die in der Achse des Gesamtstabes entstehenden Schubkräfte auf die Gurtprofile übertragen.

Rahmenstäbe können mit normaler oder geringer Spreizung ausgeführt werden. Gurte für normale Spreizung sind I- oder ⌐ -Profile. Die Gurt- und Bindeblechabstände lassen sich so bestimmen, dass die Knicksicherheit rechtwinklig zu beiden Hauptachsen gleich groß ist.

Stäbe mit geringer Spreizung bestehen in der Regel aus Winkelprofilen. Die Spreizung entspricht der Knotenblechdicke am Anschlusspunkt des Stabes. Bei dieser Konstruktionsform ist dem Korrosionsschutz erhöhte Aufmerksamkeit zu widmen. Rahmenstäbe müssen am Ende Bindebleche erhalten. Die Bindeblechabstände sind so zu wählen, dass sie möglichst gleich groß sind.

Für Rahmenstäbe ist zusätzlich der Nachweis zu führen, dass das Feld mit der größten Querkraft durch die Ausbildung von Fließgelenken in den Rahmenstabknoten nicht kinematisch wird. In der Regel ist das Endfeld mit $M(x_B) = M(a)$ zu untersuchen.

11.2 Gitterstäbe

Gitterstäbe sind Fachwerkkonstruktionen. In den Einzelelementen entstehen überwiegend Längskräfte, die erst kurz vor Erreichen der Traglast zu Plastizierungen führen. Je größer die Zahl der Felder des Gitterstabes ist, desto mehr tritt der Fachwerkcharakter des Systems zurück, und das stabartige Tragverhalten wird dominierend. Bei Gitterstäben ist durch die Anordnung von Querschotts der Erhalt der rechteckigen Grundform über die Stablänge abzusichern. Die unterschiedlichen Möglichkeiten der Vergitterung beeinflussen die Knicklängen der Einzelprofile. Bei der Anordnung der Gitterstäbe ist zu beachten, dass kein Versatz der Schwerachsen im Schnittpunkt mit der Schwerachse des Einzelprofils entsteht. Der Anschluss der Vergitterung mit einer Schraube ist möglich. Die Regelform der Gitterstäbe besteht aus vier Fachwerkebenen, Varianten als Dreigurtstäbe sind möglich. Ebene Gitterstützen mit nur zwei Gurten werden seltener angewendet.

11.3 Bezeichnungen

l	Systemlänge des mehrteiligen Stabes
r	Anzahl der einzelnen Gurte
h_y, h_z	Spreizung der Gurtstäbe, von deren Schwerlinien aus gerechnet
a	Länge des Gurtstabes zwischen 2 Knotenpunkten
A_G	ungeschwächte Querschnittsfläche eines Gurtes
$A = \Sigma A_G$	ungeschwächte Querschnittsfläche des mehrteiligen Stabes
A_D	ungeschwächte Querschnittsfläche eines Diagonalstabes aus dem Fachwerkverband

i_1	kleinster Trägheitsradius des Querschnittes eines einzelnen Gurtes
$I_{z,G}$	Flächenmoment 2. Grades (Trägheitsmoment) eines Gurtquerschnittes um seine zur stofffreien z-Achse parallele Schwerachse
y_S	Schwerpunktabstand des einzelnen Gurtquerschnittes von der z-Achse
$I_z = \Sigma(A_G \cdot y_S^2 + I_{z,G})$	Flächenmoment 2. Grades (Trägheitsmoment) des Gesamtquerschnittes um die stofffreie z-Achse unter der Annahme schubstarrer Verbindung der Gurte
$s_{K,z}$	Knicklänge des Ersatzstabes ohne Berücksichtigung seiner Querkraftverformung
$\lambda_{K,z} = \dfrac{s_{K,z}}{\sqrt{\dfrac{I_z}{A}}}$	Schlankheitsgrad des Ersatzstabes bei Rahmenstäben ohne Berücksichtigung der Querkraftverformungen
η	Korrekturwert nach DIN 18 800 T 2, Tabelle 12 für Rahmenstäbe
$I_z^* = \Sigma(A_G \cdot y_S^2 + \eta \cdot I_{z,G})$	Rechenwert für das Flächenmoment 2. Grades (Trägheitsmoment) des Gesamtquerschnittes bei Rahmenstäben
$I_z^* = \Sigma(A_G \cdot y_S^2)$	Rechenwert für das Flächenmoment 2. Grades (Trägheitsmoment) des Gesamtquerschnittes bei Gitterstäben
$W_z^* = \dfrac{I_z^*}{y_S}$	Widerstandsmoment des Gesamtquerschnittes, bezogen auf die Schwerachse des äußersten Gurtes
$S_{z,d}^*$	Bemessungswert der Schubsteifigkeit des Ersatzstabes
l_D	Länge der Diagonalen bei Gitterstäben
x_B	Längskoordinate für die Stelle des Bindeblechs
T	Schubkraft in der Querverbindung
$h_y/2$	Hebelarm der Schubkraft T für den Bindeblechanschluss
m	Anzahl der zur stofffreien Achse rechtwinkligen Verbände
a_w	Dicke der Schweißnaht
t	Dicke des Bindebleches
V_y	ideale Querkraft eines mehrteiligen Druckstabes
b	Bindeblechlänge in Stabrichtung

168

11.4 Nachweis für Rahmenstäbe mit normaler Spreizung

11.4.0 Nachweisschema

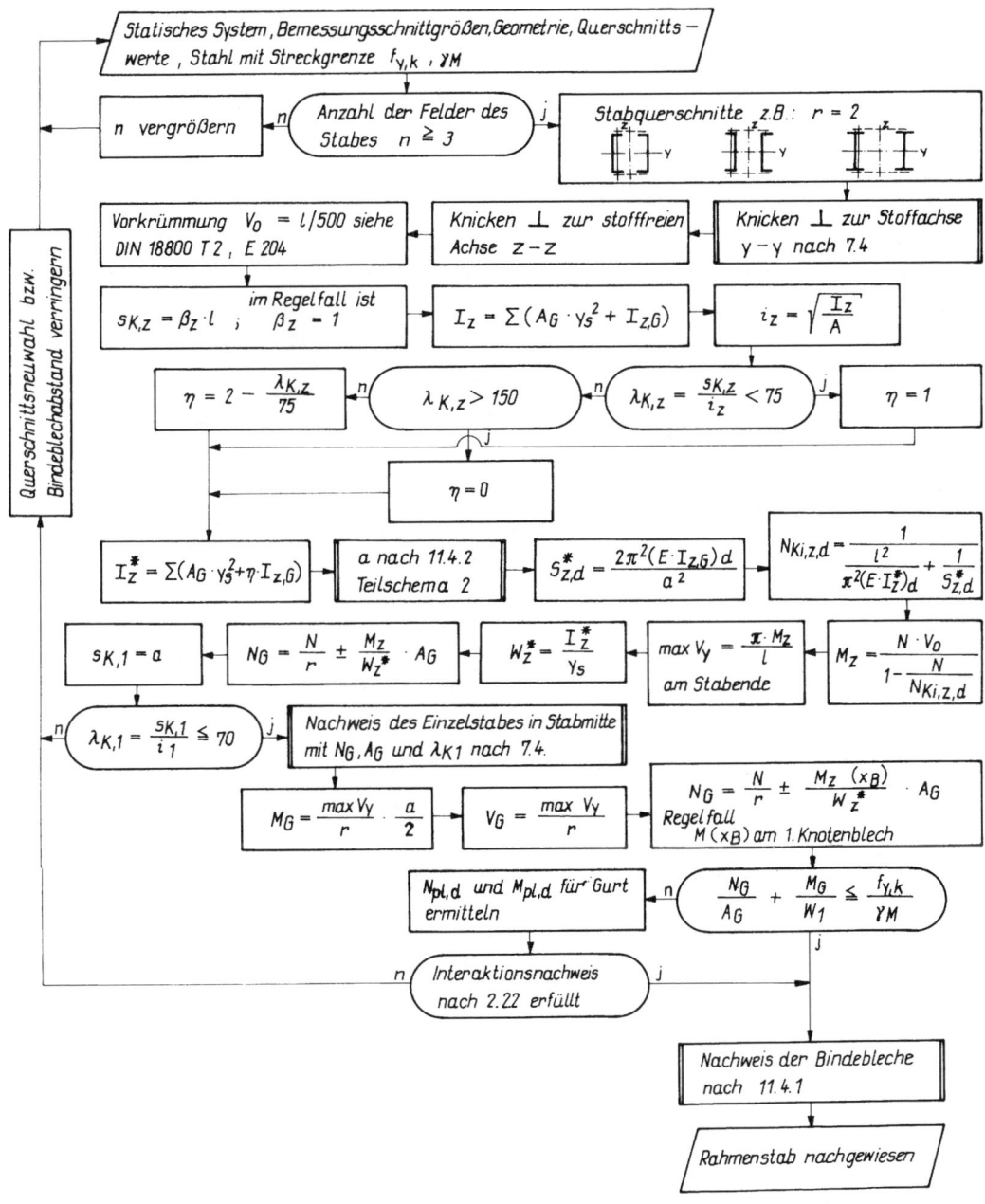

169

11.4.1 Nachweis der Bindebleche und deren Anschluss

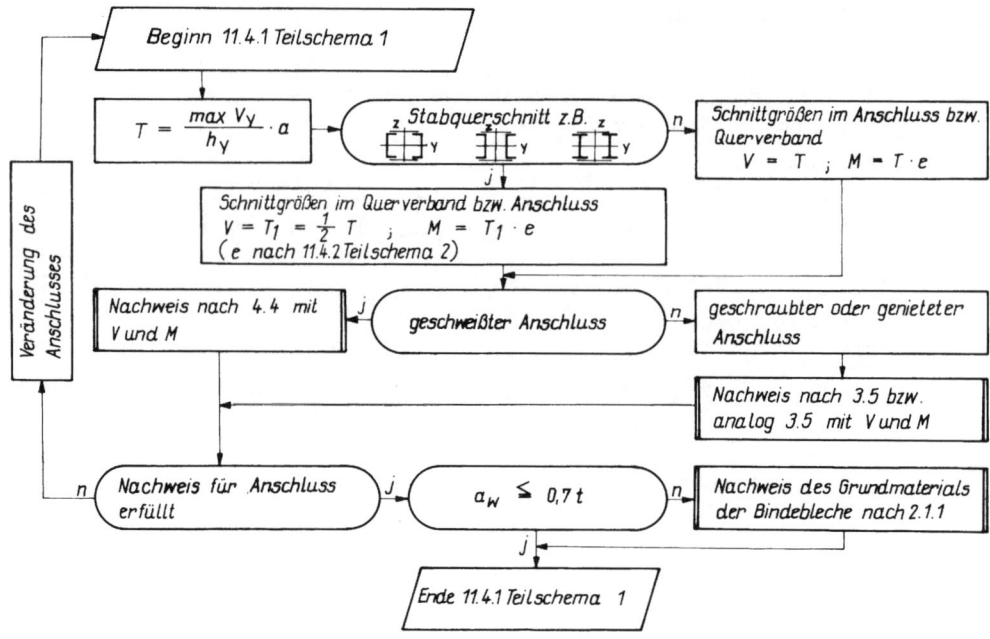

11.4.2 Ermittlung der Länge eines Gurtstabes

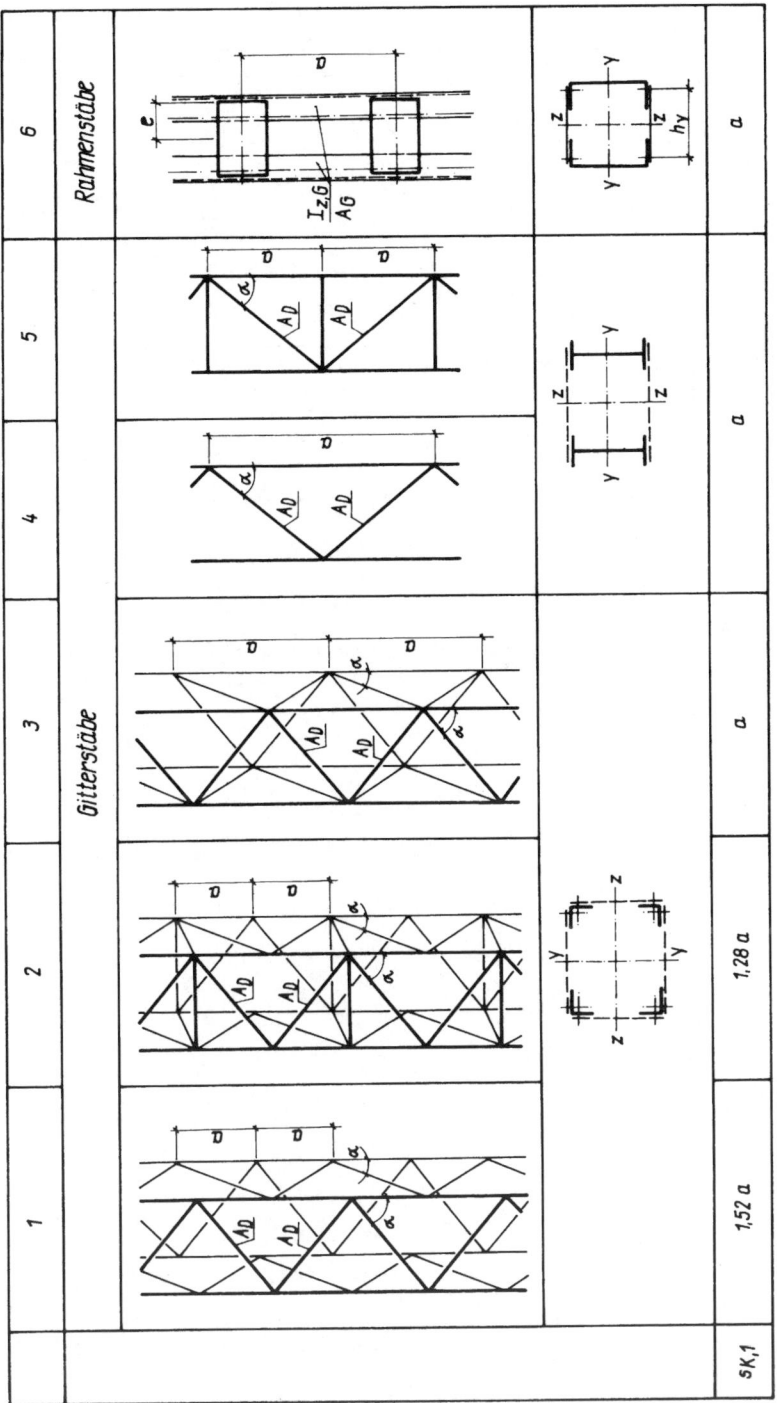

171

11.5 Nachweisschema für Stäbe mit geringer Spreizung

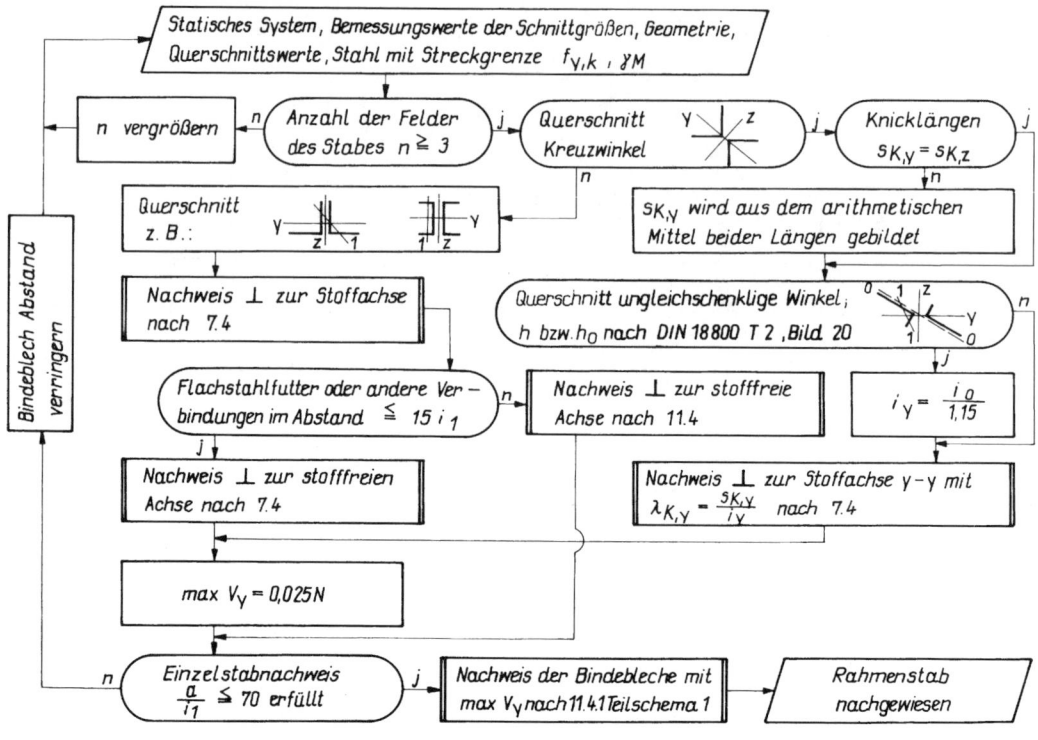

11.6 Nachweisschema für Gitterstäbe

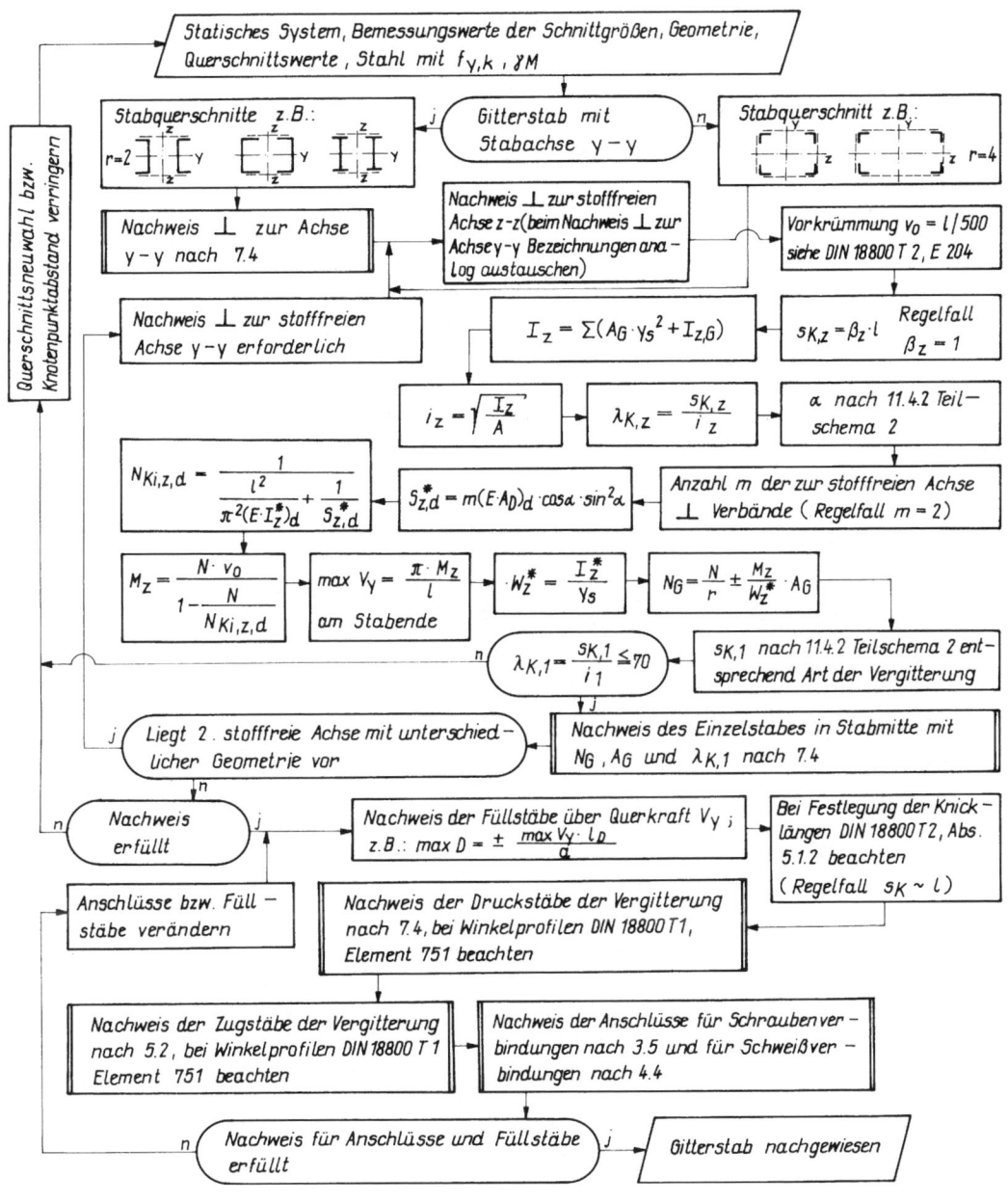

11.7 Beispiele für mehrteilige Druckstäbe

11.7.1 Rahmenstab mit normaler Spreizung

Der Stützenstiel einer Hochbaukonstruktion nach Abb. 11.1 ist als Rahmenstab ausgebildet. Die Knicklänge senkrecht zur y-Achse ist durch eine Halterung geteilt. Für die Bemessungsschnittgröße $N = 900$ kN ($N = F_d$) ist der Rahmenstab nachzuweisen.

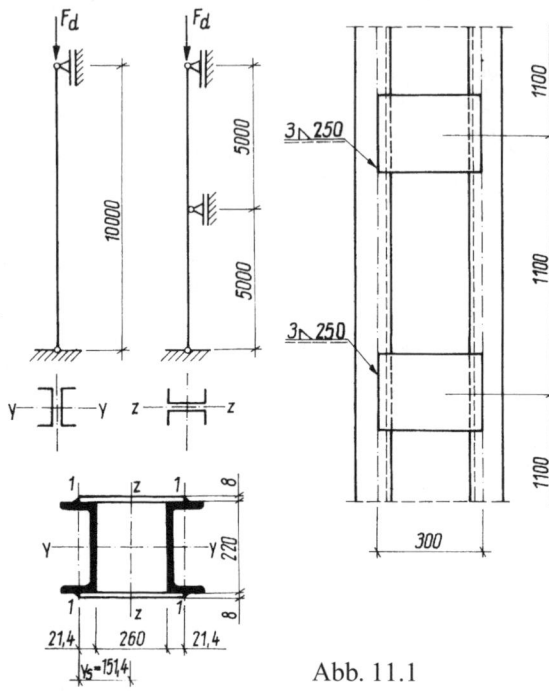

Querschnitt 2 $\sqsubset$ 220
nach DIN 1026 (Spreizung 260 mm)
$A = 2 \cdot 37,4 = 74,8$ cm^2
$A_G = 37,4$ cm^2
$i_y = 8,48$ cm
$I_1 = 197$ cm^4
$i_1 = 2,3$ cm
$a = 110$ cm (Bindeblechabstand)
Bindebleche
Bl 8-250 $\cdot$ 300
$a_w = 3$ mm
$\gamma_M = 1,1$
St 37

Abb. 11.1

■ Lösung nach 11.4

$n = 9 > 3$

Stabquerschnitt siehe Abb. 11.1
Knicken senkrecht zur y-Achse (Stoffachse) nach 7.4
b/t-Verhältnisse
Steg: $b/t = 166/9 = 18,4 < 37$
Gurt: $b/t = (80 - 9 - 12,5)/12,5 = 4,68 < 10$

$$\lambda_{K,y} = \frac{500}{8,48} = 59$$

$$\lambda_a = 92,9$$

$$\overline{\lambda}_{K,y} = \frac{59}{92,9} = 0,653 > 0,2$$

Nach 7.4.1 ergibt sich Knickspannungslinie c
κ nach 7.4.2
$\kappa_y = 0,764$

174

$$N_{\text{pl,d}} = 74,8 \cdot \frac{24}{1,1} = 1632\,\text{kN}$$

Nachweis:

$$\frac{900}{0,764 \cdot 1632} = 0,722 < 1$$

Knicken senkrecht zur z-Achse (stofffreie Achse)

$$v_0 = \frac{1000}{500} = 2\,\text{cm (Vorkrümmung)}$$

$$s_{\text{K,z}} = 1 \cdot 1000 = 1000\,\text{cm}$$

$$y_s = \frac{26}{2} + 2,14 = 15,14\,\text{cm}$$

$$I_z = 2 \cdot (37,4 \cdot 15,14^2 + 197) = 17\,540\,\text{cm}^4$$

$$i_z = \sqrt{\frac{17\,540}{74,8}} = 15,3\,\text{cm}$$

$$\lambda_{\text{K,z}} = \frac{1000}{15,3} = 65,3 < 75$$

$$\eta = 1$$
$$I_z^* = I_z = 17\,540\,\text{cm}^4$$

$$S_{\text{z,d}}^* = \frac{2 \cdot \pi^2 \cdot 21\,000 \cdot 197}{110^2 \cdot 1,1} = 6135\,\text{kN}$$

$$N_{\text{Ki,z,d}} = \frac{1}{\dfrac{1000^2 \cdot 1,1}{\pi^2 \cdot 21\,000 \cdot 17\,540} + \dfrac{1}{6135}} = 2150\,\text{kN}$$

$$M_z = \frac{900 \cdot 2}{1 - \dfrac{900}{2150}} = 3096\,\text{kNcm}$$

$$\max V_y = \frac{\pi \cdot 3096}{1000} = 9,73\,\text{kN} \qquad W_z^* = \frac{17\,540}{15,14} = 1159\,\text{cm}^3$$

$$r = 2$$

$$N_G = \frac{900}{2} \pm \frac{3096}{1159} \cdot 37,4 = 550\,\text{kN}$$

$$s_{\text{K,1}} = a = 110\,\text{cm}$$

$$\lambda_{\text{K,1}} = \frac{110}{2,3} = 47,8 < 70$$

Nach 7.4 ergibt sich

$$\bar{\lambda}_{K,1} = \frac{47,8}{92,9} = 0,515$$

Knickspannungslinie c
$\kappa_z = 0,834$

$$N_{pl,G,d} = \frac{N_{pl,d}}{2} = \frac{1632}{2} = 816 \, kN$$

Nachweis des Einzelstabes in Feldmitte

$$\frac{550}{0,834 \cdot 816} = 0,81 < 1$$

$$M_G = \frac{9,73}{2} \cdot \frac{110}{2} = 267,6 \, kNcm$$

$$V_G = \frac{9,73}{2} = 4,87 \, kN$$

Ermittlung von N_G mit dem Moment $M(x_B)$ am ersten Knotenblech

$$N_G = \frac{900}{2} \pm \frac{3096 \cdot \sin \frac{\pi \cdot 110}{1000}}{1159} \cdot 37,4 = 483,9 \, kN$$

Nachweis des Einzelstabes im Anschlussbereich

$$\frac{483,9}{37,4} + \frac{267,6}{33,6} = 20,9 \, kN/cm^2 < \frac{24}{1,1} = 21,8 \, kN/cm^2$$

Somit ist ein Nachweis im plastischen Bereich nicht erforderlich.

Nachweis der Bindebleche und deren Anschlüsse
$h_y = 26 + 2 \cdot 2,14 = 30,28 \, cm$

$$T = \frac{9,73 \cdot 110}{30,28} = 35,35 \, kN$$

$$V = T_1 = \frac{35,35}{2} = 17,67 \, kN$$

$$\frac{h_y}{2} = \frac{30,28}{2} = 15,1 \, cm$$

$M = 17,67 \cdot 15,1 = 266,8 \, kN$

Anschlussausführung entsprechend Abb. 11.1

Nachweis der Schweißnaht nach 4.4.
Querschnittswerte der Naht
$A_w = 0,3 \cdot 25 = 7,5 \, cm^2$

$$W_\text{w} = 0,3 \cdot \frac{25^2}{6} = 31,3 \text{ cm}^3$$

$$\tau_\perp = \frac{266,8}{31,3} = 8,5 \text{ kN/cm}^2 \text{ (Randwert)}$$

Die Schubspannung τ_ll im Rechteckquerschnitt ergibt eine parabelförmige Verteilung mit max τ in Nahtmitte und den Randwerten $\tau_\text{ll} = 0$.

$$\tau_\text{II} = \frac{17,67 \cdot 0,3 \cdot \dfrac{25}{2} \cdot \dfrac{25}{4}}{0,3 \cdot 0,3 \cdot \dfrac{25^3}{12}} = 3,5 \text{ kN/cm}^2$$

Eine Überlagerung tritt nicht auf.
$\alpha_\text{w} = 0,95$

$$\tau_\perp = 8,5 \text{ kN/cm}^2 < 0,95 \cdot \frac{24}{1,1} = 20,7 \text{ kN/cm}^2$$

11.7.2 Rahmenstab mit geringer Spreizung

Ein Fachwerkdruckstab nach Abb. 11.2 wird als Kreuzwinkelquerschnitt ausgeführt. Für die Bemessungsschnittgröße $N = 400$ kN ($N = F_\text{d}$) ist der Rahmenstab nachzuweisen.

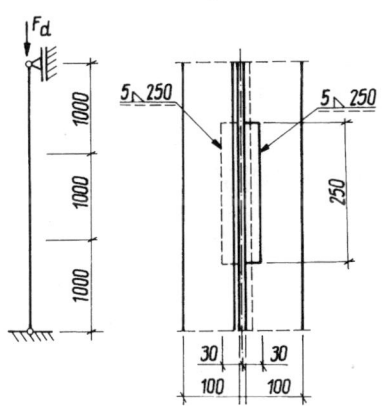

Querschnitt 2 L 100 · 10 nach DIN 1028
Querschnittswerte
$A = 2 \cdot 19,2 = 38,4 \text{ cm}^2$
$i_\text{y} = 3,82 \text{ cm}$
$I_1 = 73,3 \text{ cm}^4$
$i_1 = 1,95 \text{ cm}$
$a = 100 \text{ cm}$ (Bindeblechabstand)
$h_\text{y} = 6,64 \text{ cm}$
Bindebleche
Bl 8-60 · 250
$a_\text{w} = 5 \text{ mm}$
$\gamma_\text{M} = 1,1$
St 37

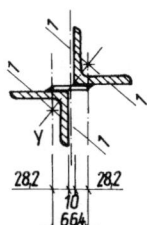

Abb. 11.2

177

■ Lösung nach 11.5

$n = 3$

Kreuzwinkelquerschnitt

$s_{K,y} = 300\,\text{cm}$

$s_{K,z} \sim 270\,\text{cm}$

somit wird $s_{K,y} = \dfrac{300 + 270}{2} = 285\,\text{cm}$

Es muss nur das Ausweichen senkrecht zur Stoffachse untersucht werden.

$\lambda_{K,y} = \dfrac{285}{3,82} = 75$

$\overline{\lambda}_{K,y} = \dfrac{75}{92,9} = 0,807$

Knickspannungslinie c (nach 7.4.1)

$\kappa_y = 0,661$ (nach 7.4.2)

$N_{pl,d} = 38,4 \cdot \dfrac{24}{1,1} = 837,8\,\text{kN}$

Nachweis:

$\dfrac{400}{0,661 \cdot 837,8} = 0,722 < 1$

Einzelstab

$\dfrac{100}{1,95} = 51,3 < 70$

Nachweis der Bindebleche und deren Anschlüsse nach 11.4.1 bzw. DIN 18 800 T2, Element 411

$h_y = 2 \cdot 2,82 + 1 = 6,64\,\text{cm}$

$V_y = 0,025 \cdot 400 = 10\,\text{kN}$

$T = \dfrac{10 \cdot 100}{6,64} = 150,6\,\text{kN}$

$\dfrac{h_y}{2} = \dfrac{6,64}{2} = 3,32\,\text{cm}$

$M = 150,6 \cdot 3,32 = 500\,\text{kNcm}$

Anschlussausführung entsprechend Abb. 11.2

Nachweis der Schweißnaht nach 4.4

Querschnittswerte der Naht

$A_w = 0,5 \cdot 25 = 12,5\,\text{cm}^2$

$$W_{\mathrm{w}} = \frac{0,5 \cdot 25^2}{6} = 52,1\,\mathrm{cm}^3$$

$$\tau_\perp = \frac{500}{52,1} = 9,6\,\mathrm{kN/cm}^2$$

$$\tau_{\mathrm{ll}} = \frac{150,6 \cdot 0,5 \cdot \dfrac{25}{2} \cdot \dfrac{25}{4}}{0,5 \cdot 0,5 \cdot \dfrac{25^3}{12}} = 18,1\,\mathrm{kN/cm}^2$$

Eine Überlagerung tritt nicht auf (vgl. 11.7.1).
$\alpha_{\mathrm{w}} = 0,95$

$$18,1\,\mathrm{kN/cm}^2 < 0,95 \cdot \frac{24}{1,1} = 20,7\,\mathrm{kN/cm}^2$$

11.7.3 Gitterstab

Die als Gitterstab nach Abb. 11.3 ausgebildete Stütze ist für die Bemessungsschnittgröße $N = 1700\,\mathrm{kN}$ ($N = F_{\mathrm{d}}$) nachzuweisen.

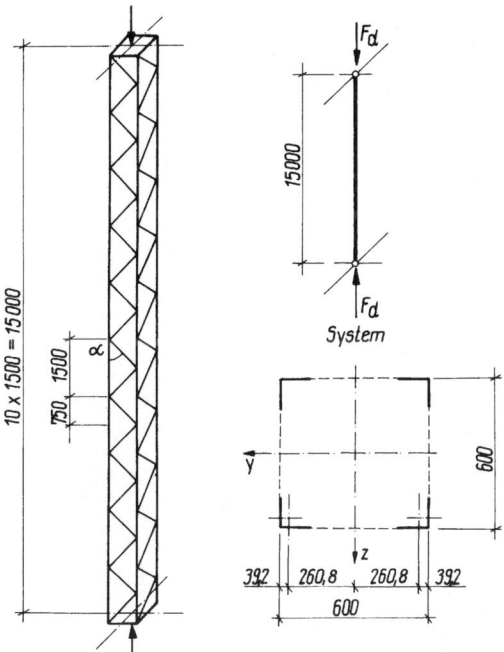

Querschnitt (Stiel)
4 L 140 · 13 nach DIN 1028

Querschnittswerte
$A_{\mathrm{G}} = 35\,\mathrm{cm}^2$
$r = 4$
$I_{\mathrm{z,G}} = 638\,\mathrm{cm}^4$
$i_1 = 2,74\,\mathrm{cm}$
$h_{\mathrm{y}} = h_{\mathrm{z}} = 2 \cdot y_{\mathrm{s}} = 52,16\,\mathrm{cm}$

Querschnitt (Diagonalen)
L 50 · 5 nach DIN 1028
$A_{\mathrm{D}} = 4,8\,\mathrm{cm}^2$
$i_{1\mathrm{D}} = 0,98\,\mathrm{cm}$

Längen
$l_{\mathrm{y}} = l_{\mathrm{z}} = 1500\,\mathrm{cm}$
$a = 75\,\mathrm{cm}$
$l_{\mathrm{D}} = \sqrt{75^2 + 52,16^2} = 91,35\,\mathrm{cm}$
$\gamma_{\mathrm{M}} = 1,1$
St 37

Abb. 11.3

■ Lösung nach 11.6
Der Stab hat keine Stoffachse.
Knicken rechtwinklig zur z-Achse

179

$$v_0 = \frac{1500}{500} = 3 \text{ cm (Vorkrümmung)}$$

$$s_{K,z} = 1 \cdot 1500 = 1500 \text{ cm}$$

$$y_s = \frac{52,16}{2} = 26,08 \text{ cm}$$

$$I_z = 4\,(35 \cdot 26,08^2 + 638) = 97\,775 \text{ cm}^4 = I_y$$

$$i_z = \sqrt{\frac{97\,775}{140}} = 26,4 \text{ cm} = i_y$$

$$I_z^* = 4 \cdot 35 \cdot 26,08^2 = 95\,223 \text{ cm}^4$$
$$\alpha = 34,8°$$
$$\cos \alpha = 75/91,35 = 0,821$$
$$\sin \alpha = 52,16/91,35 = 0,571$$
$$m = 2$$

$$S^*_{z,d} = \frac{2 \cdot (21\,000 \cdot 4,8)}{1,1} \cdot 0,571^2 \cdot 0,821 = 49\,058 \text{ kN}$$

$$N_{Ki,z,d} = \frac{1}{\dfrac{1500^2 \cdot 1,1}{\pi^2 \cdot 21\,000 \cdot 95\,223} + \dfrac{1}{49\,058}} = 6859 \text{ kN}$$

$$M_z = \frac{1700 \cdot 3}{1 - \dfrac{1700}{6859}} = 6781 \text{ kNcm}$$

$$\max V_y = \frac{3,14 \cdot 6781}{1500} = 14,2 \text{ kN}$$

$$W_z^* = \frac{95\,223}{26,08} = 3651 \text{ cm}^3$$

$$N_G = \frac{1700}{4} + \frac{6781}{3651} \cdot 35 = 490 \text{ kN}$$

$$s_{K,1} = 1,52 \cdot 75 = 114 \text{ cm } (s_{K,1} \text{ nach } 11.4.2)$$
$$\lambda_{K,1} = \frac{114}{2,74} = 41,6 < 70$$

Nachweis des Einzelstabes nach 7.4

$$\overline{\lambda}_{K,1} = \frac{41,6}{92,9} = 0,448$$

180

Knickspannungslinie c nach 7.4.1

κ_1 nach 7.4.2

$\kappa_1 = 0{,}871$

$$N_{\text{pl,G,d}} = 35 \cdot \frac{24}{1{,}1} = 764 \,\text{kN}$$

$$\frac{490}{0{,}871 \cdot 764} = 0{,}736 < 1$$

Die zweite stofffreie Achse hat die gleichen geometrischen Verhältnisse, so dass kein Nachweis erforderlich wird.

Nachweis der Füllstäbe mit $m = 2$

$$\max D = \pm \frac{14{,}2 \cdot 91{,}35}{2 \cdot 52{,}16} = 12{,}43 \,\text{kN}$$

Druckstab

Knicklänge $s_K \approx l_D$ nach DIN 18 800 T2, Element 503

Der Anschluss erfolgt mit 2 Schrauben und ist somit nach DIN 18 800 T2, Bild 24 biegesteif.

Die Exzentrizität des Anschlusses darf vernachlässigt werden, wenn dem Stab nach DIN 18 800 T2, Element 510 ein bezogener Schlankheitsgrad $\overline{\lambda}'_K$ entsprechend Tabelle 16 der genannten DIN zugeordnet wird.

$s_K = 91{,}35$ cm; min $i = 0{,}98$ cm

$$\overline{\lambda}_K = \frac{91{,}35}{0{,}98 \cdot 92{,}9} = 1{,}003$$

$\overline{\lambda}'_K = 0{,}35 + 0{,}753 \cdot \overline{\lambda}_K = 0{,}35 + 0{,}753 \cdot 1{,}003 = 1{,}105$

Knickspannungslinie c nach 7.4.1

κ nach 7.4.2

$\kappa = 0{,}481$

$$N_{\text{pl,d}} = 4{,}8 \cdot \frac{24}{1{,}1} = 104{,}7 \,\text{kN}$$

$$\frac{12{,}43}{0{,}481 \cdot 104{,}7} = 0{,}25 < 1$$

Zugstab

Der Stab wird nach 5.2 mit Lochschwächung im Anschluss nachgewiesen (M 12).

$$\frac{A_{\text{Brutto}}}{A_{\text{Netto}}} = \frac{4{,}8}{4{,}8 - 0{,}5 \cdot 1{,}3} = 1{,}16 < 1{,}2$$

Der Lochabzug muss nicht berücksichtigt werden.

Es tritt eine Exzentrizität $a = e + \dfrac{t}{2}$ auf.

$$a = 1{,}4 + \frac{1{,}3}{2} = 2{,}05 \text{ cm}$$

Werden bei der Berechnung der Beanspruchungen von Stäben mit Winkelquerschnitt schenkelparallele Querschnittsachsen als Bezugsachsen anstelle der Trägheitshauptachsen benutzt, so ist die ermittelte Beanspruchung um 30 % zu erhöhen (vgl. DIN 18 800 T1, Element 751).

$$1{,}3 \left(\frac{24{,}5}{4{,}8} + \frac{24{,}5 \cdot 2{,}05}{11} \cdot 1{,}4 \right) = 15 \text{ kN/cm}^2$$

$$15{,}0 \text{ kN/cm}^2 < \frac{24}{1{,}1} = 21{,}8 \text{ kN/cm}^2$$

Der Nachweis ist erfüllt.

Der Anschluss kann nach 3.5 nachgewiesen werden.

12 Elastisch gestützte Druckgurte

12.0 Allgemeines

Vorgegebene niedrige Bauhöhen erfordern für Stahlbrücken mit vollwandigen Hauptträgern das Ausbilden eines Troges. Bei Fachwerkrohrbrücken kann es aus Gründen der Zugänglichkeit notwendig werden, auf stabilisierende Verbände für den gedrückten Obergurt zu verzichten. Sowohl die gedrückten Flansche der Vollwandträger als auch die gedrückten Obergurtstäbe bei Fachwerken bilden zwischen den anzuordnenden biegesteifen Querrahmen Stabzüge mit federnder Querstützung.

Da die unteren Flansche und Gurte bei diesen Konstruktionen durch Verbände unverschieblich gehalten sind, wirken die Druckkräfte in Flansch und Gurt richtungstreu.

12.1 Grundlagen der Nachweisführung

Die im Nachweisschema aufbereitete Näherungsberechnung ist schon in DIN 4114 enthalten. Da in der DIN 18 800 T 2 die Berechnung nach Theorie II. Ordnung am imperfekten System eingeführt wurde, entfällt die Absicherung mit der *Euler*schen bzw. *Engesser*schen Knicksicherheit. Im Interesse einer praktikablen Handhabung der Formeln wurde in [32] die Umrechnung mit einem Anpassungsfaktor γ_d eingeführt. So wird das vorgegebene Sicherheitsniveau eingehalten. Das Näherungsverfahren eignet sich nur für die Berechnung kleinerer Brückenbauwerke des Industrie- und Hochbaus. Die Ergebnisse liegen wegen der Vernachlässigung von zusätzlich vorhandenen Biege- und Drilleinspannungen durch Füllstäbe u. ä. auf der sicheren Seite. Die Einführung des Anpassungsfaktors ist vertretbar. Bei der statischen Berechnung größerer Bauwerke ist eine exakte Lösung für die federnde Querstützung erforderlich.

Die Federsteifigkeit C von pfostenlosen Strebenfachwerken kann nach DIN 18 800 T 2, Tabelle 19 berechnet werden. Die Stabilisierung des Obergurtes erfolgt dabei durch ein Diagonalenpaar. Mit dem Untergurt bildet sich eine Scheibe aus, die ebenfalls biegesteif an ein Querträgerpaar angeschlossen wird. Die Tragwirkung entspricht der Halbrahmenausbildung.

Die Berechnung ergibt bei steifen Gurten und biegeweichen Rahmen große β-Werte. Umgekehrt resultieren aus schwachen Gurten und steifen Rahmen relativ kleine β-Werte. Für β sollte aus Gründen einer wirtschaftlichen Profilwahl die obere Grenze bei 3 liegen. Die untere Grenze liegt bei $\beta \gtreqqless 1{,}2$, weil sonst das Näherungsverfahren der vereinfachenden Annahme einer stetigen Verteilung des Bettungsdruckes nicht mehr entspricht. Der Bettungsdruck ist dabei als die Federwirkung der Halbrahmen geteilt durch die Feldweite des Hauptträgers definiert. Die Knickfigur, die sich im Obergurt rechtwinklig zur Hauptträgerebene einstellt, ist für beide Hauptträger spiegelbildlich zur Brückenachse. Es tritt eine symmetrische Querrahmenbeanspruchung auf. Bei Trogbrücken mit Querrahmenhalterung entstehen im Prinzip Felder ohne Kopplung. Für die Halbrahmen ergibt sich, abhängig von ihrer Steifigkeit, daraus eine zusätzliche Belastung. Es treten paarweise entweder nach innen oder nach außen gerichtete Horizontalkräfte auf.

12.2 Bezeichnungen

$N_{1\ldots n}$	Absolutbetrag des Bemessungswertes der Längskraft in den Feldern 1 bis n
$M_{1\ldots n}$	gemittelter Bemessungswert der Biegemomente in den Feldern 1 bis n
C_0	erforderliche Federsteifigkeit
C_1	vorhandene Federsteifigkeit am Zwischenrahmen
C_2	vorhandene Federsteifigkeit am Endrahmen
b_q	rechnerische Querträgerlänge nach Abb. 12.1
h	Systemhöhe des Rahmenstieles nach Abb. 12.1
h_v	rechnerische Rahmenhöhe nach Abb. 12.1
$l_{1\ldots n}$	Netzlänge der von Rahmen zu Rahmen reichenden Stäbe
$A_{G1\ldots n}$	Gurtquerschnitt der Stäbe 1 bis n
$S_{G1\ldots n}$	Flächenmoment 1. Grades des Gurtes in Bezug auf die waagerechte Schwerachse
$I_{z1\ldots n}$	Flächenmoment 2. Grades des Vollquerschnittes in Bezug auf die waagerechte Schwerachse
$I_{zG1\ldots n}$	Flächenmoment 2. Grades des Obergurtes in Feld 1 bis n
I_q	Flächenmoment 2. Grades des Querträgers
I_v	Flächenmoment 2. Grades des Rahmenstieles

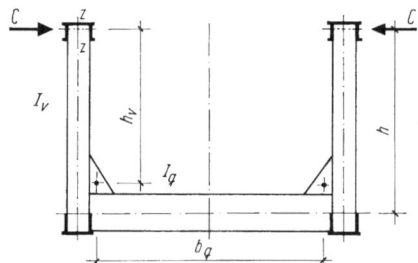

Hauptträger in Fachwerkkonstruktion

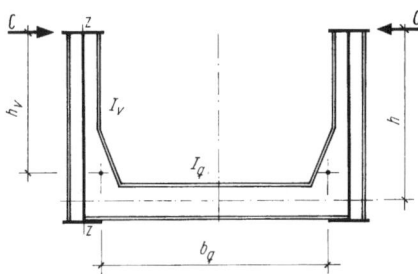

Hauptträger in Vollwandkonstruktion

Abb 12.1

12.3 Nachweisschema für federnd gehaltene Druckstäbe

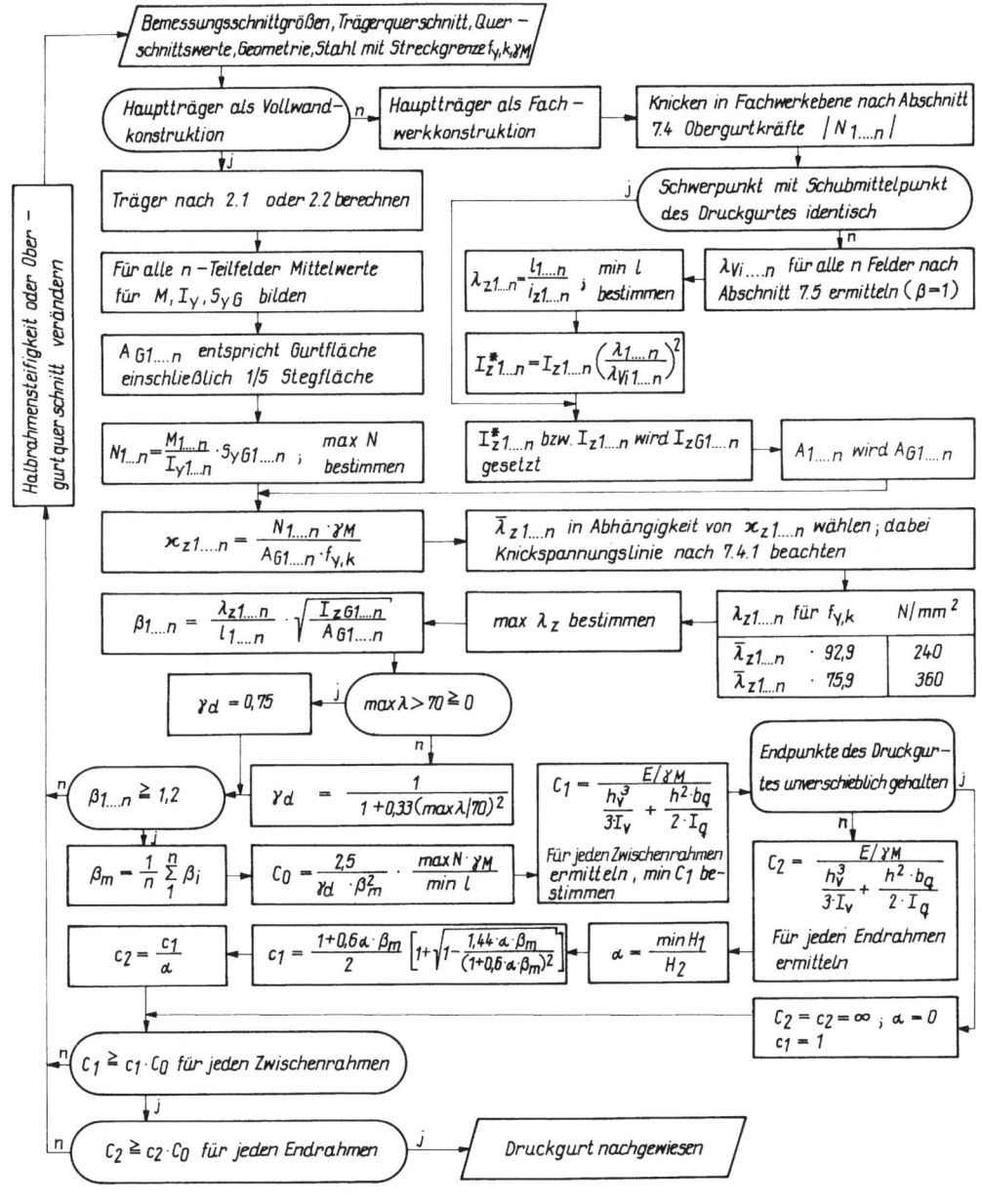

185

12.4 Beispiele für elastisch gestützte Druckgurte

12.4.1 Hauptträger aus einer Vollwandkonstruktion

Der Obergurt eines Hauptträgers nach Abb. 12.2 soll auf eine ausreichende Halterung durch Halbrahmen untersucht werden.

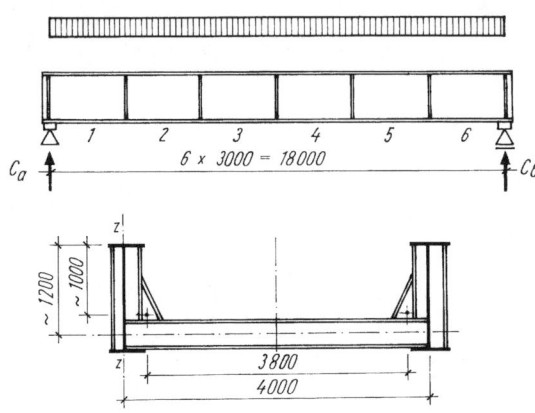

Querschnitt Hauptträger
Schweißträger
Obergurt 250×12
Steg 1276×8
Untergurt 250×12

$a_w = 5$ mm

$A = 162$ cm^2
$I_y = 387\,000$ cm^4
$S_{yG} = 1932$ cm^3

Querschnitt Pfosten

$\frac{1}{2}$ IPE 220 (beidseitig)

$I_v \approx 2770$ cm^4

Querschnitt Querträger
IPE 220
$I_q = 2770$ cm^4
$h = 1200$ mm; $h_v = 1000$ mm
$b_q = 3800$ mm; $l = 3000$ mm
$l_{ges} = 18\,000$ mm
St 37; $\gamma_M = 1,1$

Abb. 12.2

Die Bemessungsschnittgrößen sind entsprechend den Gegebenheiten nach 1.3 ermittelt worden.
$M_m = 95\,217$ kNcm
$M_1 = M_6 = 29\,054$ kNcm
$M_2 = M_5 = 71\,315$ kNcm
$M_3 = M_4 = 92\,446$ kNcm
$C_a = C_b = 211,3$ kN

■ Lösung nach 12.3
Spannungsnachweis für den Träger nach 2.1

$$\sigma_x = \frac{95\,217}{387\,000} \cdot 65 = 16\,\text{kN/cm}^2 < \frac{24}{1,1} = 21,8\,\text{kN/cm}^2$$

$$\tau = \frac{211,3 \cdot 1930}{387\,000 \cdot 0,8} = 1,3\,\text{kN/cm}^2 < \frac{24}{1,1 \cdot \sqrt{3}} = 12,6\,\text{kN/cm}^2$$

Die Querschnittswerte bleiben in allen Feldern unverändert.

$$A_{G1\ldots6} = 25 \cdot 1,2 + (130 - 2 \cdot 1,2) \cdot 0,8 \cdot \frac{1}{5} = 50,4\,\text{cm}^2$$

186

$$N_1 = N_6 = 29\,054 \cdot \frac{1932}{387\,000} = 145\,\text{kN}$$

$$N_2 = N_5 = 71\,315 \cdot \frac{1932}{387\,000} = 356\,\text{kN}$$

$$N_3 = N_4 = 92\,446 \cdot \frac{1932}{387\,000} = 461,5\,\text{kN}$$

$\max N = 461,5\,\text{kN}$

$$\kappa_{z1} = \kappa_{z6} = \frac{145 \cdot 1,1}{50,4 \cdot 24} = 0,132$$

$$\kappa_{z2} = \kappa_{z5} = \frac{356 \cdot 1,1}{50,4 \cdot 24} = 0,324$$

$$\kappa_{z3} = \kappa_{z4} = \frac{461,5 \cdot 1,1}{50,4 \cdot 24} = 0,416$$

Nach 7.4.1 ergibt sich KSL c

$\overline{\lambda}_{z1} = \overline{\lambda}_{z6} = 2,50$		$\lambda_{z1} = \lambda_{z6} = 232,3$
$\overline{\lambda}_{z2} = \overline{\lambda}_{z5} = 1,472$	mit $\lambda_{zi} = \overline{\lambda}_{zi} \cdot 92,9$ wird	$\lambda_{z2} = \lambda_{z5} = 136,7$
$\overline{\lambda}_{z3} = \overline{\lambda}_{z4} = 1,238;$		$\lambda_{z3} = \lambda_{z4} = 115,0$

Der größte Schlankheitsgrad
$\max \lambda_z = 232,3$

$$I_{zG1\ldots6} = \frac{25^3}{12} \cdot 1,2 = 1562,5\,\text{cm}^4$$

$$\beta_1 = \beta_6 = \frac{232,3}{300} \cdot \sqrt{\frac{1562,5}{50,4}} = 4,31 > 1,2$$

$$\beta_2 = \beta_5 = \frac{136,7}{300} \cdot \sqrt{\frac{1562,5}{50,4}} = 2,54 > 1,2$$

$$\beta_3 = \beta_4 = \frac{115,0}{300} \cdot \sqrt{\frac{1562,5}{50,4}} = 2,13 > 1,2$$

Die Schranke $\beta < 3$ ist nur eine Grenze für die wirtschaftliche Profilwahl, $\beta > 1,2$ muss eingehalten sein.
$\gamma_d = 0,75$

$$\beta_m = \frac{1}{6}\,(2 \cdot 4,31 + 2 \cdot 2,54 + 2 \cdot 2,13) = 2,99$$

$$C_0 = \frac{2,5}{0,75 \cdot 2,99^2} \cdot \frac{461,5 \cdot 1,1}{300} = 0,63 \text{ kN/cm}$$

$$C_1 = \frac{21\,000/1,1}{\dfrac{100^3}{3 \cdot 2770} + \dfrac{120^2 \cdot 380}{2 \cdot 2770}} = 17,3 \text{ kN/cm}$$

Zwischen- und Endrahmen sind gleich ausgebildet.
min $C_1 = C_1$
$C_2 = C_1$
$\alpha = 1$

$$c_1 = \frac{1 + 0,6 \cdot 2,99}{2} \left[1 + \sqrt{1 - \frac{1,44 \cdot 1 \cdot 2,99}{(1 + 0,6 \cdot 1 \cdot 2,99)^2}}\right] = 2,332$$

$c_1 = c_2$

17,3 kN/cm $>$ 2,332 $\cdot$ 0,631 = 1,47 kN/cm

Der Druckgurt des Hauptträgers kann als elastisch gestützt betrachtet werden.

12.4.2 Hauptträger aus einer Fachwerkkonstruktion

Der Druckgurt der Fachwerkbrücke nach Abb. 12.3 soll auf eine genügende seitliche Halterung untersucht werden.

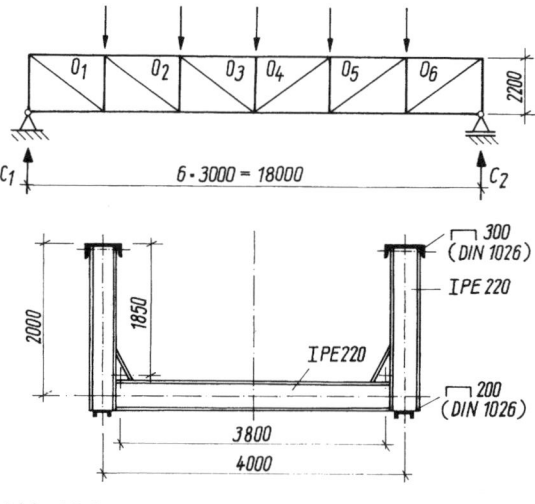

Querschnitt Obergurt
Hauptträger ⌐ 300 (DIN 1026)
$A = 58,8 \text{ cm}^2$
$I_z = 8030 \text{ cm}^4$
$i_z = 11,7 \text{ cm}$
$i_y = 2,9 \text{ cm}$

Querschnitt Querträger IPE 220
$I_q = 2770 \text{ cm}^4$

Querschnitt Pfosten IPE 220
$I_v = 2770 \text{ cm}^4$
$h = 200 \text{ cm}; h_v = 180 \text{ cm}$
$b_q = 380 \text{ cm}$
St 37; $\gamma_M = 1,1$

Abb. 12.3

Die Bemessungsschnittgrößen sind entsprechend den Gegebenheiten nach 1.3 ermittelt worden.

$O_1 = O_6 = N_1 = N_6 = 240,1 \text{ kN (Druck)}$
$O_2 = O_5 = N_2 = N_5 = 384,1 \text{ kN (Druck)}$
$O_3 = O_4 = N_3 = N_4 = 432,3 \text{ kN (Druck)}$

■ Lösung nach 12.3
Die Gurtquerschnitte sind nicht abgestuft.
Knicken in der Fachwerkebene nach 7.4
$\beta_y = 1$
$s_{Ky} = 1 \cdot 300 = 300 \text{ cm}$

$$\lambda_y = \frac{300}{2,9} = 103,4$$

$$\overline{\lambda}_y = \frac{103,4}{92,9} = 1,114$$

$\kappa_y = 0,477$ nach KSL c

$$N_{pl,d} = 58,8 \cdot \frac{24}{1,1} = 1283 \text{ kN}$$

$$\frac{432,3}{0,477 \cdot 1283} = 0,71 < 1$$

Der Schwerpunkt und der Schubmittelpunkt des Druckgurtes sind nicht identisch.
Ermittlung von λ_{Vi} nach 7.5
$I_T = 37,4 \text{ cm}^4$
$I_\omega = 69\,100 \text{ cm}^6$
$z_M = 5,41 \text{ cm}$
$\beta = \beta_0 = 1; \; l = l_0 = 300 \text{ cm}$

$$c^2 = \frac{69\,100 + 0,039 \cdot 300^2 \cdot 37,4}{8030} = 24,95 \text{ cm}$$

$i_p^2 = 11,7^2 + 2,9^2 = 145,3 \text{ cm}^2$
$i_M^2 = 145,3 + 5,41^2 = 174,6 \text{ cm}^2$

$$\lambda_{Vi} = \frac{300}{11,7} \sqrt{\frac{24,95 + 174,6}{2 \cdot 24,95} \left[1 + \sqrt{1 - \frac{4 \cdot 24,95 \cdot 145,3}{(24,95 + 174,6)^2}}\right]} = 68,7$$

$$\lambda_{z1\ldots6} = \frac{300}{11,7} = 25,6$$

$$I_z^* = 8030 \left(\frac{25,6}{68,7}\right)^2 = 1115 \text{ cm}^4$$

$A_{G1\ldots6} = 58,8 \text{ cm}^2$

$$\kappa_{z1} = \kappa_{z6} = \frac{240,1 \cdot 1,1}{58,8 \cdot 24} = 0,187$$

$$\kappa_{z2} = \kappa_{z5} = \frac{384,1 \cdot 1,1}{58,8 \cdot 24} = 0,299$$

189

$$\kappa_{z3} = \kappa_{z4} = \frac{432{,}3 \cdot 1{,}1}{58{,}8 \cdot 24} = 0{,}337$$

Nach 7.4.1 ergibt sich KSL c

$\overline{\lambda}_{z1} = \overline{\lambda}_{z6} = 2{,}06$

$\overline{\lambda}_{z2} = \overline{\lambda}_{z5} = 1{,}55;$ mit $\lambda_{zi} = \overline{\lambda}_{zi} \cdot 92{,}9$ wird

$\overline{\lambda}_{z3} = \overline{\lambda}_{z4} = 1{,}435$

$\lambda_{z1} = \lambda_{z6} = 191{,}4 = \max \lambda$

$\lambda_{z2} = \lambda_{z5} = 144$

$\lambda_{z3} = \lambda_{z4} = 133{,}3$

$$\beta_1 = \beta_6 = \frac{191{,}4}{300} \cdot \sqrt{\frac{1115}{58{,}8}} = 2{,}78 > 1{,}2$$

$$\beta_2 = \beta_5 = \frac{144}{300} \cdot \sqrt{\frac{1115}{58{,}8}} = 2{,}09 > 1{,}2$$

$$\beta_3 = \beta_4 = \frac{133{,}3}{300} \cdot \sqrt{\frac{1115}{58{,}8}} = 1{,}94 > 1{,}2$$

$\gamma_d = 0{,}75$

$$\beta_m = \frac{1}{6} \, (2 \cdot 2{,}78 + 2 \cdot 2{,}09 + 2 \cdot 1{,}94) = 2{,}27$$

$\max N = 432{,}3 \text{ kN}$

$\min l = 300 \text{ cm}$

$$C_0 = \frac{2{,}5}{0{,}75 \cdot 2{,}27^2} \cdot \frac{432{,}3 \cdot 1{,}1}{300} = 1{,}02 \text{ kN/cm}$$

$$C_1 = \frac{21\,000/1{,}1}{\dfrac{180^3}{3 \cdot 2770} + \dfrac{200^2 \cdot 380}{2 \cdot 2770}} = 5{,}54 \text{ kN/cm}$$

Zwischen- und Endrahmen sind gleich ausgebildet.

$\min C_1 = C_1$

$C_2 = C_1$

$\alpha = 1$

$$c_1 = \frac{1 + 0{,}6 \cdot 2{,}27}{2} \left[1 + \sqrt{1 - \frac{1{,}44 \cdot 1 \cdot 2{,}27}{(1 + 0{,}6 \cdot 2{,}27)^2}} \right]$$

$c_1 = 1{,}94$

$c_1 = c_2$

$5{,}54 \text{ kN/cm} > 1{,}94 \cdot 1{,}02 = 1{,}98 \text{ kN/cm}$

Der Obergurt des Fachwerkhauptträgers kann als elastisch gestützt angesehen werden.

13 Nachweisführung für Tragwerke nach Theorie II. Ordnung

13.0 Allgemeines

Grundsätzlich ist eine Berechnung nach Theorie II. Ordnung für Tragwerke notwendig, wenn infolge der Belastung im Tragwerk große Längskräfte vorhanden sind, die durch auftretende Verformungen zusätzliche Momente verursachen. Der Grenzzustand wird für das verformte Tragwerk nachgewiesen. Die exakte Lösung für die Ermittlung der Schnittgrößen nach Theorie II. Ordnung mithilfe von Differentialgleichungen war bisher aufwändig und nur bei einfachen Systemen möglich. *Rubin* gibt in [1] als Lösung der Differentialgleichung II. Grades für den Einzelstab einen Reihenansatz an. Es werden daraus Formeln entwickelt, die mit den klassischen Verfahren der Statik eine Berechnung von Tragwerken nach Theorie II. Ordnung ohne Fallunterscheidung unter Berücksichtigung der Vorverformungen problemlos ermöglichen. Die DIN 18 800 T 2, Abschnitt 5 bietet Näherungslösungen an, die auf dem Drehwinkelverfahren basieren.

Eine in der Praxis häufig angewendete Methode ist die Ermittlung der Verformung für die Schnittgrößen nach Theorie I. Ordnung am unverformten System und eine iterative Annäherung an ihre endgültigen Werte am verformten System. Dieses Berechnungsverfahren ist nach DIN 18 800 T 2, Element 116 generell anwendbar.

Die beste Übereinstimmung mit genauen Lösungen wird erreicht, wenn schrittweise die Momente jeweils am verformten System ermittelt werden. Da der Momentenzuwachs den Gesetzen einer geometrischen Reihe folgt, ist eine Abkürzung der iterativen Annäherung möglich, die den Rechenaufwand beachtlich reduziert [18].

Sofern die Druckkräfte unter der Verzweigungslast liegen, bei praktischen Berechnungen ist das in der Regel der Fall, nähert sich die Rechnung asymptotisch der exakten Lösung.

Tragwerksverformungen sind nach DIN 18 800 T 2 generell zu berücksichtigen, wenn sie zur Vergrößerung der Beanspruchungen führen. Bei der Berechnung sind die Gleichgewichtsbedingungen am verformten System aufzustellen.

Der Einfluss der Theorie II. Ordnung darf vernachlässigt werden, wenn der Zuwachs der maßgebenden Schnittgrößen infolge der nach Theorie I. Ordnung ermittelten Verformungen nicht größer als 10 % ist.

Diese Bedingung darf als erfüllt angesehen werden, wenn die vorhandenen Längskräfte des Systems nicht größer als 10 % der zur realen Knicklast gehörenden Längskräfte des Systems sind bzw. wenn die Stabkennzahl aller Stäbe $\varepsilon = s_k \cdot \sqrt{N/(E \cdot I)_d} \leqq 1$ ist. Ergänzungen hierzu können auch DIN 18 800 T 1, Elemente 739 und 740 entnommen werden.

Durch den Ansatz von Imperfektionen in Form von Vorverdrehungen bzw. von Vorkrümmungen sollen mögliche Abweichungen vom planmäßigen Tragverhalten berücksichtigt werden. Ursachen für imperfekte Stabtragwerke können z. B. Ungenauigkeiten in den Stablängen, Winkeldifferenzen zwischen den Stäben in Verbindungen und Achsabweichungen an Auflagerpunkten sein.

Die Größe der Vorverformungen für den Nachweis einteiliger Stäbe nach Theorie II. Ordnung ist in DIN 18 800 T 2, Elemente 204 und 205 geregelt. Imperfektionen dürfen auch durch den Ansatz einer gleichwertigen Ersatzlast berücksichtigt werden. Wenn durch das vorgesehene Herstellungs- oder Montageverfahren die Annahme geringerer Imperfektionen vertretbar ist, dann muss das Einhalten der reduzierten Annahmen auf ihre Richtigkeit überprüft werden.

Bei Anwendung des Nachweisverfahrens Elastisch-Elastisch brauchen nur 2/3 der Werte der Imperfektionen angesetzt zu werden. Für mehrteilige Stäbe gelten generell andere Werte als für einteilige Stäbe. Die jeweils gültigen Festlegungen sind DIN 18 800 T 2 zu entnehmen.

Nach DIN 18 800 T 1, Elemente 729 und 730 sind auch Imperfektionen bei einer Rechnung nach Theorie I. Ordnung zu berücksichtigen. Die vorgegebenen Werte sind geringer.

Die Berechnung der Tragwerke nach Theorie II. Ordnung entsprechend DIN 18 800 T 2 setzt voraus, dass die Längskraftverformung der Stiele von Rahmen und Aussteifungselementen vernachlässigbar ist. Diese Voraussetzung ist erfüllt, wenn $E \cdot I \geqq 2{,}5 \cdot S \cdot L^2$. Dabei bedeutet $E \cdot I$ die Biegesteifigkeit, S die Stockwerkssteifigkeit und L die Gesamthöhe des Stockwerksrahmens bzw. der Aussteifungskonstruktion.

Für I und S bietet DIN 18 800 T 2 Abschnitt 5.2 Näherungsgleichungen an.

Die Biegedrillknickuntersuchung ist für die aus dem jeweiligen Stabwerk herausgelöst gedachten Stäbe durchzuführen.

13.1 Vorverdrehungen

Vorverdrehungen sind für Stäbe und Stabzüge anzunehmen, die am verformten System Stabdrehwinkel aufweisen können und die durch Längskräfte beansprucht werden.

Die Art und Größe der Vorverdrehungen ist in DIN 18 800 T 2, Element 205 vorgeschrieben. Dabei bildet der Winkel φ_0 das Maß für die erforderliche Vorverdrehung des Stabes bzw. Stabzuges und entspricht einer Schiefstellung des Systems.

Die Vorverdrehung von einteiligen Stäben beträgt in der Regel $\varphi_0 = (1/200) \cdot r_1 \cdot r_2$. Der Faktor r_1 stellt einen Reduktionswert dar, der die Stablänge berücksichtigt. Der Faktor r_2 erfasst die Anzahl der voneinander unabhängigen Ursachen für die Vorverdrehungen und ist meist mit der Anzahl der Stiele je Stockwerk identisch. Stiele mit geringer Längskraft zählen bei dieser Erfassung nicht. Als derartige Stiele gelten solche, deren Längskraft kleiner als 25 % der Längskraft des maximal belasteten Stiels im betrachteten Geschoss der entsprechenden Rahmenebene ist.

13.2 Vorkrümmung

Für Einzelstäbe mit unverschieblichen Knotenpunkten ist eine Vorkrümmung in Form einer Sinushalbwelle oder einer quadratischen Parabel anzusetzen. Die Größe des Stiches der Vorkrümmung w_0 hängt von der Knickspannungslinie ab. Bei Stäben mit Querschnitten entsprechend der Knickspannungslinie a beträgt die Vorkrümmung $w_0 = l/300$. Die weiteren Werte können DIN 18 800 T 2, Element 204 entnommen werden.

Für Stäbe, die am verformten Stabwerk Stabdrehwinkel aufweisen und eine Stabkennzahl $\varepsilon > 1{,}6$ haben, ist sowohl die Vorverdrehung als auch die Vorkrümmung anzusetzen.

Beim Biegedrillknicken ist lediglich eine Vorkrümmung mit einem Stich von $0{,}5\,w_0$ zu berücksichtigen.

13.3 Nachweisschema für Näherungsberechnung nach Theorie II. Ordnung

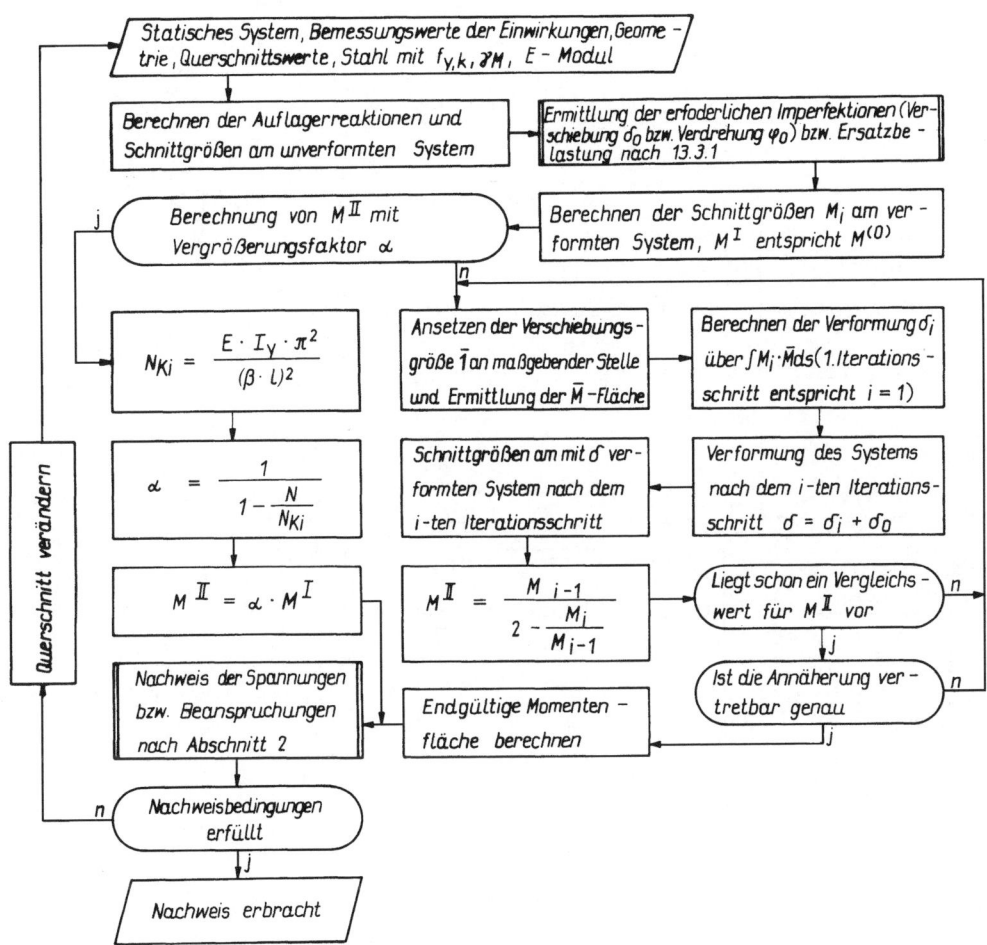

13.3.1 Ermittlung der Imperfektionen

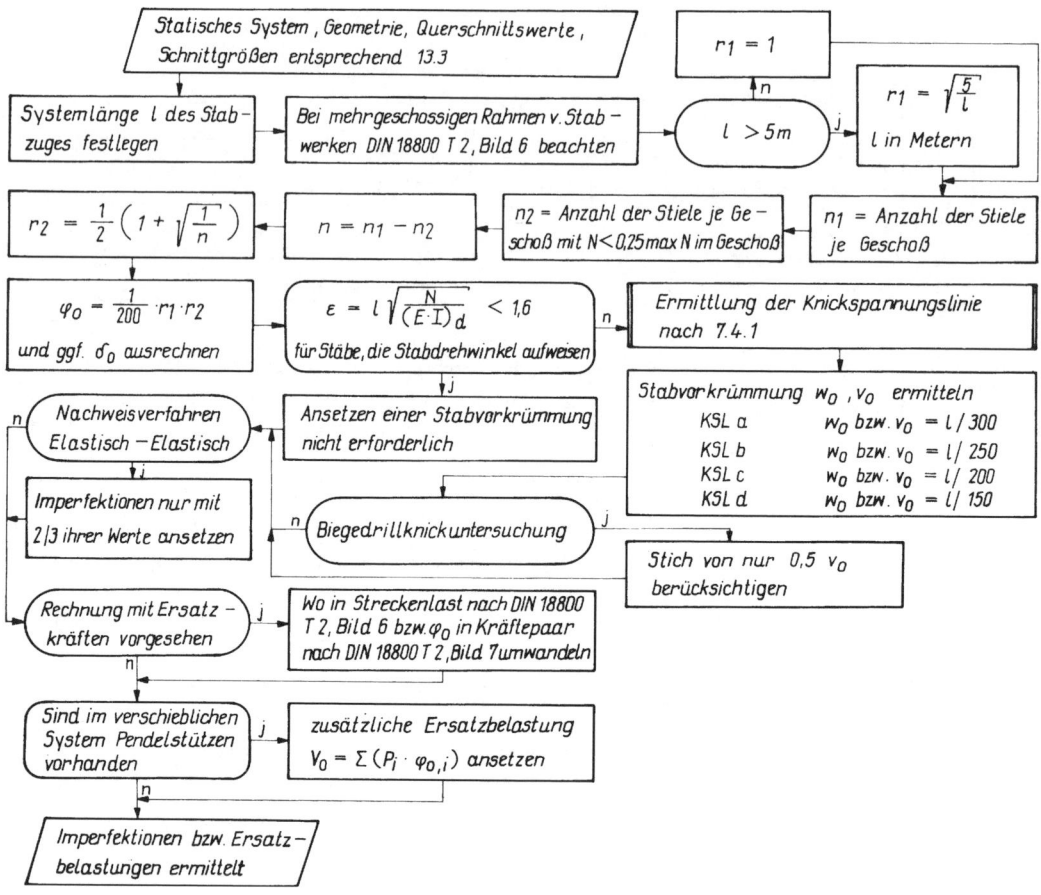

13.4 Beispiele zur Berechnung nach Theorie II. Ordnung

13.4.1 Eingespannte Stütze mit gekoppelter Pendelstütze

An eine eingespannte Stütze nach Abb. 13.1 wird über einen Koppelträger eine Pendelstütze angehängt. Für das Ausweichen in der Rahmenebene ist der Nachweis nach Theorie II. Ordnung zu führen. Die oberen Gelenkpunkte sind senkrecht zur Rahmenebene unverschieblich gehalten.

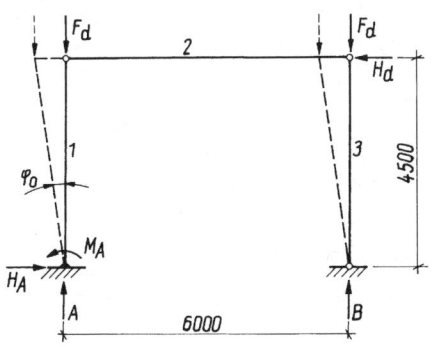

Abb 13.1

Querschnitt Stütze 1: IPE 360
Stütze 3: IPE 300
Querschnittswerte
$A_1 = 72{,}7 \text{ cm}^2$
$A_3 = 53{,}8 \text{ cm}^2$
$I_{y1} = 16\,270 \text{ cm}^4$
$I_{y3} = 8360 \text{ cm}^4$

Belastung
$F_d = 500 \text{ kN}$
$H_d = 20 \text{ kN}$
St 37; $\gamma_M = 1{,}1$

■ Lösung nach 13.3

Auflagerreaktionen

$A = 500 \text{ kN}$

$B = 500 \text{ kN}$

$H_A = 20 \text{ kN}$
$M_A = 20 \cdot 450 = 9000 \text{ kNcm}$

Schnittgrößen
$N_1 = A = 500 \text{ kN (Druck)}$
$V_1 = H_A = 20 \text{ kN}$
$\max M_1 = M_A = 9000 \text{ kNcm}$
$N_2 = 20 \text{ kN (Druck)}$
$N_3 = B = 500 \text{ kN (Druck)}$

Ermittlung der Imperfektionen nach 13.3.1
$l = 4{,}50 \text{ m} < 5 \text{ m}$
$r_1 = 1$
Anzahl der Stiele $n_1 = 2$

Die Längskräfte unterscheiden sich in Stab 1 und 3 nicht.
$n_2 = 0$

$$r_2 = \frac{1}{2} \left(1 + \sqrt{\frac{1}{2}} \right) = 0{,}854$$

$$\varphi_0 = \frac{1}{200} \cdot 1 \cdot 0{,}854 \approx 0{,}005$$

$$\varepsilon_1 = 450 \sqrt{\frac{500 \cdot 1{,}1}{21\,000 \cdot 16\,270}} = 0{,}57 < 1{,}6$$

$$\varepsilon_3 = 450 \sqrt{\frac{500 \cdot 1{,}1}{21\,000 \cdot 8360}} = 0{,}80 < 1{,}6$$

195

Das Ansetzen einer Stabvorkrümmung ist nicht erforderlich.
Nachweisverfahren Elastisch-Elastisch vorgesehen.

$$\varphi_0 = \frac{2}{3} \cdot 0{,}005 = 0{,}0033 = 1/300$$

Durch die angehängte Pendelstütze ergibt sich nach DIN 18 800 T 2, Element 525 eine zusätzliche Ersatzbelastung.
$V_0 = 2 \cdot 500 \cdot 0{,}0033 = 3{,}3 \text{ kN}$
Aus φ_0 ergibt sich eine Riegelverschiebung von $\delta_0 = 450/300 = 1{,}5 \text{ cm}$.

Momente am imperfekten System
$M_A^{(0)} = (20 + 3{,}3) \cdot 450 + 500 \cdot 1{,}5 = 11\,235 \text{ kNcm}$
$\overline{1}$ in Riegelhöhe ansetzen
$\overline{M}_A = \overline{1} \cdot 450 = 450 \text{ kNcm}$
Verformung im 1. Iterationsschritt

$$\delta_1 = \frac{1}{3} \cdot 11\,235 \cdot 450 \cdot \frac{450 \cdot 1{,}1}{21\,000 \cdot 16\,270} = 2{,}44 \text{ cm}$$

System und Schnittgrößen nach dem 1. Iterationsschritt
$\delta = 2{,}44 + 1{,}5 = 3{,}94 \text{ cm}$
$M_A^{(1)} = (20 + 3{,}3) \cdot 450 + 500 \cdot 3{,}94 = 12\,455 \text{ kNcm}$

Verformung im 2. Iterationsschritt

$$\delta_2 = \frac{1}{3} \cdot 12\,455 \cdot 450 \cdot \frac{450 \cdot 1{,}1}{21\,000 \cdot 16\,270} = 2{,}71 \text{ cm}$$

System und Schnittgrößen nach dem 2. Iterationsschritt

$\delta = 2{,}71 + 1{,}5 = 4{,}21 \text{ cm}$

$M_A^{(2)} = (20 + 3{,}3) \cdot 450 + 500 \cdot 4{,}21 = 12\,590 \text{ kNcm}$

$$M^{II} = \frac{12\,455}{2 - \dfrac{12\,590}{12\,455}} = 12\,591 \text{ kNcm}$$

$N = 500 \text{ kN}$

Nachweis

$$\sigma = \frac{500}{72{,}7} + \frac{12\,591}{904} = 20{,}8 \text{ kN/cm}^2 < \frac{24}{1{,}1} = 21{,}8 \text{ kN/cm}^2$$

Die Stütze 1 ist gegen Ausweichen in der Momentenebene nachgewiesen.

13.4.2 Varianten zu Zweigelenkrahmen

Ein Zweigelenkrahmen nach Abb. 13.2 soll für das Ausweichen in der Momentenebene nach Theorie II. Ordnung nachgewiesen werden. Senkrecht zur Momentenebene sind die Rahmenecken unverschieblich gehalten.

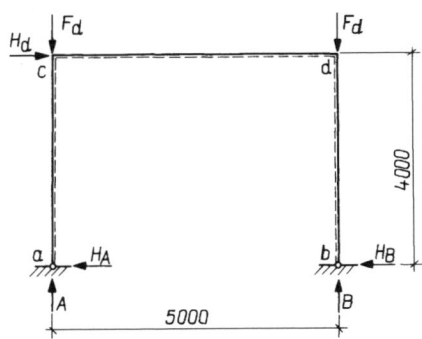

Querschnitt Riegel und Stiele IPE 360
Querschnittswerte
$A = 72,7 \text{ cm}^2$
$I_y = 16\,270 \text{ cm}^4$
$W_y = 904 \text{ cm}^3$

Belastung
$H_d = 30 \text{ kN}$
$F_d = 490 \text{ kN}$
St 37; $\gamma_M = 1,1$

Abb. 13.2

Auflagerreaktionen nach Theorie I. Ordnung

$$A = 490 - 30 \cdot \frac{400}{500} = 466 \text{ kN}$$

$$B = 490 + 30 \cdot \frac{400}{500} = 514 \text{ kN}$$

$$H_A = H_B = 15 \text{ kN}$$

Schnittgrößen am unverformten System:
$N_1 = A = 466 \text{ kN}$ (Druck)
$V_1 = H_A = 15 \text{ kN}$
$M_c = 15 \cdot 400 = +6000 \text{ kNcm}$
$N_3 = B = 514 \text{ kN}$ (Druck)
$V_3 = H_B = 15 \text{ kN}$
$M_d = -15 \cdot 400 = -6000 \text{ kNcm}$
$N_2 = 15 \text{ kN}$

Ermittlung der erforderlichen Imperfektionen nach 13.3.1
$r_1 = 1$, da $l = h < 5 \text{ m}$

Das System hat 2 Stiele, die angenähert gleich belastet sind.
$n = 2$

$$r_2 = \frac{1}{2} \left(1 + \sqrt{\frac{1}{2}}\right) = 0,853$$

$$\varphi_0 = \frac{1}{200} \cdot 1 \cdot 0,853 = 0,00426 \cong \frac{1}{235}$$

$$\delta_0 = \frac{400}{235} = 1,7 \text{ cm}$$

Stabkennzahlen

$$\varepsilon_1 = 400 \cdot \sqrt{\frac{466 \cdot 1,1}{21\,000 \cdot 16\,270}} = 0,49 < 1,6$$

197

$$\varepsilon_3 = 400 \cdot \sqrt{\frac{514 \cdot 1{,}1}{21\,000 \cdot 16\,270}} = 0{,}51 < 1{,}6$$

Eine Vorkrümmung der Stäbe braucht nicht angesetzt zu werden.

■ Lösung

Variante 1
Ermittlung der Verformungen mit der Kraftgrößenmethode und iterative Annäherung an die Schnittgrößen nach Theorie II. Ordnung

Ermittlung der M-Fläche für das imperfekte System nach Abb. 13.3

$$B = \frac{1}{500} \cdot (490 \cdot 501{,}70 + 490 \cdot 1{,}70 + 30 \cdot 400) = 517{,}33 \text{ kN}$$

$$A = 462{,}67 \text{ kN}$$

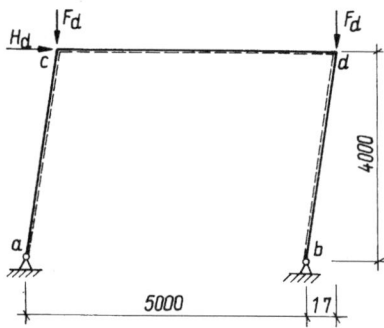

Abb. 13.3

Ermittlung von H_A bzw. H_B am statisch unbestimmten System

Hauptsystem:

Auflager B horizontal verschieblich und mit $\overline{1}$ belastet

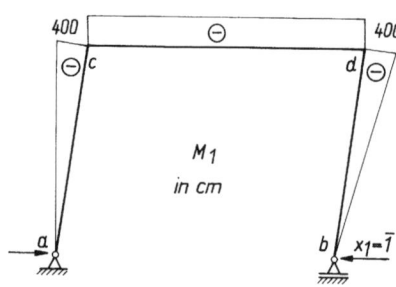

Abb. 13.4

$$\overline{M}_{c1}^{HS} = \overline{M}_{d1}^{HS} = -1{,}0 \cdot 400 = -400 \text{ kNcm}$$
(vgl. Abb. 13.4)

Aus äußeren Lasten ergibt sich am Hauptsystem

$$M_{c0}^{HS} = 462{,}67 \cdot 1{,}70 + 30 \cdot 400 = +12\,787 \text{ kNcm}$$

$$M_{d0}^{HS} = -517{,}33 \cdot 1{,}7 = -880 \text{ kNcm}$$

(vgl. Abb. 13.5)

$$\delta = \int \overline{M}_1 \cdot M_0 \cdot d_s$$

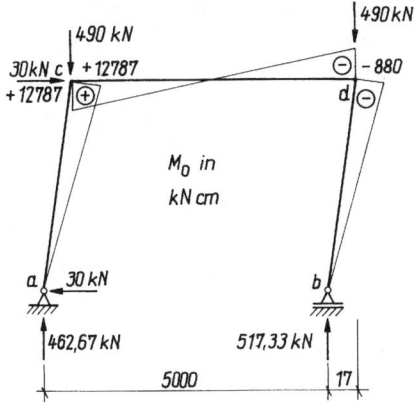

Abb. 13.5

$$\delta_{11} = \frac{1}{3}\,(-400)\,(-400)\cdot 400 \cdot 2 + (-400)\,(-400)\cdot 500 = 122{,}7\cdot 10^6$$

$$\delta_{10} = \frac{1}{3}\,(-880)\,(-400)\cdot 400 + \frac{1}{3}\,(-400)\,(12\,787)\cdot 400$$

$$+ \frac{1}{2}\,(12\,787 - 880)\cdot(-400)\cdot 500 = -1825{,}8\cdot 10^6$$

$$X_1^{(0)} = H_{\mathrm{B}}^{(0)} = \frac{1825{,}8\cdot 10^6}{122{,}7\cdot 10^6} = 14{,}88\ \mathrm{kN}$$

$$M_{\mathrm{c}}^{(0)} = 15{,}12\cdot 400 + 462{,}7\cdot 1{,}7 = 6835\ \mathrm{kNcm}$$
$$M_{\mathrm{d}}^{(0)} = -\,(14{,}88\cdot 400 + 517{,}33\cdot 1{,}7) = -6832\ \mathrm{kNcm}$$

Die M-Fläche am imperfekten System ist in Abb. 13.6 dargestellt.

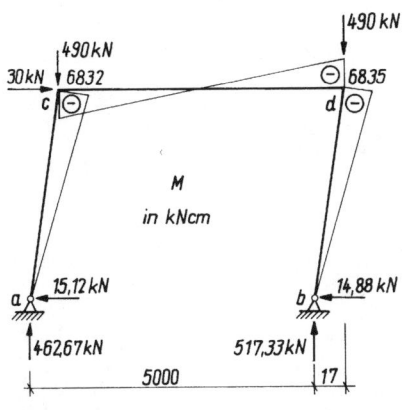

Abb. 13.6

Berechnung der Verformung für den ersten Iterationsschritt

$M_0^{(0)}$- und $M_1^{(0)}$-Flächen siehe Abb. 13.7

$$\delta_1 = \frac{1 \cdot 1{,}1}{21\,000 \cdot 16\,270} \cdot \left(\frac{400}{3} \cdot 200 \cdot 6834 \cdot 2 + \frac{250}{3} \cdot 200 \cdot 6834 \cdot 2\right)$$

$\delta_1 = 1{,}91$ cm

Damit ergibt sich die Gesamtverschiebung nach dem ersten Iterationsschritt:
$\delta = 1{,}70 + 1{,}91 = 3{,}61$ cm

Ermittlung der Auflagerreaktionen und Momentenflächen nach dem ersten Iterationsschritt

Hauptsystem analog Abb. 13.4

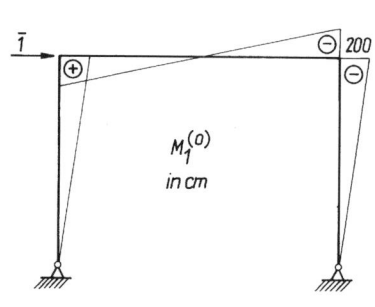 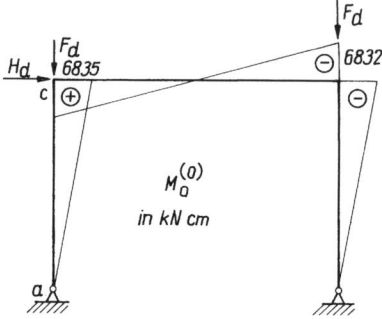

Abb. 13.7

A, B, M_c und M_d am Hauptsystem mit $\delta = 3{,}61$ cm

$$B^{HS} = \frac{1}{500} \, (490 \cdot 503{,}91 + 490 \cdot 3{,}91 + 30 \cdot 400) = 521{,}08 \text{ kN}$$

$A^{HS} = 458{,}92$ kN

$M_{c1}^{HS} = 458{,}92 \cdot 3{,}61 + 30 \cdot 400 = +13\,657$ kNcm

$M_{d1}^{HS} = -521{,}08 \cdot 3{,}61 = -1881$ kNcm

δ_{11} bleibt unverändert

$\delta_{11} = 122{,}7 \cdot 10^6$

$$\delta_{10} = \frac{1}{3} \, (-1881)(-400) \cdot 400 + \frac{1}{3} \, (-400)(13\,657) \cdot 400$$

$$+ \frac{1}{2} \, (13\,657 - 1881) \cdot (-400) \cdot 500 = -1805{,}7 \cdot 10^6$$

$$X_1^{(1)} = H_B^{(1)} = \frac{1805{,}7 \cdot 10^6}{122{,}7 \cdot 10^6} = +14{,}72 \text{ kN}$$

$M_c^{(1)} = 15{,}28 \cdot 400 + 458{,}92 \cdot 3{,}61 = 7767$ kNcm

$M_d^{(1)} = -(14{,}72 \cdot 400 + 521{,}08 \cdot 3{,}61) = -7769$ kNcm

$$M_c^{II} = \frac{6832}{2 - \dfrac{7767}{6832}} = 7916 \text{ kNcm}$$

Berechnung der Verformung im zweiten Iterationsschritt

$$\delta_2 = \frac{1 \cdot 1,1}{21\,000 \cdot 16\,270} \left(\frac{400}{3} \cdot 200 \cdot 7768 \cdot 2 + \frac{250}{3} \cdot 200 \cdot 7768 \right) = 2,16 \text{ cm}$$

$\delta = 1,70 + 2,16 = 3,86$ cm

Ermittlung der Auflagerreaktionen und Momentenflächen nach dem zweiten Iterationsschritt

Hauptsystem analog Abb. 13.4

A, B, M_c und M_d am Hauptsystem mit $\delta = 3,86$ cm

$$B^{HS} = \frac{1}{500} \left(490 \cdot 503,86 + 490 \cdot 3,86 + 30 \cdot 400 \right) = 521,57 \text{ kN}$$

$A^{HS} = 458,43$ kN

$M_{c2}^{HS} = 458,43 \cdot 3,86 + 30 \cdot 400 = 13\,770$ kNcm

$M_{d2}^{HS} = -521,57 \cdot 3,86 = -2013$ kNcm

δ_{11} bleibt unverändert

$\delta_{11} = 122,7 \cdot 10^6$

$$\delta_{10} = \frac{1}{3} \left(-2013 \right) \left(-400 \right) \cdot 400 + \frac{1}{3} \left(-400 \right) \left(13\,770 \right) \cdot 400$$

$$+ \frac{1}{2} \left(13\,770 - 2013 \right) \left(-400 \right) \cdot 500 = -1802,7 \cdot 10^6$$

$$X_1^{(2)} = H_B^{(2)} = \frac{1802,7 \cdot 10^6}{122,7 \cdot 10^6} = +14,70 \text{ kN}$$

$M_c^{(2)} = 15,30 \cdot 400 + 458,43 \cdot 3,86 = 7890$ kNcm

$M_d^{(2)} = -\left(14,70 \cdot 400 + 521,57 \cdot 3,86 \right) = 7893$ kNcm

$$M_c^{II} = \frac{7769}{2 - \dfrac{7890}{7769}} = 7895 \text{ kNcm}$$

Die Iteration hätte schon nach der ersten Näherung abgebrochen werden können.

Nachweis Elastisch-Elastisch

$$\sigma = \frac{521,67}{72,7} + \frac{7895}{904} = 16,6 \text{ kN/cm}^2 < \frac{24}{1,1} = 21,8 \text{ kN/cm}^2$$

Nachweis erfüllt!

Variante 2

Berechnung des Zweigelenkrahmens nach Abb. 13.2 nach dem einheitlichen Konzept für die Berechnung von Stabwerken nach Theorie I. und II. Ordnung von Rubin in [1]

In der DIN 18 800 T 2, Element 521 wird für Stockwerkrahmen mit Stabkennzahlen $\varepsilon < 1{,}6$ die Möglichkeit angegeben, mit einer vergrößerten Stockwerkskraft V_r die Berechnung nach Theorie I. Ordnung durchzuführen.

$$V_r = \underbrace{V_r^H + \varphi_0 \cdot N_r}_{\substack{\text{Anteil am vorverformten} \\ \text{System (I. Ordnung)}}} + \underbrace{1{,}2 \cdot \varphi_r \cdot N_r}_{\substack{\text{näherungsweiser Anteil} \\ \text{am verformten System}}}$$

$$\underbrace{\hspace{9cm}}_{\text{vereinfachte Lösung für Theorie II. Ordnung}}$$

V_r^H Stockwerksquerkraft nur aus äußeren Horizontallasten
N_r Summe aller im Stockwerk übertragenen Vertikallasten
φ_0 Vorverdrehung nach 13.3.1 bzw. DIN 18 800 T 2, Element 205
φ_r Drehwinkel der Stäbe im r-ten Stockwerk

Anmerkung:
Bei Anwendung des Drehwinkelverfahrens I. Ordnung nach [1] ist der Term $1{,}2 \cdot N_r$ vom Hauptdiagonalglied in der Gleichgewichtsbedingung für das Stockwerk r abzuziehen, während der Term $\varphi_r \cdot N_r$ zum Belastungsglied derselben Bedingung zu addieren ist.

Zahlenrechnung:
Stabkennzahlen: max $\varepsilon = \varepsilon_3 = 0{,}51$
Bedingung $\varepsilon < 1{,}6$ für die Anwendung der vereinfachten Berechnung erfüllt.

Vorwerte für alle Stäbe an den Knoten c und d
$E\,I_y/\gamma_M = 21\,000 \cdot 16\,270/1{,}1 = 3{,}106 \cdot 10^8 \ \text{kNcm}^2$

$$\kappa_{cd} = \kappa_{dc} = \frac{4}{l_3} \cdot \frac{E \cdot I_y}{\gamma_M} = \frac{4 \cdot 3{,}106 \cdot 10^8}{500} = 2{,}485 \cdot 10^6 \ \text{kNcm}$$

$$\kappa_{ca} = \kappa_{db} = \frac{3}{l_1} \cdot \frac{E \cdot I_y}{\gamma_M} = \frac{3 \cdot 3{,}106 \cdot 10^8}{400} = 2{,}330 \cdot 10^6 \ \text{kNcm}$$

$$\lambda_3 = \frac{2}{l_3} \cdot \frac{E \cdot I_y}{\gamma_M} = \frac{2 \cdot 3{,}106 \cdot 10^8}{500} = 1{,}242 \cdot 10^6 \ \text{kNcm}$$

Matrix- und Lastglieder an den Knoten c und d
$\alpha_{cc} = \alpha_{dd} = (2{,}485 + 2{,}330) \cdot 10^6 = 4{,}815 \cdot 10^6$
$\alpha_{cd} = \alpha_{dc} = 1{,}242 \cdot 10^6$
$L_c = L_d = 0$ (keine Stabbelastung)

Vorwerte für die Stiele 1 und 2

$\eta_{ca} = \eta_{db} = \kappa_{ca} = 2{,}330 \cdot 10^6$

$\eta_{ac} = \eta_{bd} = 0$ (gelenkige Lagerung)

$\begin{aligned}\varphi_1 = \varphi_2 &= \eta_{ca} - 1{,}2 \cdot N_1 \cdot l_1 \\ &= 2{,}330 \cdot 10^6 - 1{,}2 \cdot 490 \cdot 400 = 2{,}095 \cdot 10^6\end{aligned}$

$\vartheta_1 = \vartheta_2 = 1$ wegen $l_I = l_1 = l_2 = 400$ cm

Matrix- und Lastglieder am Stockwerk $r = I$

$\begin{aligned}\alpha_{II} &= \omega_1 \cdot \vartheta_1^2 + \omega_2 \cdot \vartheta_2^2 \\ &= 2 \cdot 2{,}095 \cdot 10^6 \cdot 1^2 = 4{,}190 \cdot 10^6\end{aligned}$

$\begin{aligned}\alpha_{cI} &= \alpha_{Ic} = \alpha_{dI} = \alpha_{Id} = -\eta_{ca} \cdot \vartheta_1 \\ &= -2{,}330 \cdot 10^6 \cdot 1 = -2{,}330 \cdot 10^6\end{aligned}$

$L_I = (V_I^H + \varphi_0 \cdot N_I) \cdot l_1$ mit: $V_I^H = H_d = 30$ kN
                                    $N_I = 2 \cdot V_d = 2 \cdot 490 = 980$ kN
                                    $\varphi_0 = 0{,}00426$ (vgl. Variante 1)

$L_1 = (30 + 0{,}00426 \cdot 980) \cdot 400 = 1{,}367 \cdot 10^4$

Gleichungssystem (10^{-6}-fach)

$$\begin{bmatrix} 4{,}815 & 1{,}242 & -2{,}330 \\ 1{,}242 & 4{,}815 & -2{,}330 \\ -2{,}330 & -2{,}330 & 4{,}190 \end{bmatrix} \times \begin{bmatrix} \varphi_c \\ \varphi_d \\ \psi_I \end{bmatrix} = \begin{bmatrix} 0 \\ 0 \\ 1{,}367 \cdot 10^{-2} \end{bmatrix}$$

Lösung:

$\varphi_c = \varphi_d = 2{,}194 \cdot 10^{-3}$ rad $= 0{,}126°$
$\psi_I = 5{,}703 \cdot 10^{-3}$ rad $= 0{,}327°$

Eckmomente

$\begin{aligned}M_{ca} &= M_{ca}^0 + \kappa_{ca} \cdot \varphi_c - \eta_{ca} \cdot \psi_1 \quad \text{mit } \psi_1 = \psi_I \cdot \vartheta_1 \\ &= 0 + 2{,}330 \cdot 2{,}194 \cdot 10^3 - 2{,}330 \cdot 5{,}703 \cdot 10^3 = -8176 \text{ kNcm}\end{aligned}$

$\begin{aligned}M_{cd} &= M_{cd}^0 + \kappa_{cd} \cdot \varphi_c + \lambda_3 \cdot \varphi_d \\ &= 0 + 2{,}485 \cdot 2{,}194 \cdot 10^3 + 1{,}242 \cdot 2{,}194 \cdot 10^3 = +8176 \text{ kNcm}\end{aligned}$

$M_{db} = -M_{cd} = -8176$ kNcm

Kontrollen

$\Sigma M_c = M_{ca} + M_{cd} = -8176 + 8176 = 0$

$M_{ca} \cdot \vartheta_1 + M_{db} \cdot \vartheta_2 + V_I^H \cdot l_I + N_I \cdot (\varphi_0 + 1{,}2 \cdot \psi_I) \cdot l_I$
$= -8176 \cdot 1 - 8176 \cdot 1 + 30 \cdot 400 + 980 \cdot (0{,}00426 + 1{,}2 \cdot 0{,}00570) \cdot 400$
$= -16\,352 + 16\,351 = -1 \approx 0$

Durch die Anwendung des Näherungsverfahrens nach DIN 18 800 T2, Element 521 ist das Eckmoment gegenüber Variante I um 3,6 % größer. Das Ergebnis liegt auf der sicheren Seite.

Nachweis

$$\sigma = \frac{522{,}7}{72{,}7} + \frac{8176}{904} = 16{,}2 < \frac{24}{1{,}1} = 21{,}8 \text{ kN/cm}^2$$

Variante 3

Berechnung des Zweigelenkrahmens nach Abb. 13.2 nach Theorie II. Ordnung für Rechteckrahmen in [1]

Ausgangswerte:

$V = 2 \cdot F_d = 2 \cdot 490 = 980 \, \text{kN}$
$H = H_d = 30 \, \text{kN}$
$\varphi_0 = 0,00426 \, (\text{vgl. Variante 1})$
$l = 500 \, \text{cm}, \, h = 400 \, \text{cm}$
$I_R = I_S = 16\,270 \, \text{cm}^4 \qquad I_R/I_S = 1$

Hilfswerte:

$$M_H = (H + V \cdot \varphi_0) \cdot h = (30 + 980 \cdot 0,00426) \cdot 400$$
$$= 13\,670 \, \text{kNcm}$$

$$\eta = 6 \cdot \frac{h \cdot I_R}{l \cdot I_S} = 6 \cdot \frac{400}{500} \cdot 1 = 4,8$$

$$\varepsilon = h \cdot \sqrt{\frac{V \cdot \gamma_M}{2 \cdot EI_S}} = 400 \cdot \sqrt{\frac{980 \cdot 1,1}{2 \cdot 21\,000 \cdot 16\,270}} = 0,502 < 1,6$$

Eckmomente:

$$M_c = -M_d = \frac{1}{\dfrac{\varepsilon}{\tan \varepsilon} - \dfrac{\varepsilon^2}{\eta}} \cdot \frac{M_H}{2}$$

$$= \frac{1}{\dfrac{0,502}{\tan 0,502} - \dfrac{0,502^2}{4,8}} \cdot \frac{13\,670}{2} = 7929 \, \text{kNcm}$$

Die Eckmomente weichen von Variante 1 um 0,4 % ab.

Nachweis:

$$\sigma = \frac{521,7}{72,7} + \frac{7929}{904} = 15,9 \, \text{kN/cm}^2 < \frac{24}{1,1} = 21,8 \, \text{kN/cm}^2$$

14 Plattenbeulen

14.0 Allgemeines

Beim Beulen weicht ein ebenes Blech, das durch Normal- oder Schubspannungen beansprucht wird, senkrecht zur Blechebene aus. Beulgefährdete Rechteckplatten in Bauteilen werden als Beulfelder bezeichnet. Platten, deren Form vom Rechteck abweicht, dürfen entsprechend angepasst werden.

Nach DIN 18 800 T3 verläuft die x-Achse in Plattenlängsrichtung und die y-Achse in Plattenquerrichtung. Die Zuordnung entspricht somit nicht den Festlegungen der DIN 18 800 T1, da die Längsränder der Beulfelder dort in Richtung x-Achse orientiert wären und die Querränder in der Regel in Richtung der z-Achse verlaufen würden.

Beulfelder können durch Steifen verändert werden. Steifen in Richtung der Längsränder werden als Längssteifen und die in Richtung der Querränder entsprechend als Quersteifen bezeichnet. Es werden Gesamtfelder, Teil- und Einzelfelder unterschieden. Die Gesamtfelder sind versteifte oder unversteifte Platten, die in der Regel an ihren Längs- und Querrändern unverschieblich gelagert sind. Dabei können die Ränder auch elastisch gestützt oder frei sein.

Als unverschiebliche Lagerung gelten z. B. für den Steg Gurte oder Querschotte.

Teilfelder sind längsversteifte oder unversteifte Platten, die zwischen benachbarten Quersteifen oder zwischen einem Querrand und einer benachbarten Quersteife und den Längsrändern des Gesamtfeldes liegen.

Einzelfelder sind unversteifte Platten, die zwischen Steifen oder zwischen Steifen und Rändern längsversteifter Teilfelder liegen. Für rechtwinklig zur Platte unverschieblich gelagerte Plattenränder ist in der Regel eine gelenkige Lagerung anzunehmen.

14.1 Unversteifte Beulfelder

Da jedes tragende Bauteil im Stahlbau, die Walzprofile eingeschlossen, angenähert aus ebenen Blechteilen besteht, ist prinzipiell stets der Beulnachweis zu führen. Um den entstandenen Aufwand zu reduzieren, sind in DIN 18 800 T 1 deshalb in den Tabellen 12 bis 15 und 18 Grenzwerte (b/t) angegeben, bei deren Einhaltung ein Beulnachweis entfallen kann. Diese Tabellen sind in 14.4 enthalten. Dabei gelten für die Nachweisverfahren Elastisch-Elastisch, Elastisch-Plastisch und Plastisch-Plastisch jeweils unterschiedliche Werte. Diese Grenzbeziehungen gelten jedoch nur für eine Beanspruchung durch Normalspannungen σ_x. In der DIN 18 800 T3, Element 202 bis 205 sind weitere Näherungsverfahren aufgeführt, die im Arbeitsschema 14.5 aufbereitet sind. Häufig genügt die Nachweisführung mit der ungünstigen Annahme $k_{\sigma x} = 4$.

Die exakte Berechnung der Beulsicherheit für unversteifte Beulfelder enthält das Arbeitsschema 14.6. Das Verfahren basiert auf dem Nachweis Elastisch-Elastisch, ohne Querschnitts- oder Systemreserven rechnerisch in Anspruch zu nehmen. Beim Beulen wird auf $\sigma_{Pi} = k \cdot \sigma_e$ Bezug genommen. Dabei entspricht σ_e der Beulbezugsspannung und k dem Beulwert, der ähnlich dem Knicklängenbeiwert β u. a. die Lagerungsbedingungen berücksichtigt. σ_e entspricht der *Euler*schen Knickspannung eines an beiden Enden einspannungsfrei gelagerten Plattenstreifens der Knicklänge b und der Dicke t, dabei tritt anstelle der Biegesteifigkeit des Stabes jedoch die Plattensteifigkeit. Bei der Berechnung der idealen Beulspannung gelten die Voraussetzungen:

- unbeschränkte Gültigkeit des *Hooke*schen Gesetzes
- ideal isotroper Werkstoff

■ ideal ebenes Blech
■ ideal mittige Lasteintragung
■ keine Eigenspannungen
■ in den Gleichgewichtsbedingungen werden nur lineare Glieder der Verschiebungen berücksichtigt

Beim Plattenbeulen liegt unter diesen Voraussetzungen ein Verzweigungsproblem vor.

Die lineare Beultheorie wird lediglich herangezogen, um einen bezogenen Plattenschlankheitsgrad $\bar{\lambda}_p$ zu bestimmen, von dem die für den Beulsicherheitsnachweis erforderlichen Abminderungsfaktoren κ abhängig sind. Im Normalfall wirken auf das Beulfeld σ_x- und τ-Spannungen. Für diesen Fall ist das Arbeitsschema 14.7 aufbereitet. Sobald am Längsrand größere Einzellasten auftreten und σ_y-Spannungen entstehen, ist Abschnitt 14.9 zu beachten.

14.2 Versteifte Beulfelder

Die Verbesserung des Beulverhaltens durch Vergrößerung der Blechdicke ist in der Regel unwirtschaftlich. Die Anordnung von Steifen führt mit geringem Materialaufwand zu einer ausreichenden Beulsicherheit der Felder.

Beulsteifen sollen die Verformung rechtwinklig zur Plattenebene verhindern. Steifen, die in den Knotenlinien der Beulfiguren liegen, haben keinen Einfluss auf das Verformungsverhalten der Platte. Es muss generell versucht werden, die Steifen so anzuordnen, dass sie die Kuppen der Beulen kreuzen. Bei reiner Schubbeanspruchung wären Beulsteifen unter 45° am wirkungsvollsten. Die stahlbautechnische Fertigung und die optische Wirkung schließen diese Anordnung meist aus.

In der Regel werden Längs- oder Quersteifen vorgesehen. Für die Anordnung von Beulsteifen gelten folgende Festlegungen:

Bei Druckspannungen werden Längssteifen angewendet. Sobald Biegespannungen in der Plattenebene wirken, ist eine Beulsteife in der Mitte des Biegedruckbereiches sinnvoll. Für doppeltsymmetrische Querschnitte bringt die Lage bei $b/4$ die günstigste Wirkung. Bei Schubspannungen erfolgt die Anordnung von Quersteifen. Kombinationsmöglichkeiten dieser Grundformen sind praktikabel. Die Wirkung der Aussteifungen kann erhöht werden, wenn sie an ihren Enden biegesteif angeschlossen sind.

Für die Umrechnung der Beulsteifen in erhöhte $k_{\sigma x}$- bzw. k_τ-Werte im ausgesteiften Gesamtfeld und die Nachweisführung analog zum unversteiften Feld ist das Nachweisschema 14.7 aufbereitet. Die $k_{\sigma x}$- bzw. k_τ-Werte können [21] und [22] entnommen werden. Die Kurventafeln sind für eine Vielzahl von verschiedenen Lagen und Größen der Steifen angegeben. Eine Interpolation zwischen den Tafeln ist möglich. Da eine individuelle Rechnung sehr aufwändig und das genannte Standardwerk allgemein zugänglich ist, wird auf die Erläuterung ergänzender Nachweismöglichkeiten verzichtet.

14.3 Bezeichnungen

x	Achse in Plattenlängsrichtung
y	Achse in Plattenquerrichtung
σ_x, σ_y	Normalspannung in Richtung der Achsen x und y (Druck positiv)
τ	Schubspannung
ψ	Randspannungsverhältnis im untersuchten Beulfeld, bezogen auf die größte Druckspannung
E	Elastizitätsmodul
f_y	Streckgrenze

$\mu = 0,3$ Querdehnzahl
b_G Gesamtfeldbreite
a Längsrandlänge des untersuchten Beulfeldes
c Einflussbreite von Randdruckspannungen aus Einzellasten
b Querrandlänge des untersuchten Beulfeldes
b' wirksame Gurtbreite im Bereich einer Steife
$\alpha = a/b$ Seitenverhältnis
t Plattendicke

$$\sigma_e = \frac{\pi^2 \cdot E}{12\,(1 - \mu^2)}\ \left(\frac{t}{b}\right)^2 \quad \text{Bezugsspannung}$$

$k_{\sigma x}, k_{\sigma y}, k_\tau$ Beulwerte des untersuchten Beulfeldes bei alleiniger Wirkung von Randspannungen σ_x, σ_y oder τ

$\sigma_{xPi} = k_{\sigma x} \cdot \sigma_e$ ideale Beulspannung bei alleiniger Wirkung von Randspannungen σ_x

$\sigma_{yPi} = k_{\sigma y} \cdot \sigma_e$ ideale Beulspannung bei alleiniger Wirkung von Randspannungen σ_y

$\sigma_{Pi} = k_\tau \cdot \sigma_e$ ideale Beulspannung bei alleiniger Wirkung von Randspannungen τ

$$\lambda_a = \pi \cdot \sqrt{\frac{E}{f_{y,k}}} \qquad \text{Bezugsschlankheitsgrad}$$

λ_P Plattenschlankheitsgrad
$\overline{\lambda}_P = \lambda_P/\lambda_a$ bezogener Plattenschlankheitsgrad
$\kappa_x, \kappa_y, \kappa_\tau$ Abminderungsfaktoren (bezogene Grenzbeulspannungen)
$\sigma_{xP,R,d}$; $\sigma_{yP,R,d}$ Grenzbeulspannungen
$\sigma_{PK,R,d}$ Grenzbeulspannung bei knickstabähnlichem Verhalten

Querschnitts- und Systemgrößen für Steifen
I Flächenmoment 2. Grades (Trägheitsmoment) berechnet mit den wirksamen Gurtbreiten b'

A Querschnittsfläche einer Steife ohne wirksame Plattenanteile

$$\gamma = 12\,(1 - \mu^2)\,\frac{I}{b_G \cdot t^3} \quad \text{bezogenes Flächenmoment 2. Grades (Trägheitsmoment) einer Steife}$$

$$\delta = \frac{A}{b_G \cdot t} \qquad \text{bezogene Querschnittsfläche einer Steife}$$

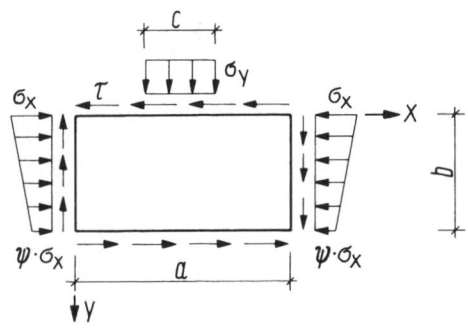

Abb. 14.1

14.4 Tabellen für die Grenzwerte grenz (*b/t*) bei σ_x

14.4.1 Grenzwerte grenz (*b/t*) beim Tragsicherheitsnachweis nach dem Verfahren Elastisch-Elastisch

σ_1 = Grenzwert der Druckspannungen σ_x in N/mm² und $f_{y,k}$ in N/mm²

	1	2
1	Lagerung:	Für $\sigma_1 \cdot \gamma_M = f_{y,k}$ gilt für St 37 $\sqrt{\dfrac{240}{\sigma_1 \cdot \gamma_M}} = 1$ und für St 52 $\sqrt{\dfrac{240}{\sigma_1 \cdot \gamma_M}} = \sqrt{\dfrac{1}{1,5}} = 0,82$
2	Randspannungsverhältnis ψ	grenz(b/t)für Sonderfälle des Randspannungsverhältnisses ψ
3	1	$37,8 \cdot \sqrt{240 / (\sigma_1 \cdot \gamma_M)}$
4	$1 > \psi > 0$	$27,1(1 - 0,278\,\psi - 0,025 \cdot \psi^2) \cdot \sqrt{8,2/(\psi + 1,05)} \cdot \sqrt{240/(\sigma_1 \cdot \gamma_M)}$
5	0	$75,8 \cdot \sqrt{240/(\sigma_1 \cdot \gamma_M)}$
6	$0 > \psi > -1$	$27,1 \cdot \sqrt{7,81 - 6,29 \cdot \psi + 9,78 \cdot \psi^2} \cdot \sqrt{240/(\sigma_1 \cdot \gamma_M)}$
7	-1	$133 \cdot \sqrt{240/(\sigma_1 \cdot \gamma_M)}$
	Lagerung:	
	Randspannungsverhältnis ψ	
	Größte Druckspannung am gelagerten Rand	
8	1	$12,9 \cdot \sqrt{240/(\sigma_1 \cdot \gamma_M)}$
9	$1 > \psi > 0$	$19,7 \cdot \sqrt{0,578/(\psi + 0,34)} \cdot \sqrt{240/(\sigma_1 \cdot \gamma_M)}$
10	0	$25,7 \cdot \sqrt{240/(\sigma_1 \cdot \gamma_M)}$
11	$0 > \psi > -1$	$19,7 \cdot \sqrt{1,70 - 5 \cdot \psi + 17,1 \cdot \psi^2} \cdot \sqrt{240/(\sigma_1 \cdot \gamma_M)}$
12	-1	$96,1 \cdot \sqrt{240/(\sigma_1 \cdot \gamma_M)}$
	Größte Druckspannung am freien Rand	
13	1	$12,9 \cdot \sqrt{240/(\sigma_1 \cdot \gamma_M)}$
14	$1 > \psi > 0$	$19,7 \cdot \sqrt{0,57 - 0,21 \cdot \psi + 0,07 \cdot \psi^2} \cdot \sqrt{240/(\sigma_1 \cdot \gamma_M)}$
15	0	$14,9 \cdot \sqrt{240/(\sigma_1 \cdot \gamma_M)}$
16	$0 > \psi > -1$	$19,7 \cdot \sqrt{0,57 - 0,21 \cdot \psi + 0,07 \cdot \psi^2} \cdot \sqrt{240/(\sigma_1 \cdot \gamma_M)}$
17	-1	$18,2 \cdot \sqrt{240/(\sigma_1 \cdot \gamma_M)}$

14.4.2 Grenzwerte grenz (*b/t*) beim Tragsicherheitsnachweis nach dem Verfahren Elastisch-Plastisch

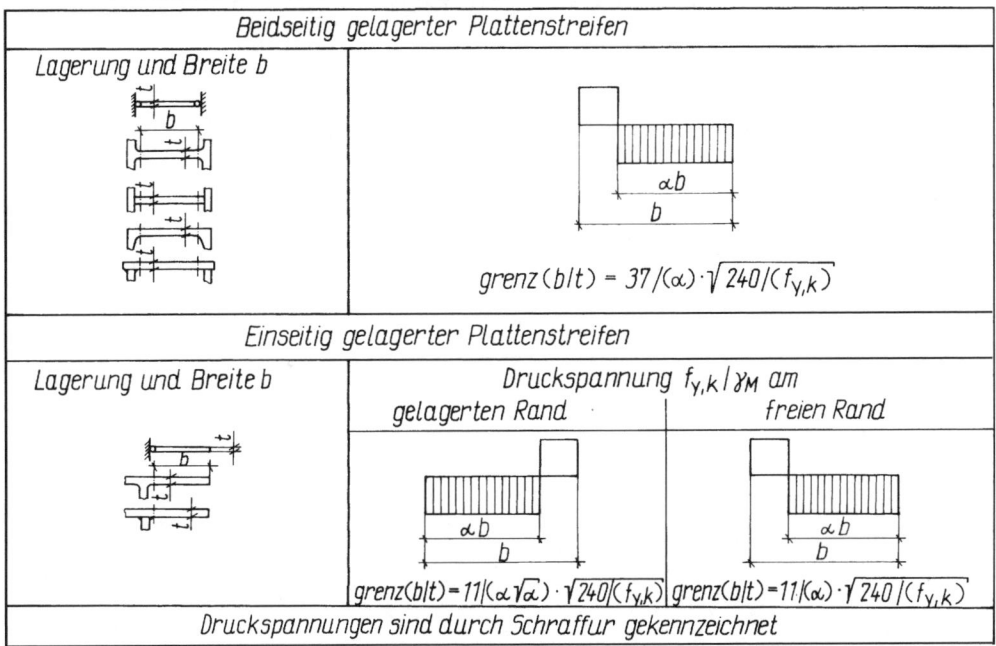

Beidseitig gelagerter Plattenstreifen	
Lagerung und Breite b	$\mathrm{grenz}\,(b/t) = 37/(\alpha)\cdot\sqrt{240/(f_{y,k})}$
Einseitig gelagerter Plattenstreifen	
Lagerung und Breite b	Druckspannung $f_{y,k}/\gamma_M$ am gelagerten Rand / freien Rand
	$\mathrm{grenz}(b/t)=11/(\alpha\sqrt{\alpha})\cdot\sqrt{240/(f_{y,k})}$ — $\mathrm{grenz}(b/t)=11/(\alpha)\cdot\sqrt{240/(f_{y,k})}$
Druckspannungen sind durch Schraffur gekennzeichnet	

14.4.3 Grenzwerte grenz (*b/t*) beim Tragsicherheitsnachweis nach dem Verfahren Plastisch-Plastisch

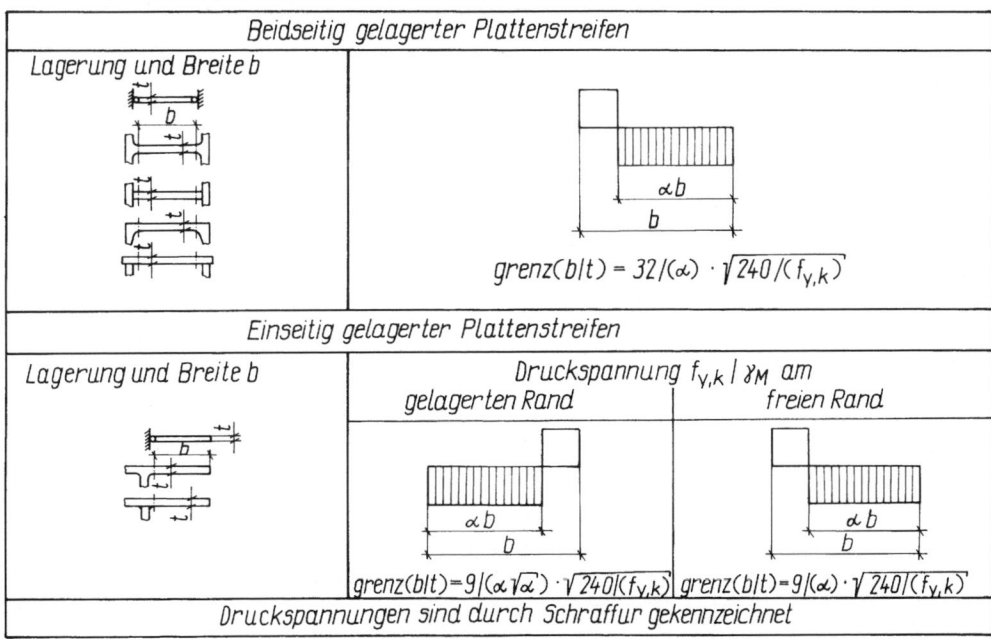

Beidseitig gelagerter Plattenstreifen	
Lagerung und Breite b	$\mathrm{grenz}(b/t) = 32/(\alpha)\cdot\sqrt{240/(f_{y,k})}$
Einseitig gelagerter Plattenstreifen	
Lagerung und Breite b	Druckspannung $f_{y,k}/\gamma_M$ am gelagerten Rand / freien Rand
	$\mathrm{grenz}(b/t)=9/(\alpha\sqrt{\alpha})\cdot\sqrt{240/(f_{y,k})}$ — $\mathrm{grenz}(b/t)=9/(\alpha)\cdot\sqrt{240/(f_{y,k})}$
Druckspannungen sind durch Schraffur gekennzeichnet	

209

14.5 Nachweisschema für die Beulsicherheit eines unversteiften Feldes mit Näherungsverfahren

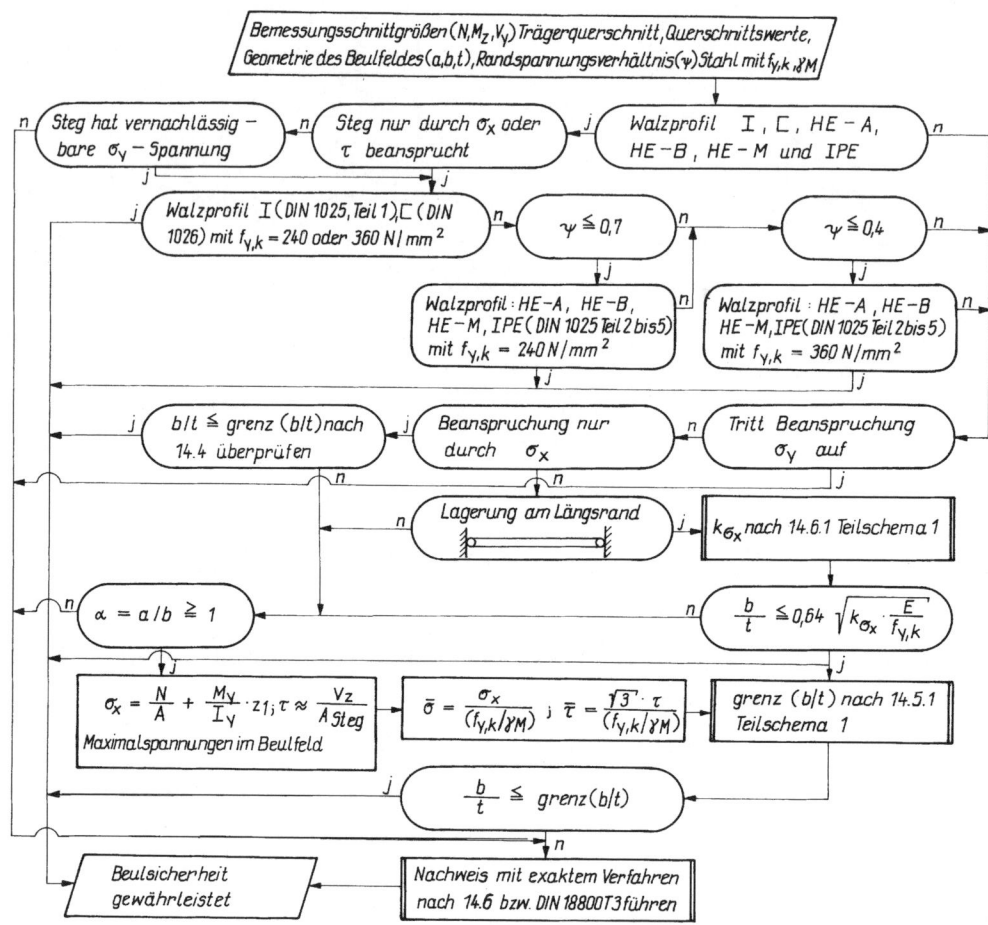

14.5.1 Unversteifte, allseitig gelagerte Beulfelder

grenz(b/t) für St 37 bei σ_x und τ nach |23|

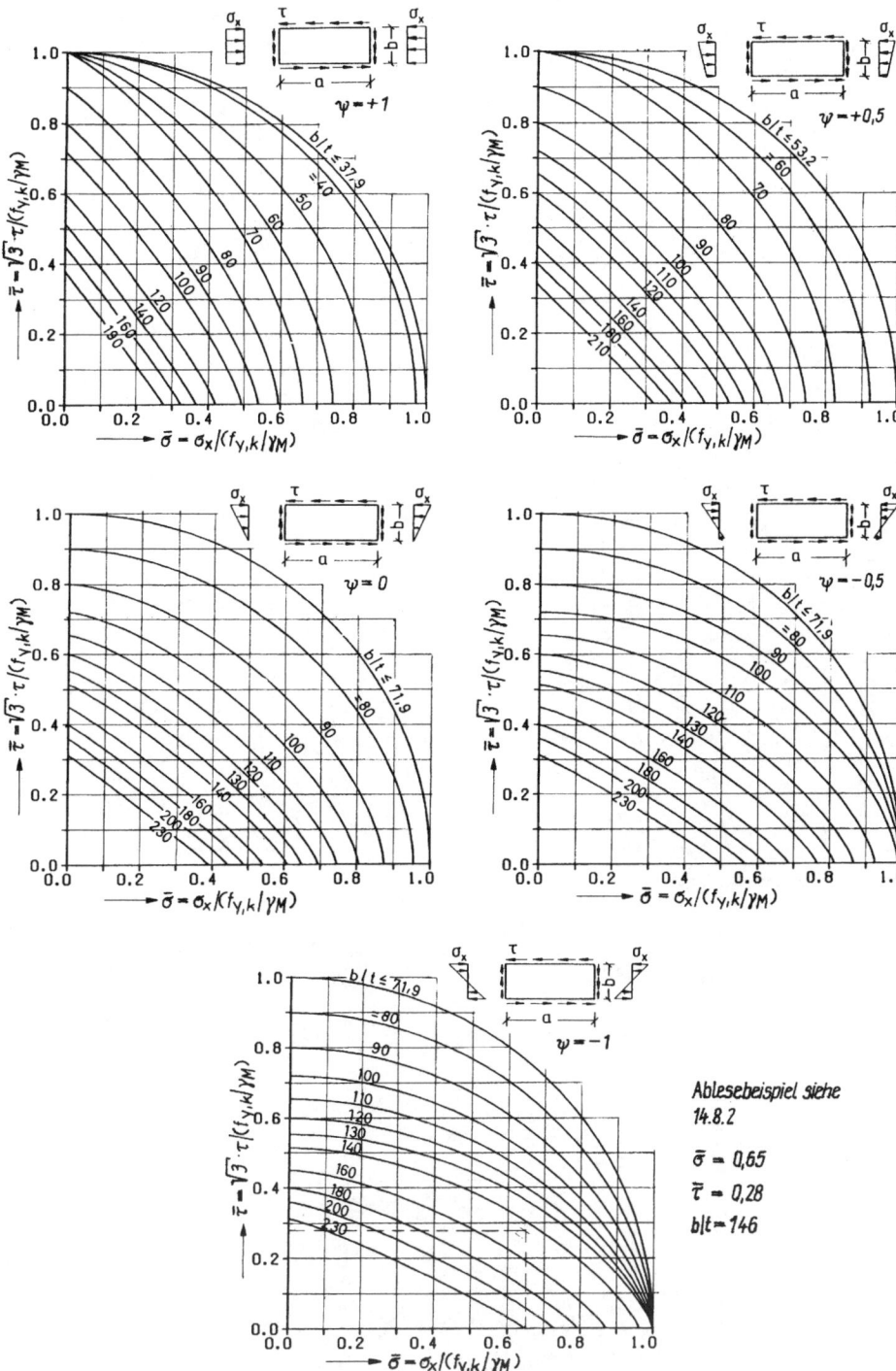

Ablesebeispiel siehe
14.8.2

$\bar{\sigma} = 0{,}65$

$\bar{\tau} = 0{,}28$

$b/t = 146$

211

14.5.2 Unversteifte, allseitig gelagerte Beulfelder

grenz (b/t) für St 52 bei σ_x und τ nach |23|

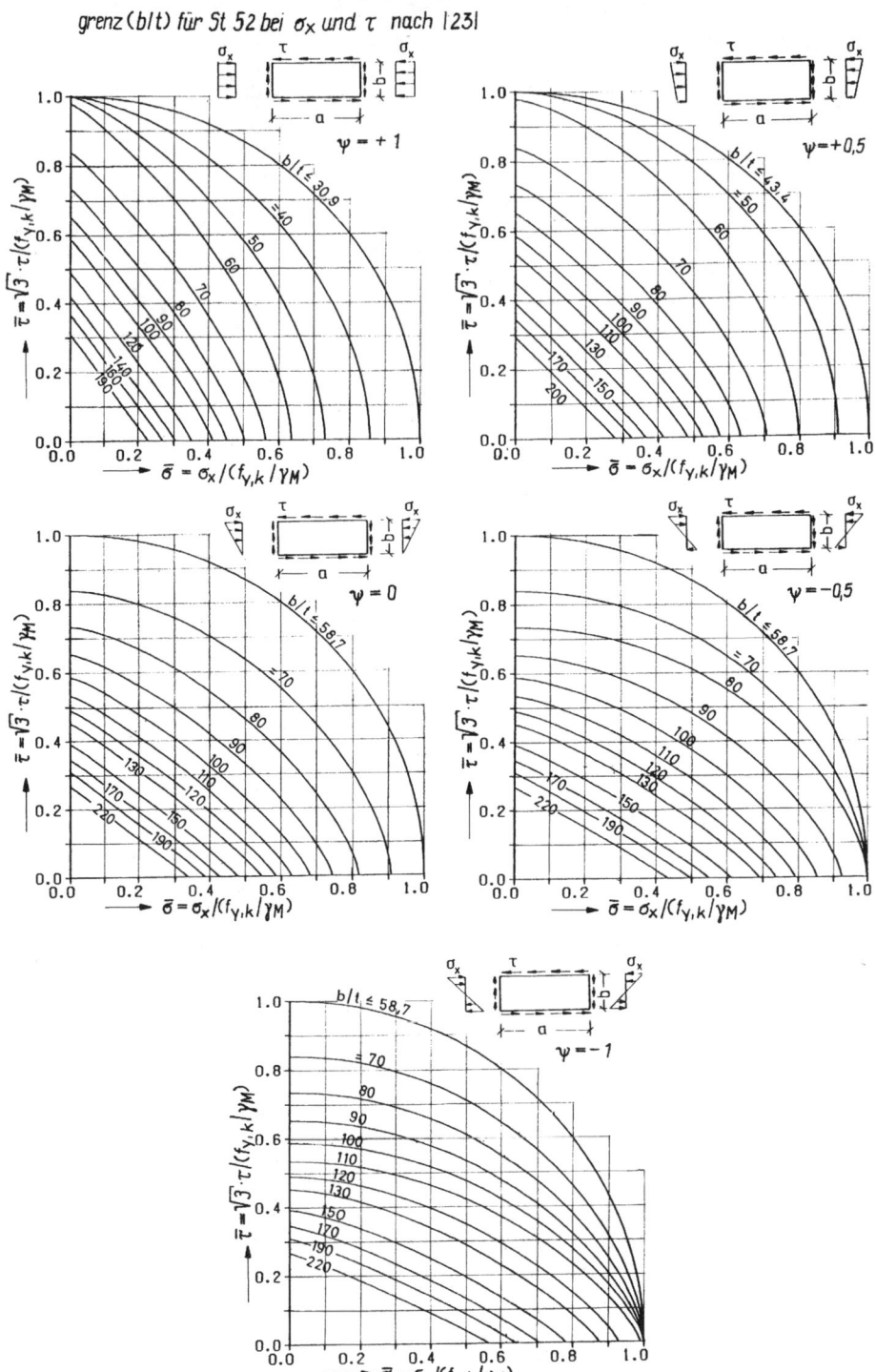

14.6 Nachweis für die Beulsicherheit eines unversteiften Feldes mit exaktem Verfahren, σ_x- und τ-Beanspruchung

14.6.0 Nachweis-schema

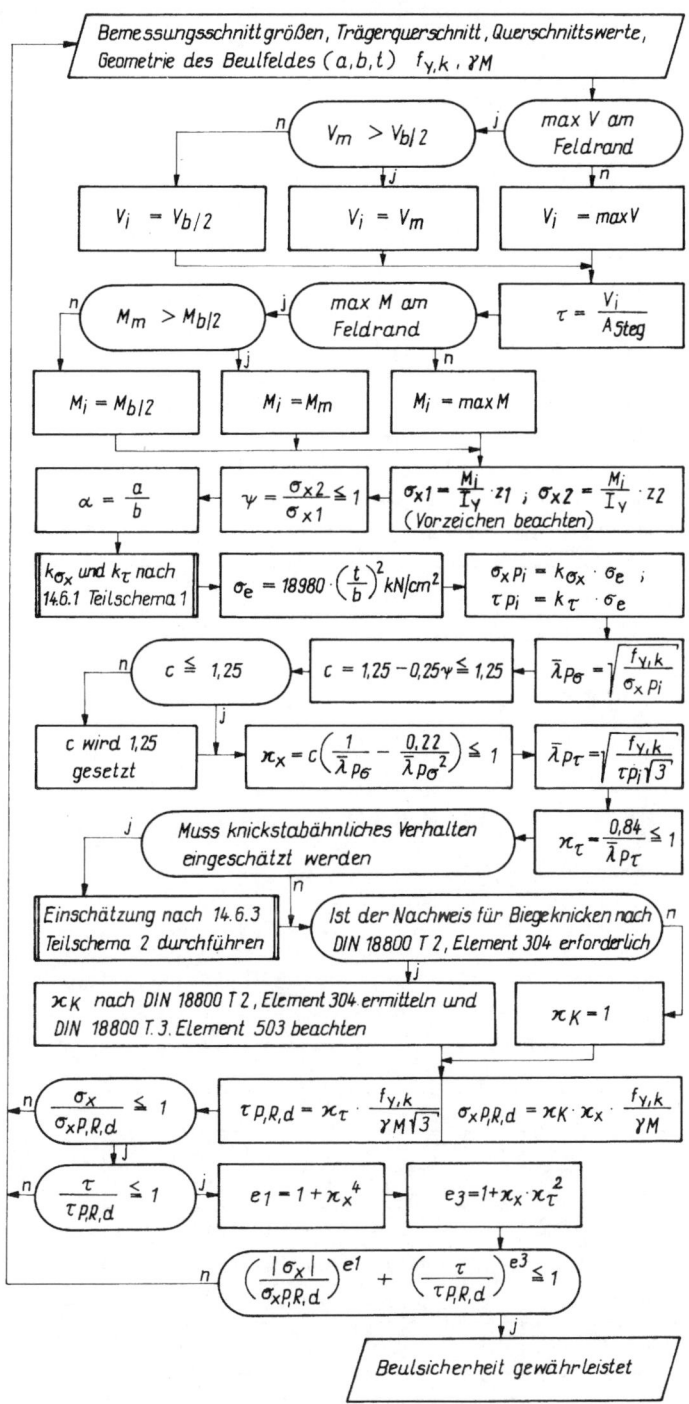

14.6.1 Ermittlung der Beulwerte $k_{\sigma x}$ und k_τ

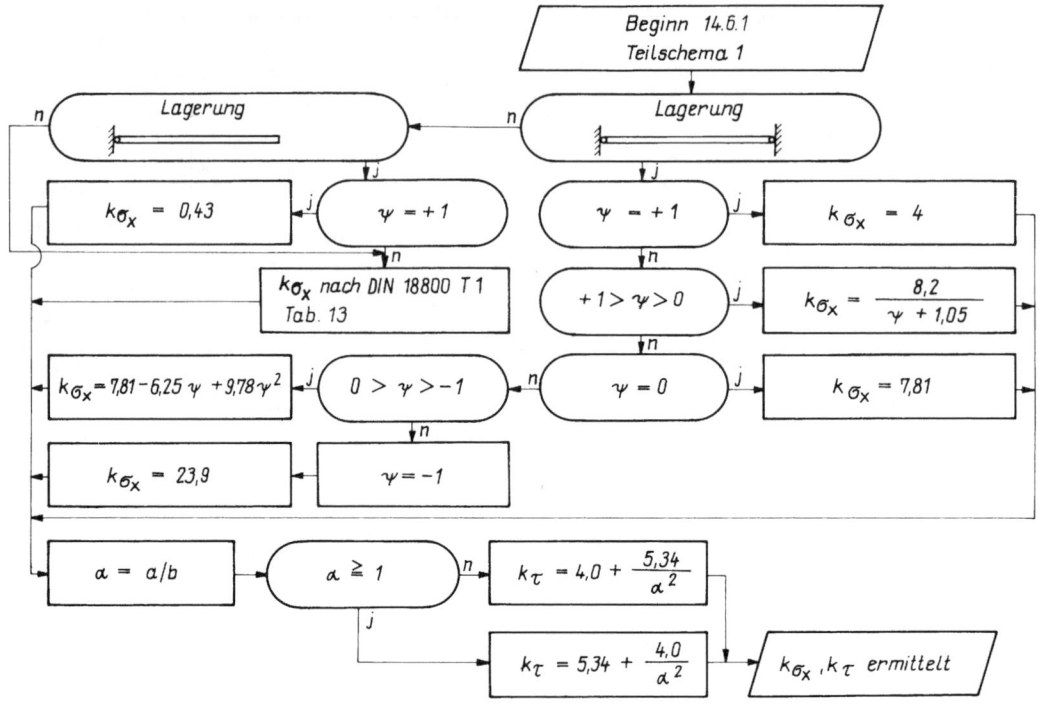

14.6.2 Ermittlung des Beulwertes $k_{\sigma y}$ nach [39]

Lasteinleitung am oberen Längsrand

$$\alpha = \frac{a}{b}$$

$$P = c \cdot p$$

$k_{\sigma y}$-Werte für:															
$\alpha =$	0,7	1,0	1,5	2,0	2,5	3,0	3,5	4,0	4,5	5,0	6,0	7,0	8,0	9,0	≥ 10
$c/a = 1$	12	6,2	3,3	2,55	2,3	2,1	1,93	1,89	1,86	1,83	1,78	1,76	1,74	1,72	1,70
$c/a = 0,8$	9,7	5,0	2,8	2,2	1,8	1,69	1,62	1,55	1,51	1,48	1,42	1,36	1,32	1,29	1,27
$c/a = 0,6$	8,1	4,2	2,3	1,7	1,45	1,3	1,2	1,15	1,11	1,08	1,03	1,01	0,99	0,97	0,95
$c/a = 0,4$	7,3	3,7	2,1	1,45	1,2	0,98	0,90	0,85	0,82	0,80	0,76	0,72	0,68	0,64	0,62
$c/a = 0,2$	6,5	3,4	1,8	1,3	0,98	0,80	0,70	0,62	0,57	0,54	0,50	0,48	0,46	0,44	0,42
$c/a = 0$	6,2	3,2	1,7	1,18	0,9	0,75	0,62	0,55	0,50	0,47	0,44	0,42	0,4	0,38	0,36

214

14.6.3 Überprüfung von knickstabähnlichem Verhalten

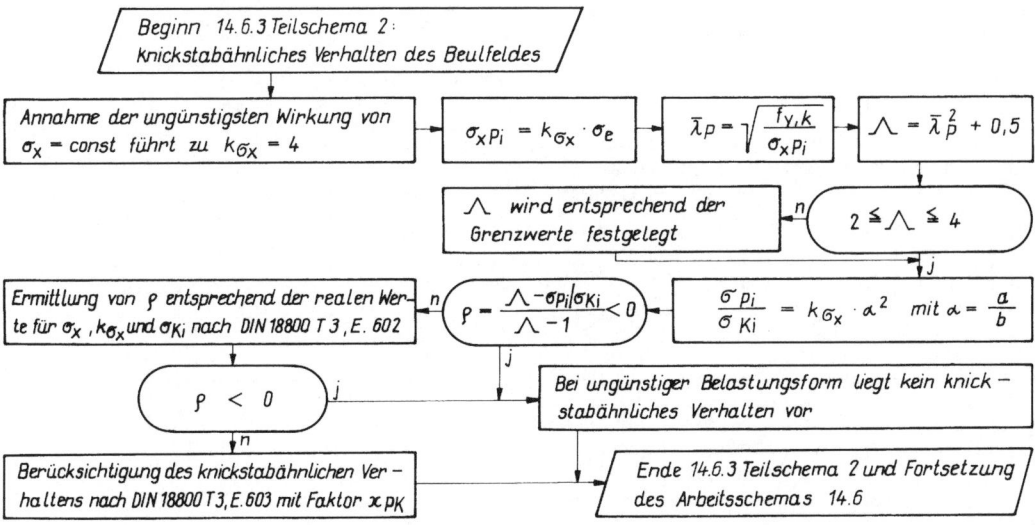

14.6.4 Abminderungsfaktoren κ (bezogene Tragbeulspannung) bei alleiniger Wirkung von σ_x, σ_y oder τ

	1	2	3	4	5
	Beulfeld	Lagerung	Beanspruchung	Bezogener Schlankheitsgrad	Abminderungsfaktor
1	Einzel-feld	allseitig gelagert	Normalspannungen σ mit dem Rand-spannungsverhältnis $\psi_T \leq 1^*)$	$\overline{\lambda}_p = \sqrt{\dfrac{f_{y,k}}{\sigma_{Pi}}}$	$\kappa = c\left(\dfrac{1}{\overline{\lambda}_P} - \dfrac{0,22}{\overline{\lambda}_P^2}\right) \leq 1$ mit $c = 1,25 - 0,12\,\psi \leq 1,25$
2		allseitig gelagert	Schubspannungen τ	$\overline{\lambda}_p = \sqrt{\dfrac{f_{y,k}}{\tau_{Pi} \cdot \sqrt{3}}}$	$\kappa_\tau = \dfrac{0,84}{\overline{\lambda}_P} \leq 1$
3		allseitig gelagert	Normalspannungen σ mit dem Rand-spannungsverhältnis $\psi \leq 1$	$\overline{\lambda}_p = \sqrt{\dfrac{f_{y,k}}{\sigma_{Pi}}}$	$\kappa = c\left(\dfrac{1}{\overline{\lambda}_P} - \dfrac{0,22}{\overline{\lambda}_P^2}\right) \leq 1$ mit $c = 1,25 - 0,25\,\psi \leq 1,25$
4		dreiseitig gelagert	Normalspannungen σ	$\overline{\lambda}_p = \sqrt{\dfrac{f_{y,k}}{\sigma_{Pi}}}$ **)	$\kappa = \dfrac{1}{\overline{\lambda}_P^2 + 0,51} \leq 1$
5	Teil- und Gesamt-feld	dreiseitig gelagert	konstante Randverschiebung μ	$\overline{\lambda}_p = \sqrt{\dfrac{f_{y,k}}{\sigma_{Pi}}}$ **)	$\kappa = \dfrac{0,7}{\overline{\lambda}_P} \leq 1$
6		allseitig gelagert, ohne Längs-steifen	Schubspannungen τ	$\overline{\lambda}_p = \sqrt{\dfrac{f_{y,k}}{\tau_{Pi} \cdot \sqrt{3}}}$	$\kappa_\tau = \dfrac{0,84}{\overline{\lambda}_P} \leq 1$
7		allseitig gelagert, mit Längs-steifen	Schubspannungen τ	$\overline{\lambda}_p = \sqrt{\dfrac{f_{y,k}}{\tau_{Pi} \cdot \sqrt{3}}}$	$\kappa_\tau = \dfrac{0,84}{\overline{\lambda}_P} \leq 1$ für $\overline{\lambda}_P \leq 1,38$ $\kappa_\tau = \dfrac{1,16}{\overline{\lambda}_P^2}$ für $\overline{\lambda}_P > 1,38$

*) Bei Einzelfeldern ist ψ_T das Randspannungsverhältnis des Teilfeldes, in dem das Einzelfeld liegt.
**) Zur Ermittlung von σ_{Pi} ist der Beulwert min $k_\sigma\,(\alpha)$ für $\psi = 1$ einzusetzen.

14.7 Nachweisschema für die Beulsicherheit eines versteiften Feldes

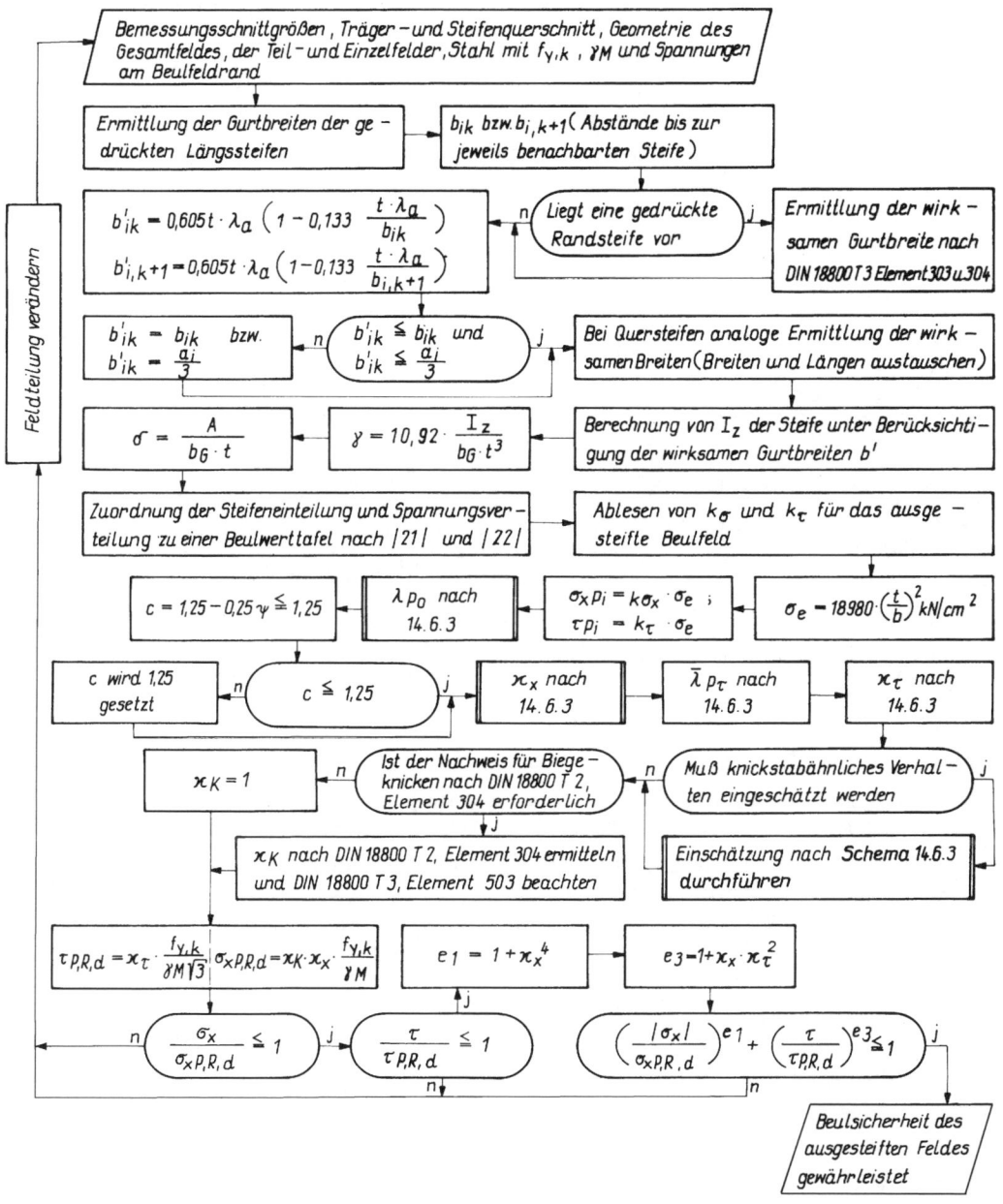

14.8 Beispiele für den Nachweis der Beulsicherheit

14.8.1 Unversteiftes Beulfeld — Beulsicherheit nach Näherungsverfahren

Für das unversteifte Beulfeld nach Abb. 14.2 ist mittels Nachweisschema 14.4 und 14.5 die Beulsicherheit einzuschätzen. Am Beulfeldlängsrand entstehen keine σ_y-Spannungen.

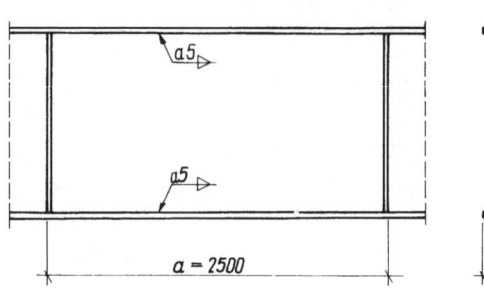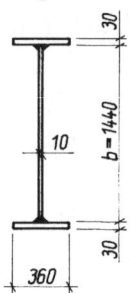

Abb. 14.2

Querschnittswerte
$A = 360\,\text{cm}^2$
$I_y = 1\,416\,000\,\text{cm}^4$
$a = 2500\,\text{mm}, b = 1440\,\text{mm}$
$a_w = 5\,\text{mm}$

maßgebende Bemessungsschnittgrößen

$M_{y,d} = 280\,000\,\text{kNcm}$
$V_{z,d} = 500\,\text{kN}$
St 37; $\gamma_M = 1,1$

■ Lösung

Überprüfung der Grenzwerte (b/t) nach 14.4.1

Gurt: $\psi = +1$
$b/t = (36/2 - 1,0/2 - 0,5)/3 = 5,7 < 12,9$

Für den Gurt ist die Beulsicherheit vorhanden.

Steg: Die Nachweisführung nach 14.4.1 ist nicht möglich, da sowohl Normal- als auch Schubspannungen im Steg vorhanden sind. Der Nachweis erfolgt nach 14.5.

Das Profil ist kein Walzprofil. Es treten keine σ_y-Spannungen am Beulfeldlängsrand auf. Die Längsrandlagerung ist beidseitig gelenkig.

Beim doppeltsymmetrischen Querschnitt ohne Längskraft ergibt sich $\psi = -1$ und nach 14.6.1 $k_{\sigma x} = 23,9$

$$b/t = 144/1 \leq 0,64 \cdot \sqrt{23,9 \cdot \frac{21\,000}{24}} = 92,6$$

Diese Bedingung ist nicht erfüllt.

$\alpha = 250/144 = 1,74 > 1$

Die Spannungen im Beulfeld betragen:

$$\sigma_x = \frac{280\,000}{1\,416\,000} \cdot 72 = \pm\,14,2\,\text{kN/cm}^2$$

$$\tau = \frac{500}{144 \cdot 1} = 3,5\,\text{kN/cm}^2$$

$$\bar{\sigma} = \frac{14,2}{(24/1,1)} = 0,65$$

$$\bar{\tau} = \frac{\sqrt{3} \cdot 3,5}{(24/1,1)} = 0,28$$

grenz (b/t) für St 37 und $\psi = -1$ nach 14.5.1
grenz $(b/t) = 148 > 144$
Die Beulsicherheit ist gewährleistet.

14.8.2 Unversteiftes Beulfeld mit Spannungen σ_x und τ — Beulsicherheit nach exaktem Verfahren

Für das unversteifte Beulfeld nach Abb. 14.3 ist mittels Nachweisschema 14.6 die Beulsicherheit zu ermitteln.

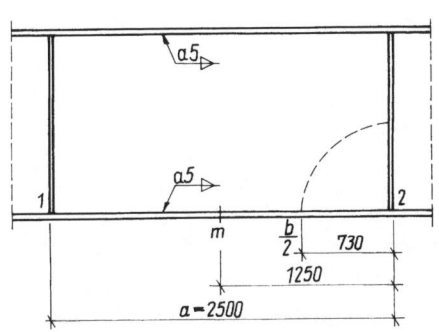
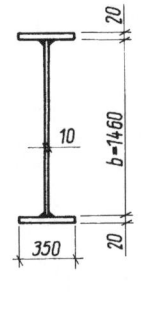

Abb. 14.3

Querschnittswerte
$A = 286 \text{ cm}^2$
$I_y = 1\,026\,000 \text{ cm}^4$
$a = 2500 \text{ mm};$
$b = 1460 \text{ mm}$
$a_w = 5 \text{ mm}$

Bemessungsschnittgrößen
$M_{d1} = 180\,000 \text{ kNcm}$
$M_{d2} = 240\,000 \text{ kNcm}$
$M_{dm} = 210\,000 \text{ kNcm}$
$M_{d,b/2} = 222\,480 \text{ kNcm}$
$V_{d,21} = 240 \text{ kN}$
$V_{d,1r} = 240 \text{ kN}$
St 37; $\gamma_M = 1,1$

■ Lösung nach 14.6
$V_i = \max V_a = 240 \text{ kN}$

$$\tau = \frac{240}{146 \cdot 1} = 1,6 \text{ kN/cm}^2$$

max M liegt am Feldrand
$M_{dm} < M_{d,b/2}$
$M_i = M_{d,b/2} = 222\,480 \text{ kNcm}$

$$\sigma_{x1} = \frac{222\,480}{1\,026\,000} \cdot 73 = 15,8 \text{ kN/cm}^2$$

$$\sigma_{x2} = -\frac{222\,480}{1\,026\,000} \cdot 73 = -15,8 \text{ kN/cm}^2 \text{ (Zug)}$$

$$\psi = \frac{+15,8}{-15,8} = -1$$

$$\alpha = \frac{250}{146} = 1,71$$

Ermittlung von $k_{\sigma x}$ und k_τ nach 14.6.1
Für $\psi = -1$ ergibt sich $k_{\sigma x} = 23,9$
und für $\alpha > 1$

$$k_\tau = 5,34 + \frac{4}{1,71^2} = 6,71$$

$$\sigma_e = 18\,980 \left(\frac{1}{146}\right)^2 = 0,89\,\text{kN/cm}^2$$

$$\sigma_{xPi} = 23,9 \cdot 0,89 = 21,27\,\text{kN/cm}^2$$
$$\tau_{Pi} = 6,71 \cdot 0,89 = 5,97\,\text{kN/cm}^2$$

Das Gesamtfeld ist allseitig gelagert, $\overline{\lambda}_{P\sigma}$ und $\overline{\lambda}_{P\tau}$ vgl. auch 14.6.4.

$$\overline{\lambda}_{P\sigma} = \sqrt{\frac{24}{21,27}} = 1,062$$

$$c = 1,25 - 0,25\,(-1) = 1,5 > 1,25$$
c wird 1,25 gesetzt

$$\kappa_x = 1,25 \left(\frac{1}{1,062} - \frac{0,22}{1,062^2}\right) = 0,933 < 1$$

$$\overline{\lambda}_{P\tau} = \sqrt{\frac{24}{5,97 \cdot \sqrt{3}}} = 1,52$$

$$\kappa_\tau = \frac{0,84}{1,52} = 0,553 < 1$$

Einschätzen eines knickstabähnlichen Verhaltens des Stegbleches nach 14.6.3. Nach [10] ist knickstabähnliches Verhalten jedoch erst bei $\alpha < 1$ wahrscheinlich.

Die theoretisch ungünstigste Belastung entsteht unter gleichbleibender Druckspannung am Beulfeldrand. Für diesen Fall ergäbe sich:

$$k_{\sigma x} = 4$$
$$\sigma_{xPi} = 4 \cdot 0,89 = 3,56$$

$$\lambda_{Px} = \sqrt{\frac{24}{3,56}} = 2,60$$

$$\Lambda = 2,60^2 + 0,5 = 7,26$$

Nach DIN 18 800 T3, Gleichung 22 wird gefordert: $2 \leqq \Lambda \leqq 4$
Somit wird $\Lambda = 4$ gesetzt.

$$\frac{\sigma_{Pi}}{\sigma_{Ki}} = k_{\sigma x} \cdot \alpha^2 = 4 \cdot 1,71^2 = 11,7$$

$$\varrho = \frac{4 - 11,7}{4 - 1} = -2,57 < 0$$

Entsprechend DIN 18 800 T3, Gleichung 21 würde sich selbst bei ungünstigster Annahme einer gleichmäßigen Spannungsverteilung kein knickstabähnliches Verhalten einstellen. Ein exakter Nachweis wäre somit wenig sinnvoll. Eine Längskraft tritt nicht auf.

$$\kappa_K = 1$$

Grenzbeulspannungen

$$\sigma_{xP,R,d} = 0,933 \cdot \frac{24}{1,1} = 20,4\,\text{kN/cm}^2$$

$\tau_{P,R,d} = 0,533$

$$\frac{\sigma_x}{\sigma_{xP,R,d}} = \frac{15,8}{20,4} = 0,77 < 1$$

$$\frac{\tau}{\tau_{P,R,d}} = \frac{1,6}{6,7} = 0,24 < 1$$

$e_1 = 1 + 0,933^4 = 1,76$

$e_3 = 1 + 0,933 \cdot 0,5336^2 = 1,265$

$$\left(\frac{15,8}{20,4}\right)^{1,76} + \left(\frac{1,6}{6,7}\right)^{1,265} = 0,80 < 1$$

Die Beulsicherheit ist gewährleistet!

14.8.3 Ausgesteiftes Beulfeld

Für das Beulfeld nach Abb. 14.4 und die Bemessungsschnittkräfte ist die Beulsicherheit entsprechend 14.6 nicht gewährleistet. Es wird deshalb in der Höhe $b/4$ beidseitig eine Steife $\square$ 150 · 12 angeschweißt. Es ist der Beulnachweis für das ausgesteifte Feld zu führen.

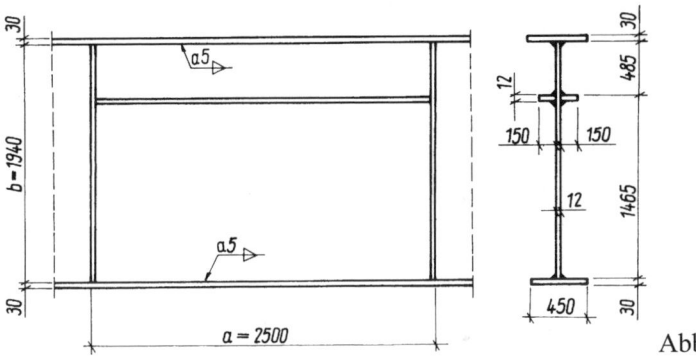

Abb. 14.4

Querschnittswerte

$I_z = 3\,350\,000\,\text{cm}^4$
$A_{\text{Steife}} = 2 \cdot 15 \cdot 1,2 = 36\,\text{cm}^2$
$a = 2500\,\text{mm}; b = 1940\,\text{mm}$
$a_w = 5\,\text{mm}$

maßgebende Bemessungsschnittgrößen
$M_{z,d} = 450\,000\,\text{kNcm}$
$V_{y,d} = 1200\,\text{kN}$
St 37; $\gamma_M = 1,1$

Die Spannungen im Beulfeld betragen:

$$\sigma_{x1} = \frac{450\,000}{3\,350\,000} \cdot 97 = 13,0\,\text{kN/cm}^2$$

$$\sigma_{x2} = -\frac{450\,000}{3\,350\,000} \cdot 97 = -13,0\,\text{kN/cm}^2\,\text{(Zug)}$$

221

$$\tau = \frac{1200}{194 \cdot 1,2} = 5,2 \, \text{kN/cm}^2$$

■ **Lösung nach 14.7**

Ermittlung der wirksamen Steganteile

$b_{ik} = 48,5 \, \text{cm}$
$b_{ik+1} = 145,5 \, \text{cm}$

$$b'_{ik} = 0,605 \cdot 1,2 \cdot 92,9 \left(1 - 0,133 \cdot \frac{1,2 \cdot 92,9}{48,5}\right) = 46,8 \, \text{cm} \quad \begin{cases} < b_{ik} = 48,5 \, \text{cm} \\ < \dfrac{a}{3} = \dfrac{250}{3} = 83,3 \, \text{cm} \end{cases}$$

$$b'_{ik+1} = 0,605 \cdot 1,2 \cdot 92,9 \left(1 - 0,133 \cdot \frac{1,2 \cdot 92,9}{145,5}\right) = 60,6 \, \text{cm} \quad \begin{cases} < b_{ih} = 145,5 \, \text{cm} \\ < \dfrac{a}{3} = \dfrac{250}{3} = 83,3 \, \text{cm} \end{cases}$$

$$b' = \left(b'_{ik} + b'_{ik+1}\right) \cdot \frac{1}{2} = (46,8 + 60,6) \cdot \frac{1}{2} = 53,7 \, \text{cm}$$

$$I_{y,\text{Steife}} = I = \frac{1,2 \, (2 \cdot 15 + 1,2)^3}{12} + \frac{(53,7 - 1,2) \cdot 1,2^3}{12} = 3040 \, \text{cm}^4$$

$$A_{\text{Steife}} = A = 2 \cdot 15 \cdot 1,2 = 36 \, \text{cm}^2$$

bezogene Steifenwerte

$$\delta = \frac{36}{1,2 \cdot 194} = 0,155 \qquad\qquad \gamma = 10,92 \cdot \frac{3040}{194 \cdot 1,2^3} = 99$$

Nach [21] Tafel II/2.2 ergibt sich für $\delta = 0,155$ und $\gamma = 99$
$k_{\sigma x} = 84$

Nach [21] Tafel II/2.6 mit

$$\alpha = \frac{250}{194} = 1,29$$

und $\gamma = 99$ beträgt $k_\tau = 12$

$$\sigma_e = 18\,980 \left(\frac{1,2}{194}\right)^2 = 0,73 \, \text{kN/cm}^2 \qquad\qquad \tau_{\text{Pi}} = 12 \cdot 0,73 = 8,8 \, \text{kN/cm}^2$$

$$\sigma_{x\text{Pi}} = 84 \cdot 0,73 = 61,3 \, \text{kN/cm}^2 \qquad\qquad \overline{\lambda}_{\text{P}\sigma} = \sqrt{\frac{24}{61,3}} = 0,625$$

$c = 1,25 - 0,25 \, (-1) = 1,5 > 1,25$
c wird 1,25 gesetzt

$$\kappa_x = 1,25 \left(\frac{1}{0,625} - \frac{0,22}{0,625^2}\right) = 1,296 > 1$$

κ_x wird 1,0 gesetzt

$$\overline{\lambda}_{\text{P}\tau} = \sqrt{\frac{24}{8,8 \cdot \sqrt{3}}} = 1,255 < 1,38 \qquad\qquad \kappa_\tau = \frac{0,84}{1,255} = 0,669$$

Es liegt kein knickstabähnliches Verhalten vor.

$\kappa_K = 1$, da $N = O$

$$\frac{\tau}{\tau_{P,R,d}} = \frac{5,2}{8,4} = 0,62 < 1$$

$$\sigma_{xP,R,d} = 1,0 \cdot \frac{24}{1,1} = 21,8 \text{ kN/cm}^2$$

$$e_1 = 1 + 1^4 = 2$$

$$e_3 = 1 + 1 \cdot 0,669^2 = 1,447$$

$$\tau_{P,R,d} = 0,669 \cdot \frac{24}{1,1 \cdot \sqrt{3}} = 8,4 \text{ kN/cm}^2$$

$$\frac{\sigma_x}{\sigma_{xP,R,d}} = \frac{13,0}{21,8} = 0,60 < 1$$

$$\left(\frac{13,0}{21,8}\right)^2 + \left(\frac{5,2}{8,4}\right)^{1,447} = 0,73 < 1$$

Die Beulsicherheit des ausgesteiften Feldes ist gewährleistet.

14.9 Nachweis der Beulsicherheit eines unversteiften Feldes mit zusätzlicher Randbeanspruchung

Die Beanspruchung σ_y resultiert aus einer Lasteintragung am Obergurt.

Generell muss überprüft werden, ob die Lasteintragung ohne eine örtliche Aussteifungsrippe möglich ist. Um den Fertigungsaufwand zu minimieren, ist diese Konstruktionsform stets anzustreben.

Die Notwendigkeit der Steife oder deren Einsparung erfolgt durch eine Nachweisführung nach Abschnitt 18.

Wenn die Beanspruchung F_d keine örtlichen Aussteifungsmaßnahmen erfordert, dann entstehen im Bereich c an der Stegblechoberkante Normalspannungen σ_y. Die Einflussbreite c entspricht der Wirkungsbreite dieser Spannung am Beulfeldrand.

Die Einflussbreite am Obergurt wird von den konstruktiven Verhältnissen beeinflusst.

Bei unbekannter Einflussbreite sollte in Anlehnung an DIN 4132 „Kranbahnen" 5 cm gewählt werden.

Wenn die Einflussbreite am Obergurt größer als 8 t ist, kann bei den üblichen Walzprofilreihen lokales Beulen erst auftreten, wenn die Grenzkraft $F_{R,d}$ nach [10] erreicht ist. Generell darf nach [33] bei Platten mit σ_x und τ-Beanspruchung σ_y vernachlässigt werden, wenn

$$\frac{b}{t} \leqq 0,64 \sqrt{k_{\sigma x} \cdot E/f_{yk}}$$

oder bei Stegen von Druckstäben $b/t \leqq 37,9$ bzw. bei Stegen von Biegeträgern mit $\psi = -1$ $b/t \leqq 92,9$ ist.

Damit ist festgelegt, dass σ_y in der Mehrzahl der Beuluntersuchungen nicht berücksichtigt zu werden braucht.

Eine exakte Nachweisführung mit den Beanspruchungen σ_x, σ_y und τ kann nach DIN 18 800 T3 in Anlehnung an Abschnitt 14.6 erfolgen. Die Beulwerte $k_{\sigma y}$ können Abschnitt 14.6.2 entnommen werden, wobei die Ermittlung der Abminderungsfaktoren jedoch Probleme bereitet.

15 Planmäßig gerade Stäbe mit ebenen dünnwandigen Querschnittsteilen

15.0 Allgemeines

Die Berechnung als Stab mit ebenen dünnwandigen Querschnittsteilen ist erforderlich, wenn die Grenzwerte grenz (b/t) nach DIN 18 800 T 1, Tab. 12 bis 15 einzelner Querschnittsbereiche überschritten sind. Sobald dies der Fall ist, muss der Einfluss des Beulens auf das Tragverhalten sowohl bei der Ermittlung der Schnittgrößen als auch bei der Berechnung der Beanspruchbarkeiten berücksichtigt werden. Die Berechnung erfolgt nach DIN 18 800 T 2, Abschnitt 7 bzw. [24]. Der Einfluss des Beulens einzelner Querschnittsteile auf das Knicken besteht im Wesentlichen darin, dass die Stabsteifigkeit durch das Ausbeulen herabgesetzt wird und dass sich Spannungen innerhalb des Querschnitts auf steifere oder weniger beanspruchte Querschnittsteile umlagern. Der Tragsicherheitsnachweis ist nach dem Verfahren Elastisch-Elastisch oder Elastisch-Plastisch zu führen.

Die Profilformen für das Nachweisverfahren sind auf rechteckige Hohlprofile, einfach- oder doppeltsymmetrische I-Querschnitte, $\square$-, Z- oder Hutprofile sowie Trapezhohlrippen beschränkt.

Der wirksame Querschnitt ergibt sich aus der Reduktion des Druckbereiches des vollen Querschnitts. Die Berechnung der wirksamen Breiten b' ist dem Verfahren Elastisch-Elastisch zugeordnet und b'' dem Verfahren Elastisch-Plastisch. Analog dazu gilt diese Festlegung für A', I' sowie A'' und I''.

Ist der Querschnitt bezüglich der Biegeachse nicht symmetrisch und treten Biegemomente mit verschiedenen Vorzeichen auf, so ist jene Richtung des Biegemomentes maßgebend, die das kleinste wirksame Flächenmoment 2. Grades (Trägheitsmoment) liefert. Das wirksame Flächenmoment 2. Grades ist dabei über die Stablänge konstant anzunehmen. Bei der Reduktion des Biegedruckbereiches kann der maximal mögliche Wert als Druckspannung $\sigma_D = f_{y,k}/\gamma_M$ der Rechnung zu Grunde gelegt werden. Analog darf für ψ eine vereinfachende, auf der sicheren Seite liegende Annahme getroffen werden, damit aufwändige Iterationsrechnungen vermieden werden. Sofern kein planmäßiges Biegemoment vorliegt, ist das Biegemoment aus der Vorkrümmung einzusetzen. Bei einfachsymmetrischen Querschnitten kann es erforderlich sein, beide Ausweichrichtungen zu untersuchen.

Der Einfluss der Verschiebungen des Schwerpunktes beim Übergang vom vollen zum wirksamen Querschnitt ist zu berücksichtigen. Dies gilt auch für entstehende Zusatzmomente aus Längskraftversatz.

Der Biegezugbereich wird bei diesem Näherungsverfahren nicht reduziert, auch wenn dort resultierend Druckspannungen vorhanden sind.

Die Reduktion des Querschnitts ist stets in Übereinstimmung mit dem Drehsinn des vorhandenen Biegemomentes vorzunehmen.

Ausreichende Steifigkeiten zur Unterstützung von Plattenrändern durch Bördel oder Lippen bzw. die Verbesserung der Steifigkeit von Platten durch Sicken kann nach [24] berücksichtigt und nachgewiesen werden. Bei Stäben, für die eine Vorkrümmung mit dem Stich w_0 anzunehmen ist, muss w_0 um Δw_0 nach DIN 18 800 T 2, Tab. 25 erhöht werden. Analog ist ggf. auch die Vorverdrehung φ_0 um $\Delta\varphi_0$ zu vergrößern.

Das Arbeitsschema wurde für das Nachweisverfahren Elastisch-Elastisch aufbereitet. Beim Verfahren Elastisch-Plastisch ist analog zu verfahren.

15.1 Bezeichnungen

b	Breite des dünnwandigen Querschnittsteils
t	Dicke des dünnwandigen Querschnittsteils
$\overline{\lambda}_{\mathrm{P}\sigma}$	bezogener Schlankheitsgrad für das Beulen des Bleches eines Querschnittsteils
σ_{e}	Bezugsspannung
k	Beulwert, wobei das Verhältnis ψ der Randspannungen aus dem am wirksamen Querschnitt vorhandenen Spannungszustand zu ermitteln ist. Für beidseitige Lagerung darf das Randspannungsverhältnis unter der Annahme des vollen, nicht-reduzierten Querschnitts der betrachteten Teilfläche bestimmt werden.
σ	die unter Zugrundelegung des wirksamen Querschnitts berechnete maximale Druckspannung nach Theorie II. Ordnung am Längsrand eines dünnwandigen Querschnittsteils
b'	wirksame Breite des dünnwandigen Querschnittsteils
A'	Querschnittsfläche des wirksamen Querschnitts (Elastisch-Elastisch)
I'	Flächenmoment 2. Grades (Trägheitsmoment) des wirksamen Querschnitts (ElastischElastisch)
Δw_0	Schwerpunktverschiebung durch Querschnittsreduzierung, entsprechend den Angaben in DIN 18 800 T 2, Element 709 zu berechnen
$r_{\mathrm{D}}; r_{\mathrm{D}}'$	Abstand des Biegedruckrandes von der Schwerachse des vollen bzw. wirksamen Querschnitts
α	Parameter zur Berechnung des Abminderungsfaktors κ nach DIN 18 800 T 2, Tab. 4

15.2 Nachweis für planmäßig gerade Stäbe mit ebenen dünnwandigen Querschnittsteilen

15.2.0 Nachweisschema

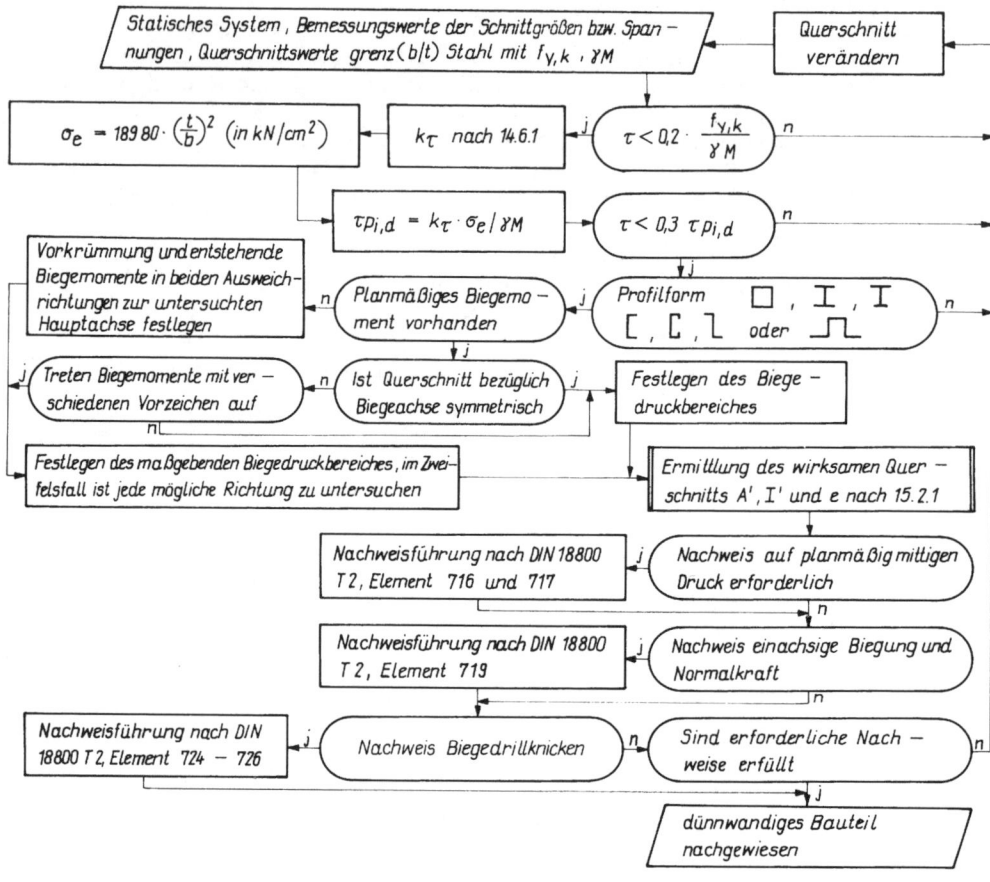

15.2.1 Ermittlung der maßgebenden Querschnittswerte

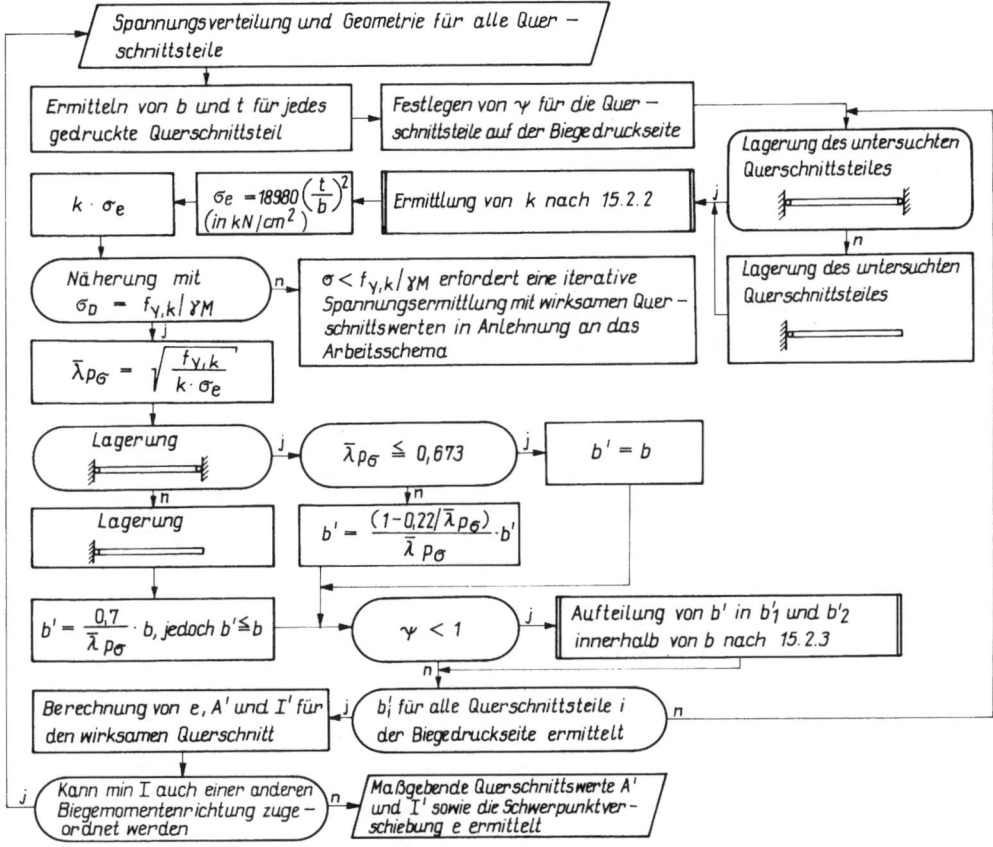

15.2.2 Beulwerte k

		1	2	
1	Lagerung	beidseitig	einseitig	
2	Spannungs-verlauf			
3	$\psi = 1$	4	0,43	
4	$1 > \psi > 0$	$\dfrac{8,2}{\psi + 1,05}$	$\dfrac{0,578}{\psi + 0,34}$	$0,57 - 0,21\,\psi + 0,07\,\psi^2$
5	$\psi = 0$	7,81	1,70	0,57
6	$0 > \psi > -1$	$7,81 - 6,20\,\psi + 9,78\,\psi^2$	$1,70 - 5\,\psi + 17,1\,\psi^2$	$0,57 - 0,21\,\psi + 0,07\,\psi^2$
7	$\psi = -1$	23,9	23,8	0,85

15.2.3 Aufteilung der wirksamen Breite b'

1	Beidseitige Lagerung A	$-1 \leqq \psi \leqq 1$ $$b_1' = \varrho \cdot b \cdot k_1$$ $$b_2' = \varrho \cdot b \cdot k_2$$ mit $$\varrho = \frac{1}{\overline{\lambda}_{P\sigma}} \left[(0,97 + 0,03\ \psi) - (0,16 + 0,06\ \psi)/\overline{\lambda}_{P\sigma} \right]$$ $$k_1 = -0,04\ \psi^2 + 0,12\ \psi + 0,42$$ $$k_2 = +0,04\ \psi^2 - 0,12\ \psi + 0,58$$
2	Einseitige Lagerung B	$$0 \leqq \psi \leqq 1$$
3		$$-1 \leqq \psi < 0$$
4		$$-1 \leqq \psi \leqq 1$$

15.3 Beispiel für einen Stab mit dünnwandigen Querschnittsteilen

Die Stütze nach Abb. 15.1 besteht aus einem dünnwandigen Blechprofil mit ⊏-Querschnitt. Es ist der Biegeknicknachweis für das Ausweichen senkrecht zur z-Achse zu führen.

Querschnitt siehe Abb. 15.1
Querschnittswerte $A = 5 \cdot 0{,}2 \cdot 2 + 24{,}6 \cdot 0{,}2 = 6{,}92 \text{ cm}^2$
$y_s = 0{,}79 \text{ cm}$

$$I_z = \frac{5^3 \cdot 0{,}2}{12} + 4{,}92 \, (0{,}79 - 0{,}1)^2 + 1 \cdot (2{,}5 - 0{,}79)^2 = 10{,}3 \text{ cm}^4$$

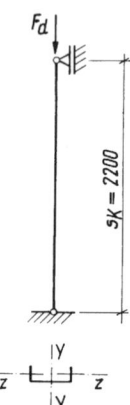

$$i_z = \sqrt{\frac{10{,}3}{6{,}92}} = 1{,}22 \text{ cm}$$

b/t-Verhältnisse:
Flansch:

$$\frac{4{,}8}{0{,}2} = 24 > 12{,}9$$

Steg:

$$\frac{24{,}6}{0{,}2} = 123 > 37{,}8$$

St 37; $\gamma_M = 1{,}1$; $N = F_d = 2{,}4 \text{ kN}$

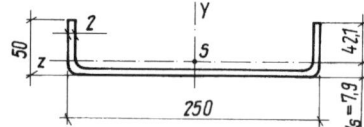

Abb. 15.1

■ Lösung nach 15.2
Im Querschnitt treten keine Schubspannungen auf.
Ein planmäßiges Moment ist nicht vorhanden.
Das Biegemoment aus Vorkrümmung kann mit unterschiedlichem Vorzeichen entstehen.
Variante 1: Biegedruckbereich entsteht auf der Stegseite.
Reduzieren des Biegedruckbereichs nach 15.2.1.
Steg: $b/t = 24{,}6/0{,}2 = 123 \quad \psi = 1$
beidseitig gelenkige Lagerung

$k_\sigma = 4$ nach 15.2.2

$$\sigma_e = 18\,980 \cdot \left(\frac{0{,}2}{24{,}6}\right)^2 = 1{,}25 \text{ kN/cm}^2$$

$k_\sigma \cdot \sigma_e = 4 \cdot 1{,}25 = 5 \text{ kN/cm}^2$

Näherung mit $\sigma_D = 24/1{,}1 = 21{,}8 \text{ kN/cm}^2$

$$\overline{\lambda}_{P\sigma} = \sqrt{\frac{24}{5}} = 2{,}19 > 0{,}673$$

$$b' = \frac{1 - 0{,}22/2{,}19}{2{,}19} \cdot 24{,}6 = 8{,}76 \text{ cm}$$

Damit entsteht ein Querschnitt entsprechend Abb. 15.2.

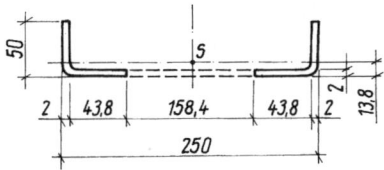

Abb. 15.2

$$A_1' = 5 \cdot 0{,}2 \cdot 2 + 4{,}38 \cdot 0{,}2 \cdot 2 = 3{,}75 \text{ cm}^2$$

$$y_{\text{S}1}' = \left(5 \cdot 0{,}2 \cdot \frac{5}{2} \cdot 2 + 4{,}38 \cdot 0{,}2 \cdot 2 \cdot 0{,}1\right) \cdot \frac{1}{3{,}75} = 1{,}38 \text{ cm}$$

$$I_1' = \frac{5^3 \cdot 0{,}2}{12} \cdot 2 + 5 \cdot 0{,}2 \, (2{,}5 - 1{,}38)^2 \cdot 2 + 4{,}38 \cdot 0{,}2 \cdot (1{,}38 - 0{,}1)^2 \cdot 2 = 10{,}3 \text{ cm}^4$$

$$i_1' = \sqrt{\frac{10{,}3}{3{,}75}} = 1{,}66 \text{ cm}$$

$$e_1 = 0{,}79 - 1{,}38 = |0{,}59| \text{ cm}$$

Variante 2: Biegedruckbereich entsteht auf der Flanschseite

Flansch: $b/t = 4{,}8/0{,}2 = 24 \qquad \psi = 1$

einseitig gelenkig gelagert

$k_\sigma = 0{,}43$ nach 15.2.2

$$\sigma_\text{e} = 18\,980 \left(\frac{0{,}2}{4{,}8}\right)^2 = 32{,}95 \text{ kN/cm}^2$$

$$k_\sigma \cdot \sigma_\text{e} = 0{,}43 \cdot 32{,}95 = 14{,}17 \text{ kN/cm}^2$$

Näherung mit $\sigma_\text{D} = 24/1{,}1 = 21{,}8 \text{ kN/cm}^2$

$$\overline{\lambda}_{\text{P}\sigma} = \sqrt{\frac{24}{14{,}17}} = 1{,}301$$

$$b' = \frac{0{,}7}{1{,}301} \cdot 4{,}8 = 2{,}58 \text{ cm}$$

Damit entsteht ein Querschnitt entsprechend Abb. 15.3.

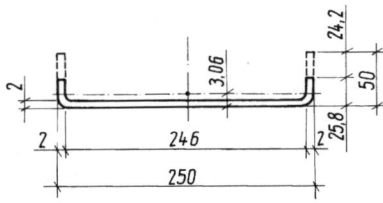

Abb. 15.3

$A_2' = 6,92 - 2 \cdot 2,42 \cdot 0,2 = 5,95 \text{ cm}^2$

$y_{s2}' = \left(2,58 \cdot 0,2 \cdot 2 \cdot \dfrac{2,58}{2} + 24,6 \cdot 0,2 \cdot 0,1\right) \dfrac{1}{5,95} = 0,306 \text{ cm}$

$I_2' = \dfrac{2,58^3}{12} \cdot 0,2 \cdot 2 + 2,58 \cdot 0,2 \left(\dfrac{2,58}{2} - 0,306\right)^2 + 24,6 \cdot 0,2 \, (0,306 - 0,1)^2 = 1,28 \text{ cm}^4$

$i_2' = \sqrt{\dfrac{1,28}{5,96}} = 0,464 \text{ cm}$

$e_2 = 0,79 - 0,306 = 0,48 \text{ cm}$

$\min I' = I_2'$

Der Querschnitt der Variante 2 ist maßgebend.

Biegeknicknachweis nach DIN 18 800 T 2, Element 716 und 717

$\overline{\lambda}_k' = \dfrac{s_k}{i' \cdot \lambda_a} = \dfrac{220}{0,464 \cdot 92,9} = 5,10$

Knickspannungslinie c nach 7.4.1

$\alpha = 0,49$

$r_D = 5 - 0,79 = 4,21 \text{ cm}$

$r_D' = 2,58 - 0,306 = 2,27 \text{ cm}$

$\alpha' = \dfrac{i \cdot r_D'}{i' \cdot r_D} \cdot \alpha = \dfrac{1,22 \cdot 2,27}{0,464 \cdot 4,21} \cdot 0,49 = 0,696$

$\Delta w_0 = e_2 = 0,79 - 0,306 = 0,48 \text{ cm}$

k' nach DIN 18 800 T 2, Bedingung 91

$k' = \dfrac{1}{2} \left[1 + 0,696 \, (5,1 - 0,2) + 5,1^2 + \dfrac{0,48}{0,461} \cdot 2,27\right] = 27,1$

$\kappa' = \dfrac{1}{27,1 + \sqrt{27,1^2 - 5,1^2}} = 0,019$

Nachweis nach DIN 18 800 T 2, Bedingung 89

$\dfrac{2,4 \cdot 1,1}{0,019 \cdot 5,95 \cdot 24} = 0,97 < 1$

Zusätzlich fordert DIN 18 800 T 2, Bedingung 95

$\dfrac{N}{A' \cdot f_{y,d}} \leqq 1$

$A' = 2 \, (2,58 + 4,38) \cdot 0,2 = 2,78 \text{ cm}^2$

$\dfrac{2,4 \cdot 1,1}{2,78 \cdot 24} = 0,04 < 1$

Der Druckstab ist nachgewiesen.

16 Stützenfüße

16.0 Allgemeines

Stützenfüße bilden in der Regel den Übergang von der Stahlkonstruktion zum Betonfundament. Eine direkte Auflagerung auf Stahlkonstruktionen ist jedoch ebenfalls möglich und konstruktiv analog zu betrachten [25].

Die Ausführung kann als Gelenk mit einer Übertragung von Vertikal- und ggf. Horizontalkräften auf das Fundament erfolgen. Die Verdrehung des Auflagerquerschnittes ist zu gewährleisten.

Bei eingespannten Stützen muss zusätzlich zu möglichen Vertikal- und Horizontalkräften auch ein Moment auf das Fundament übertragen werden können. Eine Verdrehung der Stütze an der Einspannstelle ist konstruktiv zu verhindern. Das Fundament darf sich bei einer Einspannung auch nicht als Ganzes verdrehen. Die Schnittgrößen werden von der Stahlkonstruktion auf das Fundament übertragen.

Es ist zu beachten, dass in DIN 1045 „Beton und Stahlbeton – Bemessung und Ausführung" Ausgabe 7.88 noch das Konzept der zulässigen Spannung gilt.

Deshalb wurde in DIN 18 800 T 1, Element 767 die Grenzpressung für Beton mit $\beta_R/1,3$ festgelegt. β_R ist DIN 1045 (07.88) zu entnehmen. Falls die Pressung als Teilflächenpressung auftritt, darf der Wert $\beta_R/1,3$ in Anlehnung an DIN 1045 (07.88) Abschnitt 17.3.3 erhöht werden. Es ergeben sich für die Grenzpressung des Betons folgende Werte:

Betonfestigkeitsklasse	Rechenwert β_R kN/cm^2	Grenzpressung $\beta_R/1,3$ kN/cm^2
B 5	0,35	0,27
B 10	0,70	0,54
B 15	1,05	0,81
B 25	1,75	1,35
B 35	2,30	1,77
B 45	2,70	2,08

Nach DIN 18 800 T 1, Element 764 dürfen zur Berechnung der Grenzgleitkraft für das Ableiten der Horizontalkräfte Reibwiderstand und Scherwiderstand von mechanischen Schubsicherungen als gleichzeitig wirkend angesetzt werden.

Der Bemessungswert der Reibungszahl ist in der untersuchten Fuge zwischen Stahl und Beton $\mu_d = 0,50$. Ein Nachweis ist nach [33] zu führen. Für weitere Voraussetzungen und Einschränkungen ist DIN 4141 T 1 (09.84), Abschnitt 6 zu beachten. Der Reibungsanteil der Grenzgleitkraft darf bei maximalen Horizontalkräften nur mit den zugehörigen minimalen Vertikalkräften berechnet werden.

An Krafteinleitungsstellen erfolgt die Verteilung entsprechend DIN 18 800 T 1, Element 744 im Verhältnis 1 : 2,5.

16.1 Gelenkige Stützenfüße

Gelenkige Stützenfüße sind bei Pendelstützen und Rahmenstielen dann auszubilden, wenn sie als Gelenk im statischen System festgelegt wurden.

Bei Auflagerung der Stütze mit einer Fußplatte und Betonfuge direkt auf dem Fundament soll die Profilhöhe $h \leqq 800$ mm sein. Bei größeren Profilhöhen sollte ein ideales Gelenk ausgebildet werden. Dabei ist die Stütze auf einem Druckstück abzusetzen. Zur Gewährleistung der Druckverteilung unter den Stützenfüßen sind Lastverteilungsträger erforderlich.

Bei der Lasteintragung über gekrümmte Flächen kommt es im Druckstück zu hohen Spannungskonzentrationen, die dem Berührungsdruck nach *Hertz* entsprechen.

Die charakteristischen Werte $\sigma_{H,k}$ sind in [33] enthalten.

Werkstoff	$\sigma_{H,k}$ in kN/cm^2
St 37	80
St 52	100
C 35 N	95

Bei Konstruktionen des Hochbaus sind Linienkipplager veraltet und werden nur noch bei Sanierungsaufgaben verwendet, es wird dann meist ein Druckstück aus Flachblech ohne Krümmung eingesetzt. Die Pressung ist nach DIN 18 800 T 1 (11.90), Tab. 1 auf Druck nachzuweisen.

Die Fußplatten sind möglichst klein zu halten. Die Fußplattendicke ist in Abhängigkeit von den Schnittkräften und von der Stahlsorte zu berechnen. Je nach Plattengröße können örtliche Aussteifungen notwendig werden.

Die Annahme gleichmäßiger Pressung unter der Fußplatte ist nur bei Anwendung des Nachweisverfahrens Elastisch-Elastisch vertretbar.

16.2 Eingespannte Stützenfüße

Für eingespannte Stützen sind zwei Konstruktionsprinzipien typisch. Kleinere Stützen werden häufig direkt in Köcherfundamente eingespannt. Im Stahlbauprojekt sind die Schnittgrößen auf die Oberkante Fundament bezogen. Die Ableitung der Kräfte in das Fundament führt zu Zusatzmomenten, die beachtet werden müssen. Das Einspannmoment der Stütze wird in ein horizontales Kräftepaar umgesetzt [26].

Beim zweiten Prinzip wird das Einspannmoment der Stütze über ein vertikales Kräftepaar in das Fundament abgeleitet. Für die entstehenden Zugkräfte sind Ankerkonstruktionen erforderlich. Zur Verringerung des Ankerzuges werden die Anker in der Momentenebene möglichst weit von der Stützenmitte entfernt angeordnet.

Wenn die Fußplatte ausreichend steif ist, können die Ankerzugkräfte direkt über die Fußplatte in die Stütze geleitet werden. Diese Konstruktionsform ist nur bei kleinen Einspannmomenten möglich. Bei größeren Ankerzugkräften ist eine Fußtraverse zur Lastverteilung auszubilden. Die Fußplatte reicht bei Vollwandstützen über die gesamte Breite des Verankerungspunktes, während bei Fachwerkstützen Fußplatten nur im Bereich der Stützenstiele vorzusehen sind. Die Spreizung der Anker ergibt sich in der Regel aus der Spreizung der Fachwerkstiele.

16.3 Nachweisschema für gelenkige Stützenfüße — geringe Profilhöhe

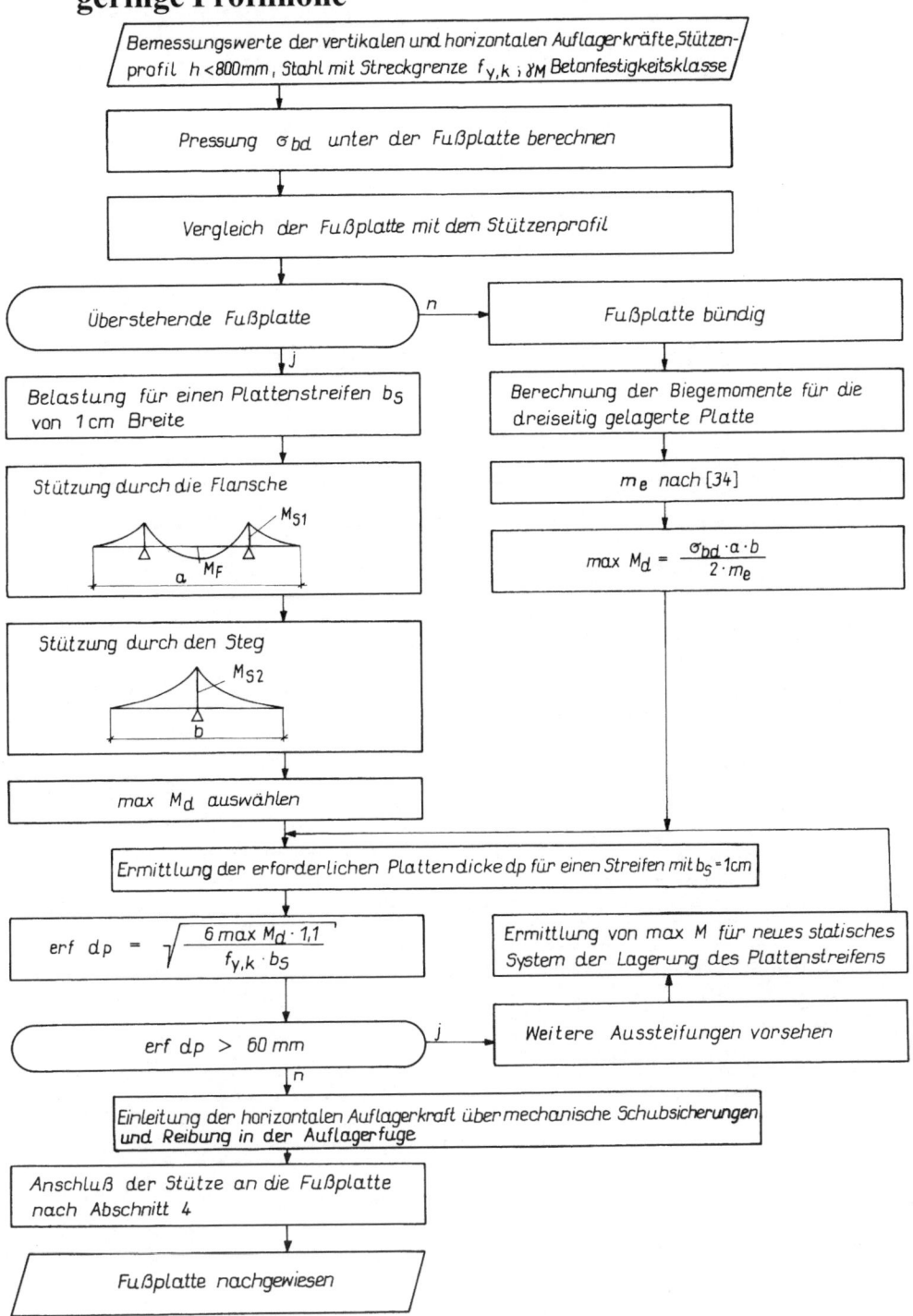

Bemessungswerte der vertikalen und horizontalen Auflagerkräfte, Stützenprofil $h < 800$mm, Stahl mit Streckgrenze $f_{y,k}$; γ_M Betonfestigkeitsklasse

Pressung σ_{bd} unter der Fußplatte berechnen

Vergleich der Fußplatte mit dem Stützenprofil

Überstehende Fußplatte — n — Fußplatte bündig

j

Belastung für einen Plattenstreifen b_S von 1 cm Breite

Berechnung der Biegemomente für die dreiseitig gelagerte Platte

Stützung durch die Flansche

M_{S1}

M_F

a

m_e nach [34]

$$\max M_d = \frac{\sigma_{bd} \cdot a \cdot b}{2 \cdot m_e}$$

Stützung durch den Steg

M_{S2}

b

max M_d auswählen

Ermittlung der erforderlichen Plattendicke d_P für einen Streifen mit $b_S = 1$cm

$$\text{erf } d_P = \sqrt{\frac{6 \max M_d \cdot 1{,}1}{f_{y,k} \cdot b_S}}$$

Ermittlung von max M für neues statisches System der Lagerung des Plattenstreifens

erf $d_P > 60$ mm — j — Weitere Aussteifungen vorsehen

n

Einleitung der horizontalen Auflagerkraft über mechanische Schubsicherungen und Reibung in der Auflagerfuge

Anschluß der Stütze an die Fußplatte nach Abschnitt 4

Fußplatte nachgewiesen

16.4 Nachweisschema für gelenkige Stützenfüße — große Profilhöhe

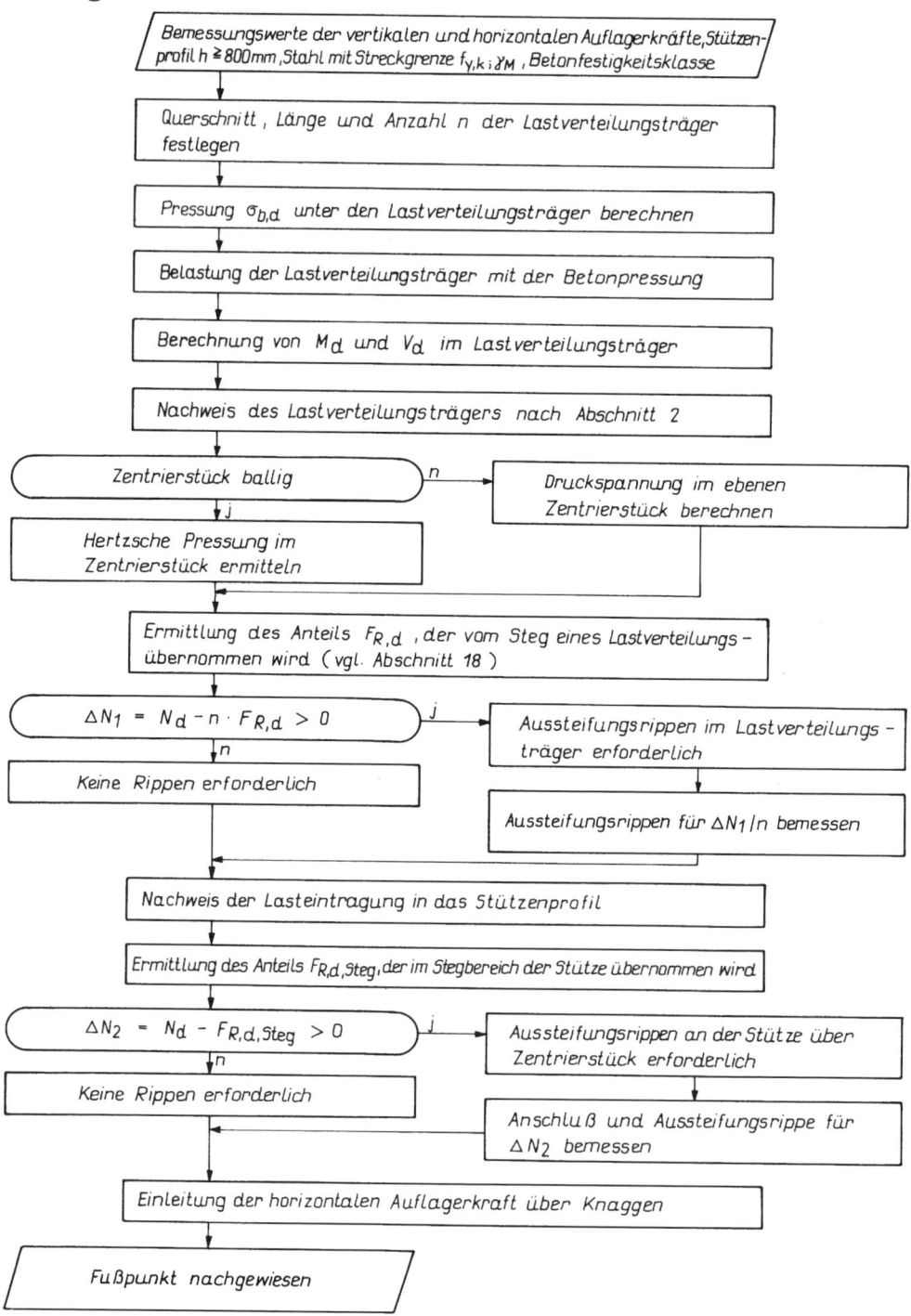

16.5 Nachweisschema für eingespannte Stützenfüße

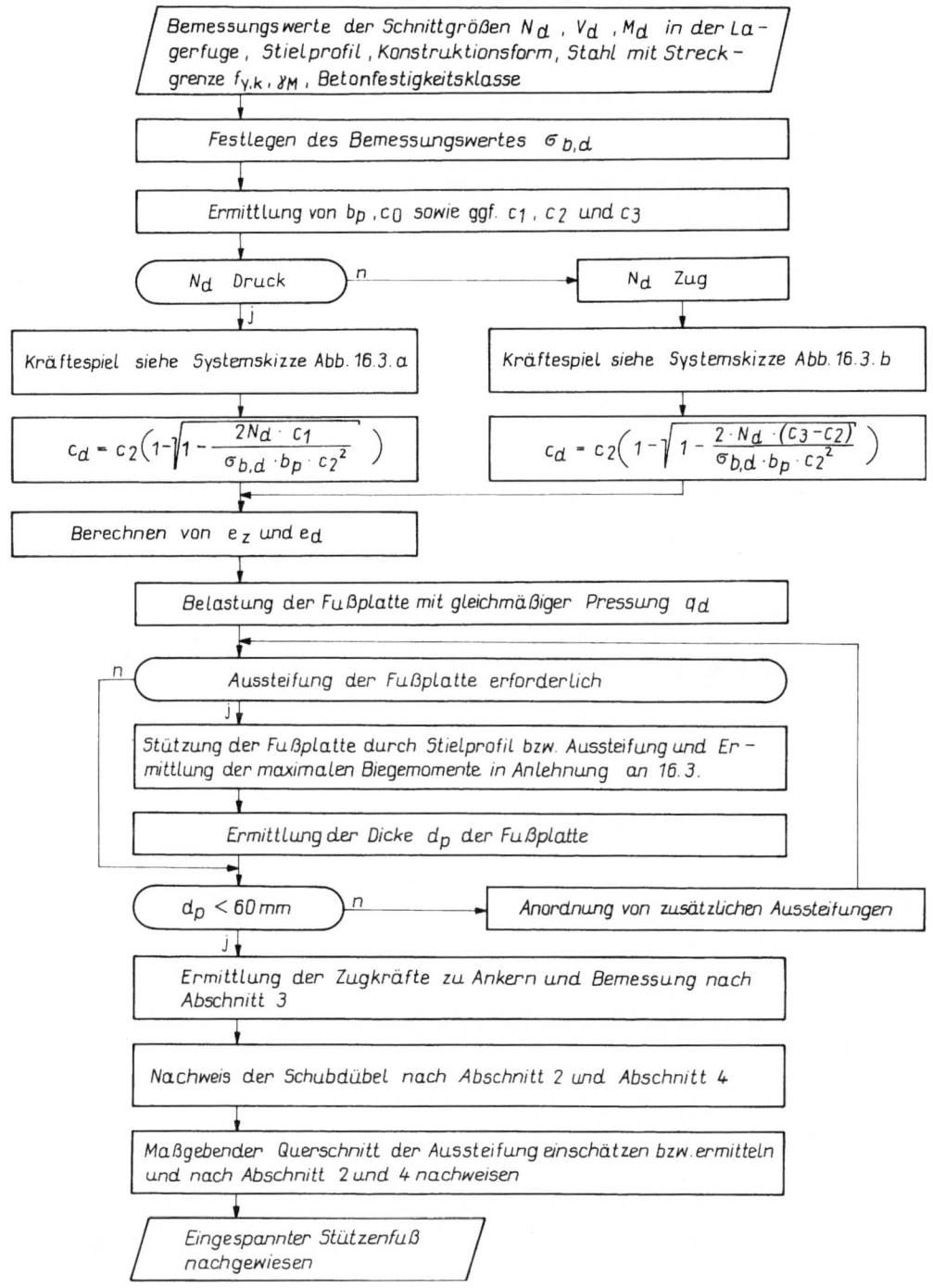

Bemessungswerte der Schnittgrößen N_d, V_d, M_d in der Lagerfuge, Stielprofil, Konstruktionsform, Stahl mit Streckgrenze $f_{y,k}$, γ_M, Betonfestigkeitsklasse

Festlegen des Bemessungswertes $\sigma_{b,d}$

Ermittlung von b_p, c_0 sowie ggf. c_1, c_2 und c_3

N_d Druck — n — N_d Zug

Kräftespiel siehe Systemskizze Abb. 16.3. a

Kräftespiel siehe Systemskizze Abb. 16.3. b

$$c_d = c_2 \left(1 - \sqrt{1 - \frac{2N_d \cdot c_1}{\sigma_{b,d} \cdot b_p \cdot c_2^2}}\right)$$

$$c_d = c_2 \left(1 - \sqrt{1 - \frac{2 \cdot N_d \cdot (c_3 - c_2)}{\sigma_{b,d} \cdot b_p \cdot c_2^2}}\right)$$

Berechnen von e_z und e_d

Belastung der Fußplatte mit gleichmäßiger Pressung q_d

Aussteifung der Fußplatte erforderlich

Stützung der Fußplatte durch Stielprofil bzw. Aussteifung und Ermittlung der maximalen Biegemomente in Anlehnung an 16.3.

Ermittlung der Dicke d_p der Fußplatte

$d_p < 60\,mm$ — n — Anordnung von zusätzlichen Aussteifungen

Ermittlung der Zugkräfte zu Ankern und Bemessung nach Abschnitt 3

Nachweis der Schubdübel nach Abschnitt 2 und Abschnitt 4

Maßgebender Querschnitt der Aussteifung einschätzen bzw. ermitteln und nach Abschnitt 2 und 4 nachweisen

Eingespannter Stützenfuß nachgewiesen

16.6 Beispiele zu Stützenfüßen

16.6.1 Gelenkiger Stützenfuß mit geringer Profilhöhe

Es ist der Nachweis für ein gelenkiges Stützenauflager nach Abb. 16.1 zu führen. Die Höhe des Stützenprofils ist relativ klein. Die Stütze darf deshalb direkt mit einer Fußplatte und Betonfuge auf das Fundament aufgesetzt werden. Horizontalkräfte sind durch Reibung in der Lagerfuge und durch Schubeisen in den Beton des Fundamentes einzutragen. Die Anker sind als Montagehilfen erforderlich. Entsprechend den örtlichen Gegebenheiten und unter Berücksichtigung der Lastfaktoren sowie der Kombinationsbeiwerte ergibt sich nach Abschnitt 1 die Bemessungslast $F_d = N_d = 162$ kN (Druck).
Stützenprofil IPE 140
B 15 mit $\beta_R/\gamma = 0{,}81$ kN/cm^2
Breite der Fußplatte $b = 9$ cm; St 37
$\gamma = 1{,}1$

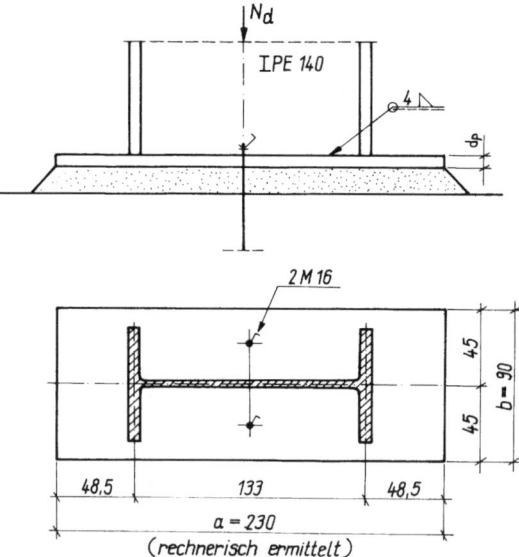

Abb. 16.1

■ Lösung
– erforderliche Größe der Fußplatte

$$\text{erf } a = \frac{N_d}{b \cdot \beta_R/\gamma} = \frac{162}{9 \cdot 0{,}81} = 22{,}2 \text{ cm}$$

gewählt $a = 23$ cm

$$q_d^* = \frac{N_d}{A} = \frac{162}{23 \cdot 9} = 0{,}783 \text{ kN/cm}^2 < 0{,}81 \text{ kN/cm}^2$$

Die Fußplatte hat einen überstehenden Rand. Für den Plattenstreifen b_s mit 1 cm Breite ergibt sich die Belastung $q_d = 0{,}783$ kN/cm^2.

Die Flansche und der Steg stützen die Fußplatte starr, so dass sich nach Abschnitt 16.3 folgende Krag- bzw. Feldmomente ergeben:

238

$$M_{\mathrm{S1}} = \frac{0{,}783 \cdot 4{,}85^2}{2} = 9{,}20 \text{ kNcm}$$

$$M_{\mathrm{F}} = \frac{0{,}783 \cdot 13{,}3^2}{8} - 9{,}20 = 8{,}11 \text{ kNcm}$$

bzw.

$$M_{\mathrm{S2}} = \frac{0{,}783 \cdot 4{,}50^2}{2} = 7{,}92 \text{ kNcm}$$

$$\max M_{\mathrm{d}} = M_{\mathrm{S}}$$

$$\frac{f_{\mathrm{y,k}}}{\gamma_{\mathrm{M}}} = \frac{\max M_{\mathrm{d}}}{W} \quad \text{und}$$

$$\text{erf } W = \frac{\max M_{\mathrm{d}} \cdot 1{,}1}{f_{\mathrm{y,k}}} = \frac{b_{\mathrm{s}} \cdot d_{\mathrm{P}}^2}{6}$$

$$\text{erf } d_{\mathrm{P}} = \sqrt{\frac{6 \cdot \max M_{\mathrm{d}} \cdot 1{,}1}{f_{\mathrm{y,k}} \cdot b_{\mathrm{s}}}}$$

Für einen Plattenstreifen von $b_{\mathrm{s}} = 1$ cm ergibt sich:

$$\text{erf } d_{\mathrm{p}} = \sqrt{\frac{6 \cdot 9{,}20 \cdot 1{,}1}{24 \cdot 1}} = 1{,}59 \text{ cm} < 6 \text{ cm}$$

Gewählt: Bl 16-90 · 230

■ Nachweis der Schweißnaht zwischen Stütze und Fußplatte
  Nach DIN 18 800 T1, Element 837 dürfen Druckkräfte, die normal zu einer Kontaktfuge gerichtet sind, vollständig durch Kontakt übertragen werden.

  Entsprechend DIN 18 800 T1, Element 519 ergibt sich die Mindestschweißnahtdicke

  $$a_{\mathrm{w}} \geqq \sqrt{\max t} - 0{,}5 = \sqrt{16} - 0{,}5 = 3{,}5 \text{ mm}$$

  Es wird mit einer Nahtdicke $a_{\mathrm{w}} = 4$ mm geschweißt.

  Die Fußplatte ist nachgewiesen.

16.6.2 Gelenkiger Stützenfuß mit großer Profilhöhe

Es ist der Nachweis für ein gelenkiges Stützenauflager nach Abb. 16.2 zu führen. Das Stützenprofil ist $h > 800$ mm hoch. Wegen der erforderlichen mittigen Lasteintragung wird die Stütze mittels eines Zentrierstücks auf einer Trägerlage abgesetzt. Entsprechend den örtlichen Gegebenheiten und unter Berücksichtigung der Lastfaktoren sowie der Kombinationsbeiwerte ergibt sich nach Abschnitt 1 die Bemessungslast $F_{\mathrm{d}} = N_{\mathrm{d}} = 1000$ kN (Druck).

Eine Horizontalkomponente tritt nicht auf.

Stützenprofil
Gurte: Blech 300 · 20
Steg: Blech 860 · 10
verschweißt mit $a_{\mathrm{w}} = 4$ mm

B 15 mit $\beta_R/\gamma = 0,81$ kN/cm^2
Lastverteilungsträger 3 IPE 330; St 37
$\gamma_M = 1,1$

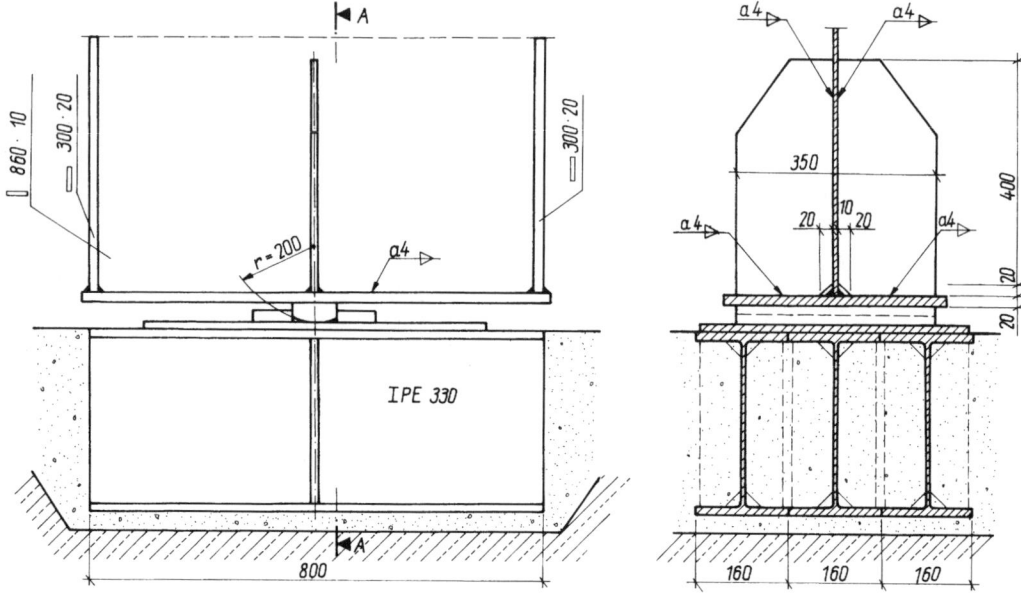

Abb. 16.2

■ Lösung
– Pressung unter den Verteilungsträgern
  $A = 80 \cdot 16 \cdot 3 = 3840$ cm^2

$$\sigma_{b,d} = \frac{N_d}{A} = \frac{1000}{3840} = 0,26 \text{ kN/cm}^2 < 0,81 \text{ kN/cm}^2$$

– Belastung der Verteilungsträger
  $q_d = 0,26 \cdot 16 = 4,16$ kN/cm
– Biegung am Zentrierstück

$$M_d = 4,16 \cdot \frac{40^2}{2} = 3328 \text{ kNcm}$$

$$\sigma = \frac{3328}{713} = 4,7 \text{ kN/cm}^2 < \frac{24}{1,1} = 21,8 \text{ kN/cm}^2$$

$V = 4,16 \cdot 40 = 166,4$ kN

$$\tau \approx \frac{166,4}{(33 - 1,15) \cdot 0,75} = 7,0 \text{ kN/cm}^2 < \frac{24}{1,1 \cdot \sqrt{3}} = 12,6 \text{ kN/cm}^2$$

Der Nachweis der Vergleichsspannung ist nach DIN 18 800 T1, Element 747 nicht erforderlich.

– Zentrierleiste

Die Zentrierleiste hat hier eine ballige Form. Im Hochbau genügt in der Regel ein Vierkantdruckstück.

Die Länge der Zentrierleiste wird mit $l = 35$ cm festgelegt. Die Pressung zwischen Verteilungsträger und Zentrierleiste ergibt sich als Berührungsdruck nach *Hertz* für Walze gegen Ebene mit

$\sigma_{H,k} = 95$ kN/cm^2 zu:

$$\frac{\sigma_{H,k}}{1,1} = 0,418 \cdot \sqrt{\frac{N_d \cdot E}{l \cdot r}} \text{ , und somit wird}$$

$$\text{erf } r = 0,418^2 \cdot \frac{1000 \cdot 21\,000}{35\,(95/1,1)^2} = 14,1 \text{ cm}$$

gewählt: $r = 20$ cm

Die Breite des Zentrierstückes wird mit 10 cm festgelegt.

– $F_{R,d}$ nach DIN 18 800 T1, Element 744 bzw. Abschnitt 18.

$l = c + 5\,(t + r) = 0 + 5\,(1,15 + 1,8) = 14,75$ cm

σ_z und σ_x sind Druckspannungen.

$$F_{R,d} = \frac{1}{1,1} \cdot 0,75 \cdot 14,75 \cdot 24 = 241,4 \text{ kN}$$

$\Delta N_1 = (1000 - 3 \cdot 241,4) = 275,9$ kN > 0

$\Delta N_1/3 = 275,9/3 = 92$ kN

Die Lasteintragung erfolgt über zwei Rippen $\square$ 50 · 10 je Lastverteilungsträger.

Spannung in der Rippe:

$$\sigma_d \approx \frac{92}{2 \cdot 5 \cdot 1} = 9,2 \text{ kN/cm}^2 < \frac{24}{1,1} = 21,8 \text{ kN/cm}$$

– Überleitung der Auflagerkraft aus dem Zentrierstück in den Steg. Am Kreuzungspunkt zwischen Steg und Zentrierstück liegt Kontakt vor. Die Länge der Kontaktzone beträgt nach Abschnitt 18 $L = 10 + 2,5 \cdot 2 \cdot 2 = 20$ cm (2 cm Plattendicke).

In diesem Bereich wird N_{d1} übertragen.

$$N_{d1} = \frac{20 \cdot 1 \cdot 24}{1,1} = 436,4 \text{ kN}$$

Die Aussteifungsrippen übernehmen $N_{d2} = 1000 - 436,4 = 563,6$ kN.

Für die Übertragung dieser Kraft werden beidseitig Aussteifungsrippen der Länge l vorgesehen.

$l = 1/2\,(35 - 1 - 2 \cdot 2) = 15$ cm

Die erforderliche Dicke der Rippe beträgt

$$\text{erf } t = \frac{563,6 \cdot 1,1}{2 \cdot 15 \cdot 25} = 0,86 \text{ cm} \qquad \text{gewählt 1 cm.}$$

Die Kraft N_{d2} wird über Kehlnähte in den Steg eingeleitet.

a_w nach 4.4 $\alpha_w = 0,95$

$$\text{erf } a_w = \frac{563,6 \cdot 1,1}{4 \cdot 40 \cdot 0,95 \cdot 24} = 0,17 \text{ cm}$$

gewählt $a_w = 3$ mm

Der Stützenfuß ist nachgewiesen.

16.6.3 Eingespannte Stütze mit Ankerbefestigung

Es sind die erforderlichen Nachweise für den eingespannten Stützenfuß nach Abb. 16.3 zu führen.

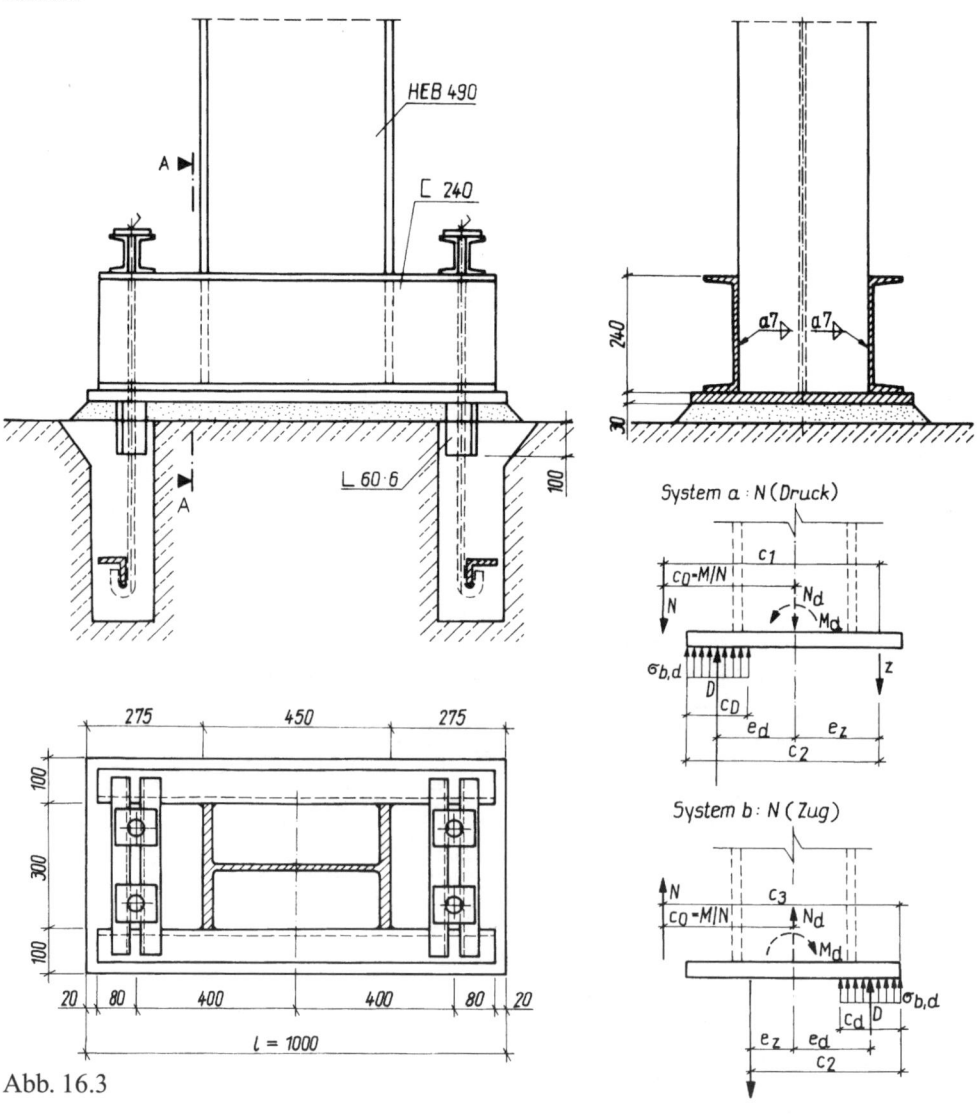

Abb. 16.3

Schnittgrößen der Auflagerfuge
$N_d = 300$ kN
$M_d = 36\,000$ kNcm
$V_d = 10$ kN
Stützenprofil HEB 450

B 15 mit $\beta_R/1,3 = 0,81$ kN/cm² (DIN 18 800 T1, Element 767) St 37; $\gamma_M = 1,1$

Schubeisen L $60 \cdot 6$

■ Lösung

$\sigma_{b,d} = 0,81$ kN/cm² für B 15
Die Maße betragen
$b_P = 50$ cm
$c_0 = M/N = 36\,000/300 = 120$ cm
$c_1 = 40 + 120 = 160$ cm
$c_2 = 40 + 50 = 90$ cm
N_d ist eine Druckkraft.

$$c_d = 90 \left(1 - \sqrt{1 - \frac{2 \cdot 300 \cdot 160}{0,81 \cdot 50 \cdot 90^2}} \right) = 14,3 \text{ cm}$$

$e_z = 40$ cm

$$e_d = 50 - \frac{c_d}{2} = 50 - \frac{14,3}{2} = 42,85 \text{ cm}$$

– Belastung der Fußplatte für einen Plattenstreifen der Breite 1 cm
  $q_d \approx 0,81$ kN/cm

Eine Aussteifung der Fußplatte ist erforderlich. Es werden [-Profile entsprechend Abb. 16.3 angeordnet. Die maximale Biegung in der Fußplatte beträgt zwischen dem Steg des [-Profils und dem Plattenrand

$$\max M_d \approx 0,81 \cdot \frac{8^2}{2} = 25,92 \text{ kNcm}$$

– Dicke der Fußplatte

$$\text{erf } d_P = \sqrt{\frac{6 \cdot 25,92 \cdot 1,1}{24,1}} = 2,67 \text{ cm}$$

gew. $d_P = 3$ cm

Zugkraft je Anker

$$Z_d = \frac{36\,000 - 300 \cdot 42,85}{2\,(40 + 42,85)} = 139,7 \text{ kN}$$

gew. $\varnothing$ 30 in Ankerbarren eingehängt, FK 5.6

Nach Abschnitt 3.6.1

$N_{R,d} = 175,3$ kN
$175,3$ kN $> 139,7$ kN

– Nachweis des Schubdübels L $60 \cdot 6$ ($a_w = 3$ mm)

$$\tau_{II} \approx \frac{10}{0,3 \cdot 6 \cdot 2 \cdot 2} = 1,3 \text{ kN/cm}^2$$

$$\sigma_\perp \approx \frac{10}{2} \cdot \frac{\left(\dfrac{10^3}{2} + 3\right)}{22,8} \cdot (6 - 1,69) = 7,8 \text{ kN/cm}^2$$

Spannung gering, weitere Nachweise können entfallen!

– Nachweis im Schnitt A – A

$$M_{dA} = 0,81 \cdot 50 \cdot 14,3 \left(27,5 - \frac{14,3}{2}\right) = 11\,786 \text{ kNcm}$$

$$V_{dA} = 0,81 \cdot 50 \cdot 14,3 = 579,2 \text{ kN}$$

Schwerpunktlage

$$e_u = \frac{2 \cdot 42,3\,(3 + 24/2) + 150 \cdot 1,5}{2 \cdot 42,3 + 150} = 6,4 \text{ cm}$$

$$e_o = (24 + 3) - 6,4 = 20,6 \text{ cm}$$

Flächenmoment 2. Grades

$$I_y = 2 \cdot 3600 + 50 \cdot \frac{3^3}{12} + 50 \cdot 3\,(6,4 - 1,5)^2 + 2 \cdot 42,3\,(20,6 - 12)^2 = 17\,230 \text{ cm}^4$$

Spannungsnachweis Grundmaterial

$$\sigma = \frac{11\,786}{17\,230} \cdot 20,6 = 14,1 \text{ kN/cm}^2 < \frac{24}{1,1} = 21,8 \text{ kN/cm}^2$$

Spannungsnachweis Verbindungsnaht ($a_w = 5$ mm)

$$\tau_{II} = \frac{579,2 \cdot 50 \cdot 3\,(6,4 - 1,5)}{4 \cdot 0,5 \cdot 17\,230} = 12,4 \text{ kN/cm}^2 < \frac{24 \cdot 0,95}{1,1} = 20,7 \text{ kN/cm}^2$$

– Anschluss Stütze – [-Profil (kein Kontakt)

$$N_{d1} = \frac{N_d}{2} + \frac{M_d}{n_F} = \frac{300}{2} + \frac{36\,000}{(45 - 2,6)} = 1149 \text{ kN}$$

$a_w = 7$ mm 4 Nähte je Seite

$$\tau_{II} = \frac{1149}{4 \cdot 0,7 \cdot 24} = 17,1 \text{ kN/cm}^2 < \frac{24 \cdot 0,95}{1,1} = 20,7 \text{ kN/cm}^2$$

Weitere Nachweise können entfallen.

17 Biegesteife Rahmenecken

17.0 Allgemeines

Biegesteife Verbindungen von Trägern und Stützen kommen in Rahmenkonstruktionen vor. Sie werden deshalb auch unter der Bezeichnung Rahmenecken zusammengefasst. Die Berechnung erfolgt in Anlehnung an [25]. Anzuschließen sind Biegemomente, Quer- und Längskräfte. Alle Ausführungen dieses Abschnittes gelten, mit den erforderlichen Anpassungen, auch für biegesteife Kopfplattenträgerstöße.

Biegesteife Verbindungen können geschweißt oder geschraubt ausgeführt werden.

Die geschweißte Variante entspricht dem Beispiel nach Abschnitt 4.5.2. Ob Aussteifungen notwendig sind, ist nach Abschnitt 18 zu untersuchen.

Aus Transportgründen wird häufig für den Anschluss Riegel − Stütze eine geschraubte Verbindung gewählt.

Für biegesteife Rahmenecken wird meist der Riegel, mit oder ohne Voute, über eine angeschweißte Kopfplatte durch Schrauben in der Vertikalfuge an die Stütze angeschlossen. Dass der Riegel auf die Stütze gelegt wird und die Verschraubung in der horizontalen Fuge erfolgt, ist nur für den obersten Riegel eines Rahmens möglich. Dabei können die Schraubenzugkräfte, die an der Rahmenecke übertragen werden, durch größere Druckkräfte aus dem Riegel entlastet werden. Die Anordnung einer Zuglasche versteift in beiden Fällen die Rahmenecke. Aus konstruktiven Gründen muss jedoch häufig auf diese Lasche verzichtet werden.

Die Stoßfuge muss nicht vertikal oder horizontal liegen. Der Einfluss von Schrägschnitten auf die Kraftverteilung ist zu erfassen. Die Schnittkräfte sind für den maßgebenden Schnitt zwischen den Stirnplatten zu ermitteln. Für Systeme, bei denen die Verformung wesentlichen Einfluss auf die Schnittkräfte hat, müssen die Verbindungen für die Schnittkräfte nach Theorie II. Ordnung bemessen werden.

Die Stirnplatten und die Flansche der Rahmenstiele dürfen keine Dopplungen enthalten. Ihre Dicken sollen einander entsprechen. Die Plattendicke d_P kann überschläglich mit einer Lastverteilungsbreite berechnet werden, die sich beidseitig unter 45° ergibt. Der so ermittelte Wert darf nicht größer als der vertikale Abstand der Schrauben werden.

Die Kopfplattendicke d_P sollte bei zweireihiger Anordnung der Schrauben und bei überstehender Kopfplatte den 1,0fachen, bei vierreihiger Anordnung den 1,25fachen Schraubendurchmesser d_{Sch} nicht unterschreiten. Bei bündiger Kopfplatte betragen die Werte $d_P = 1,5 \cdot d_{Sch}$ für zweireihige und $d_P = 1,7 \cdot d_{Sch}$ für vierreihige Schraubenanordnung. Es ist zu beachten, dass in Kopfplattenanschlüssen Abstützkräfte entstehen und dadurch die Beanspruchung der Verbindungsmittel vergrößert wird. Für Schraubenzugkräfte gibt DIN 18 800 T 1, Element 801 die Ermittlung einer wirklichkeitsnahen Kraftverteilung an. Abhängig von den Abmessungen der Schrauben, der Stirnplatte und der Gesamtgeometrie, können durch Gleichgewichtsbildung die Abstützkräfte an den Stirnplattenkanten ermittelt werden. Für deren Größe ist das elastische Verhalten der Verbindung von Bedeutung.

Mit hochfesten Schrauben in Stirnplattenstößen lassen sich konstruktiv günstige Lösungen erreichen, da die Schraubenanzahl reduziert und die Steifigkeit der Verbindung erhöht wird. In [25] sind Regelausführungen mit hochfesten Schrauben enthalten.

Bei steifenloser Ausführung wird der Knoten verformbarer. Daraus folgt eine Momentenumlagerung in Richtung des „weicheren" Konstruktionselementes.

Der Schweißanschluss der Stirnplatte muss dic durch die Schrauben punktförmig eingetragenen Zugkräfte in das Profil weiterleiten. Es empfiehlt sich, bei der Nachweisführung eine Zuordnung der Schraubenkräfte zum angrenzenden Stegnahtbereich vorzunehmen und die

Druckkraft durch Kontakt im Druckpunkt zu übertragen. Die Berechnung der Biegespannung nach den Regeln der Festigkeitslehre führt durch die Verschiebung der Nulllinie zu Werten, die stark von der Realität abweichen.

17.1 Biegesteife Stirnplattenverbindungen mit normalfesten Schrauben

Stirnplattenverbindungen mit normalfesten Schrauben sollen nur in Ausnahmefällen ange-wendet werden. Die Berechnung ist nach [27] möglich. Dabei werden folgende Annahmen getroffen:

▪ Stirnplatte des Riegels und Flansch der Stütze sind starr und bleiben eben
▪ der Druckpunkt liegt in der Mitte des Druckflansches
▪ die Schraubenkräfte sind linear veränderlich mit dem Abstand y_i vom Druckpunkt
▪ nur Schrauben oberhalb $h/2$ vom Druckpunkt aus bekommen y_i-Werte zugeordnet
▪ die Zusatzkräfte nach DIN 18 800 T 1, Element 801 werden nicht berücksichtigt (Stirn-platte starr)

Bei der Anordnung einer Zuglasche ist der Zugkraftanteil aus dem Biegemoment voll der Lasche zuzuweisen.

17.1.1 Rahmenecke mit normalfesten Schrauben

Es ist der Nachweis für den Stirnplattenanschluss nach Abb. 17.1 mit normalfesten Schrauben zu führen. Diese Ausführung wird nur noch in Ausnahmefällen gewählt.

Schrauben M 20; FK 4.6; $\Delta d = 1$ mm (Nennlochspiel)

$n = 14$ (Anzahl der Schrauben)
$m = 1$ (Schnittigkeit der Verbindung)
$M_d = 1000$ kNcm; $V_d = 300$ kN
St 37; $\gamma_M = 1{,}1$

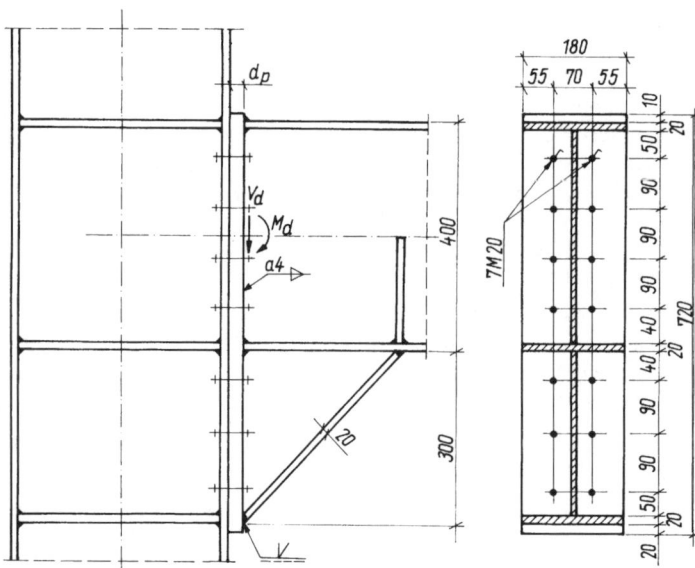

Abb. 17.1

■ Lösung

Nachweis der Schrauben nach 3.6

$$\sigma_{1,R,d} = \frac{24}{1,1 \cdot 1,1} = 19,8 \text{ kN/cm}^2$$

$$\sigma_{2,R,d} = \frac{40}{1,25 \cdot 1,1} = 29,1 \text{ kN/cm}^2$$

$$A_{Sch} = \frac{\pi \cdot 2^2}{4} = 3,14 \text{ cm}^2$$

$A_{Sp} = 2,45 \text{ cm}^2$

$N_{R,d,1} = 19,8 \cdot 3,14 = 62,2 \text{ kN}$

$N_{R,d,2} = 29,1 \cdot 2,45 = 71,3 \text{ kN}$

$N_{R,d} = 62,2 \text{ kN (vgl. 3.6.1)}$

$$V_a = \frac{V_d}{n} = \frac{300}{14} = 21,4 \text{ kN}$$

Die Schrauben werden ungleichmäßig beansprucht − Ermittlung von N nach [27].

$m^* = 2$ (Anzahl der Reihen)

$$f_z = \frac{h^2}{m^* \cdot \Sigma y_i^2} = \frac{62^2}{2 \, (35^2 + 44^2 + 53^2 + 62^{2)}} = 0,1958$$

$$N = \frac{M_d}{h} \cdot f_z = \frac{10\,000}{62} \cdot 0,1958 = 31,6 \text{ kN}$$

$$\frac{N}{N_{R,d}} = \frac{31,6}{62,2} = 0,51 \quad \begin{array}{l} < 1,0 \\ > 0,25 \end{array}$$

$$V_a = \frac{300}{14} = 21,4 \text{ kN}$$

$V_{a,R,d} = 68,5 \text{ kN (vgl. 3.5.2)}$

$$\frac{V_a}{V_{a,R,d}} = \frac{21,4}{68,5} = 0,31 \quad \begin{array}{l} < 1 \\ > 0,25 \end{array}$$

Interaktion

$0,51^2 + 0,31^2 = 0,36 < 1$

Nachweis der Stumpfnaht im Druckbereich nach [27]

$$f_D = \frac{h \cdot \Sigma y_i}{\Sigma y_i^2} = \frac{62 \, (35 + 44 + 53 + 62)}{35^2 + 44^2 + 53^2 + 62^2} = 1,226$$

$$D = \frac{M_d}{h} \cdot f_D = \frac{10\,000}{62} \cdot 1,226 = 197,7 \text{ kN}$$

$l_w = 18 \text{ cm}; \, a_w = 2 \text{ cm}$

$$\sigma_\perp = \sigma_{w,v} = \frac{197{,}7}{18 \cdot 2} = 5{,}5 \, \text{kN/cm}^2$$

$$\sigma_{w,v} = 5{,}5 \, \text{kN/cm}^2 < \frac{24}{1{,}1} \cdot 1 = 21{,}8 \, \text{kN/cm}^2$$

Nachweis der Plattendicke d_P

$$M \approx 2 \cdot 31{,}6 \cdot \frac{7}{8} = 55{,}3 \, \text{kNcm}$$

$$\text{erf } d_P = \sqrt{\frac{6 \cdot M \cdot \gamma_M}{f_{y,k} \cdot b}} \qquad b \approx 2 \cdot 3 = 6 \, \text{cm}$$

$$\text{erf } d_P = \sqrt{\frac{6 \cdot 55{,}3 \cdot 1{,}1}{24 \cdot 6}} = 1{,}6 \, \text{cm}$$

gewählt $d_P = 2{,}5$ cm

Nachweis der Stegnaht $a_w = 0{,}4$ cm

$$\sigma_\perp \approx \frac{31{,}6}{6 \cdot 0{,}4} = 13{,}2 \, \text{kN/cm}^2$$

Die Schubspannung wird vom senkrechten Nahtbereich aufgenommen.

$l_w = 72 - 4 - 2 - 3 = 63$ cm.

$$\tau \approx \frac{300}{63 \cdot 0{,}4 \cdot 2} = 6{,}0 \, \text{kN/cm}^2$$

$$\sigma_{w,v} = \sqrt{13{,}2^2 + 6{,}0^2} = 14{,}5 \, \text{kN/cm}^2$$

$$\sigma_{w,v} = 14{,}5 \, \text{kN/cm}^2 < \frac{24}{1{,}1} \cdot 0{,}95 = 20{,}7 \, \text{kN/cm}^2$$

Weitere Nachweise können entfallen.

17.2 Biegesteife Stirnplattenverbindungen mit hochfesten Schrauben

Die Berechnung der Stirnplattenverbindung mit hochfesten Schrauben nach [25] muss folgende Annahmen berücksichtigen:

- Elastisch-Plastische Stirnplatte
- Stirnplatte bleibt nicht ideal eben
- Druckpunkt im Druckflanschquerschnitt
- Anliegen der Stirnplatte bei Spaltöffnung an der Stirnplattenkante und Berücksichtigung zusätzlicher Abstützkräfte

Alle Schnittkräfte des Trägers werden auf den Druckpunkt bezogen. Die Querkraft wird durch die Schrauben auf der Druckseite des Anschlusses über Scher-Lochleibungs-Wirkung aufgenommen bzw. in eine Knagge eingetragen.

Verbindungen mit bündiger Kopfplatte verformen sich stärker. Sie sind vor allem bei Trägerhöhen größer als 400 mm zu vermeiden. Ist der Stützen- oder Riegelsteg im Bereich der Rahmenecke beulgefährdet, dann müssen die Aussteifungen von Flansch zu Flansch durchgehen. An den Kontaktflächen zwischen den Stirnplatten bzw. am Flansch sind klaffende Fugen gegen Korrosion besonders zu schützen.

17.2.1 Rahmenecke mit hochfesten Schrauben bei überstehender Stirnplatte

Es ist der Nachweis für den Stirnplattenanschluss nach Abb. 17.2 mit hochfesten Schrauben zu führen. Die Lösung erfolgt in Anlehnung an [25].

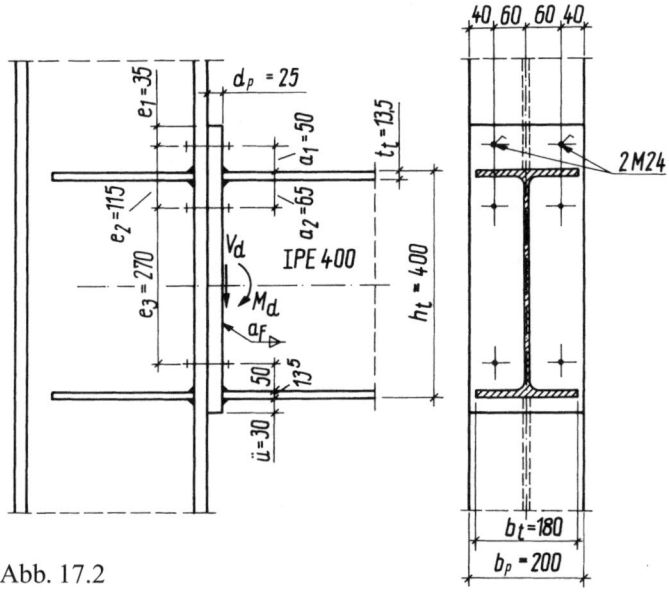

Abb. 17.2

Schrauben M 24; FK 10.9; $\Delta d = 1$ mm (Nennlochspiel); $A_{sp} = 3{,}53$ cm^2; $n = 2$
$M_d = 18\,000$ kNcm; $V_d = 200$ kN
St 37; $\gamma_M = 1{,}1$
$d_P = 25$ mm; $D = 44$ mm; $\alpha_F = 7$ mm

Ausführungsform: SLV

Die Notwendigkeit von Steifen ist nach Abschnitt 18 zu überprüfen.

■ Lösung

Aufteilung des Momentes auf die Gurte nach DIN 18 800 T1, Element 801:

$$Z_t = \frac{M_d}{h_t - t_t} = \frac{18\,000}{(40 - 1{,}35)} = 465{,}7 \text{ kN}$$

Beanspruchung im Flansch:

$$\frac{Z_t}{b_t \cdot t_t} = \frac{465{,}7}{18 \cdot 1{,}35} = 19{,}2 \text{ kN/cm}^2 < \frac{24}{1{,}1} = 21{,}8 \text{ kN/cm}^2$$

Tragsicherheitsnachweise:

Im Gurtbereich ergibt sich das Berechnungsmodell nach Abb. 17.3

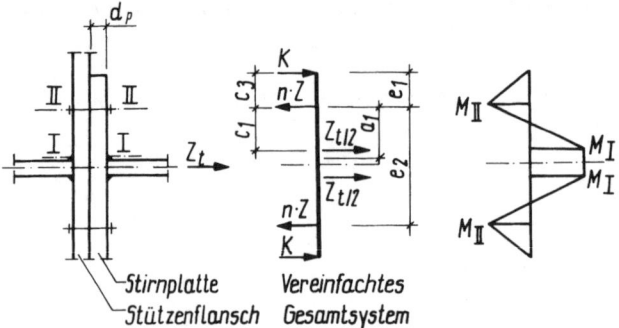

Abb. 17.3

Schraubenabstände:

$e_2 = 2 \cdot a_1 + t_t - 1 + \Delta = 2 \cdot 50 + 13,5 - 1 + 2,5 = 115\,\text{mm}$

(Δ ist Aufrundungszuschlag auf volle 5 mm)

$a_2 = e_2 - a_1 = 115 - 50 = 65\,\text{mm}$

Rechnerische Hebelarme:

$$c_1 = a_1 - \frac{a_F \cdot \sqrt{2}}{3} - \frac{(D + d_P)}{4}$$

$$= 50 - \frac{7 \cdot \sqrt{2}}{3} - \frac{(44 + 25)}{4} = 29,5\,\text{mm}$$

(verkürzter Hebelarm zwischen $Z_t/2$ und $n \cdot Z$)

$c_3 = e_1 = 35\,\text{mm}$

Gleichgewichtsbedingungen:

$0,5\,Z_t - n \cdot 2 + K = 0$ \qquad (Kräfte)

$-0,5\,Z_t \cdot c_1 + M_I + M_{II} = 0$

$K \cdot c_3 - M_{II} = 0$ \qquad (Momente)

$$Z_t = 2\left(n \cdot Z - \frac{M_{II}}{c_3}\right)$$

$$Z_t = 2\,(M_I + M_{II})\,\frac{1}{c_1}$$

Beim Erreichen der Grenzzugkraft $Z = N_{R,d} = 256,7\,\text{kN}$ (s. Abschnitt 3.6.1) in den Schrauben soll für die maximale Zugkraft Z_t die Stirnplatte im Schnitt I − I durchplastiziert sein.

Durch Gleichsetzen der beiden Ausdrücke für Z_t ergibt sich das dem Maximalwert von Z_t entsprechende Moment M_{II}.

$$M_{II} = \frac{n \cdot Z - \dfrac{M_I}{c_1}}{\left(\dfrac{1}{c_1} + \dfrac{1}{c_3}\right)}$$

$$M_I \to M_{MI,pl} = 1,1 \cdot \frac{f_{y,k}}{\gamma_M} \cdot b_P \cdot \frac{d_P^2}{4}$$

$$= 1,1 \cdot \frac{24}{1,1} \cdot 20 \cdot \frac{2,5^2}{4} = 750 \text{ kNcm}$$

Das vollplastische Moment kann im Schnitt II − II nicht überschritten werden.

$$M_{II} \leqq M_{II,pl} = 1,1 \cdot \frac{f_{y,k}}{\gamma_M} \cdot (b_P - n \cdot d_L) \cdot \frac{d_P^2}{4}$$

$$1,1 \cdot \frac{24}{1,1} (20 - 2 \cdot 2,5) \frac{2,5^2}{4} = 562,5 \text{ kNcm}$$

Schubtragfähigkeit der Stirnplatte:

$$K \leqq V_{pl} = \frac{f_{y,k}}{\gamma_M \cdot \sqrt{3}} \cdot b_P \cdot d_P = \frac{24}{1,1 \cdot \sqrt{3}} \cdot 20 \cdot 2,5 = 629,8 \text{ kN}$$

$$M_{II} \leqq V_{pl} \cdot c_3 = 629,8 \cdot 3,5 = 2204,3 \text{ kNcm}$$
$$Z_t \leqq 2 \cdot V_{pl} = 2 \cdot 629,8 = 1259,6 \text{ kN}$$

$$M_{II} = \frac{2 \cdot 1259,6 - \dfrac{750}{2,95}}{\left(\dfrac{1}{2,95} + \dfrac{1}{3,5}\right)} = 3625,7 \text{ kNcm}$$

M_{II} darf den Wert von $M_{II,pl}$ nicht überschreiten. Es muss $M_{II} = M_{II,pl}$ gesetzt werden.

$$Z_t = 2 (750 + 562,5) \frac{1}{2,95} = 889,8 \text{ kN}$$

$$M_{R,d} = Z_t (h_t - t_t) = 889,8 (40 - 1,35) = 34\,392 \text{ kNcm}$$
$$M_d < M_{R,d} \qquad 18\,000 \text{ kNcm} < 34\,392 \text{ kNcm}$$

Die gleichzeitige Wirkung von Normal- und Schubspannung in der Stirnplatte bleibt unberücksichtigt.

Schweißanschluss des Gurtes:

$$a_w = 0,7 \text{ cm}$$

$$\sigma_\perp = \sigma_{w,v} = \frac{465,7}{18 \cdot 0,7 \cdot 2} = 18,5 \text{ kN/cm}^2 < \frac{24}{1,1} \cdot 0,95 = 20,7 \text{ kN/cm}^2$$

Nachweis für die Übertragung der Querkraft:

Die Querkraft wird von dem Schraubenpaar im Druckbereich übertragen.

$$V_a = \frac{200}{2} = 100\,\text{kN}$$

$$V_{a,R,d} = 0,55 \cdot \frac{\pi \cdot 2,4^2}{4} \cdot \frac{100}{1,1} = 226,2\,\text{kN}$$

$V_a/V_{a,R,d} = 100/226,2 = 0,442 < 1$

$V_1 = 100\,\text{kN}$

$e_2 > 1,5\,d_L$ und $e_3 > 3\,d_L$ (s. Abschnitt 3.5.3)

$$\alpha_1 = 1,1 \cdot \frac{50}{25} - 0,3 = 1,9\ \text{oder}$$

$$\alpha_1 = 1,08 \cdot 3,5 - 0,77 = 3,01$$

$$V_{1,R,d} = 2,5 \cdot 2,4 \cdot 1,9 \cdot \frac{24}{1,1} = 248,7\,\text{kN}$$

$V_1/V_{1,R,d} = 100/248,7 = 0,402 < 1$

Nachweis der Gebrauchsfähigkeit:

Im Gebrauchszustand darf die Fuge nicht klaffen.

$Z_{t,Gebr} \leqq 2 \cdot n \cdot 0,7 \cdot P_V \cdot 1,5; \quad Z_{t,Gebr} = F_d$

P_V nach DIN 18 800 T 7 (05.83):

$P_V = 220\,\text{kN}$

$465,7\,\text{kN} \leqq 2 \cdot 2 \cdot 0,7 \cdot 220 \cdot 1,5 = 924\,\text{kN}$

Weitere Nachweise können entfallen!

17.2.2 Rahmenecke mit hochfesten Schrauben bei bündiger Stirnplatte

Es ist der Nachweis für den Stirnplattenanschluss nach Abb. 17.4 mit hochfesten Schrauben zu führen.

Die Lösung erfolgt in Anlehnung an [25].

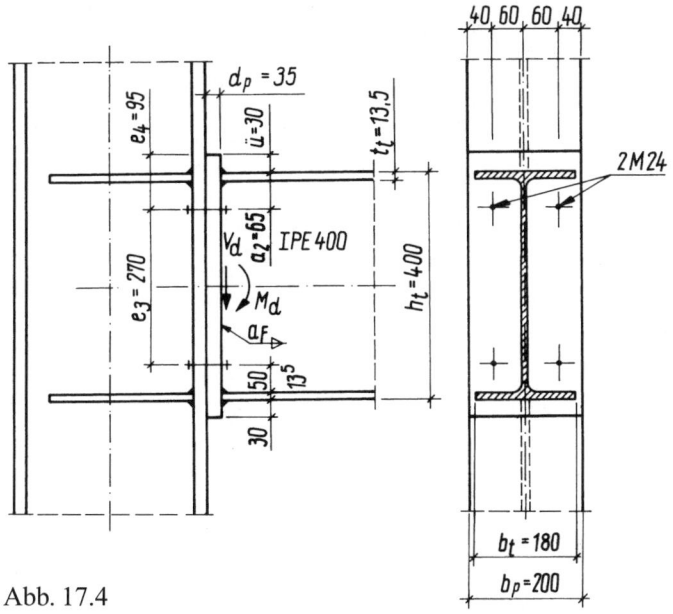

Abb. 17.4

Schrauben M 24; FK 10.9

$\Delta d = 1$ mm (Nennlochspiel); $A_{Sp} = 3{,}53$ cm^2; $n = 2$

$M_d = 8000$ kNcm; $V_d = 50$ kN

St 37; $\gamma_M = 1{,}1$

$d_P = 35$ mm; $D = 44$ mm; $a_F = 7$ mm

Ausführungsform: SLV

Die Notwendigkeit von Steifen ist nach Abschnitt 18 zu überprüfen.

■ Lösung

Aufteilung des Momentes auf die Gurte nach DIN 18 800 T1, Element 801:

$$Z_t = \frac{M_d}{h_t - t_t} = \frac{8000}{40 - 1{,}35} = 207 \, \text{kN}$$

Beanspruchung im Flansch:

$$\frac{Z_t}{b_t \cdot t_t} = \frac{207}{18 \cdot 1{,}35} = 8{,}52 \, \text{kN/cm}^2 < \frac{24}{1{,}1} = 21{,}8 \, \text{kN/cm}^2$$

Tragsicherheitsnachweise:

Im Gurtbereich wird das Berechnungsmodell nach Abb. 17.5 angewendet.

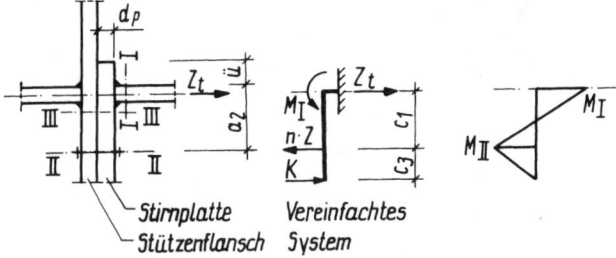

Abb. 17.5

Rechnerische Hebelarme:

$$c_1 = a_2 - t_t - \left(\frac{D}{4} + \frac{d_P}{2}\right)$$

$$= 65 - 13,5 - \left(\frac{44}{4} + \frac{35}{2}\right) = 33 \text{ mm}$$

(verkürzter Hebelarm zwischen Z_t und Z)

$$c_3 = \frac{D}{2} + d_P$$

$$= \frac{44}{2} + 35 = 57 \text{ mm}$$

(verlängerter Hebelarm der Gegenkraft K bis zur Wirkungslinie von Z)

Gleichgewichtsbedingungen:

$Z_t - n \cdot Z + K = 0$ \hfill (Kräfte)

$Z_t \cdot c_1 - M_I - M_{II} = 0$

$K \cdot c_3 - M_{II} = 0$ \hfill (Momente)

Beim Erreichen der Grenzzugkraft $Z = N_{R,d} = 256,7$ kN (s. Abschnitt 3.6.1) in den Schrauben soll für die maximale Zugkraft Z_t der Zugflansch im Schnitt I—I durchplastiziert sein.

$$Z_t = n \cdot Z - \frac{M_{II}}{c_3}$$

$$Z_t = (M_I + M_{II}) \cdot \frac{1}{c_1}$$

Durch Gleichsetzen der beiden Ausdrücke für Z_t ergibt sich das dem Maximalwert von Z_t entsprechende Moment M_{II}

$$M_{II} = \frac{n \cdot Z - \dfrac{M_I}{c_1}}{\left(\dfrac{1}{c_1} + \dfrac{1}{c_3}\right)}$$

254

$$\max Z \to N_{R,d} = A_{Sp} \frac{f_{u,b,k}}{1,25 \cdot \gamma_M} = 3,53 \cdot \frac{100}{1,25 \cdot 1,1} = 256,7 \text{ kN}$$

$$> \frac{d^2 \cdot \pi}{4} \cdot \frac{f_{y,b,k}}{1,1 \cdot \gamma_M} = \frac{2,4^2 \cdot \pi}{4} \cdot \frac{90}{1,1 \cdot 1,1} = 336,2 \text{ kN}$$

$$M_I \to M_{I,pl} = 1,1 \cdot \frac{f_{y,k}}{\gamma_M} \cdot \frac{b_t \cdot t_t^2}{4} \cdot \kappa$$

$$= 1,1 \cdot \frac{24}{1,1} \cdot \frac{18 \cdot 1,35^2}{4} \cdot \kappa = 196,83 \cdot \kappa$$

Wird der Abminderungsfaktor κ für das gleichzeitige Wirken von Moment und Längskraft im Zugflansch berücksichtigt, so wird:

$$\kappa = 1 - \left(\frac{Z_t}{\dfrac{f_{y,k}}{\gamma_M} \cdot b_t \cdot t_t} \right)^2$$

Die Grenzzugkraft im Zugflansch (Z_t) ergibt sich direkt aus der quadratischen Gleichung, wenn die Beziehungen Z_t, $M_{t,pl}$ und M_{II} miteinander verknüpft werden. Zu beachten ist, dass $M_{II} \leqq M_{II,pl}$; $Z_t \leqq V_{pl}$ und $K \leqq V_{pl}$ sein muss.

Es wird:

$$Z_t = (f_{y,d} \cdot b_t \cdot t_t) \cdot (- A + \sqrt{A^2 + B + 1})$$

$$Z_t \leqq \left(\frac{f_{y,d}}{\sqrt{3}} \right) b_P \cdot d_P$$

mit

$$A = \frac{2 (c_1 + c_3)}{1,1 \cdot t_t} ; \qquad B = \frac{4 \cdot n \cdot N_{R,d} \cdot c_3}{1,1 \cdot f_{y,d} \cdot b_t \cdot t_t^2}$$

$$= \frac{2 \cdot (3,3 + 5,7)}{1,1 \cdot 1,35} ; \qquad = \frac{4 \cdot 2 \cdot 256,7 \cdot 5,7}{1,1 \cdot 21,8 \cdot 18 \cdot 1,35^2}$$

$$= 12,1; \qquad = 14,88$$

$$Z_t = (21,8 \cdot 18 \cdot 1,35) \cdot (- 12,12 + \sqrt{12,12^2 + 14,87 + 1}) = 337,9 \text{ kN}$$

$$Z_t \leqq \frac{21,8 \cdot 20 \cdot 3,5}{\sqrt{3}} = 881,0 \text{ kN}$$

$$\kappa = 1 - \left(\frac{337,9}{21,8 \cdot 18 \cdot 1,35} \right)^2 = 0,593$$

$M_{\text{I,pl}} = 178,8 \cdot 0,593 = 106,0 \text{ kNcm}$

$$M_{\text{II}} = \frac{2 \cdot 256,7 - \dfrac{106}{3,3}}{\dfrac{1}{3,3} + \dfrac{1}{5,7}} = \frac{481,3}{0,478} = 1006,9 \text{ kNcm}$$

$$M_{\text{II}} \leqq M_{\text{II,pl}} = 1,1 \cdot f_{\text{y,d}} \cdot \left(b_{\text{P}} - n \cdot d_{\text{L}} \right) \frac{d_{\text{P}}^2}{4}$$

$$= 1,1 \cdot 21,8 \, (20 - 2 \cdot 2,5) \, \frac{3,5^2}{4} = 1101,6 \text{ kN}$$

$$M_{\text{II}} \leqq V_{\text{pl}} \cdot c_3 = \left(\frac{f_{\text{y,d}}}{\sqrt{3}} \right) b_{\text{P}} \cdot d_{\text{P}} \cdot c_3$$

$$= \left(\frac{21,8}{\sqrt{3}} \right) \cdot 20 \cdot 3,5 \cdot 5,7 = 5021,9 \text{ kNcm}$$

$M_{\text{R,d}} = Z_{\text{t}} \cdot (h_{\text{t}} - t_{\text{t}}) = 337,9 \, (40 - 1,35) = 13\,059,8 \text{ kNcm}$

$M_{\text{d}} < M_{\text{R,d}}$
$8000 \text{ kNcm} < 13\,059,8 \text{ kNcm}$

Schweißanschluss des Gurtes:

$a_{\text{w}} = 0,5 \text{ cm}$

$$\sigma_{\perp} = \sigma_{\text{w,v}} = \frac{207}{18 \cdot 2 \cdot 0,5} = 11,5 \text{ kN/cm}^2 < \frac{24}{1,1} \cdot 0,95 = 20,7 \text{ kN/cm}^2$$

Der Nachweis für die Übertragung der Querkraft wird wie im Abschnitt 17.2.1 angegeben geführt.

18 Örtliche Krafteinleitungen

18.0 Allgemeines

Im Krafteinleitungsbereich entstehen in der Regel mehrachsige Spannungszustände, so dass es an diesen Stellen zum örtlichen Versagen kommen kann. Die Anordnung von Aussteifungsrippen ist eine Möglichkeit, Kräfte besser verteilt in das Bauglied einzutragen. Durch die Rippen wird der Krafteinleitungsbereich ausgesteift und so ein örtliches Ausweichen verhindert.

Aussteifungen erfordern jedoch stets einen erhöhten Fertigungsaufwand in der Werkstatt. Der entwerfende Ingenieur ist deshalb bemüht, die Anzahl der Rippen und örtlichen Verstärkungen auf ein Minimum zu beschränken.

Entsprechend DIN 18 800 T 1, Element 503 ist für diese Punkte zu prüfen, ob im Bereich von Krafteinleitungen oder -umlenkungen an Knicken, Krümmungen und Ausschnitten Aussteifungsrippen erforderlich sind. Bei geschweißten Profilen und Walzträgern mit I-förmigem Querschnitt dürfen Kräfte ohne Aussteifungen eingetragen werden, wenn

- der Betriebsfestigkeitsnachweis nicht maßgebend ist
- der Träger gegen Verdrehen und seitliches Ausweichen gesichert ist und
- der Tragsicherheitsnachweis nach DIN 18 800 T 1, Element 744 geführt wird

Bei Kranbahnen mit Radlasteintragung ist somit stets der Nachweis örtlicher Stabilität unter Einbeziehung der auftretenden σ_z-Spannung zu führen.

Das Verdrehen und das seitliche Ausweichen eines Trägers wird durch den Stabilitätsnachweis nach DIN 18 800 T 2 auf das zulässige Maß beschränkt.

Der Tragsicherheitsnachweis nach DIN 18 800 T 1, Element 744 gilt nur für Träger mit I-Querschnitt. Schweißträger dürfen nur eine Stegschlankheit $h/s \leqq 60$ haben. Bei Stegschlankheiten $h/s > 60$ ist für Trägerstege der Beulsicherheitsnachweis zu führen.

Die Grenzkraft $F_{R,d}$ ist wie folgt zu berechnen:

- für σ_x und σ_z mit unterschiedlichen Vorzeichen und $|\sigma_x| > 0,5 f_{y,k}$ nach Gleichung

$$F_{R,d} = \frac{1}{\gamma_M} \cdot s \cdot l \cdot f_{y,k} (1,25 - 0,5 \cdot \sigma_x/f_{y,k})$$

- für alle anderen Fälle gilt Gleichung

$$F_{R,d} = \frac{1}{\gamma_M} \cdot s \cdot l \cdot f_{y,k}$$

Hierbei bedeuten:
σ_x Normalspannung im Träger im maßgebenden Schnitt nach 18.1
s Stegdicke des Trägers
l mittragende Länge nach 18.1

Die Problematik der örtlichen Krafteinleitung ist nicht auf äußere Kräfte begrenzt, z. B. kann im Bereich von Flanschanschlüssen an biegesteifen Ecken ebenfalls aus dem Produkt von vorhandener Normalspannung und Flanschfläche eine Kraft F ermittelt werden, die bei der Einleitung in ein Anschlussbauteil ohne Aussteifungsrippen den Wert $F_{R,d}$ nicht überschreiten darf.

18.1 Ermittlung der mittragenden Länge bei örtlicher Krafteinleitung

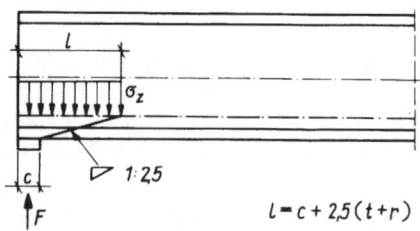
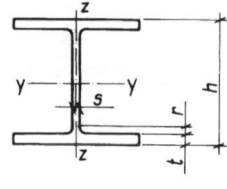

$$l = c + 2{,}5(t + r)$$

a) Einleitung einer Auflagerkraft am Trägerende

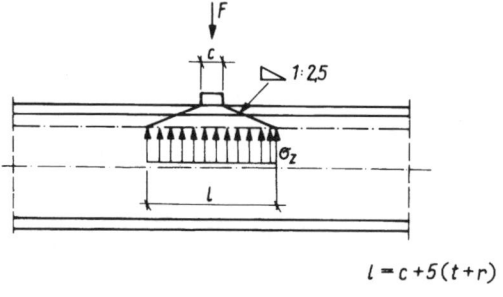
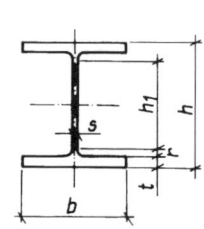

$$l = c + 5(t + r)$$

b) Einleitung einer Einzellast im Feld (gleichbedeutend mit Einleitung einer Auflagerkraft an einer Zwischenstütze)

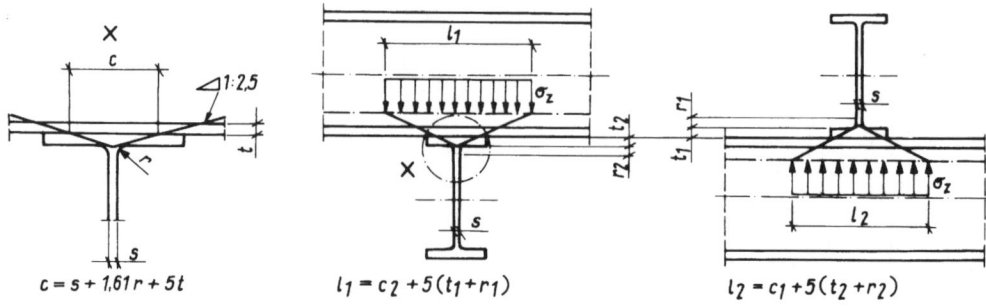

$$c = s + 1{,}61\,r + 5t \qquad l_1 = c_2 + 5(t_1 + r_1) \qquad l_2 = c_1 + 5(t_2 + r_2)$$

c) Träger auf Träger

18.2 Beispiele für örtliche Krafteinleitungen ohne Aussteifung

18.2.1 Auflagerung Träger auf Träger

In einer Hochbaukonstruktion ist ein durchlaufender Deckenträger IPE 220 auf einen Unterzug IPE 300 nach Abb. 18.1 aufgelagert. Die Auflagerlast beträgt $F_d = 150$ kN. Es ist zu untersuchen, ob die Lasteintragung ohne Aussteifungsrippen möglich ist.

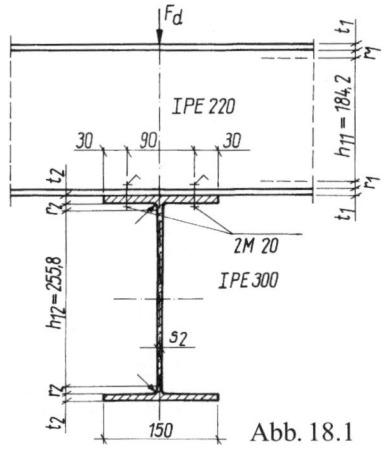

Material St 37
Geometrie
IPE 220
$s_1 = 5,9$ mm
$r_1 = 12$ mm
$t_1 = 9,2$ mm

IPE 300
$s_2 = 7,1$ mm
$r_2 = 15$ mm
$t_2 = 10,7$ mm

Abb. 18.1

■ Lösung nach DIN 18 800 T 1, Element 744 und 18.1

Beim Durchlaufträger (IPE 220) ergeben sich im Auflagerbereich des Untergurtes für σ_x und σ_z jeweils Druckspannungen. Der Nachweis $F_d \leqq F_{R,d}$ erfolgt mit

$$F_{R,d} = \frac{1}{\gamma_M} \cdot s \cdot l \cdot f_{y,k}$$

Der Obergurt des Unterzuges (IPE 300) erhält ebenfalls Druckspannungen für σ_x und σ_z. Die Nachweisführung erfolgt analog.

c_1 im oberen Träger
$c_1 = 0,59 + 1,61 \cdot 1,2 + 5 \cdot 0,92 = 7,1$ cm
c_2 im unteren Träger
$c_2 = 0,71 + 1,61 \cdot 1,5 + 5 \cdot 1,07 = 8,5$ cm
$l_1 = 8,5 + 5\,(0,92 + 1,2) = 19,1$ cm

$$F_{R,d1} = \frac{1}{1,1} \cdot 0,59 \cdot 19,1 \cdot 24 = 245,5 \text{ kN}$$

Nachweis:
150 kN < 245,5 kN

Im oberen Träger ist keine Aussteifung erforderlich.
$l_2 = 7,1 + 5\,(1,07 + 1,5) = 20$ cm

$$F_{R,d2} = \frac{1}{1,1} \cdot 0,71 \cdot 20 \cdot 24 = 309,8 \text{ kN}$$

Nachweis:
150 kN < 309,8 kN

Im unteren Träger ist ebenfalls keine Aussteifung erforderlich.

18.2.2 Auflagerung Träger auf Knagge

Für das Auflager eines Trägers IPE 240 auf einer Knagge nach Abb. 18.2 ist nachzuweisen, ob eine Trägeraussteifung erforderlich ist.

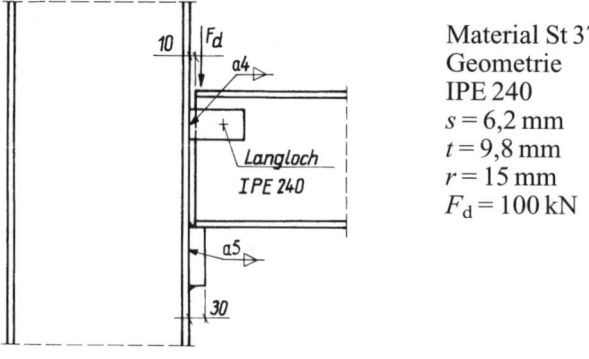

Material St 37
Geometrie
IPE 240
$s = 6,2$ mm
$t = 9,8$ mm
$r = 15$ mm
$F_d = 100$ kN

Abb. 18.2

■ Lösung nach DIN 18 800 T 1, Element 744 und 18.1

Im Auflagerbereich treten keine σ_x-Spannungen auf, σ_z entspricht Druckspannungen. Der Nachweis $F_d \le F_{R,d}$ erfolgt mit

$$F_{R,d} = \frac{1}{\gamma_M} \cdot s \cdot l \cdot f_{y,k}$$

$c = 2,0$ cm
$l = 2,0 + 2,5\,(0,98 + 1,5) = 8,2$ cm

$$F_{R,d} = \frac{1}{1,1} \cdot 0,62 \cdot 8,2 \cdot 24 = 110,9 \text{ kN}$$

Nachweis:
100 kN $<$ 110,9 kN erfüllt!

18.2.3 Biegesteifer Trägeranschluss − Druckseite

Für die in Abb. 18.3 dargestellte Druckseite einer Rahmenecke soll überprüft werden, ob die im Beispiel 17.2.1, Abb. 17.2 vorgesehenen Aussteifungsrippen notwendig sind.

Material St 37; $f_{yk} = 24$ kN/cm^2; $\gamma_M = 1,1$

Geometrie Riegel
IPE 400
$b_R = 180$ mm
$s_R = 8,6$ mm
$t_R = 13,5$ mm
$r_R = 21$ mm
$d_P = 25$ mm

Geometrie Stiel
IPE 500
$b_S = 200$ mm
$s_S = 10,2$ mm
$t_S = 16$ mm
$r_S = 21$ mm

260

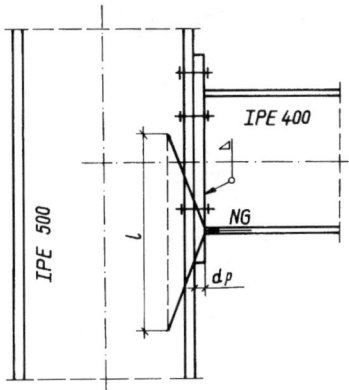

Abb. 18.3

■ Lösung nach DIN 18 800 T 1, Element 744 und nach 18.1 mit den Bemessungsschnittgrößen aus Beispiel 17.2.1

$M_d = 18\,000$ kNcm; $V_d = 200$ kN

ermittelte Gurtkraft: $F_d = 465,7$ kN $= Z_t$
mittragende Länge

$$\begin{aligned} l &= t_R + 5\,(r_S + t_S + d_P) \\ &= 1,35 + 5\,(2,1 + 1,6 + 2,5) = 32,35 \text{ cm} \end{aligned}$$

Fall 1: Stiel erhält Druckspannung σ_x

$$F_{R,d} = \frac{1}{1,1} \cdot 32,35 \cdot 1,02 \cdot 24 = 719,9 \text{ kN}$$

Nachweis: 465,7 kN < 719,9 kN

Fall 2: Stiel erhält Biegezugspannung σ_x.
σ_x und σ_z haben unterschiedliche Vorzeichen.

Annahme: $\sigma_x = 13,0$ kN/cm^2 > $0,5 \cdot 24 = 12$ kN/cm^2

$$F_{R,d} = \frac{1}{1,1} \cdot 32,35 \cdot 1,02 \cdot 24 \left(1,25 - \frac{0,5 \cdot 13}{24}\right) = 705,5 \text{ kN}$$

Nachweis: 465,7 kN < 705,5 kN

In beiden Fällen ist eine Steife nicht erforderlich.

19 Biegetorsionsbeanspruchung von U-Profilen

19.0 Allgemeines

Biegeträger mit U-Querschnitt werden im Stahlhochbau häufig eingesetzt. Sie können Bühnenrandträger, Wandriegel und Dachpfetten sein. Die Lasteintragung erfolgt im Bereich des Steges. Bei diesen Trägern wird die seitliche Verschiebung und die Verdrehung in vielen Fällen nicht oder nur wenig behindert. Zum Beispiel bieten bei Bühnen Gitterroste und bei Dächern lose aufliegende Eindeckungen keine ausreichende Behinderung.

Die Beanspruchung dieser dünnwandigen offenen Querschnitte erfolgt dabei außerhalb des Schubmittelpunktes. Es entstehen nicht nur Biegenormal- und Schubspannungen, sondern auch Wölbnormalspannungen. Für Biegeträger ist ein entsprechender Tragsicherheitsnachweis unter Berücksichtigung des Biegedrillknickes nach DIN 18 800 T 2 Element 311 zu führen. Die Formel 16 darf dabei jedoch nicht für Träger mit planmäßiger Torsion angewendet werden.

Die Berechnung der Größe der Wölbnormalspannungen und das Einschätzen ihres Einflusses bereitet oft Schwierigkeiten, da die Theorie der Wölbkrafttorsion im Vergleich zur Biegetheorie weniger bekannt ist. Für die exakte Lösung dieses Problems kann als kleine Auswahl auf die Literatur [1], [28], [29] und [30] verwiesen werden. Die Zahlenrechnungen sind jedoch aufwändig. Zur Biegung und Torsion von U-Profilen nach Theorie II. Ordnung liegen Lösungen vor, z. B. [35]. Die grafische Auswertung der Berechnungsgleichungen in Bemessungsdiagrammen geht auf [36] zurück. In [37] sind die Diagramme für den Einfeldträger mit und ohne Kragarm bei Belastung durch Streckenlast und mittige Einzellast in Übereinstimmung mit der DIN 18 800 T 1 bis T 3 gebracht.

19.1 Berechnungsgrundlagen

Die Nachweismöglichkeit beschränkt sich auf U-Profile nach DIN 1026. Voraussetzung für die Berechnung ist eine frei verformbare Stabachse. Hier kann der Nachweis für den Einfeldträger mit den am häufigsten auftretenden Belastungs- und Lagerungsbedingungen geführt werden.

Die Träger sind gabelgelagert, bzw. ihre Lagerung kann dieser Form angenähert werden. Als Belastung treten Streckenlasten bzw. mittige Einzellasten auf. Für abweichende Belastungsbilder ist gegebenenfalls eine entsprechende Anpassung der Momentenfläche vertretbar. Der Lastangriff erfolgt am oberen Flansch. Als Vorverformung ist für den Biegedrillknicknachweis eine geometrische Ersatzimperfektion von $l/500$ angesetzt. Für die Diagramme ist der Spannungsnachweis nach Theorie II. Ordnung mit dem Nachweisverfahren Elastisch-Plastisch geführt. Die Bemessungsdiagramme liegen für St 37 und St 52 vor.

Die Lasteintragung erfolgt entsprechend den realen Konstruktionsbedingungen in der Stegebene. Durch die Steifigkeitsverhältnisse im Flanschbereich nähert sich diese Festlegung stetig den wirklichen Verhältnissen an. Der Nachweis erfolgt auf der Grundlage des Schemas 19.2.0.

Aus den Diagrammen 19.2.1 werden die charakteristischen Werte der Tragmomente (Normwerte) in Abhängigkeit von der Trägerlänge, der Profilgröße und der Stahlfließspannung abgelesen. Der Nachweis erfolgt mit $M_d/M_{R,d} \leqq 1$. Die Eigenlast des Trägers ist im Bemessungsmoment M_d mit berücksichtigt.

19.2 Nachweisschema für U-Profile mit planmäßiger Torsion

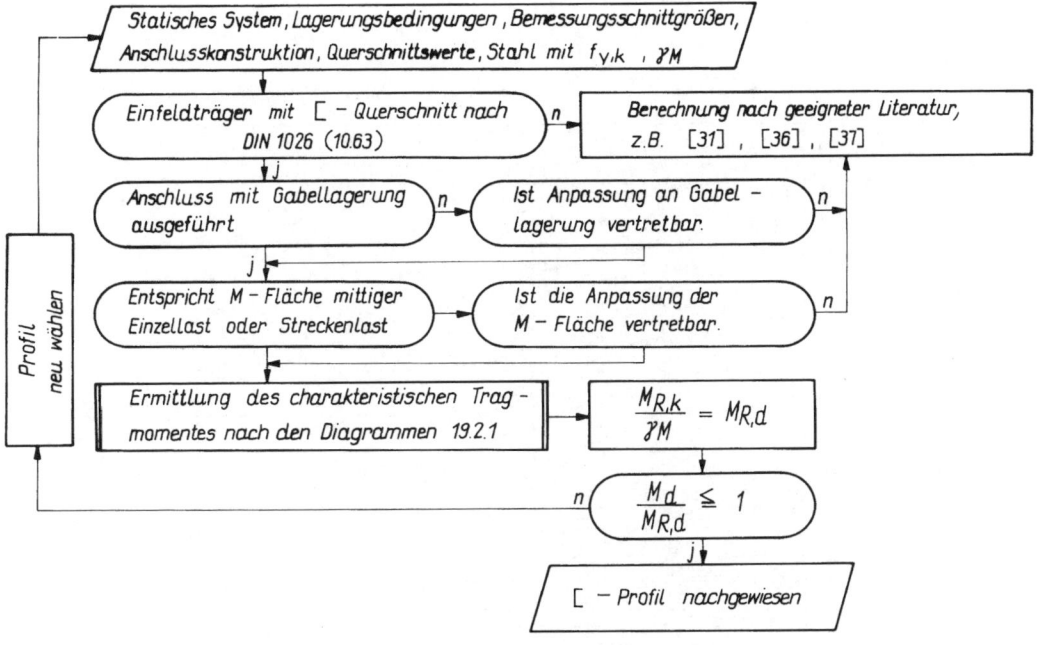

19.2.1 Diagramme für charakteristische Tragmomente von U-Profilen mit Beanspruchung in der Stegebene

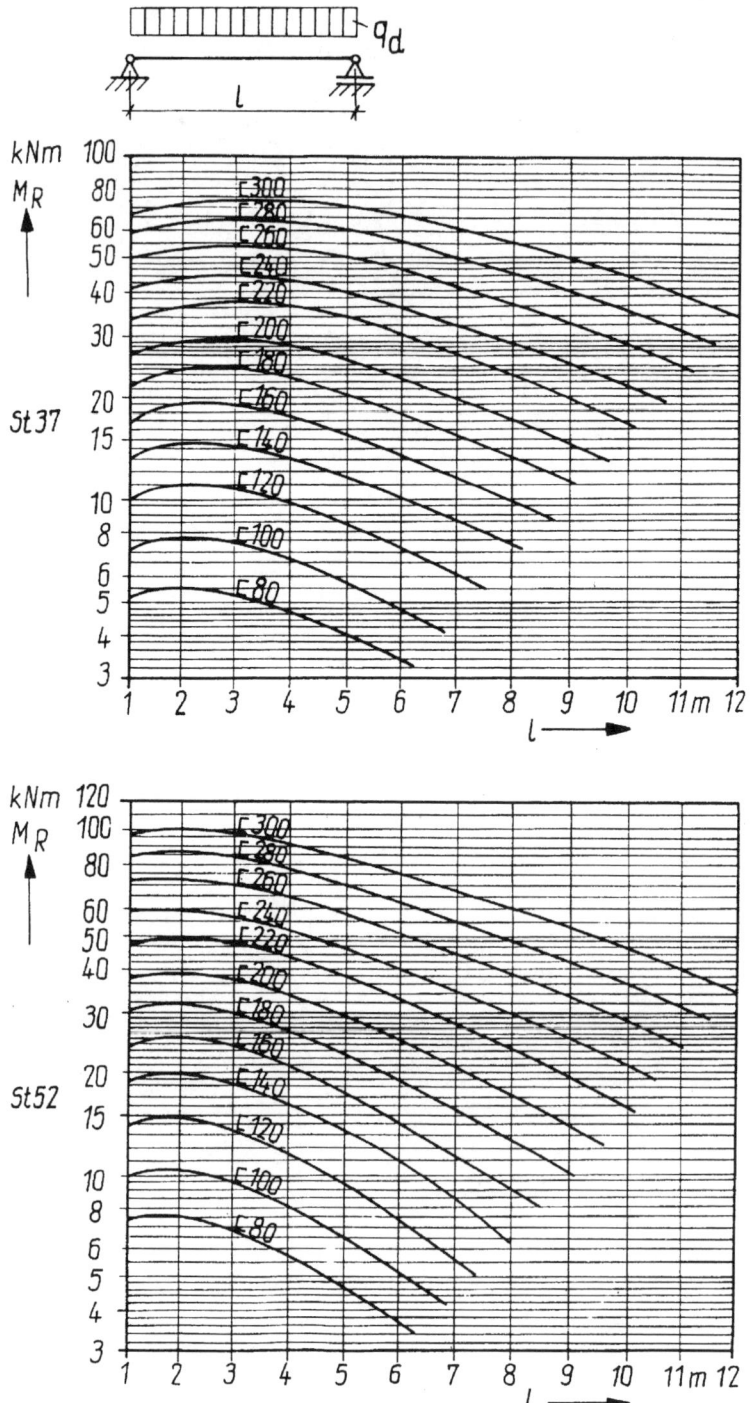

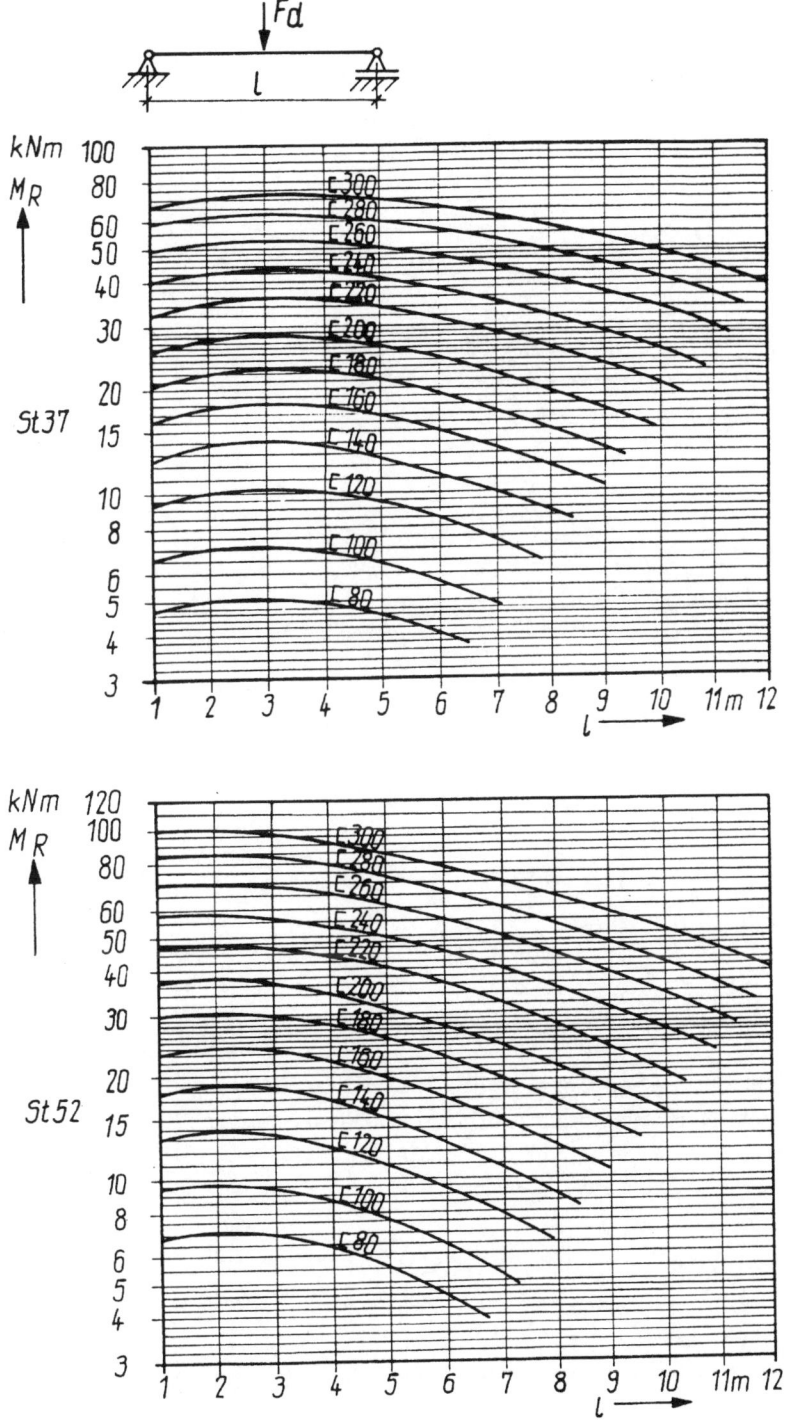

19.3 Beispiel für einen Bühnenträger

Ein Bühnenträger nach Abb. 19.1 wird in seinem Steg durch eine Gitterrostabdeckung beansprucht. Die ständige Einwirkung beträgt $q_d = 18\,kN/m$. Der Träger ist gegen seitliches Ausweichen und gegen Verdrehen nicht gehalten. Der Anschluss ist beidseitig der Gabellagerung entsprechend ausgeführt.

Die möglicherweise bei Bühnenrandträgern aus Verbandstabwirkung auftretende Längskraft ist in der Regel klein. Sie kann nach DIN 18 800 T 2, Element 313 vernachlässigt werden,

wenn $\dfrac{N}{\kappa \cdot N_{pl,d}} < 0,1$ erfüllt ist.

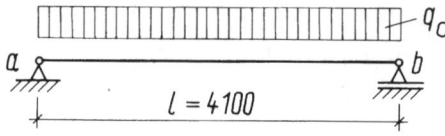

Abb. 19.1

Querschnittswerte

$\sqsubset$ 240 (DIN 1026) $G = 0,332\ kN/m$
$h = 240\,mm$
$b = 85\,mm$
$W_y = 300\,cm^3$

St 37; $\gamma_M = 1,1$

$q_d = 18\,kN/m$

■ Lösung

$$M_d = \frac{18 \cdot 4,1^2}{8} = 37,8\,kNm$$

$$A_d = B_d = 18 \cdot \frac{4,1}{2} = 36,9\,kN$$

Die Bedingungen nach 19.2.0 sind erfüllt.

$M_{R,K}$ wird mithilfe der Diagramme 19.2.1 zu 42,0 kNm ermittelt.

$$M_{R,d} = \frac{42,0}{1,1} = 38,2\,kNm$$

$$\frac{M_d}{M_{R,d}} = \frac{37,8}{38,2} = 0,99 < 1$$

Der Träger ist nachgewiesen.

20 Dachverbände in Hallenkonstruktionen

20.0 Allgemeines

Stahlhallen als Rahmenbinder-Konstruktion oder als Stützen-Fachwerkträger-Konstruktion müssen in Hallenlängsrichtung bereichsweise durch Scheiben stabilisiert werden. Das kann durch massive Platten, durch schubsteife Bleche oder durch fachwerkartige Verbände geschehen. Verbände sind vorteilhaft, weil sie die Hallenmontage erleichtern.

In der Dachebene haben diese Scheiben nicht nur die Beanspruchung aus Wind auf den Hallengiebel, sondern, wegen der Druckbeanspruchung in den Oberflanschen der Rahmenbinder oder den Obergurten der Fachwerkträger, auch Knickhaltekräfte aufzunehmen. Diese Beanspruchungen werden Stabilisierungskräfte genannt. Es ist jedes einzelne Hallengespärre zu stabilisieren. Je nach Hallenkonstruktion kann ein Verband die Stabilisierungskräfte aus mehreren Gespärren aufnehmen.

20.1 Berechnungsvoraussetzungen

Vertikale Beanspruchungen aus Eigenlast und Schnee verursachen in den Gurten der Dachbinder Druck. Bei Vollwandriegeln ergibt sich die Riegeldruckkraft aus dem Produkt der Obergurtspannung und der zugehörigen Gurtfläche. Bei Fachwerkriegeln muss sie der statischen Berechnung entnommen werden. Satteldächer knicken im First ab. Es entstehen Umlenkkomponenten, die bei Ermittlung der Druckspannung berücksichtigt werden müssen.

Die horizontale Beanspruchung der Verbände resultiert einmal aus der Windlast auf den oberen Teil der Hallengiebelfläche. Zum anderen wird die Größe der Stabilisierungskräfte aber auch von den unvermeidlichen Imperfektionen der Ausführung beeinflusst.

Nach [40] wirkt jeder Dachverband mit der zugeordneten vertikalen Tragkonstruktion wie ein zweiteiliger Druckstab mit Vergitterung. Für diesen Fall beträgt der Stich der Vorkrümmung nach DIN 18 800-2 Tab. 3 $l/500$, wenn l die Verbandslänge ist. Diese Imperfektion muss für alle Gespärre angenommen werden. Die ungünstigste Annahme ist, dass alle Vorverformungen in die gleiche Richtung wirken. Durch wahrscheinlichkeitstheoretische Ansätze oder mit dem Reduktionsfaktor nach DIN 18 800-2 E.205 können sich geringere Vorverformungen ergeben. Alle über Pfetten angekoppelte Gurte erfahren die gleiche seitliche Verformung wie der Dachverband.

Aus dem Verformungsverlauf kann die den Verband belastende, resultierende Stabilisierungskraft auch unter Berücksichtigung der Theorie II. Ordnung ermittelt werden. Der Entwurfsingenieur muss jeweils den Gesamtzusammenhang einschätzen. Die vorgegebene Ermittlung der Stabilisierungskräfte erfolgt ohne Einbeziehung der Scheibenwirkung aus der Dachhaut.

Die Dachverbände liegen in Höhe der Obergurte der Binder. Ihre Anordnung im zweiten Hallenfeld von der Giebelwand aus gesehen, vermindert bei leichten Dachkonstruktionen die Gefahren aus abhebenden Auflagerlasten. Zu beachten ist, dass die Pfetten im ersten Feld dann Druck übertragen müssen.

Die Berechnung der Stabilisierungskräfte erfolgt auch unter der Voraussetzung, dass die Eigensteifigkeit der Gurte im Verhältnis zur Verbandssteifigkeit gering ist. Die in der Praxis vorkommenden Konstruktionen entsprechen dieser Voraussetzung.

In der Dachebene bilden die Stabilisierungskräfte eine Gleichgewichtsgruppe, so dass keine Auflagerreaktionen über die Seitenwände weitergeleitet werden. Die Fundamente werden durch die Stabilisierungskräfte nicht beansprucht.

Die Stabkräfte S eines Binders sind mit den charakteristischen Einwirkungen zu berechnen. Die getrennte Angabe von Teilsicherheitsbeiwerten für die Last- und für die Materialseite ist nicht möglich. Es muss mit einem kombinierten Sicherheitsbeiwert $\gamma = 1,485$ gerechnet werden.

Der Anschluss der Gurte bzw. Binder an den Verband erfolgt durch Pfetten. Eine Halterung ist damit mindestens an der Traufe und am First gewährleistet.

Das Arbeitsschema 20.4 gilt für Träger mit konstanter Höhe. Bei veränderlicher Höhe sind Abweichungen nach [4] zu beachten.

Der Querschnitt der Verbandsdiagonalen vorh A_D geht in die Ermittlung von I^* ein. Der erforderliche Querschnitt erf A_D wird bei der Nachweisführung aus der maximalen Diagonalkraft D^{II} nach Abschnitt 5 berechnet.

20.2 Berechnungsmethoden

Für die Ermittlung der Stabilisierungskräfte sind verschiedene Berechnungsverfahren möglich. Der Ansatz von 1/100 der Druckkraft des Stabes bzw. des Gurtes, der gehalten werden soll, in Anlehnung an DIN 4114 war in der Praxis lange Zeit üblich. Dies erfolgte jedoch ohne theoretische Grundlage und führte häufig zu unlogischen und auch unwirtschaftlichen Dimensionierungen.

Jedes System erfährt durch die äußeren Lasten und die unvermeidlichen Imperfektionen Verformungen. So entstehen Abtriebskomponenten, die als Stabilisierungskräfte erfasst werden müssen. Eine Berechnung nach Theorie II. Ordnung mit dem Verformungsfaktor α ist praktikabel.

Grundlegende Klärungen zur Erfassung und Berechnung der Stabilisierungskräfte sind in [41] angegeben. Praxisfreundlich ist auch die Lösung nach [4], die für das Arbeitsschema 20.4 die Grundlage bildet. Wenn dabei der Verformungsfaktor α mit konstanter Gurtbeanspruchung ermittelt wird, liegt das Ergebnis auf der sicheren Seite. Für parabelförmigen Druckverlauf können die erforderlichen β-Werte Hilfstafeln in [4] entnommen werden.

Die Abschätzung des Einflusses der Theorie II. Ordnung für die Ermittlung der Stabilisierungsbeanspruchung wird in [40] empfohlen. Die Annahme einer Vergrößerung um 20% verringert den Rechenaufwand und genügt für Vorbemessungen.

20.3 Bezeichnungen

A_G	Gurtquerschnitt
A_D	Diagonalenquerschnitt
A_P	Pfostenquerschnitt
I^*	Ersatzträgheitsmoment
$E \cdot I^*$	Ersatzsteifigkeit mit Schubnachgiebigkeit nach [41]
S	Gurtkraft eines Binders
D	Gesamtdruckkraft (ΣS)
D_{Ki}	Knickkraft des zweigurtigen Verbandträgers
H	Stabilisierungskraft
a	Feldweite der Gespärre
b	Verbandsbreite
h	Trägerhöhe
s	Diagonalenlänge
e	Vorverformung
k	Bezeichnung der Eintragungspunkte der Lasten oder Knoten
m	Anzahl der Gespärre
n	Anzahl der Binder
l	Stützweite
α	Verformungsfaktor für Theorie II. Ordnung
γ	kombinierter Sicherheitsbeiwert

M^{II}	Moment	
V^{II}	Querkraft	} nach Theorie II. Ordnung
D^{II}	Diagonalkraft	

20.4 Nachweisschema für die Beanspruchung von Dachverbänden in Hallendächern

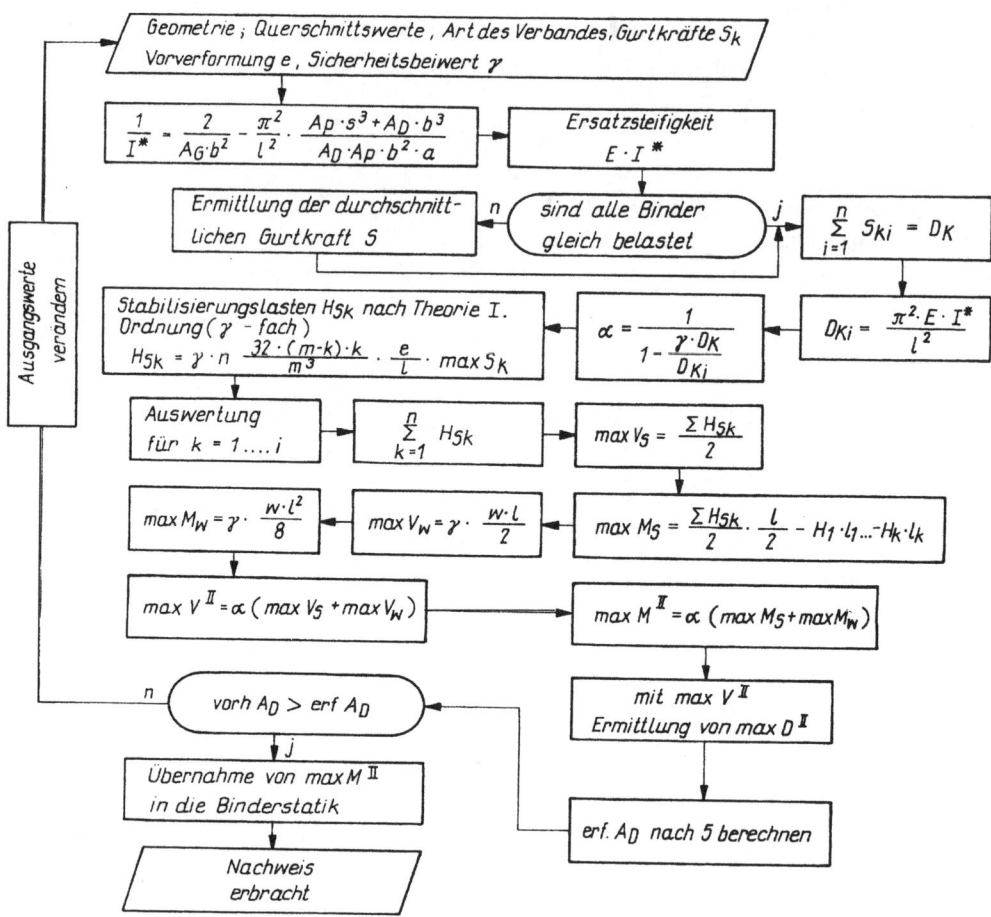

20.5 Beispiel für die Erfassung der Beanspruchung aus Stabilisierungskräften

Eine Industriehalle hat die Grundrissmaße von 24 m Breite und 42 m Länge. Die Querstabilisierung erfolgt durch Fachwerkbinder im Abstand $b = 6$ m, die auf eingespannten Stützen liegen. Nach der statischen Berechnung für die charakteristischen Werte der Einwirkungen ergibt sich die maximale Gurtkraft der Binder zu $S_k = 220$ kN als Druckkraft. Die Windbelastung beträgt $w_k = 1{,}8$ kN/m am Obergurt des Binders. Insgesamt werden durch den Verband sechs Dachbinder stabilisiert.

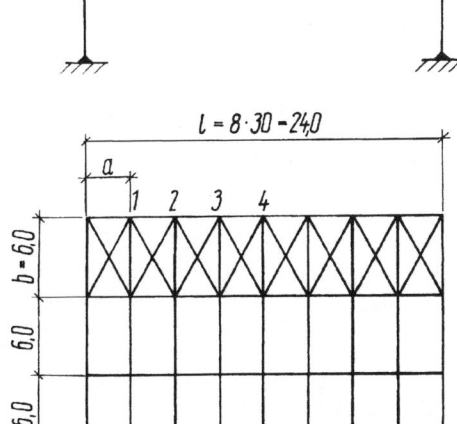

$$l = 24{,}0\,\text{m}$$
$$a = 3{,}0\,\text{m}$$
$$b = 6{,}0\,\text{m}$$
$$s = \sqrt{3^2 + 6^2} = 6{,}708\,\text{m}$$
$$e = 2400/500 = 4{,}8\,\text{cm}$$
$$A_G = 30\,\text{cm}^2$$
$$A_p = 20{,}1\,\text{cm}^2$$
$$A_D = 6{,}91\,\text{cm}^2$$
$$m = 8\,(\text{Gespärre})$$
$$n = 6\,(\text{Binder})$$
$$f_{y,k} = 24\,\text{kN/cm}^2$$
$$\gamma_M = 1{,}1$$
$$\gamma = 1{,}485$$

Vorverformung e für alle Binder in die gleiche Richtung

Abb. 20.1

■ Lösung nach 20.4

$$\frac{1}{I^*} = \frac{2}{30 \cdot 600^2} + \frac{\pi^2}{2400^2} \cdot \frac{(20{,}1 \cdot 670{,}8^3 + 6{,}91 \cdot 600^3)}{6{,}91 \cdot 20{,}1 \cdot 600^2 \cdot 300} = 10{,}4873 \cdot 10^{-7}\,\text{1/cm}^4$$

$$I^* = 0{,}9535 \cdot 10^6\,\text{cm}^4$$

$$E \cdot I^* = 0{,}9535 \cdot 10^6 \cdot 21000 = 20024 \cdot 10^6\,\text{kN/cm}^2$$

Alle Binder sind gleich belastet.

$$n \quad = 6$$

$$\sum_{i=1}^{6} S_{ki} \quad = 6 \cdot 220 = 1320\ kN = D_k$$

$$D_{ki} \quad = \frac{\pi^2 \cdot 20\,024 \cdot 10^6}{2400^2} = 34310,6\ kN$$

$$\alpha \quad = \frac{1}{1 - \dfrac{1,485 \cdot 1320}{34310,6}} = 1,0606$$

Stabilisierungskräfte H_{Si}

$$H_{S1} \quad = 1,485 \cdot 6 \cdot \frac{32\,(8-1) \cdot 1}{8^3} \cdot \frac{4,8}{600} \cdot 220 = 6,86\ kN$$

$$H_{S2} \quad = 1,485 \cdot 6 \cdot \frac{32\,(8-2) \cdot 2}{8^3} \cdot \frac{4,8}{600} \cdot 220 = 11,76\ kN$$

$$H_{S3} \quad = 1,485 \cdot 6 \cdot \frac{32\,(8-3) \cdot 3}{8^3} \cdot \frac{4,8}{600} \cdot 220 = 14,70\ kN$$

$$H_{S4} \quad = \frac{1}{2} \cdot 1,485 \cdot 6 \cdot \frac{32\,(8-4) \cdot 4}{8^3} \cdot \frac{4,8}{600} \cdot 220 = 7,84\ kN$$

$$\Sigma H_S \quad = 2\,(6,86 + 11,76 + 14,70 + 7,84) = 82,32\ kN$$

$$\max V_S \quad = \frac{82,32}{2} = 41,16\ kN$$

$$\max M_S \quad = 41,16 \cdot \frac{24}{2} - (6,86 \cdot 9 + 11,76 \cdot 6 + 14,7 \cdot 3) = 317,5\ kNm$$

$$\max V_W \quad = 1,485 \cdot \frac{1,8 \cdot 24}{2} = 32,1\ kN$$

$$\max M_W \quad = 1,485 \cdot \frac{1,8 \cdot 24^2}{8} = 192,5\ kNm$$

$$\max V^{II} \quad = 1,0606\,(41,16 + 32,1) = 77,7\ kN$$

$$\max M^{II} \quad = 1,0606\,(317,5 + 192,5) = 540,8\ kNm$$

Die maximale Diagonalkraft beträgt:

$$\max D^{\mathrm{II}} \approx \frac{77,7 \cdot 6,708}{6} = 86,87 \,\mathrm{kN}$$

In Anlehnung an Abschnitt 5 ergibt sich daraus für den erforderlichen Querschnitt:

$$\mathrm{erf}\,A_{\mathrm{D}} = \frac{\max D^{\mathrm{II}} \cdot \gamma_{\mathrm{M}}}{f_{\mathrm{y,k}}} = \frac{86,87 \cdot 1,1}{24} = 3,98 \,\mathrm{cm}^2$$

Vergleich der Nettoquerschnitte:

$$\mathrm{vorh}\,A_{\mathrm{D}} = 6,91 \,\mathrm{cm}^2 > \mathrm{erf}\,A_{\mathrm{D}} = 3,98 \,\mathrm{cm}^2$$

Die zusätzliche Gurtkraft wird:

$$\mathrm{zus}\,S_{\mathrm{k}} = \frac{M^{\mathrm{II}}}{b} = \frac{540,8}{6,0} = 90,1 \,\mathrm{kN}$$

mit $\gamma_{\mathrm{F}} = 1,35$ ergibt sich:

$$\sigma_{\mathrm{G,d}} = \frac{S_{\mathrm{k}} \cdot \gamma_{\mathrm{F}} + \mathrm{zus}\,S_{\mathrm{k}}}{A_{\mathrm{G}}} = \frac{220 \cdot 1,35 + 90,1}{30} = 14,0 \,\mathrm{kN/cm}^2$$

Nachweis Elastisch-Elastisch:

$$\frac{\sigma_{\mathrm{G,d}}}{f_{\mathrm{y,k}}/\gamma_{\mathrm{M}}} = \frac{14,0}{24/1,1} = 0,53 < 1,0$$

Auch für die Pfetten sind als Druckstäbe mit Biegung die zusätzlichen Querkräfte aus der Stabilisierungsbeanspruchung zu berücksichtigen.

21 Literaturverzeichnis

[1] *Schneider, K.-J.:* Bautabellen mit Berechnungshinweisen und Beispielen; 16. Auflage, Werner Verlag, Düsseldorf 2004

[2] *Lindner, J.:* Stahlbau 1 bis 4 Vorlesungsskripten, Berlin 1989

[3] *Pohl, H.:* Einführung in das Traglastverfahren; Technisch-wissenschaftliche Abhandlungen des ZIS Halle, Halle (Saale) 1972

[4] *Petersen, C.:* Statik und Stabilität der Baukonstruktionen; F. Vieweg und Sohn, Braunschweig/Wiesbaden 1982

[5] *Sahmel, P.:* Einfache baustatische Methode zur näherungsweisen Ermittlung der Knicklängen von Rahmentragwerken; Bautechnik 48 (1971), S. 206−212

[6] *Zöpfel, J.:* Knicklängenbeiwerte von Stielen unsymmetrischer Rechteckrahmen; Bauingenieur 47 (1972), S. 52−55

[7] *Günther, H.:* Einige Formeln zur Berechnung von Ersatzstablängen für den Knicknachweis; Bautechnik 50 (1973), S. 304−311

[8] *Rubin, H.:* Näherungsweise Bestimmung der Knicklängen und Knicklasten von Rahmen nach DIN 18 800 Teil 2; Stahlbau 58 (1989), S. 103−109

[9] *Schlechte, E.:* Grafische Darstellung der Schlankheitsgrade beim Biegedrillknicken, Drillknicken und Biegeknicken mittig gedrückter offener Stäbe; Konstruktionskatalog N 51−52 des Instituts für Leichtbau, Dresden 1972

[10] Stahl im Hochbau − Handbuch für die Anwendung von Stahl im Hoch- und Tiefbau Band I/Teil 2; 14. Auflage, Verlag Stahleisen mbH, Düsseldorf 1986

[11] *Roik, K.; Kindmann, R.:* Das Ersatzstabverfahren − Tragsicherheitsnachweise für Stabwerke bei einachsiger Biegung und Normalkraft; Stahlbau 51 (1982), S. 137−145

[12] *Roik, K.; Kuhlmann, U.:* Beitrag zur Bemessung von Stäben für zweiachsige Biegung mit Druckkraft; Stahlbau 54 (1985), S. 271−280

[13] *Lindner, J.; Gietzelt, R.:* Zweiachsige Biegung und Längskraft − Vergleiche verschiedener Bemessungskonzepte; Stahlbau 53 (1984), S. 328−333

[14] *Lindner, J.; Gietzelt, R.:* Zweiachsige Biegung und Längskraft − ein ergänzter Bemessungsvorschlag; Stahlbau 54 (1985), S. 265−280

[15] *Petersen, C.:* Stahlbau; F. Vieweg und Sohn, Braunschweig/Wiesbaden 1993

[16] *Dabrowski, R.:* Zum Problem der gleichzeitigen Biegung und Torsion dünnwandiger Balken; Stahlbau 29 (1960), S. 360−365

[17] *Ritter, J.:* N-, M_y-, M_z-, M_w-Interaktion für biegebeanspruchte Profile (unveröffentlicht)

[18] *Klöppel, K.; Friemann, H.:* Übersicht über die Berechnung nach Theorie II. Ordnung; Stahlbau 33 (1964), S. 270−277

[19] DIN 4114 Stabilitätsfälle (Knickung, Kippung, Beulung) Blatt 2 − Ausgabe 1952

[20] *Weber, N.; Oxfort, J.:* Stegblechbeulen unter Einzellasten am drehelastisch gestützten Längsrand; Stahlbau 51 (1982), S. 332−335

[21] *Klöppel, K.; Scheer, J.:* Beulwerte ausgesteifter Rechteckplatten Band 1; Verlag Wilhelm Ernst und Sohn, Berlin 1960

[22] *Klöppel, K.; Möller, J.:* Beulwerte ausgesteifter Rechteckplatten Band 2; Verlag Wilhelm Ernst und Sohn, Berlin 1968

[23] *Lindner, J.; Habermann, W.:* Zur Weiterentwicklung des Beulnachweises für Platten bei mehrachsiger Beanspruchung; Stahlbau 57 (1988), S. 333–339, und 58 (1989), S. 349–351

[24] DASt-Richtlinie 016 – Bemessung und konstruktive Gestaltung von Tragwerken aus dünnwandigen kaltgeformten Bauteilen; Stahlbau-Verlagsgesellschaft Köln, 1992

[25] DStV: Typisierte Anschlüsse im Stahlhochbau: Momententragfähige I-Trägeranschlüsse; Stahlbau-Verlagsgesellschaft mbH, Düsseldorf 2000

[26] *Kahlmeyer, E.:* Stahlbau – Träger, Stützen, Verbindungen; 4. Auflage, Werner Verlag, Düsseldorf 2003

[27] *Schineis, M.:* Vereinfachte Berechnung geschraubter Rahmenecken; Bauingenieur 44 (1969), S. 439–449

[28] *Bornscheuer, F.:* Systematische Darstellung des Biege- und Verdrehvorganges unter besonderer Berücksichtigung der Wölbkrafttorsion; Stahlbau 21 (1952), S. 1–9

[29] *Wlassow, W. S.:* Dünnwandige elastische Stäbe Band 1; VEB Verlag für Bauwesen, Berlin 1964

[30] *Roik, K.; Carl, J.; Lindner, J.:* Biegetorsionsprobleme gerader dünnwandiger Stäbe; Verlag Wilhelm Ernst und Sohn, Berlin 1972

[31] *Roth, R.; Grießhaber, J.:* Praktische Berechnung auf Biegung und Torsion beanspruchter Stäbe mit dünnwandigen Querschnitten; B. G. Teubner Verlagsgesellschaft, Leipzig 1966

[32] TGL 13503/01 und 02 Stabilität von Stahltragwerken, Grundlagen der Berechnung nach Grenzzuständen mit Teilsicherheitsfaktoren, Entwurf 3/88

[33] *Lindner, J.; Scheer, J.; Schmidt, H. u. a.:* Stahlbauten – Erläuterungen zu DIN 18 800 Teil 1 bis Teil 4; Beuth Verlag GmbH, Berlin/Köln, u. Ernst und Sohn, Berlin; 3. Auflage 1998

[34] *Stiglat, K.; Wippel, N.:* Platten; Verlag Wilhelm Ernst und Sohn, Berlin 1983

[35] *Schineis, M.:* Zur Biegung und Torsion von U-Profilen nach Theorie II. Ordnung; Bauingenieur 47 (1972), S. 241–244

[36] *Loos, W.; Lommatzsch, R.:* Praktische Bemessung von Biegeträgern mit U-Querschnitt; Bauplanung – Bautechnik 21 (1967), S. 396–399

[37] *Goeben, H.-E.:* Zum Stabilitätsverhalten von Biegeträgern mit U-förmigem Querschnitt; Wissenschaftliche Zeitschrift der TH Leipzig 15 (1991), Heft 3, S. 217–226

[38] *Hünersen, G.; Hänsch, H.; Augustyn, J.:* Zum Schweißen an belasteten Konstruktionen, Stahlbau 61 (1992), S. 325–328

[39] *Protte, W.:* Zur Stegblechbeulung unter in zwei Richtungen linear veränderlichen Normalspannungen und in einer Richtung parabolisch veränderlichen Schubspannungen. Techn. Mitt. Krupp; Forsch.-Ber. 32 (1974)

[40] *Krüger, U.:* Stahlbau Teil 1 und Teil 2; Verlag Wilhelm Ernst und Sohn, Berlin 1998

[41] *Gerold, W.:* Zur Frage der Beanspruchung von stabilisierenden Verbänden und Trägern; Stahlbau 32 (1963), S. 278–281

22 Stichwortverzeichnis